高职高专"十二五"规划教材

冶金工业分析

主编　刘敏丽　丑晓红

北　京

冶金工业出版社

2012

内 容 提 要

本书分为基础知识篇和技能提高篇两大部分。其中基础知识篇重点介绍了化学滴定的基本方法,黑色金属与有色金属成分、粉煤灰、煤和稀土材料的分析方法、原理及应用等内容;技能提高篇则是基础知识篇中相关内容的实训练习。为便于读者加深理解和学用结合,各章均配有习题。

本书可作为高职高专金属材料类、化学分析类等相关专业的教材,也可作为岗位培训教材,还可供相关专业的技术人员参考。

图书在版编目(CIP)数据

冶金工业分析/刘敏丽,丑晓红主编. —北京:冶金工业出版社,2012.10
高职高专"十二五"规划教材
ISBN 978-7-5024-6064-8

Ⅰ.①冶… Ⅱ.①刘… ②丑… Ⅲ.①冶金工业—工业分析—高等职业教育—教材 Ⅳ.①TF03

中国版本图书馆 CIP 数据核字(2012)第 232740 号

出 版 人　谭学余
地　　址　北京北河沿大街嵩祝院北巷 39 号,邮编 100009
电　　话　(010)64027926　电子信箱　yjcbs@cnmip.com.cn
责任编辑　陈慰萍　美术编辑　李 新　版式设计　葛新霞
责任校对　卿文春　责任印制　张祺鑫
ISBN 978-7-5024-6064-8
冶金工业出版社出版发行;各地新华书店经销;北京百善印刷厂印刷
2012 年 10 月第 1 版,2012 年 10 月第 1 次印刷
787mm×1092mm　1/16;18.5 印张;444 千字;283 页
39.00 元

冶金工业出版社投稿电话:(010)64027932　投稿信箱:tougao@cnmip.com.cn
冶金工业出版社发行部　电话:(010)64044283　传真:(010)64027893
冶金书店　地址:北京东四西大街 46 号(100010)　电话:(010)65289081(兼传真)
(本书如有印装质量问题,本社发行部负责退换)

前　言

本书紧密结合高等职业教育的办学特点和教学目标，以理论知识必需、够用为度，突出实践应用，符合职业教育课程教学的基本要求和有关岗位资格和技术等级要求，体现职业教育的特点。

本书在编写上强调实践性、应用性和创新性，在结构安排上，分为基础知识篇和技能提高篇两大部分；在理论知识的选择上，注重内容的精选和创新，拓宽知识领域；在实训练习的选择上，注重实训的典型性，加强能力培养；在分析方法的选择上，注重方法的实用性、可靠性和先进性；在内容的叙述上，简明扼要、深入浅出。

本书侧重介绍冶金燃料煤、粉煤灰和钢铁成分的工业分析，兼顾有色金属和合金成分及稀土材料分析等内容。在分析方法的选择上，以介绍国标为主，也选用了当今生产中广泛采用的成熟的快速分类分析方法。本书注重基本原理和测定条件的阐述，重视分析步骤。为培养学生分析问题和解决问题的能力，在强调基础理论知识的同时，特别设计了以典型元素及物质的分析实验为主的技能提高篇。

本书由内蒙古机电职业技术学院刘敏丽、丑晓红主编。其中第4章由刘敏丽编写，第1、2章和技能提高篇及附录由丑晓红编写，第3、5章由董晔编写，第6、7章由任俊英编写。本书在编写时参考了大量的相关专著和文献资料，书后难以一一列举，在此向所有作者表示衷心感谢。

由于编者水平有限，书中谬误和疏漏之处，恳请广大读者批评指正。

编　者
2012 年 6 月

目 录

基础知识篇

1 分析化学概论 …………………………………………………………… 1

1.1 定量分析基础知识 …………………………………………………… 1
1.1.1 定量分析中的基本概念 ……………………………………… 1
1.1.2 误差的分类及减免 …………………………………………… 4
1.1.3 有效数字及其运算规则 ……………………………………… 5
1.2 滴定分析法概述 ……………………………………………………… 6
1.2.1 滴定分析中的基本概念 ……………………………………… 7
1.2.2 滴定分析法的计算 …………………………………………… 9
习题 …………………………………………………………………………… 12

2 化学滴定分析方法 …………………………………………………………… 13

2.1 酸碱滴定法 …………………………………………………………… 13
2.1.1 酸碱滴定法概述 ……………………………………………… 13
2.1.2 酸碱指示剂 …………………………………………………… 18
2.1.3 酸碱滴定过程 ………………………………………………… 23
2.1.4 酸碱滴定法的应用 …………………………………………… 27
2.2 配位滴定法 …………………………………………………………… 31
2.2.1 配位滴定法概述 ……………………………………………… 31
2.2.2 金属离子指示剂 ……………………………………………… 40
2.2.3 配位滴定过程 ………………………………………………… 42
2.2.4 EDTA 标准溶液的配制与标定 ……………………………… 52
2.2.5 配位滴定方法及应用 ………………………………………… 54
2.3 氧化还原滴定法 ……………………………………………………… 57
2.3.1 氧化还原滴定概述 …………………………………………… 57
2.3.2 氧化还原滴定终点的确定 …………………………………… 64
2.3.3 氧化还原滴定预处理 ………………………………………… 65
2.3.4 常用的氧化还原滴定法 ……………………………………… 68
2.3.5 氧化还原滴定结果的计算 …………………………………… 73
2.4 沉淀滴定法 …………………………………………………………… 74

2.4.1　沉淀滴定法概述 ································· 74

2.4.2　银量法滴定终点的确定 ······················· 75

2.5　重量分析法 ·· 79

2.5.1　重量分析法概述 ································· 79

2.5.2　沉淀溶解平衡 ··································· 81

2.5.3　沉淀的类型、形成与影响因素 ················· 85

2.5.4　沉淀的条件、方法和称量形的获得 ············· 88

2.5.5　重量分析结果计算 ······························ 91

习题 ··· 93

3　黑色金属分析 ··· 96

3.1　黑色金属分析概述 ······································ 96

3.1.1　钢铁材料的分类 ································· 96

3.1.2　钢铁的生产过程 ································· 97

3.1.3　各元素在钢铁中的形态和作用 ················· 98

3.2　碳的测定 ··· 99

3.2.1　测定方法 ··· 99

3.2.2　燃烧-气体容量法 ······························ 101

3.2.3　燃烧-红外吸收法 ······························ 102

3.3　硫的测定 ·· 103

3.3.1　测定方法 ·· 103

3.3.2　燃烧-碘量法 ···································· 103

3.4　磷的测定 ·· 105

3.4.1　测定方法 ·· 106

3.4.2　氟化钠-氯化亚锡直接光度法 ················· 106

3.4.3　抗坏血酸钼蓝光度法 ·························· 108

3.5　硅的测定 ·· 108

3.5.1　测定方法 ·· 109

3.5.2　草酸-硫酸亚铁铵光度法 ······················ 110

3.5.3　电感耦合等离子体发射光谱法 ················· 112

3.6　锰的测定 ·· 113

3.6.1　测定方法 ·· 113

3.6.2　亚砷酸钠-亚硝酸钠滴定法 ···················· 114

3.6.3　过硫酸铵光度法 ································· 117

3.6.4　高碘酸钾（钠）光度法 ························ 117

3.7　铬的测定 ·· 118

3.7.1　测定方法 ·· 118

3.7.2　过硫酸铵滴定法 ································· 119

3.7.3　碳酸钠分离-二苯基碳酰二肼光度法 ··········· 122

习题 ……………………………………………………………………… 122

4　煤的工业分析 ……………………………………………………… 124

4.1　煤工业分析概述 ……………………………………………… 124

4.1.1　采样基础知识 …………………………………………… 124

4.1.2　煤样人工采取方法 ……………………………………… 125

4.1.3　煤样的制备 ……………………………………………… 128

4.1.4　煤质分析试验中的常用基准 …………………………… 133

4.2　水分的分析 ……………………………………………………… 134

4.2.1　煤中水分的存在形式 …………………………………… 134

4.2.2　全水分的测定 …………………………………………… 135

4.2.3　一般分析试样煤样水分的测定 ………………………… 138

4.2.4　煤中水分对煤工业加工利用的影响 …………………… 139

4.3　灰分和矿物质的分析 ………………………………………… 140

4.3.1　灰分的来源 ……………………………………………… 140

4.3.2　矿物质的来源 …………………………………………… 141

4.3.3　灰分产率的测定 ………………………………………… 141

4.3.4　煤中矿物质和灰分对煤工业利用的影响 ……………… 142

4.4　挥发分和固定碳的分析 ……………………………………… 143

4.4.1　煤的挥发分 ……………………………………………… 143

4.4.2　煤的固定碳 ……………………………………………… 144

4.5　硫分的分析 ……………………………………………………… 144

4.5.1　煤中硫的存在形式 ……………………………………… 144

4.5.2　煤中全硫的测定 ………………………………………… 145

4.5.3　煤中硫对煤工业加工利用的影响 ……………………… 147

4.6　煤的发热量 ……………………………………………………… 147

4.6.1　煤发热量的测定原理 …………………………………… 147

4.6.2　发热量的测定 …………………………………………… 148

4.6.3　发热量的表示方法 ……………………………………… 153

习题 ……………………………………………………………………… 155

5　粉煤灰分析 …………………………………………………………… 156

5.1　粉煤灰概述 ……………………………………………………… 156

5.1.1　粉煤灰的形成 …………………………………………… 156

5.1.2　粉煤灰的性质 …………………………………………… 156

5.1.3　粉煤灰的用途 …………………………………………… 158

5.1.4　粉煤灰成分分析项目的选取 …………………………… 158

5.2　二氧化硅的测定 ………………………………………………… 159

5.2.1　测定方法 ………………………………………………… 159

5.2.2 动物胶凝聚质量法 ……………………………… 160

5.3 三氧化二铁的测定 …………………………………… 161

5.3.1 测定方法 …………………………………………… 161

5.3.2 EDTA 配位滴定法 ………………………………… 163

5.4 三氧化二铝的测定 …………………………………… 166

5.4.1 测定方法 …………………………………………… 166

5.4.2 氟化铵置换－EDTA 配位滴定法 ………………… 167

5.5 氧化钙、氧化镁与氧化锰的测定 …………………… 168

5.5.1 测定方法 …………………………………………… 169

5.5.2 氧化钙的配位滴定 ………………………………… 170

5.5.3 氧化镁的配位滴定 ………………………………… 172

5.5.4 氧化锰的测定 ……………………………………… 174

5.6 硫的测定 ……………………………………………… 175

5.6.1 艾士卡法 …………………………………………… 175

5.6.2 库仑滴定法 ………………………………………… 176

习题 ………………………………………………………… 178

6 有色金属分析 …………………………………………… 180

6.1 铝及铝合金分析 ……………………………………… 180

6.1.1 铝及铝合金试样的分解 …………………………… 180

6.1.2 铝与其他金属合金的分离方法 …………………… 181

6.1.3 铝的分析方法 ……………………………………… 182

6.1.4 纯铝及铝合金中其他元素的测定 ………………… 183

6.2 铜及铜合金分析 ……………………………………… 191

6.2.1 铜及铜合金的溶解与分离方法 …………………… 191

6.2.2 分析方法 …………………………………………… 192

6.2.3 铜及铜合金中其他元素的测定 …………………… 195

6.3 钛及钛合金 …………………………………………… 201

6.3.1 钛及钛合金的分解及分离方法 …………………… 201

6.3.2 钛及钛合金的分析方法 …………………………… 202

6.3.3 钛及钛合金中其他元素的测定 …………………… 203

习题 ………………………………………………………… 211

7 稀土材料分析 …………………………………………… 212

7.1 稀土材料分析概述 …………………………………… 212

7.1.1 稀土元素的概念 …………………………………… 212

7.1.2 矿物原料及中间产品分析 ………………………… 212

7.1.3 稀土元素的测定 …………………………………… 213

7.2 稀土的分离方法 ……………………………………… 213

7.2.1　沉淀法 ·········· 214
7.2.2　萃取分离方法 ·········· 215
7.3　稀土的分析方法 ·········· 216
7.3.1　重量分析法 ·········· 216
7.3.2　滴定分析法 ·········· 216
7.3.3　分光光度分析法 ·········· 217
7.4　稀土分析应用实例 ·········· 218
7.4.1　草酸盐重量法测定氟碳铈镧精矿中稀土和钍总量 ·········· 218
7.4.2　滴定法分析铁精矿、稀土精矿、酸洗矿、浸渣及其湿法冶金中间产品 ··· 220
7.4.3　偶氮胂Ⅲ光度法测定铁矿石中稀土总量 ·········· 220
习题 ·········· 222

技能提高篇

实验一　盐酸标准溶液的配制和标定 ·········· 223
实验二　混合碱中碳酸钠和碳酸氢钠含量的测定 ·········· 225
实验三　EDTA 标准溶液的配制和标定 ·········· 227
实验四　燃烧气体容量法测定钢铁及合金中的碳含量 ·········· 228
实验五　燃烧碘量滴定法测定钢铁中硫含量 ·········· 231
实验六　空气干燥煤样的水分测定 ·········· 234
实验七　煤灰分产率的测定 ·········· 236
实验八　煤挥发分产率的测定 ·········· 238
实验九　粉煤灰中二氧化硅的测定（动物胶凝聚质量法） ·········· 240
实验十　粉煤灰中三氧化二铁和三氧化二铝的连续测定（EDTA 络合滴定法） 242
实验十一　粉煤灰中氧化钙的测定（EDTA 络合滴定法） ·········· 245
实验十二　粉煤灰中氧化镁的测定（EDTA 络合滴定、差减法） ·········· 247
实验十三　铁矿石中全铁含量的测定——铁的比色测定 ·········· 249
实验十四　铝合金中铝含量的测定 ·········· 250
实验十五　氟硅酸钾滴定法测硅铁中定硅量 ·········· 252
附录 ·········· 254
附录1　无机酸在水溶液中的解离常数（25℃） ·········· 254
附录2　有机酸在水溶液中的解离常数（25℃） ·········· 255
附录3　无机碱在水溶液中的解离常数（25℃） ·········· 258
附录4　有机碱在水溶液中的解离常数（25℃） ·········· 258
附录5　常用 pH 缓冲溶液的配制和 pH 值 ·········· 259
附录6　难溶化合物的溶度积常数 ·········· 260
附录7　金属-无机配位体配合物的稳定常数 ·········· 263
附录8　金属-有机配位体配合物的稳定常数 ·········· 268

附录 9　某些无机化合物在部分有机溶剂中的溶解度 ……………………… 274

附录 10　酸碱指示剂 ……………………………………………………… 277

附录 11　混合酸碱指示剂 ………………………………………………… 277

附录 12　氧化还原指示剂 ………………………………………………… 278

附录 13　络合指示剂 ……………………………………………………… 278

附录 14　吸附指示剂 ……………………………………………………… 279

附录 15　荧光指示剂 ……………………………………………………… 280

附录 16　常用掩蔽剂 ……………………………………………………… 280

参考文献………………………………………………………………… 283

<h1 style="text-align:center">基础知识篇</h1>

<h1 style="text-align:center">1 分析化学概论</h1>

1.1 定量分析基础知识

定量分析的任务是准确测定试样中有关组分的含量，但在分析过程中误差是客观存在的，因此应该了解分析过程中误差产生的原因及其出现的规律，以便采取相应措施减小误差。另外还要对分析结果进行评价，判断其准确性。

1.1.1 定量分析中的基本概念

（1）真值（x_T）。某一物理量本身具有的客观存在的真实数值，即为该量的真值。一般说来，真值是未知的，但在某些情况时可认为是知道的，如某化合物的理论组成、计量学约定的真值等。实验中的标准试样及管理试样中组分的含量也可认为是相对真值。

（2）平均值（$\bar{x}$）。n 次测量数据的算术平均值。

（3）中位值（x_M）。一组测量数据按大小顺序排列，中间一个数据即为中位数 x_M。当测量值的个数为偶数时，中位数为中间相邻两个测量值的平均值。

（4）准确度和精密度。分析结果的准确度表示测定结果与被测组分的真实值的接近程度。它们之间差别越小，则分析结果越准确，即准确度越高。精密度表示几次平行测定结果相互接近的程度。几次分析结果的数值越接近，分析结果的精密度就越高。精密度是保证准确度的先决条件。精密度差，所测结果不可靠，就失去了衡量准确度的前提。对于实验来说，首先要重视测量数据的精密度。高的精密度不一定能保证高的准确度，但可以找出精密而不准确的原因，而后加以校正，就可以使测量结果既精密又准确。

可用下述打靶子例子来说明精密度与准确度的区别，如图 1-1 所示。

图 1-1(a)中表示精密度和准确度都很好，即精确度高；图 1-1(b)表示精密度很好，但准确度不高；图 1-1(c)表示精密度与准确度都不好。在实际测量中真值不像靶心那样明确，而是需要设法测定的未知量。

（5）误差与偏差。测定结果与真值之间的差值称为误差（E）。误差可用绝对误差（E_a）和相对误差（E_r）表示。绝对误差是测量值（x）与真实值之差，即：

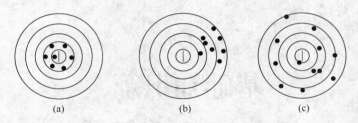

图 1-1　精密度和准确度的关系

$$E_a = x - x_T \tag{1-1}$$

绝对误差是表征准确度的，绝对误差越小，表示测定结果与真实值越接近。

相对误差是测量误差与测量真实值之比，换句话说相对误差是指绝对误差 E_a 在真实值中所占的百分率，即：

$$E_r = \frac{E_a}{x_T} \times 100\% \tag{1-2}$$

由于相对误差能反映误差在真实值中所占比例，因此用相对误差可以表示或比较各种情况下测定结果的准确度。

【例1-1】　测定某铝合金中铝的质量分数为81.18%，已知真实值为81.13%，计算测定结果的绝对误差和相对误差。

解： 绝对误差为　　　　$E_a = x - x_T = 81.18\% - 81.13\% = 0.05\%$

相对误差为　　　　$E_r = \dfrac{E_a}{x_T} \times 100\% = \dfrac{0.05\%}{81.13\%} \times 100\% = 0.062\%$

绝对误差和相对误差都有正值和负值。当误差为正值时，表示测定结果偏高；误差为负值时，表示测定结果偏低。相对误差能反映误差在真实结果中所占的比例，这对于比较在各种情况下测定结果的准确度更为方便，因此最常用。但应注意，有时为了说明一些仪器测量的准确度，用绝对误差更清楚。例如，分析天平的称量误差是 ±0.0002g、常量滴定管的读数误差是 ±0.02mL 等，这些都是用绝对误差来说明的。

在一组多次平行测定的结果中，单次测定值与测定值的平均值的差值称为偏差（d）。精密度的高低常用偏差来衡量。偏差小，测定结果精密度高；偏差大，测定结果精密度低，测定结果不可靠。与误差相似，偏差也有绝对偏差和相对偏差之分。

设一组测量值为 x_1、x_2、$\cdots$、x_n，其算术平均值为 $\bar{x}$，对单次测量值 x_i，其偏差可表示为：

绝对偏差　　　　　　　　　　$d_i = x_i - \bar{x} \tag{1-3}$

相对偏差　　　　　　　　　　$d_r = (d_i/\bar{x}) \times 100\% \tag{1-4}$

由于在几次平行测定中各次测定的偏差有负有正，有些还可能是零，因此为了说明分析结果的精密度，通常以单次测量偏差绝对值的平均值，即平均偏差 $\bar{d}$ 表示。

$$\bar{d} = \frac{|d_1| + |d_2| + \cdots + |d_n|}{n} = \frac{|x_1 - \bar{x}| + |x_2 - \bar{x}| + \cdots + |x_n - \bar{x}|}{n} = \frac{\sum\limits_{i=1}^{n} |x_i - \bar{x}|}{n}$$

标准偏差是各次测量偏差的平方和的平均值再开方。它比平均偏差更灵敏地反映较大偏差的存在。标准偏差越小，这些值偏离平均值就越小，精密度也就越高。

$$S = \sqrt{\frac{\sum\limits_{i=1}^{n}(x_i - \bar{x})^2}{n-1}} \tag{1-5}$$

式中　S——标准偏差；

　　　x_i——单项测定结果；

　　　n——测量次数；

　　　$\bar{x}$——n 次测量结果的平均值；

$(x_i - \bar{x})$——单项测定结果与平均值的绝对偏差。

【例1-2】　有甲、乙两组数据（见表1-1），试比较两组数据的平均偏差和精密度。

表1-1　甲、乙两组数据

序　号	1	2	3	4	5	6	7	8
甲组	0.11	-0.73	0.24	0.51	-0.14	0.00	0.30	-0.21
乙组	0.18	0.26	-0.25	-0.37	0.32	-0.28	0.31	-0.27

解：对于甲组，平均值为：

$$\bar{x} = \frac{\sum x_i}{n} = \frac{0.11 - 0.73 + 0.24 + 0.51 - 0.14 + 0.00 + 0.30 - 0.21}{8} = 0.01$$

因为 $d = x_i - \bar{x}$，所以有：

$d_1 = 0.10$，$d_2 = -0.74$，$d_3 = 0.23$，$d_4 = 0.50$，$d_5 = -0.15$，$d_6 = -0.01$，$d_7 = 0.29$，$d_8 = -0.22$

因此，甲组数据的平均偏差为：

$$\bar{d}_{甲} = \frac{\sum\limits_{i=1}^{n}|x_i - \bar{x}|}{n} = \frac{0.10 + 0.74 + 0.23 + 0.50 + 0.15 + 0.01 + 0.29 + 0.22}{8} = 0.28$$

标准偏差为：

$$S_{甲} = \sqrt{\frac{\sum\limits_{i=1}^{n}(x_i - \bar{x})^2}{n-1}}$$

$$= \sqrt{\frac{0.10^2 + (-0.74)^2 + 0.23^2 + 0.50^2 + (-0.15)^2 + (-0.01)^2 + 0.29^2 + (-0.22)^2}{8-1}} = 0.38$$

对于乙组，平均值为：

$$\bar{x} = \frac{\sum x_i}{n} = \frac{0.18 + 0.26 - 0.25 - 0.37 - 0.32 - 0.28 + 0.31 - 0.27}{8} = 0.01$$

因为 $d = x_i - \bar{x}$，所以有：

$d_1 = 0.17$，$d_2 = 0.25$，$d_3 = -0.26$，$d_4 = -0.38$，$d_5 = 0.31$，$d_6 = -0.29$，$d_7 = 0.30$，

$d_8 = -0.28$

因此，乙组数据的平均偏差为：

$$\bar{d}_乙 = \frac{\sum\limits_{i=1}^{n} |x_i - \bar{x}|}{n} = \frac{0.17 + 0.25 + 0.26 + 0.38 + 0.31 + 0.29 + 0.30 + 0.28}{8} = 0.28$$

标准偏差为：

$$S_乙 = \sqrt{\frac{\sum\limits_{i=1}^{n} (x_i - \bar{x})^2}{n-1}}$$

$$= \sqrt{\frac{0.17^2 + 0.25^2 + (-0.26)^2 + (-0.38)^2 + 0.31^2 + (-0.29)^2 + 0.30^2 + (-0.28)^2}{8-1}} = 0.29$$

可见：$\bar{d}_甲 = \bar{d}_乙$，而 $S_甲 > S_乙$。

甲、乙两组数据的平均偏差相同，但可以明显地看出甲组数据较为分散，因此用平均偏差反映不出这两组数据的好坏。甲组数据的标准偏差明显偏大，因而精密度低。

【例1-3】　分析铁矿石中铁的质量分数，得到如下数据：37.45%，37.20%，37.50%，37.30%，37.25%，计算测定结果的平均值、平均偏差。

解：平均值：$\bar{x} = \dfrac{\sum x_i}{n} = \dfrac{37.45\% + 37.20\% + 37.50\% + 37.30\% + 37.25\%}{5} = 37.34\%$

根据 $d = x_i - \bar{x}$，知各次测量的偏差分别是：$d_1 = 0.11\%$，$d_2 = -0.14\%$，$d_3 = -0.04\%$，$d_4 = 0.16\%$，$d_5 = -0.19\%$

$$平均偏差\ \bar{d} = \frac{\sum\limits_{i=1}^{n} |x_i - \bar{x}|}{n} = \frac{0.11\% + 0.14\% + 0.04\% + 0.16\% + 0.19\%}{5} = 0.13\%$$

【例1-4】　测定某铁矿石试样中 Fe_2O_3 的质量分数，5次平行测定结果分别为62.48%、62.37%、62.47%、62.43%、62.40%。求测定结果的平均值、标准偏差。

解：测定结果的平均值为：

$$\bar{x} = \frac{\sum x_i}{n} = \frac{62.48\% + 62.37\% + 62.47\% + 62.43\% + 62.40\%}{5} = 62.43\%$$

测定结果的标准偏差为：

$$S = \sqrt{\frac{\sum\limits_{i=1}^{n} (x_i - \bar{x})^2}{n-1}} = \sqrt{\frac{0.05\%^2 + (-0.06\%)^2 + (-0.04\%)^2 + 0^2 + (-0.03\%)^2}{5-1}} = 0.05\%$$

（6）极差（R）。极差为一组测量数据中，最大值与最小值的差值。

（7）公差。公差是各行业各部门为了质量管理的需求，对具体的分析样品中的某分析项目设定的分析结果的允许误差。如果分析的结果超出了公差的规定范围，则分析质量不符合要求，称为"超差"。

1.1.2　误差的分类及减免

误差根据其性质和产生的原因，一般分为系统误差、偶然误差和过失误差三类。

（1）系统误差。系统误差是指在测量和实验中由未发觉或未确认的因素所引起的误差。这些因素影响结果永远朝一个方向偏移，其大小及符号在同一组实验测定中完全相同，当实验条件一经确定，系统误差就获得一个客观上的恒定值。当改变实验条件时，就能发现系统误差的变化规律。

系统误差产生的原因主要有以下几点：

1）测量仪器不良，如刻度不准、仪表零点未校正或标准表本身存在偏差等；

2）周围环境的改变，如温度、压力、湿度等偏离校准值；

3）实验人员的习惯和偏向，如读数偏高或偏低等引起的误差。

针对仪器的缺点、外界条件变化影响的大小、个人的偏向，待分别加以校正后，系统误差是可以清除的。

（2）偶然误差。在已消除系统误差的一切量值的观测中，所测数据仍在末一位或末两位数字上有差别，而且它们的绝对值时而大时而小、符号时正时负，没有确定的规律，这类误差称为偶然误差或随机误差。偶然误差产生的原因不明，因而无法控制和补偿。但是，倘若对某一量值作足够多次的等精度测量后，就会发现偶然误差完全服从统计规律，误差的大小或正负的出现完全由概率决定。因此，随着测量次数的增加，随机误差的算术平均值趋近于零，所以多次测量结果的算数平均值将更接近于真值。

（3）过失误差。过失误差是一种显然与事实不符的误差，它往往是由于实验人员粗心大意、过度疲劳和操作不正确等原因引起的。此类误差无规则可寻，只要加强责任感、多方警惕、细心操作，过失误差是可以避免的。

1.1.3　有效数字及其运算规则

定量分析工作中，分析结果总是以一定位数的数字来表示。不是说一个数值中小数点后面位数越多越准确。实验中所读数值的位数是有限的，最后一位数字往往是精度所决定的估计数字。数值准确度大小由有效数字位数来决定。

1.1.3.1　有效数字的概念

"有效数字"是指在分析工作中实际能够测量得到的数字，在保留的有效数字中，只有最后一位数字是可疑的（有 ±1 的误差），其余数字都是准确的。在定量分析中，为得到准确的分析结果，不仅要精确地进行各种测量，还要正确地记录和计算。例如，滴定管读数25.31mL中，25.3是确定的，0.01是可疑的，可能为（25.31 ±0.01）mL。有效数字的位数由所使用的仪器决定，不能任意增加或减少位数。如本例中滴定管的读数不能写成25.310mL。

1.1.3.2　有效数字的位数

（1）0 的意义。在第一个非"0"数字前的所有的"0"都不是有效数字，只作定位，如 0.0352；而在第一个非"0"数字后的所有的"0"都是有效数字，如 1.0006、0.3400。另外，像 3100 这样的数字，一般看成 4 位有效数字，但它可能是 2 位或 3 位有效数字。

（2）对数中有效数字的位数，如 pH、pK_a、lgk 等，其位数取决于小数部分的位置，整数部分只说明这个数的方次。例如，$pH = 9.32$ 为两位有效数字而不是三位。

（3）计算单位需改变时，其有效数字位数不变；对很大或很小的数字，可用 10 的方次表示，其有效数字位数亦不变。

（4）在记录或运算式中的倍数或分数视为无误差数字或无限多位有效数字。

为了清楚地表示数值的精度，明确读出有效数字位数，数值常用指数的形式表示，即写成一个小数与相应 10 的整数幂的乘积。这种以 10 的整数幂来记数的方法称为科学记数法。

1.1.3.3　有效数字运算修约规则

（1）记录测量数值时，只保留一位可疑数字。

（2）数字修约规则。在数据处理过程中，涉及的各测量值的有效数字位数可能不同，因此需要按下面所述的计算规则，确定各测量值的有效数字位数。各测量值的有效数字位数确定之后，就要将它后面多余的数字舍弃。弃去多余数字的过程称为"数字修约"。数字修约通常遵循"四舍六入五成双"的法则。即四舍六入五考虑，当拟舍弃数不大于 4 时舍去，如 $14.531 \rightarrow 14.53$；当拟舍弃数为 6 时进位，如 $25.786 \rightarrow 25.79$；当拟舍弃数字中，若左边的第一个数字等于 5 时，其右边的数字并非全部为零时，则进一，如 $1.0502 \rightarrow 1.1$；若被舍弃的第一位数字等于 5，而其后数字全部为零时，所拟保留的末位数字若为奇数则进一，若为偶数（包括 "0"）时，则不进，例如 $0.4500 \rightarrow 0.4$，$1.0500 \rightarrow 1.0$，$12.2500 \rightarrow 12.2$，$12.3500 \rightarrow 12.4$；若被舍弃的数字包括几位数字时，不得对该数字进行连续修约，而应一次修约，例如 2.154546，只取 3 位有效数字时，应为 2.15，而不得按 $2.154546 \rightarrow 2.15455 \rightarrow 2.1546 \rightarrow 2.155 \rightarrow 2.16$ 连续修约为 2.16。

（3）在加减计算中，各数所保留的位数，应与各数中小数点后位数最少的相同。例如将 24.65、0.0082、1.632 三个数字相加时，应写为 $24.65 + 0.01 + 1.63 = 26.29$。

（4）在乘除运算中，各数所保留的位数，以各数中有效数字位数最少的那个数为准；其结果的有效数字位数亦应与原来各数中有效数字最少的那个数相同。首位数为 "8" 或 "9" 的数据，有效数字位数可以多取一位。例如：$0.0121 \times 25.64 \times 1.05782 = 0.3281823$ 应写成 $0.0121 \times 25.64 \times 1.06 = 0.328$。

（5）在对数计算中，所取对数位数应与真数有效数字位数相同。

（6）对数据进行乘方或开方时，所得结果的有效数字位数保留应与原数据相同。例如：

$6.72^2 = 45.1584$ 保留三位有效数字则为 45.2；

$\sqrt{9.65} = 3.10644\cdots$ 保留三位有效数字则为 3.11。

（7）表示分析方法的精密度和准确度时，大多数取 1～2 位有效数字。

1.2　滴定分析法概述

将已知准确浓度的标准溶液，滴加到被测溶液中（或者将被测溶液滴加到标准溶液中），直到所加的标准溶液与被测物质按化学计量关系定量反应为止，然后测量标准溶液消耗的体积，根据标准溶液的浓度和所消耗的体积，算出待测物质的含量。这种定量分析的方法称为滴定分析法。滴加的溶液称为滴定剂，滴加溶液的操作过程称为滴定。它是一种简便、快速和应用广泛的定量分析方法，在常量分析中有较高的准确度。

1.2.1 滴定分析中的基本概念

（1）化学计量点与滴定终点。滴定分析中，标准溶液与被测物质的反应恰好定量完成时，称反应到达了化学计量点。往往利用指示剂变色（或用其他信号的突变的方法）来判断化学计量点，指示剂变色时，称为到达了滴定终点。终点与化学计量点不一致而引起的误差，称为滴定的终点误差。

（2）滴定反应。滴定分析虽然能利用各种类型的反应，但不是所有反应都可以用于滴定分析。适用于滴定分析的化学反应必须具备下列条件：即反应必须定量进行，无副反应发生，必须具有较快的速度，能用简便的方法确定终点。

（3）标准溶液和基准物质。浓度准确且已知的溶液称为标准溶液，标准溶液的配制方法有直接法和标定法两种。

1）直接法。准确称取一定量的基准物质，经溶解后，定量转移于一定体积容量瓶中，用去离子水（除去了呈离子形式杂质后的纯水）稀释至刻度。根据溶质的质量和容量瓶的体积，即可计算出该标准溶液的准确浓度。

2）标定法。用来配制标准滴定溶液的物质大多数是不能满足基准物质条件的，如 HCl、NaOH、$KMnO_4$、I_2、$Na_2S_2O_3$ 等试剂，它们不适合用直接法配制成标准溶液，需要采用标定法（又称间接法）。这种方法是：先大致配成所需浓度的溶液，然后用基准物质来确定它的准确浓度。有时也可用另一种标准溶液标定，如 NaOH 标准滴定溶液可用已知准确浓度的 HCl 标准滴定溶液标定。

基准物质是可用来直接配制标准溶液或标定标准溶液的物质。基准物质必须满足以下条件：

1）组成恒定并与化学式相符。若含结晶水，例如 $H_2C_2O_4 \cdot 2H_2O$、$Na_2B_4O_7 \cdot 10H_2O$ 等，其结晶水的实际含量也应与化学式严格相符。

2）纯度足够高（达99.9%以上），杂质含量应低于分析方法允许的误差限。

3）性质稳定，不易吸收空气中的水分和 CO_2，不分解，不易被空气所氧化。

4）有较大的摩尔质量，以减小称量时的相对误差。

5）试剂参加滴定反应时，应严格按反应式定量进行，没有副反应。

在滴定分析法中常用的基准物质如表 1-2 所示。

表 1-2　滴定分析法中常用的基准物质

滴定方法	标准溶液	基准物质	特　　点
酸碱滴定	HCl	Na_2CO_3	便宜，易得纯品，易吸湿
		$Na_2B_4O_7 \cdot 10H_2O$	易得纯品，不易吸湿，摩尔质量大，湿度小时会先结晶水
	NaOH	$C_6H_4 \cdot COOH \cdot COOK$	易得纯品，不吸湿，摩尔质量大
		$H_2C_2O_4 \cdot 2H_2O$	便宜，结晶水不稳定，纯度不理想
络合滴定	EDTA	Zn 或 ZnO	纯度高，稳定，既可在 pH = 5~6 应用，又可在 pH = 9~10 应用
氧化还原滴定	$KMnO_4$	$Na_2C_2O_4$	易得纯品，稳定，无显著吸湿
	$K_2Cr_2O_7$	$K_2Cr_2O_7$	易得纯品，非常稳定，可直接配制标准溶液

滴定方法	标准溶液	基准物质	特　点
氧化还原滴定	$Na_2S_2O_3$	$K_2Cr_2O_7$	易得纯品，非常稳定，可直接配制标准溶液
	I_2	升华碘	纯度高，易挥发，水中溶解度很小
		As_2O_3	能得纯品，产品不吸湿，剧毒
	$KBrO_3$	$KBrO_3$	易得纯品，稳定
	$KBrO_3$ + 过量 KBr	$KBrO_3$	—
沉淀滴定	$AgNO_3$	$AgNO_3$	易得纯品，应防止光照及有机物污染
		$NaCl$	易得纯品，易吸湿

（4）滴定方式。滴定分析一般采用直接滴定法。为了扩大滴定分析的应用范围，对于某些不能完全符合滴定分析要求的反应，还经常采用返滴定法、置换滴定法和间接滴定法等进行测定。

1）直接滴定法。所谓直接滴定法，是用标准溶液直接滴定被测物质的一种方法。例如，HCl 可用 NaOH 直接滴定，Fe^{2+} 可用 $K_2Cr_2O_7$ 直接滴定。直接滴定法是最基本和最常用的一种滴定方式。

2）返滴定法。当被测物与滴定剂反应速率缓慢时，可先加入一定量过量的某种试剂（通常是直接法中的滴定剂），采用适当的方式（如加热等）加速反应，待反应完成后，用另一种标准滴定溶液滴定前面反应中剩余的试剂。这种通过测定剩余试剂的量来测定被测物的滴定方式称为返滴定法或剩余滴定法，俗称"回滴"。例如，EDTA（乙二胺四乙酸）与 Al^{3+} 反应很慢，不能用来直接滴定 Al^{3+}。可在待测物中加入一定量过量的 EDTA 标准滴定溶液，加热促使反应进行完全。待溶液冷却后，用另一种 Zn^{2+} 标准滴定溶液滴定剩余的 EDTA。这样，根据两种标准滴定溶液的浓度和体积，即可用差减法间接地求得 Al^{3+} 的量。

某些反应用于直接滴定时无合适的指示剂，也可采用返滴定法。例如，在酸性溶液中用 $AgNO_3$ 滴定 Cl^- 时即无合适的指示剂，这时，可先加入已知过量的 $AgNO_3$ 标准滴定溶液，以 Fe^{3+} 作指示剂，用 NH_4SCN 标准滴定溶液滴定剩余的 Ag^+，生成 AgSCN 沉淀。当溶液出现 Fe（SCN）$_3$ 的红色时，即为终点。值得注意的是，返滴定法并不能提高滴定的准确度，因为它并不能提高反应的完全程度。

3）置换滴定法。某些滴定剂与被测物的反应伴有副反应，使滴定剂与被测物之间的反应不遵循一定的化学计量关系，或者缺乏合适的指示剂等，使得被测物不宜作直接滴定。这时，可采用置换滴定法，即先用某种试剂与被测物反应，定量地生成另一种可以直接滴定的物质，然后再进行滴定。这种滴定方式称为置换滴定法或取代滴定法。例如，$Na_2S_2O_3$ 与 $K_2Cr_2O_7$ 反应时，$Na_2S_2O_3$ 的产物有 $S_4O_6^{2-}$ 和 SO_4^{2-} 等，反应无确定的化学计量关系。因此不能用 $Na_2S_2O_3$ 直接滴定 $K_2Cr_2O_7$，也不能用 $K_2Cr_2O_7$ 滴定 $Na_2S_2O_3$。然而，在酸性溶液中，$K_2Cr_2O_7$ 能与过量的 KI 反应，定量地置换出 I_2，而 $Na_2S_2O_3$ 与 I_2 的反应符合滴定分析的要求。这样，用 $Na_2S_2O_3$ 标准溶液滴定被置换出来的 I_2，就可测出 $K_2Cr_2O_7$ 的量。

4）间接滴定法。某些被测物虽然不能直接与滴定剂反应，然而有时可通过适当的化学反应将其转变成可被滴定的物质，用间接的方法进行滴定，称为间接滴定法。例如，Ca^{2+} 并不能用 $KMnO_4$ 溶液直接滴定，若将其定量地沉淀为 CaC_2O_4，过滤洗净后，溶于稀 H_2SO_4 中，即可用 $KMnO_4$ 标准溶液滴定 $C_2O_4^{2-}$，从而间接地测定出 Ca^{2+} 的量。

1.2.2 滴定分析法的计算

滴定分析的计算包括各溶液浓度的计算、各浓度之间的换算和待测组分含量的计算等几部分。滴定分析中溶液浓度常用的量和单位见表 1-3。

表 1-3 滴定分析中溶液浓度常用的量和单位

量的名称	量的符号	单位	举例
物质的量浓度	c	摩尔每升（mol/L）	c_B：溶质 B 的物质的量浓度
质量浓度	ρ	克每升（g/L）	ρ_B：溶液中溶质 B 的质量浓度
质量摩尔浓度	m	摩尔每千克（mol/kg）	m_B：溶液中溶质 B 的质量摩尔浓度
滴定度	T	克每毫升（g/mL）	$T_{A/B}$：每毫升滴定剂溶液 B 相当于被测物 A 的质量

1.2.2.1 标准溶液浓度的计算

A 直接配制标准溶液的浓度计算

准确称量一定量基准物，溶解定量转移入容量瓶中，加蒸馏水稀释至一定刻度，充分摇匀。根据称取基准物质的质量和容量瓶的体积，计算配制标准溶液的准确浓度。

$$c = \frac{n}{V} = \frac{m/M}{V} \tag{1-6}$$

【例 1-5】 配制 0.02000mol/L 的 $K_2Cr_2O_7$ 标准溶液 250.0mL，需称取 $K_2Cr_2O_7$ 多少克？

解： 已知 $M_{K_2Cr_2O_7} = 294.2 g/mol$

$$m = n \cdot M = c \cdot V \cdot M$$
$$= 0.02000 \times 0.2500 \times 294.2 = 1.471g$$

B 用标定法标定溶液的计算

有很多物质不能直接用来配制标准溶液，可将其先配制成一种近似于所需浓度的溶液，然后用基准物质（或已经用基准物质标定过的标准溶液）来标定它的准确浓度。例如，欲配制 0.1mol/L 的 HCl 标准溶液，可先用浓 HCl 稀释配制成浓度约为 0.1mol/L 的稀溶液，然后再称取一定量的基准物质（如硼砂）进行标定，或者用已知准确浓度的 NaOH 标准溶液进行标定，这样便可求得 HCl 标准溶液的准确浓度。

【例 1-6】 用基准无水碳酸钠标定 HCl 溶液的浓度，称取 0.2023g Na_2CO_3，滴定至终点时消耗 HCl 溶液 37.70mL，计算 HCl 溶液的浓度。

解： 已知 $M_{Na_2CO_3} = 105.99 g/mol$，因为

$$Na_2CO_3 + 2HCl \rule[0.5ex]{2em}{0.4pt} 2NaCl + CO_2 \uparrow + H_2O$$

所以　$c(\text{HCl}) = 2(m/M_{\text{Na}_2\text{CO}_3})/V_{\text{HCl}} = 2 \times (0.2023/105.99)/37.70 \times 10^{-3}$
$$= 0.1012\text{mol/L}$$

【例1-7】　准确量取 30.00mL HCl 溶液，用 0.09026mol/L 的 NaOH 溶液滴定，到达化学计量点时消耗 NaOH 溶液的体积为 32.93mL，计算 HCl 溶液的浓度。

　　解：根据　$\text{NaOH} + \text{HCl} =\!=\!= \text{NaCl} + \text{H}_2\text{O}$，可知
$$c(\text{HCl})V_{\text{HCl}} = c(\text{NaOH})V_{\text{NaOH}}$$

所以　　　　　　　　$c(\text{HCl}) = 0.09026 \times 32.93/30.00 = 0.09908\text{mol/L}$

C　物质的量浓度与滴定度之间的换算

【例1-8】　HCl 标准溶液的浓度为 0.09908mol/L，它对 NaOH 的滴定度 $T_{\text{HCl/NaOH}}$（g/mL）为多少？

　　解：已知 $M_{\text{NaOH}} = 40.00\text{g/mol}$，根据 $\text{HCl} + \text{NaOH} =\!=\!= \text{NaOH} + \text{H}_2\text{O}$，可知
$$T_{\text{HCl/NaOH}} = 0.09908 \times 1.00 \times 10^{-3} \times 40.00 = 0.00396\text{g/mL}$$

1.2.2.2　待测组分含量的计算

A　待测物的物质的量 n_A 与滴定剂的物质的量 n_B 的关系

在滴定分析法中，设待测物质 A 与滴定剂 B 直接发生作用，反应式如下：
$$a\text{A} + b\text{B} \rightleftharpoons c\text{C} + d\text{D}$$

当达到化学计量点时，a（mol）的 A 物质恰好与 b（mol）的 B 物质作用完全，则 n_A 与 n_B 之比等于它们的化学计量数之比，即
$$n_A : n_B = a : b$$

即　　　　　　　　　　　　$n_A = \dfrac{a}{b} n_B$　　　　　　　　　　　　　（1-7）

浓度高的溶液稀释为浓度低的溶液，存在式（1-8）所示关系：
$$c_1 V_1 = c_2 V_2 \qquad\qquad\qquad (1\text{-}8)$$

式中　c_1，V_1——稀释前某溶液的浓度和体积；
　　　　c_2，V_2——稀释后所需溶液的浓度和体积。

实际应用中，常用基准物质标定溶液的浓度，而基准物往往是固体，因此必须准确称取基准物的质量 m，溶解后再用于标定待测溶液的浓度。例如，采用基准物质无水 Na_2CO_3 标定 HCl 溶液的浓度时，反应式为：
$$2\text{HCl} + \text{Na}_2\text{CO}_3 =\!=\!= 2\text{NaCl} + \text{H}_2\text{CO}_3$$

根据式（1-7）得到：
$$n_{\text{HCl}} = 2n_{\text{Na}_2\text{CO}_3}$$

待测物溶液的体积为 V_A，浓度为 c_A，到达化学计量点时消耗了浓度为 c_B 的滴定剂的体积为 V_B，则
$$c_A V_A = \dfrac{a}{b} c_B V_B$$

【例1-9】　用硼砂（$\text{Na}_2\text{B}_4\text{O}_7 \cdot 10\text{H}_2\text{O}$）标定 HCl 溶液（浓度大约为 0.1mol/L），希望用去的 HCl 溶液为 25mL 左右，应称取硼砂多少克？

　　解：因为滴定反应为：$\text{Na}_2\text{B}_4\text{O}_7 \cdot 10\text{H}_2\text{O} + 2\text{HCl} =\!=\!= 4\text{H}_3\text{BO}_3 + 2\text{NaCl} + 5\text{H}_2\text{O}$

所以有：$m_{硼砂} = \dfrac{a}{b} V_{HCl} c_{HCl} M_{硼砂} = \dfrac{1}{2} \times 25 \times 10^{-3} \times 0.1 \times 381.4 = 0.4768 \approx 0.5g$

B　待测物含量的计算

若称取试样的质量为 m_S，测得待测物的质量为 m_A，则待测物 A 的质量分数为：

$$w(A) = \frac{m_A}{m_S} \times 100\% \tag{1-9}$$

【例 1-10】　发烟硫酸（$SO_3 + H_2SO_4$）1.000g，需 0.5710mol/L 的 NaOH 标准溶液 35.90mL 才能中和。求试样中两组分的质量分数。

解：滴定反应为：

$$SO_3 + 2NaOH \xlongequal{\quad} Na_2SO_4 + H_2O$$

$$H_2SO_4 + 2NaOH \xlongequal{\quad} Na_2SO_4 + 2H_2O$$

设试样中含 SO_3 的质量为 $x(g)$，则：

$$\frac{x}{80.06} = \frac{a}{b} V_{NaOH(SO_3)} \cdot c(NaOH) = \frac{1}{2} \times V_{NaOH(SO_3)} \times 0.5710 \tag{1-10}$$

$$\frac{1.000 - x}{98.08} = \frac{a}{b} V_{NaOH(H_2SO_4)} \cdot c(NaOH) = \frac{1}{2} \times V_{NaOH(H_2SO_4)} \times 0.5710 \tag{1-11}$$

联立式（1-10）和式（1-11）得：

$$\frac{x}{80.06} + \frac{1.000 - x}{98.08} = \frac{1}{2} \times 35.90 \times 10^{-3} \times 0.5710$$

$$x = 0.02342g$$

所以有：

$$w(SO_3) = \frac{0.02342}{1.000} \times 100\% = 2.342\%$$

$$w(H_2SO_4) = 97.66\%$$

【例 1-11】　分析不纯的 $CaCO_3$（其中不含分析干扰物）时，称取试样 0.3000g，加入 0.2500mol/L 的 HCl 标准溶液 25.00mL 煮沸除去 CO_2，用 0.2012mol/L 的 NaOH 溶液滴定过量的酸，消耗了 5.84mL。计算试样中 $CaCO_3$ 的百分含量。

解：$w(CaCO_3) = \dfrac{n(CaCO_3) \cdot M_{CaCO_3}}{m_S} \times 100\% = \dfrac{\frac{1}{2} n(HCl) \cdot M_{CaCO_3}}{m_S} \times 100\%$

$$= \frac{\frac{1}{2}(0.2500 \times 25.00 - 0.2012 \times 5.84) \times 100.1}{0.3000 \times 1000} \times 100\%$$

$$= 84.7\%$$

【例 1-12】　称取工业纯碱试样 0.2648g，用 0.2000mol/L 的 HCl 标准溶液滴定，用甲基橙为指示剂，消耗 HCl 溶液 24.00mL，求纯碱的纯度为多少？

解：根据　$2HCl + Na_2CO_3 \xrightleftharpoons{\quad} 2NaCl + H_2CO_3$，可知

$$n_{HCl} = 2n_{Na_2CO_3}$$

所以有：

$$w(Na_2CO_3) = \frac{\frac{1}{2} c_{HCl} V_{HCl} M_{Na_2CO_3}}{m_S} \times 100\%$$

$$= \dfrac{\dfrac{1}{2} \times 0.2000 \times 24.00 \times 105.99}{0.2648 \times 1000} \times 100\%$$

$$= 96.06\%$$

习　题

1-1　将下列数据修约为两位有效数字：

3.667，3.651，3.650，3.550，3.649，$pK_a = 3.664$

1-2　根据有效数字运算规则进行计算。

(1)　$2.776 + 36.5789 - 0.2397 + 6.34$；

(2)　$3.675 \times 0.0045 - 6.7 \times 10^{-2} + 0.036 \times 0.27$；

(3)　$\dfrac{50.00 \times (27.80 - 24.39) \times 0.1167}{1.3245}$。

1-3　将 10mg 的 NaCl 溶于 100mL 水中，请用 c、w 表示溶液中 NaCl 的含量。

1-4　测定某镍合金镍的含量，六次平行测定的结果是 34.25%、34.35%、34.22%、34.18%、34.29%、34.40%，计算：

(1)　平均值、中位值、平均偏差、相对平均偏差、标准偏差；

(2)　若已知镍的标准含量为 34.33%，计算以上结果的绝对误差和相对误差。

1-5　称取基准物 Na_2CO_3 0.1580g，标定 HCl 溶液的浓度。已知消耗该 HCl 溶液 24.80mL，此 HCl 溶液的浓度为多少？

1-6　$T_{NaOH/HCl} = 0.003462g/mL$ 的 HCl 溶液，其物质的量浓度 $c(HCl)$ 为多少？

1-7　用硼砂（$Na_2B_4O_7 \cdot 10H_2O$）0.4709g 标定 HCl 溶液，滴定至化学计量点时，消耗 25.20mL，问 $c(HCl)$ 为多少？

（提示：$Na_2B_4O_7 + 2HCl + 5H_2O \Longrightarrow 4H_3BO_3 + 2NaCl$）

1-8　不纯 $CaCO_3$ 0.2500g 试样中不含干扰测定的组分。加入 25.00mL 0.2600mol/L 的 HCl 溶解，煮沸除去 CO_2，用 0.2450mol/L 的 NaOH 溶液返滴过量酸，消耗 6.50mL。计算试样中 $CaCO_3$ 的质量分数。

　化学滴定分析方法

滴定分析法以化学反应为基础，根据所发生的化学反应的不同，滴定分析一般可分为酸碱滴定法、配位滴定法、氧化还原滴定法、沉淀滴定法四大类。

（1）酸碱滴定法。它是以酸、碱之间质子传递反应为基础的一种滴定分析法，可用于测定酸、碱和两性物质。其基本反应为：

$$H^+ + OH^- \longrightarrow H_2O$$

（2）配位滴定法。它是以配位反应为基础的一种滴定分析法，可对金属离子进行测定。若采用 EDTA 作配位剂，其反应为：

$$M^{n+} + Y^{4-} =\!=\!= MY^{(n-4)-}$$

式中，M^{n+} 表示金属离子；Y^{4-} 表示 EDTA 的阴离子。

（3）氧化还原滴定法。它是以氧化还原反应为基础的一种滴定分析法，可对具有氧化还原性质的物质或某些不具有氧化还原性质的物质进行测定，如重铬酸钾法测定铁，其反应如下：

$$Cr_2O_7^{2-} + 6Fe^{2+} + 14H^+ \longrightarrow 2Cr^{3+} + 6Fe^{3+} + 7H_2O$$

（4）沉淀滴定法。它是以沉淀生成反应为基础的一种滴定分析法，可对 Ag^+、CN^-、SCN^- 及类卤素等离子进行测定。如银量法，其反应如下：

$$Ag^+ + Cl^- \longrightarrow AgCl \downarrow$$

2.1　酸碱滴定法

酸碱滴定是以酸碱反应为基础的滴定分析方法。作为标准物质的滴定剂应选用强酸或强碱，如 HCl、NaOH 等。待测的是具有适当强度的酸碱物质，如 NaOH、NH_3、Na_2CO_3、HAc、H_3PO_4 和 HCl 等。

在酸碱滴定中，溶液的 pH 值随着标准物质的滴入而改变，根据滴定过程中溶液 pH 值的变化规律，选择合适的指示剂，就能正确地指示滴定终点。根据酸碱平衡原理，通过计算，以溶液的 pH 值为纵坐标，所滴入的滴定剂的物质的量或体积为横坐标，可以绘制出酸碱滴定曲线。该曲线能展示滴定过程中 pH 值的变化规律。酸碱滴定曲线非常有用，它可以帮助我们正确选择指示剂。

2.1.1　酸碱滴定法概述

2.1.1.1　水溶液中的酸碱离解平衡

A　酸碱质子理论

根据酸碱质子理论，凡是能给出质子（H^+）的物质就是酸；凡是能接受质子的物质就是碱。这种理论不仅适用于以水为溶剂的体系，而且也适用于非水溶剂体系。

按照酸碱质子理论，当酸失去一个质子而形成的碱称为该酸的共轭碱；而碱获得一个质子后就生成了该碱的共轭酸。由得失一个质子而发生共轭关系的一对酸碱称为共轭酸碱

对，也可直接称为酸碱对，即

$$酸 \Longleftrightarrow 质子 + 碱$$

例如：

$$HAc \Longleftrightarrow H^+ + Ac^-$$

HAc 是 Ac^- 的共轭酸，Ac^- 是 HAc 的共轭碱。类似的例子还有：

$$酸 \qquad 碱$$
$$H_2CO_3 \Longleftrightarrow HCO_3^- + H^+$$
$$HCO_3^- \Longleftrightarrow CO_3^{2-} + H^+$$
$$NH_4^+ \Longleftrightarrow NH_3 + H^+$$
$$H_6Y^{2+} \Longleftrightarrow H_5Y^+ + H^+$$

由此可见，酸碱可以是阳离子、阴离子，也可以是中性分子。

上述各个共轭酸碱对的质子得失反应，称为酸碱半反应，而酸碱半反应是不可能单独进行的，酸在给出质子同时必定有另一种碱来接受质子。

酸（如 HAc）在水中存在如下平衡：

$$HAc(酸1) + H_2O(碱2) \Longleftrightarrow H_3O^+(酸2) + Ac^-(碱1) \tag{2-1}$$

碱（如 NH_3）在水中存在如下平衡：

$$NH_3(碱1) + H_2O(酸2) \Longleftrightarrow NH_4^+(酸1) + OH^-(碱2) \tag{2-2}$$

可见，HAc 的水溶液之所以能表现出酸性，是由于 HAc 和水溶剂之间发生了质子转移反应。NH_3 的水溶液之所以能表现出碱性，也是由于它与水溶剂之间发生了质子转移的反应。前者水是碱，后者水是酸。

对上述两个反应通常可以用最简便的反应式来表示，即

$$HAc \Longleftrightarrow H^+ + Ac^-$$
$$NH_3 \cdot H_2O \Longleftrightarrow NH_4^+ + OH^-$$

B　酸碱离解过程

a　水的质子自递作用

由式（2-1）与式（2-2）可知，水分子具有两性作用。也就是说，一个水分子可以从另一个水分子中夺取质子而形成 H_3O^+ 和 OH^-，即

$$H_2O(碱1) + H_2O(酸2) \Longleftrightarrow H_3O^+(酸1) + OH^-(碱2)$$

水分子之间存在的质子的传递作用，称为水的质子自递作用。这个作用的平衡常数称为水的质子自递常数，用 K_w 表示，即

$$K_w = [H_3O^+][OH^-] \tag{2-3}$$

水合质子 H_3O^+ 也常常简写作 H^+，因此水的质子自递常数常简写为

$$K_w = [H^+][OH^-] \tag{2-4}$$

这个常数就是水的离子积，在 25℃时约等于 10^{-14}。于是

$$K_w = 10^{-14}, \quad pK_w = -\lg K_w = 14$$

b　酸碱离解常数

酸碱反应进行的程度可以用反应的平衡常数（K_t）来衡量。对于酸 HA 而言，其在水溶液中的离解反应是：

$$HA + H_2O \Longleftrightarrow H_3O^+ + A^-$$

平衡常数为：

$$K_a = \frac{[H^+][A^-]}{[HA]} \tag{2-5}$$

在稀溶液中，溶剂 H_2O 的活度取为1。平衡常数 K_a 称为酸的离解常数，它是衡量酸强弱的参数。K_a 越大，表明该酸的酸性越强。在一定温度下 K_a 是一个常数，它仅随温度的变化而变化。

与此类似，对于碱 A^- 而言，它在水溶液中的离解反应是：

$$A^- + H_2O \Longrightarrow HA + OH^-$$

平衡常数为：

$$K_b = \frac{[HA][OH^-]}{[A^-]} \tag{2-6}$$

K_b 是衡量碱强弱的尺度，称为碱的离解常数。

根据式(2-5)和式(2-6)，共轭酸碱对的 K_a、K_b 值之间满足

$$K_a K_b = \frac{[H_3O^+][A^-]}{[HA]} \times \frac{[HA][OH^-]}{[A^-]} = [H_3O^+][OH^-] = K_w \tag{2-7}$$

或

$$pK_a + pK_b = pK_w \tag{2-8}$$

因此，对于共轭酸碱对来说，如果酸的酸性越强（即 pK_a 越大），则其对应共轭碱的碱性越弱（即 pK_b 越小）；反之，酸的酸性越弱（即 pK_a 越小），其对应共轭碱的碱性则越强（即 pK_b 越大）。

C　酸碱反应实质

酸碱反应是酸、碱离解反应或水的质子自递反应的逆反应，其反应的平衡常数称为酸碱反应常数，用 K_t 表示。对于强酸与强碱的反应来说，其反应实质为：

$$H^+ + OH^- \Longrightarrow H_2O$$

$$K_t = \frac{1}{[H^+][OH^-]} = \frac{1}{K_w} = 10^{14}$$

强碱与弱酸的反应实质为：

$$HA + OH^- \Longrightarrow A^- + H_2O$$

$$K_t = \frac{[A^-]}{[HA][OH^-]} = \frac{1}{K_{b(A^-)}} = \frac{K_{a(HA)}}{K_w}$$

强酸与弱碱的反应实质为：

$$A^- + H^+ \Longrightarrow HA$$

$$K_t = \frac{[HA]}{[H^+][A^-]} = \frac{1}{K_{a(HA)}} = \frac{K_{b(A^-)}}{K_w}$$

因此，在水溶液中，强酸与强碱之间反应的平衡常数 K_t 最大，反应最完全；而其他类型的酸碱反应的平衡常数 K_t 取决于相应的 K_a 与 K_b 值。

D　酸度与酸的浓度

酸度与酸的浓度在概念上是完全不同的。酸度是指溶液中 H^+ 的浓度或活度，常用 pH 表示；而酸的浓度则是指单位体积溶液中所含某种酸的物质的量（mol），包括未解离的与已解离的酸的浓度。

同样，碱度与碱的浓度在概念上也是完全不同的。碱度一般用 pH 表示，有时也用 pOH 表示。

在实际应用过程中，一般用 c_B 表示酸或碱的浓度，而用 [　] 表示酸或碱的平衡浓度。

2.1.1.2　酸碱水溶液中 H^+ 浓度的计算

（1）酸碱水溶液中 H^+ 浓度的计算公式及使用条件见表 2-1。

表 2-1　常见酸碱水溶液计算 [H^+] 的计算公式及使用条件

溶液		计算公式	使用条件（允许误差 5%）
强酸	近似式	$[H^+] = c_a$	$c_a \geq 10^{-6}\,mol/L$
		$[H^+] = \sqrt{K_w}$	$c_a < 10^{-8}\,mol/L$
	精确式	$[H^+] = \dfrac{1}{2}(c_a + \sqrt{c_a^2 + 4K_w})$	$10^{-6}\,mol/L \geq c_a \geq 10^{-8}\,mol/L$
一元弱酸	近似式	$[H^+] = \dfrac{1}{2}(-K_a + \sqrt{K_a^2 + 4c_a K_a})$	$c_a K_a \geq 20K_w$
	最简式	$[H^+] = \sqrt{c_a K_a}$	$c_a K_a \geq 20K_w$，且 $c_a/K_a \geq 500$
二元弱酸	近似式	$[H^+] = \dfrac{1}{2}(-K_{a_1} + \sqrt{K_{a_1}^2 + 4c_a K_{a_1}})$	$c_a K_{a_1} \geq 20K_w$，且 $2K_{a_2}/\sqrt{c_a K_{a_1}} \gg 1$
	最简式	$[H^+] = \sqrt{c_a K_{a_1}}$	$c_a K_{a_1} \geq 20K_w$，$c/K_{a_1} \geq 500$，且 $2K_{a_2}/\sqrt{c_a K_{a_1}} \gg 1$
两性物质	酸式盐 近似式	$[H^+] = \sqrt{c_a K_{a_1} K_{a_2}/(K_{a_1} + c_a)}$	$c_a K_{a_2} \geq 20K_w$
	酸式盐 最简式	$[H^+] = \sqrt{K_{a_1} K_{a_2}}$	$c_a K_{a_2} \geq 20K_w$ 且 $c_a \geq 20K_{a_1}$
	弱酸弱碱盐 近似式	$[H^+] = \sqrt{K_a K_a' c_a/(K_a + c_a)}$	$c_a K_a' \geq 20K_w$
	弱酸弱碱盐 最简式	$[H^+] = \sqrt{K_a K_a'}$	$c_a \geq 20K_a$
缓冲溶液	最简式	$[H^+] = \dfrac{c_a}{c_b} \cdot K_a$	c_a、c_b 较大（即 $c_a \gg [OH^-] - [H^+]$，$c_b \gg [H^+] - [OH^-]$）

注：1. 缓冲溶液是指能够抵御外加少量酸、碱或者稀释，而本身 pH 值保持稳定的溶液。酸碱缓冲溶液大都是具有一定浓度共轭酸碱对的溶液，如 $HAc - NaAc$、$NH_3 \cdot H_2O - NH_4Cl$ 等。

2. K_a' 为弱碱的共轭酸的离解常数；K_a 为弱酸的离解常数；c_a、c_b 分别为 HA 及其共轭碱 A^- 的浓度。

（2）酸碱水溶液中 H^+ 浓度计算示例。

【例 2-1】　分别计算 $c(HCl) = 0.039\,mol/L$、$c(HCl) = 2.6 \times 10^{-7}\,mol/L$ 的 HCl 溶液的 pH 值。

解：（1）因为 $c(HCl) = 0.039\,mol/L \gg 1.0 \times 10^{-6}\,mol/L$，所以可采用表 2-1 中强酸对应的近似式计算，即

$$[H^+] = c(HCl) = 0.039\,mol/L$$

$$pH = -lg0.039 = 1.41$$

（2）$c(HCl) = 2.6 \times 10^{-7}\,mol/L$ 的 HCl 溶液浓度太稀，其满足条件

$$10^{-6}\,mol/L \geq c(HCl) \geq 10^{-8}\,mol/L$$

所以需考虑水的离解，应采用精确式计算，即

$$[H^+] = \frac{1}{2}(c + \sqrt{c^2 + 4K_w})$$

所以　　$[H^+] = \frac{1}{2} \times [2.6 \times 10^{-7} + \sqrt{(2.6 \times 10^{-7})^2 + 4 \times 10^{-14}}] = 2.9 \times 10^{-7} \text{mol/L}$

$$pH = -\lg[H^+] = -\lg 2.9 \times 10^{-7} = 6.53$$

【例2-2】　分别计算 $c(HAc) = 0.083 \text{mol/L}$、$c(HAc) = 3.4 \times 10^{-4} \text{mol/L}$ 的 HAc 溶液的 pH 值。（$pK_a(HAc) = 4.76$）

解：（1）当 $c(HAc) = 0.083 \text{mol/L}$ 时，因为

$$\frac{c}{K_a} = \frac{0.083}{10^{-4.76}} = 4.8 \times 10^3 > 500$$

且　　　　　　$cK_a = 0.083 \times 10^{-4.76} = 1.4 \times 10^{-6} > 20K_w$

因此可以使用最简式计算。即

$$[H^+] = \sqrt{cK_a}$$

所以　　　　　$[H^+] = \sqrt{0.083 \times 10^{-4.76}} = 1.2 \times 10^{-3} \text{mol/L}$

$$pH = -\lg 1.2 \times 10^{-3} = 2.92$$

（2）当 $c(HAc) = 3.4 \times 10^{-4} \text{mol/L}$ 时，因为

$$\frac{c}{K_a} = \frac{3.4 \times 10^{-4}}{10^{-4.76}} = 20 < 500$$

且　　　　　　$cK_a = 3.4 \times 10^{-4} \times 10^{-4.76} = 5.9 \times 10^{-9} > 20K_w$

因此应该使用近似计算式。即

$$[H^+] = \frac{1}{2}(-K_a + \sqrt{K_a^2 + 4cK_a})$$

所以　　$[H^+] = \frac{1}{2} \times [-10^{-4.76} + \sqrt{(10^{-4.76})^2 + 4 \times 3.4 \times 10^{-4} \times 10^{-4.76}}]$

$$= 6.9 \times 10^{-5} \text{mol/L}$$

$$pH = -\lg 6.9 \times 10^{-5} = 4.16$$

【例2-3】　试计算 $c(Na_2CO_3) = 0.31 \text{mol/L}$ 的 Na_2CO_3 水溶液的 pH 值。

解：CO_3^{2-} 在水溶液中是一种二元弱碱，其对应的共轭酸 H_2CO_3 的离解常数为：

$$pK_{a_1} = 6.38, \quad pK_{a_2} = 10.25$$

则由式（2-8）可得弱碱 CO_3^{2-} 的离解常数。

$$pK_{b_1} = 14 - pK_{a_2} = 14 - 10.25 = 3.75$$

$$pK_{b_2} = 14 - pK_{a_1} = 14 - 6.38 = 7.62$$

因为　　　　　$cK_{b_1} = 0.20 \times 10^{-3.75} \gg 20K_w$

且　　　　　　$\frac{c}{K_{b_1}} = \frac{0.31}{10^{-3.75}} = 1.7 \times 10^3 \gg 500$

因此可以使用最简式：　　　　$[OH^-] = \sqrt{K_{b_1} c(CO_3^{2-})}$

所以
$$[OH^-] = \sqrt{0.31 \times 10^{-3.75}} = 7.4 \times 10^{-3} mol/L$$
$$pOH = -\lg 7.4 \times 10^{-3} = 2.13$$
$$pH = 14 - 2.13 = 11.87$$

2.1.2 酸碱指示剂

酸碱滴定分析中，确定滴定终点的方法有仪器法与指示剂法两类。

仪器法主要是利用滴定体系或滴定产物的电化学性质的改变，用仪器（比如 pH 计）检测滴定终点。常见的仪器法有电位滴定法、电导滴定法等。

指示剂法是借助加入的酸碱指示剂在化学计量点附近的颜色的变化来确定滴定终点的。这种方法简单、方便，是确定滴定终点的基本方法。以下仅介绍酸碱指示剂法。

2.1.2.1 指示剂的作用原理

酸碱指示剂是在某一特定 pH 值区间，随介质酸度条件的改变颜色明显变化的物质。常用的酸碱指示剂一般是一些有机弱酸或弱碱，当溶液 pH 值改变时，酸碱指示剂获得质子转化为酸式，或失去质子转化为碱式，由于指示剂的酸式与碱式具有不同的结构因而具有不同的颜色。下面以最常用的甲基橙、酚酞为例来说明。

甲基橙是一种有机弱碱，也是一种双色指示剂，它在溶液中的离解平衡可表示为：

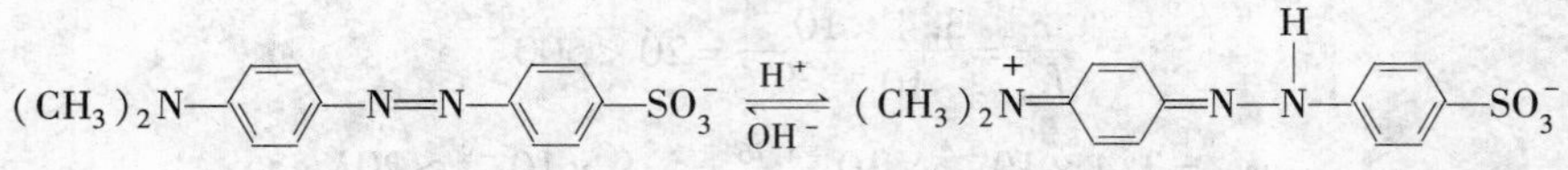

由平衡关系式可以看出：当溶液中 $[H^+]$ 增大时，反应向右进行，此时甲基橙主要以醌式存在，溶液呈红色；当溶液中 $[H^+]$ 降低，而 $[OH^-]$ 增大时，反应向左进行，甲基橙主要以偶氮式存在，溶液呈黄色。

酚酞是一种有机弱酸，它在溶液中的电离平衡如下所示：

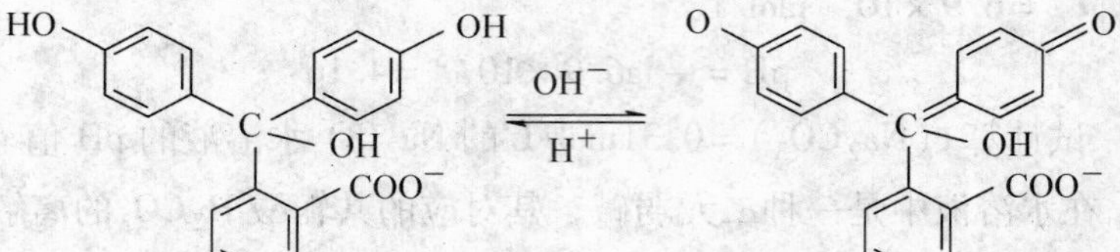

在酸性溶液中，平衡向左移动，酚酞主要以羟式存在，溶液无色；在碱性溶液中，平衡向右移动，酚酞主要以醌式存在，因此溶液呈红色。

由此可见，当溶液的 pH 值发生变化时，由于指示剂结构的变化，颜色也随之发生变化，因而可通过酸碱指示剂颜色的变化来确定酸碱滴定的终点。

2.1.2.2 变色范围和变色点

若以 HIn 代表酸碱指示剂的酸式（其颜色称为指示剂的酸式色），其离解产物 In⁻ 就代表酸碱指示剂的碱式（其颜色称为指示剂的碱式色），则离解平衡可表示为：

$$HIn \Longrightarrow H^+ + In^-$$

当离解达到平衡时：

$$K_{HIn} = \frac{[H^+][In^-]}{[HIn]}$$

则
$$\frac{[In^-]}{[HIn]} = \frac{K_{HIn}}{[H^+]} \tag{2-9}$$

或
$$pH = pK_{HIn} + lg\frac{[In^-]}{[HIn]} \tag{2-10}$$

溶液的颜色决定于指示剂碱式与酸式的浓度比值，即$\frac{[In^-]}{[HIn]}$值。对一定的指示剂而言，在指定条件下K_{HIn}是常数。因此，由式(2-9)可以看出，$\frac{[In^-]}{[HIn]}$值只决定于$[H^+]$，$[H^+]$不同时，$\frac{[In^-]}{[HIn]}$数值就不同，溶液将呈现不同的色调。

一般说来，当一种形式的浓度为另一种形式浓度 10 倍以上时，人眼则通常只看到较浓形式物质的颜色，即$\frac{[In^-]}{[HIn]} \leqslant \frac{1}{10}$，看到的是 HIn 的颜色（即酸式色）。此时，由式(2-10)得：

$$pH \leqslant pK_{HIn} + lg\frac{1}{10} = pK_{HIn} - 1$$

当$\frac{[In^-]}{[HIn]} \geqslant \frac{10}{1}$，看到的是 In⁻ 的颜色（即碱式色）。此时，由式(2-10)得：

$$pH \geqslant pK_{HIn} + lg\frac{10}{1} = pK_{HIn} + 1$$

当$\frac{[In^-]}{[HIn]}$在$\frac{1}{10} \sim \frac{10}{1}$时，看到的是酸式色与碱式色复合后的颜色。

因此，当溶液的 pH 值由$pK_{HIn} - 1$向$pK_{HIn} + 1$逐渐改变时，理论上人眼可以看到指示剂由酸式色逐渐过渡到碱式色。这种理论上可以看到的引起指示剂颜色变化的 pH 间隔，称为指示剂的理论变色范围。

当指示剂中酸式的浓度与碱式的浓度相同时（即$[HIn] = [In^-]$），溶液便显示指示剂酸式与碱式的混合色。由式（2-10）可知，此时溶液的 pH = pK_{HIn}，该点称为指示剂的理论变色点。

理论上说，指示剂的变色范围都是 2 个 pH 单位，例如，甲基红 $pK_{HIn} = 5.0$，所以甲基红的理论变色范围为 pH = 4.0 ~ 6.0。但指示剂的变色范围不是根据 pK_{HIn} 计算出来的，而是依据人眼观察出来的。由于人眼对各种颜色的敏感程度不同，加上两种颜色之间的相互影响，因此实际观察到的各种指示剂的变色范围（见表 2-2）并不都是 2 个 pH 单位，而是略有上下。

2.1.2.3 影响指示剂变色范围的因素

（1）温度。指示剂的变色范围和指示剂的离解常数 K_{HIn} 有关，而 K_{HIn} 与温度有关，因此当温度改变时，指示剂的变色范围也随之改变。表 2-3 列出了几种常见指示剂在 18℃ 与

100℃时的变色范围。

表 2-2   几种常用酸碱指示剂在室温下水溶液中的变色范围

指示剂	变色范围（pH）	颜色变化	pK_{HIn}	指示溶液质量浓度 /g·L^{-1}	用量/滴·（10mL）$^{-1}$
百里酚蓝	1.2~2.8	红—黄	1.7	1g/L 的 20% 乙醇溶液	1~2
甲基黄	2.9~4.0	红—黄	3.3	1g/L 的 90% 乙醇溶液	1
甲基橙	3.1~4.4	红—黄	3.4	0.5g/L 的水溶液	1
溴酚蓝	3.0~4.6	黄—紫	4.1	1g/L 的 20% 乙醇溶液或其钠盐水溶液	1
溴甲酚绿	4.0~5.6	黄—蓝	4.9	1g/L 的 20% 乙醇溶液或其钠盐水溶液	1~3
甲基红	4.4~6.2	红—黄	5.0	1g/L 的 60% 乙醇溶液或其钠盐水溶液	1
溴百里酚蓝	6.2~7.6	黄—蓝	7.3	1g/L 的 20% 乙醇溶液或其钠盐水溶液	1
中性红	6.8~8.0	红—黄橙	7.4	1g/L 的 60% 乙醇溶液	1
苯酚红	6.8~8.4	黄—红	8.0	1g/L 的 60% 乙醇溶液或其钠盐水溶液	1
酚酞	8.0~10.0	无色—红	9.1	5g/L 的 90% 乙醇溶液	1~3
百里酚蓝	8.0~9.6	黄—蓝	8.9	1g/L 的 20% 乙醇溶液	1~4
百里酚酞	9.4~10.6	无色—蓝	10.0	1g/L 的 90% 乙醇溶液	1~2

表 2-3   温度对指示剂变色范围的影响

指示剂	变色范围（pH）		指示剂	变色范围（pH）	
	18℃	100℃		18℃	100℃
百里酚蓝	1.2~2.8	1.2~2.6	甲基红	4.4~6.2	4.0~6.0
甲基橙	3.1~4.4	2.5~3.7	酚红	6.4~8.0	6.6~8.2
溴酚蓝	3.0~4.6	3.0~4.5	酚酞	8.0~10.0	8.0~9.2

由表 2-3 可以看出，温度上升对各种指示剂的影响是不一样的。因此，为了确保滴定结果的准确性，滴定分析宜在室温下进行，如果必须在加热时进行，也应当将标准溶液在同样条件下进行标定。

（2）指示剂用量。指示剂的用量（或浓度）是一个非常重要的因素。对于双色指示剂（如甲基红），在溶液中有如下离解平衡：

$$HIn \Longrightarrow H^+ + In^-$$

如果溶液中指示剂的浓度较小，则在单位体积溶液中 HIn 的量也少，加入少量标准溶液即可使之完全变为 In$^-$，因此指示剂颜色变化灵敏；反之，若指示剂浓度较大时，则发生同样的颜色变化所需标准溶液的量也较多，从而导致滴定终点时颜色变化不敏锐。所以，双色指示剂的用量以小为宜。

同理，对于单色指示剂（如酚酞），也是指示剂的用量偏少时，滴定终点变色敏锐。但如用单色指示剂滴定至一定 pH 值，则必须严格控制指示剂的浓度。因为单色指示剂的颜色深度仅取决于有色离子的浓度（对酚酞来说就是碱式 $[In^-]$），即

$$[In^-] = \frac{K_{HIn}}{[H^+]}[HIn]$$

如果 $[H^+]$ 维持不变，在指示剂变色范围内，溶液的颜色便随指示剂 HIn 浓度的增加而加深。因此，使用单色指示剂时必须严格控制指示剂的用量，使其在终点时的浓度等于对照溶液中的浓度。此外，指示剂本身是弱酸或弱碱，也要消耗一定量的标准溶液。因此，指示剂用量以少为宜，但也不能太少，否则，由于人眼辨色能力的限制，无法观察到溶液颜色的变化。实际滴定过程中，通常都是使用指示剂浓度为 1g/L 的溶液，用量比例为每 10mL 试液滴加 1 滴左右的指示剂溶液（见表 2-2）。

（3）离子强度。指示剂的 pK_{HIn} 值随溶液离子强度的不同而有少许变化，因而指示剂的变色范围也随之有稍许偏移。实验证明，溶液离子强度增加，对酸性指示剂而言其 pK_{HIn} 值减小；对碱性指示剂而言其 pK_{HIn} 值增大。表 2-4 列出了一些常用指示剂的 pK_{HIn} 值随溶液离子强度变化而变化的关系。

表 2-4　常用指示剂在不同离子强度时的 pK_{HIn} 值

指示剂	指示剂酸碱性	pK_{HIn}（20℃，水溶液）		
		离子强度		
		0	0.1	0.5
甲基黄	碱性	3.25（18℃）	3.24	3.40
甲基橙	碱性	3.46	3.46	3.46
甲基红	酸性	5.00	5.00	5.00
溴甲酚绿	酸性	4.90	4.66	4.50
溴甲酚紫	酸性	6.40	6.12	5.90
溴酚蓝	酸性	4.10（15℃）	3.85	3.75
溴百里酚蓝	酸性	7.30（15～30℃）	7.10	6.90
氯酚红	酸性	6.25	6.00	5.90
甲酚红	酸性	8.46（30℃）	8.25	—
酚红	酸性	8.00	7.81	7.60

由于在离子强度较低（<0.5）时，酸碱指示剂的 pK_{HIn} 值随溶液离子强度的不同而变化不大，因而实际滴定过程中一般可以忽略不计。

（4）滴定程序。由于深色较浅色明显，所以当溶液由浅色变为深色时，人眼容易辨别。比如，以甲基橙作指示剂，用碱标液滴定酸时，终点颜色的变化是由橙红变黄，它就不及用酸标液滴定碱时终点颜色由黄变橙红来得明显。所以用酸标准溶液滴定碱时可用甲基橙作指示剂；而用碱标准溶液滴定酸时，一般采用酚酞作指示剂，因为终点从无色变为红色比较敏锐。

2.1.2.4　混合指示剂

由于指示剂具有一定的变色范围，因此只有当溶液 pH 值的改变超过一定数值，也就

是说只有在酸碱滴定的化学计量点附近 pH 值发生突跃时，指示剂才能从一种颜色突然变为另一种颜色。但在某些酸碱滴定中，由于化学计量点附近 pH 值突跃小，使用单一指示剂确定终点无法达到所需要的准确度，这时可考虑采用混合指示剂。

混合指示剂是利用颜色之间的互补作用，使变色范围变窄，从而使终点时颜色变化敏锐。它的配制方法一般有以下两种：

(1) 由两种或多种指示剂混合而成。例如溴甲酚绿（$pK_{HIn} = 4.9$）与甲基红（$pK_{HIn} = 5.0$）指示剂，前者当 pH < 4.0 时呈黄色（酸式色），pH > 5.6 时呈蓝色（碱式色）；后者当 pH < 4.4 时呈红色（酸式色），pH > 6.2 时呈浅黄色（碱式色）。当它们按一定比例混合后，两种颜色混合在一起，酸式色便成为酒红色（即红稍带黄），碱式色便成为绿色。当 pH = 5.1，也就是溶液中酸式与碱式的浓度大致相同时，溴甲酚绿呈绿色而甲基红呈橙色，两种颜色互为互补色，从而使得溶液呈现浅灰色，因此变色十分敏锐。

(2) 在某种指示剂中加入一种惰性染料（其颜色不随溶液 pH 值的变化而变化），由于颜色互补使变色敏锐，但变色范围不变。

常用的混合指示剂见表 2-5。

表 2-5　几种常见的混合指示剂

指示剂溶液的组成	变色时 pH 值	颜色		备注
		酸式色	碱式色	
1 份 0.1% 甲基黄乙醇溶液 1 份 0.1% 次甲基蓝乙醇溶液	3.25	蓝紫	绿	pH = 3.2，蓝紫色； pH = 3.4，绿色
1 份 0.1% 甲基橙水溶液 1 份 0.25% 靛蓝二磺酸水溶液	4.1	紫	黄绿	
1 份 0.1% 溴甲酚绿钠盐水溶液 1 份 0.2% 甲基橙水溶液	4.3	橙	蓝绿	pH = 3.5，黄色； pH = 4.05，绿色； pH = 4.3，浅绿
3 份 0.1% 溴甲酚绿乙醇溶液 1 份 0.2% 甲基红乙醇溶液	5.1	酒红	绿	
1 份 0.1% 溴甲酚绿钠盐水溶液 1 份 0.1% 氯酚红钠盐水溶液	6.1	黄绿	蓝绿	pH = 5.4，蓝绿色； pH = 5.8，蓝色； pH = 6.0，蓝带紫； pH = 6.2，蓝紫
1 份 0.1% 中性红乙醇溶液 1 份 0.1% 次甲基蓝乙醇溶液	7.0	紫蓝	绿	pH = 7.0，紫蓝
1 份 0.1% 甲酚红钠盐水溶液 3 份 0.1% 百里酚蓝钠盐水溶液	8.3	黄	紫	pH = 8.2，玫瑰红； pH = 8.4，清晰的紫色
1 份 0.1% 百里酚蓝 50% 乙醇溶液 3 份 0.1% 酚酞 50% 乙醇溶液	9.0	黄	紫	从黄到绿，再到紫
1 份 0.1% 酚酞乙醇溶液 1 份 0.1% 百里酚酞乙醇溶液	9.9	无色	紫	pH = 9.6，玫瑰红； pH = 10，紫色
2 份 0.1% 百里酚酞乙醇溶液 1 份 0.1% 茜素黄 R 乙醇溶液	10.2	黄	紫	

2.1.3 酸碱滴定过程

2.1.3.1 强酸（碱）的滴定

下面以 0.1000mol/L 的 NaOH 溶液滴定 20.00mL、0.1000mol/L 的 HCl 溶液为例，介绍整个滴定过程中溶液 pH 值的变化情况及其滴定曲线。

A 滴定过程 pH 值的计算

经分析，整个滴定过程显然可以分成四个阶段，各阶段的 pH 值计算如下。

（1）滴定前：因为 $c(\text{HCl}) = 0.1000\text{mol/L}$，而 HCl 是强酸，所以

$$c(\text{H}^+) = c(\text{HCl}) = 0.1000\text{mol/L}, \text{pH} = 1.0$$

（2）滴定开始至化学计量点前：

$$c(\text{H}^+) = c(\text{HCl})_{剩余} = \frac{n_{剩余\text{HCl}}}{V_总} = \frac{n_{原有\text{HCl}} - n_{反应\text{HCl}}}{V_总}$$

$$= \frac{20.00 \times 0.1000 - 0.1000 \times V_{\text{NaOH}}}{V_{\text{HCl}} + V_{\text{NaOH}}} = \frac{0.1000(20.00 - V_{\text{NaOH}})}{20.00 + V_{\text{NaOH}}}$$

例如，当 $V_{\text{NaOH}} = 19.80$ 时，

$$c(\text{H}^+) = \frac{0.1000 \times 0.20}{39.80} = 5.0 \times 10^{-4}\text{mol/L}, \text{pH} = 3.3$$

当 $V_{\text{NaOH}} = 19.98$ 时，

$$c(\text{H}^+) = \frac{0.1000 \times 0.02}{39.98} = 5.0 \times 10^{-5}\text{mol/L}, \text{pH} = 4.3$$

（3）化学计量点时：由于生成了强酸强碱盐 NaCl，所以溶液的 pH = 7.0。

（4）化学计量点后：

$$c(\text{OH}^-) = c(\text{NaOH})_{过量} = \frac{n_{加入\text{NaOH}} - n_{反应\text{NaOH}}}{V_总}$$

$$= \frac{0.1000 \times V_{\text{NaOH}} - 20.00 \times 0.1000}{V_{\text{NaOH}} + V_{\text{HCl}}} = \frac{0.1000(V_{\text{NaOH}} - 20.00)}{20.00 + V_{\text{NaOH}}}$$

当 $V_{\text{NaOH}} = 20.02$ 时，

$$c(\text{OH}^-) = \frac{0.1000 \times 0.02}{40.02} = 5.0 \times 10^{-5}\text{mol/L}, \text{pH} = 9.7$$

当 $V_{\text{NaOH}} = 20.20$ 时，

$$c(\text{OH}^-) = \frac{0.1000 \times 0.2}{40.20} = 5.0 \times 10^{-4}\text{mol/L}, \text{pH} = 10.7$$

现将以上四个阶段的计算结果列于表 2-6 中。

表 2-6 0.1000mol/L 的 NaOH 溶液滴定 20.00mL、0.1000mol/L 的 HCl 溶液的 pH 值

加入 NaOH 溶液		剩余 HCl 溶液的体积 V/mL	过量 NaOH 溶液的体积 V/mL	pH 值
滴定度/%	体积 V/mL			
0	0.00	20.00		1.00
90.0	18.00	2.00		2.28

加入 NaOH 溶液		剩余 HCl 溶液 的体积 V/mL	过量 NaOH 溶液 的体积 V/mL	pH 值
滴定度/%	体积 V/mL			
99.0	19.80	0.20		3.30
99.9	19.98	0.02		4.30A
100.0	20.00	0.00		7.00 }滴定突跃
100.1	20.02		0.02	9.70B
101.0	20.20		0.20	10.70
110.0	22.00		2.00	11.70
200.0	40.00		20.00	12.50

注:滴定度 = $\dfrac{\text{滴定剂加入的物质的量}}{\text{待测物起始的物质的量}}$ ×100%。

B　强碱滴定强酸的滴定曲线绘制及指示剂选择

以滴定剂的加入量 V 为横坐标、对应的 pH 值为纵坐标绘制的 pH-V 关系曲线,称为酸碱滴定曲线。以溶液的 pH 值为纵坐标,以 NaOH 的加入量(或滴定百分数)为横坐标,绘制的曲线称为强碱滴定强酸的滴定曲线,如图 2-1 所示。

从图 2-1 可见,滴定开始时曲线比较平坦,这是因为溶液中还存在着较多的 HCl,酸度较大。随着 NaOH 不断滴入,HCl 的量逐渐减少,pH 值逐渐增大。当滴定至只剩下 0.1% HCl,即剩余 0.02mL HCl 时,pH 为 4.3。再继续滴入 1 滴滴定剂(大约 0.04mL),即中和剩余的半滴 HCl 后,仅过量 0.02mL NaOH,而溶液的 pH 值从 4.3 急剧升高到 9.7。因此,1 滴溶液就使溶液 pH 值增加 5 个多 pH 单位,从表 2-6 和图

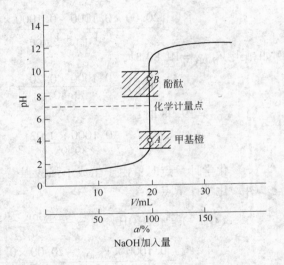

图 2-1　0.1000mol/L 的 NaOH 滴定 20.00mL、0.1000mol/L 的 HCl 的滴定曲线

2-1 的 A 至 B 点可知,在化学计量点前后 0.1%,滴定曲线上急剧上升的线段,这称为滴定突跃。

指示剂的选择要以滴定突跃为依据。对于在 pH = 4.3 ~ 9.7 内变色的,如甲基橙、甲基红、酚酞、溴百里酚蓝、苯酚红等,均能作为此类滴定的指示剂。例如,若采用甲基橙为指示剂,当滴定至甲基橙由红色变为橙色时,溶液的 pH 值约为 4.4,这时加入 NaOH 的量与化学计量点时应加入量的差值不足 0.02mL,终点误差小于 -0.1%,符合滴定分析的要求。若改用酚酞为指示剂,溶液呈微红色时 pH 值略大于 8.0,此时 NaOH 的加入量超过化学计量点时应加入的量也不到 0.02mL,终点误差也小于 -0.1%,仍然符合滴定分析的要求。因此,指示剂的选择原则是:变色范围全部或部分处于滴定突跃范围内的指示剂,都能够准确地指示终点。可见,指示剂的变色范围越窄,越容易插入滴定突跃范围内,有利于提高指示剂变

色的灵敏度。

　　C　酸碱浓度与滴定突跃的关系

　　以上滴定,酸、碱浓度均为 0.1000mol/L,如果改变酸、碱溶液的浓度,化学计量点的 pH 值仍然是 7.0,但滴定突跃的长短却不同,如图 2-2 所示。

　　从图 2-2 可知,滴定剂溶液的浓度越大,则化学计量点附近的滴定突跃就越大,可供选择的指示剂就越多。

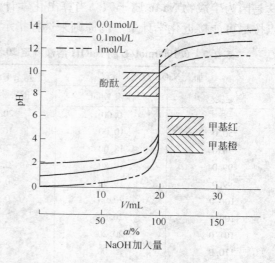

图 2-2　不同浓度 NaOH 溶液滴定不同浓度 HCl 溶液的滴定曲线

2.1.3.2　强碱滴定弱酸

　　下面以 0.1000mol/L 的 NaOH 溶液滴定 20.00mL、0.1000mol/L 的 HAc 溶液为例,介绍整个滴定过程中溶液 pH 值的变化情况及其滴定曲线。

　　A　滴定过程 pH 值的计算

　　(1)滴定前:$c(H^+) = \sqrt{c(HOAc)K_{HOAc}} = \sqrt{0.1000 \times 1.8 \times 10^{-5}} = 1.35 \times 10^{-3} mol/L$

$$pH = 2.87$$

　　(2)化学计量点前:因为组成了 $HAc - Ac^-$ 的缓冲溶液,所以

$$pH = pK_{HOAc} + lg\frac{c(OAc^-)}{c(HOAc)} = 4.75 + lg\frac{0.1000 \times V_{NaOH}}{20.00 \times 0.1000 - 0.1000 \times V_{NaOH}}$$

$$= 4.75 + lg\frac{V_{NaOH}}{20.00 - V_{NaOH}}$$

例如,当 $V_{NaOH} = 19.80$ 时,$pH = 4.75 + lg\frac{19.80}{0.2} = 6.74$;当 $V_{NaOH} = 19.98$ 时,$pH = 4.75 + lg\frac{19.98}{0.02} = 7.7$。

　　(3)化学计量点时:$c(OH^-) = \sqrt{c(OAc^-) - K_{OAc^-}} = \sqrt{0.05 \times \frac{K_w}{K_{HOAc}}}$

$$= \sqrt{\frac{0.05 \times 10^{-14}}{1.8 \times 10^{-5}}} = 5.3 \times 10^{-6} mol/L$$

$$pH = 8.72$$

　　(4)化学计量点后:计算方法与强碱滴定强酸相同。

　　现将以上四个阶段的计算结果列于表 2-7 中。

　　B　强碱滴定弱酸的滴定曲线

　　以溶液的 pH 值为纵坐标,以 NaOH 的加入量(或滴定百分数)为横坐标,绘制的曲线称为强碱滴定弱酸的滴定曲线,见图 2-3 中的 I 线。

　　从图 2-3 可见,化学计量点前 pH 值变化较缓,这是因为构成了 HAc - NaAc 缓冲溶液。滴定突跃范围为 pH = 7.70 ~ 9.70,比强碱滴定强酸的滴定突跃小很多,可供选择的

指示剂减少，此时甲基橙已不能作为指示剂。化学计量点时，溶液呈碱性（pH = 8.72），这是因为生成物 NaAc 属于碱。当算出化学计量点的 pH 值时，也可以根据指示剂的变色点按尽可能接近化学计量点的原则来选择指示剂。

表 2-7　0.1000mol/L 的 NaOH 溶液滴定 20.00mL、0.1000mol/L 的 HAc 溶液的 pH 值

加入 NaOH 溶液		剩余 HAc 溶液 的体积 V/mL	过量 NaOH 溶液 的体积 V/mL	pH 值
滴定度/%	体积 V/mL			
0	0.00	20.00		2.87
50.0	10.00	10.00		4.74
90.0	18.00	2.00		5.70
99.0	19.80	0.20		6.74
99.9	19.98	0.02		7.70 A
100.0	20.00	0.00		8.72
100.1	20.02		0.02	9.70 B
101.0	20.20		0.20	10.70
110.0	22.00		2.00	11.70
200.0	40.00		20.00	12.50

（pH 值栏 7.70 A 至 9.70 B 之间标注：滴定突跃）

同浓度强碱滴定不同弱酸时，弱酸的 K_a 越小，滴定突跃范围就越小，见图 2-3 中的 Ⅱ 线和 Ⅲ 线。在强碱浓度和弱酸浓度都不同时，强碱滴定弱酸的滴定突跃范围大小取决于弱酸的浓度 c_a 与强度 K_a 的乘积，c_a 与 K_a 的乘积越大，则滴定突跃就越大。如果 c_a 与 K_a 的乘积过小，就会因滴定突跃太小而找不到合适的指示剂，以至无法进行准确的酸碱滴定。通常认为，强碱能够直接、准确滴定弱酸的判据是：$c_a \cdot K_a \geqslant 10^{-8}$。

2.1.3.3　强酸滴定弱碱

强酸滴定弱碱的 pH 值计算与强碱滴定弱酸相似，化学计量点时溶液呈酸性（pH = 5.28），滴定曲线与强碱滴定弱酸呈反向对称，如图 2-4 所示。

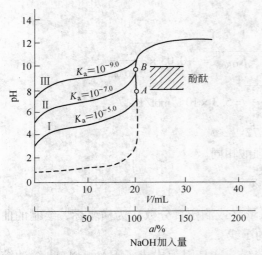

图 2-3　NaOH 溶液滴定不同弱酸溶液的滴定曲线

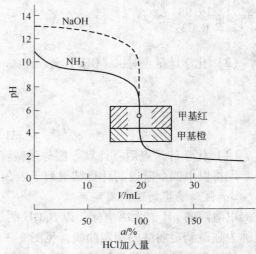

图 2-4　0.1000mol/L 的 HCl 溶液滴定 20.00mL、0.1000mol/L 的 NH₃ 溶液的滴定曲线

此时，变色点处在 pH = 5.28 附近的指示剂较为适合，如甲基红、甲基橙等，而酚酞已不适合；强酸能够直接、准确滴定弱碱的判据为：$c_b \cdot K_b \geqslant 10^{-8}$。

2.1.4　酸碱滴定法的应用

酸碱滴定法在生产实际中应用极为广泛，许多酸、碱物质包括一些有机酸（或碱）物质均可用酸碱滴定法进行测定。对于一些极弱酸或极弱碱，部分也可在非水溶液中进行测定，也可用线性滴定法进行测定，有些非酸（碱）性物质，还可以用间接酸碱滴定法进行测定。

实际上，酸碱滴定法除广泛应用于化工产品主成分含量的测定外，还广泛应用于钢铁及某些原材料中 C、S、P、Si 与 N 等元素的测定，以及有机合成工业与医药工业中的原料、中间产品和成品等的分析测定，甚至现行国家标准中，如化学试剂、化工产品、食品添加剂、水质标准、石油产品等凡涉及酸度、碱度项目测定的，也多数采用酸碱滴定法。

下面列举几个实例，简要叙述酸碱滴定法在某些方面的应用。

2.1.4.1　工业硫酸的测定

工业硫酸是一种重要的化工产品，也是一种基本的工业原料，广泛应用于化工、轻工、制药及国防科研等部门中，在国民经济中占有非常重要的地位。

纯硫酸是一种无色透明的油状黏稠液体，密度约为 1.84g/mL，常用的纯硫酸中 H_2SO_4 的质量分数为 98.3%，其物质的量浓度为 18.4mol/L。硫酸是一种高沸点、难挥发的强酸，易溶于水，能以任意比与水混溶。浓硫酸溶解时放出大量的热，因此浓硫酸稀释时应该"酸入水，沿器壁，慢慢倒，不断搅"。若浓硫酸中继续通入三氧化硫，则会产生"发烟"现象，因此超过 98.3% 的硫酸称为"发烟硫酸"。

硫酸是一种强酸，可用 NaOH 标准溶液滴定，滴定反应为：

$$H_2SO_4 + 2NaOH = \!\!=\!\!= Na_2SO_4 + 2H_2O$$

滴定硫酸一般可选用甲基橙、甲基红等指示剂，大多数情况使用甲基红 – 亚甲基蓝混合指示剂，用 NaOH 标准溶液滴定溶液为灰绿色为滴定终点，其质量分数 $w(H_2SO_4)$ 的计算公式为：

$$w(H_2SO_4) = \frac{c(NaOH)V_{NaOH} \times \frac{1}{2} \times M(H_2SO_4)}{m_S \times 1000} \times 100\% \qquad (2\text{-}11)$$

式中　$w(H_2SO_4)$ ——工业硫酸试样中 H_2SO_4 的质量分数（数值以% 表示）；

$c(NaOH)$ ——NaOH 标准滴定溶液的浓度，mol/L；

V_{NaOH} ——消耗 NaOH 标准溶液的体积，mL；

m_S ——称取 H_2SO_4 试样的质量，g；

$M(H_2SO_4)$ ——H_2SO_4 的摩尔质量，为 98.08g/mol。

在滴定分析时，由于硫酸具有强腐蚀性，因此称取和使用硫酸试样时，严禁溅出。硫酸稀释时会放出大量的热，使得试样溶液温度变高，需冷却后才能转移至容量瓶中稀释或进行滴定分析。硫酸试样的称取量由硫酸的密度和大致含量及 NaOH 标准滴定溶液的浓度来决定。

2.1.4.2　混合碱的测定

混合碱的组分主要有 NaOH、Na$_2$CO$_3$、NaHCO$_3$，由于 NaOH 与 NaHCO$_3$ 不可能共存，因此混合碱的组成或者为三种组分中任一种，或者为 NaOH 与 Na$_2$CO$_3$ 的混合物，或者为 Na$_2$CO$_3$ 与 NaHCO$_3$ 的混合物。若是单一组分的化合物，用 HCl 标准溶液直接滴定即可；若是两种组分的混合物，则一般可用氯化钡法与双指示剂法进行测定。

A　氯化钡法

a　NaOH 与 Na$_2$CO$_3$ 混合物的测定

准确称取一定量试样，溶解后稀释至一定体积，移取两等份相同体积的试液分别作如下测定。

第一份试液用甲基橙作指示剂，以 HCl 标准溶液滴定至溶液变为红色时，溶液中的 NaOH 与 Na$_2$CO$_3$ 完全被中和，所消耗 HCl 标准溶液的体积记为 V_1(mL)。

第二份试液中先加入稍过量的 BaCl$_2$，使 Na$_2$CO$_3$ 完全转化成 BaCO$_3$ 沉淀。在沉淀存在的情况下，用酚酞作指示剂，以 HCl 标准滴定溶液滴定至溶液变为无色时，溶液中的 NaOH 完全被中和，所消耗 HCl 标准滴定溶液的体积记为 V_2(mL)。

显然，与溶液中 NaOH 反应的 HCl 标准滴定溶液的体积为 V_2，因此

$$w(\mathrm{NaOH}) = \frac{c(\mathrm{HCl}) V_2 \times 40.00}{m_\mathrm{S} \times 1000} \times 100\% \tag{2-12}$$

而与溶液中 Na$_2$CO$_3$ 反应的 HCl 标准滴定溶液的体积为 $V_1 - V_2$，因此

$$w(\mathrm{Na_2CO_3}) = \frac{\frac{1}{2}c(\mathrm{HCl}) \times (V_1 - V_2) \times 106.0}{m_\mathrm{S} \times 1000} \times 100\% \tag{2-13}$$

式中　$w(\mathrm{NaOH}), w(\mathrm{Na_2CO_3})$——试样中 NaOH、Na$_2CO_3$ 的质量分数；

m_S——称取试样的质量，g；

40.00——NaOH 的摩尔质量，g/mol；

106.0——Na$_2$CO$_3$ 的摩尔质量，g/mol。

b　Na$_2$CO$_3$ 与 NaHCO$_3$ 混合物的测定

对于这种情况来说，同样是准确称取一定量试样，溶解后稀释至一定体积，移取两等份相同体积的试液分别作如下测定。

第一份试样溶液仍以甲基橙作指示剂，用 HCl 标准滴定溶液滴定至溶液变为红色时，溶液中的 Na$_2$CO$_3$ 与 NaHCO$_3$ 全部被中和，所消耗 HCl 标准滴定溶液的体积记为 V_1(mL)。

第二份试样溶液中先准确加入过量的已知准确浓度 NaOH 标准溶液 V(mL)，使溶液中的 NaHCO$_3$ 全部转化成 Na$_2$CO$_3$，然后再加入稍过量的 BaCl$_2$ 将溶液中的 CO$_3^{2-}$ 沉淀为 BaCO$_3$。在沉淀存在的情况下，以酚酞为指示剂，用 HCl 标准滴定溶液返定过量的 NaOH 溶液。待溶液变为无色时，表明溶液中过量的 NaOH 全部被中和，所消耗的 HCl 标准滴定溶液的体积记为 V_2(mL)。

显然，使溶液中 NaHCO$_3$ 转化成 Na$_2$CO$_3$ 所消耗的 NaOH 即为溶液中 NaHCO$_3$ 的毫摩尔量，因此

$$w(\text{NaHCO}_3) = \frac{[c(\text{NaOH})V - c(\text{HCl})V_2] \times 84.01}{m_S \times 1000} \times 100\% \qquad (2\text{-}14)$$

与溶液中的 Na_2CO_3 反应的 HCl 标准滴定溶液的体积则为总体积 V_1 减去 NaHCO_3 所消耗之体积，因此

$$w(\text{Na}_2\text{CO}_3) = \frac{\{c(\text{HCl})V_1 - [c(\text{NaOH})V - c(\text{HCl})V_2]\} \times \frac{1}{2} \times 106.0}{m_S \times 1000} \times 100\% \qquad (2\text{-}15)$$

式中　84.01——NaHCO_3 的摩尔质量，g/mol。

B　双指示剂的方法

双指示剂法测定混合碱时，无论组成如何，方法均是相同的，具体操作如下：准确称取一定量试样，用蒸馏水溶解后先以酚酞为指示剂，用 HCl 标准滴定溶液滴定至溶液粉红色消失，记下 HCl 标准滴定溶液所消耗的体积 V_1(mL)。此时，存在于溶液中的 NaOH 全部被中和，而 Na_2CO_3 则被中和为 NaHCO_3。然后在溶液中加入甲基橙指示剂，继续用 HCl 标准溶液滴定至溶液由黄色变为橙红色，记下又用去的 HCl 标准滴定溶液的体积 V_2(mL)。显然，V_2 是滴定溶液中 NaHCO_3（包括溶液中原本存在的 NaHCO_3 与 Na_2CO_3 被中和所生成的 NaHCO_3）所消耗的体积。由于 Na_2CO_3 被中和到 NaHCO_3 与 NaHCO_3 被中和到 H_2CO_3 所消耗的 HCl 标准滴定溶液的体积是相等的。因此，有如下判别式：

（1）$V_1 > V_2$：这表明溶液中有 NaOH 存在，因此，混合碱由 NaOH 与 Na_2CO_3 组成，且将溶液中的 Na_2CO_3 中和到 NaHCO_3 所消耗的 HCl 标准滴定溶液的体积为 V_2，所以

$$w(\text{Na}_2\text{CO}_3) = \frac{c(\text{HCl})V_2 \times 106.0}{m_S \times 1000} \times 100\% \qquad (2\text{-}16)$$

将溶液中的 NaOH 中和成 NaCl 所消耗的 HCl 标准滴定溶液的体积为 $V_1 - V_2$，所以

$$w(\text{NaOH}) = \frac{c(\text{HCl})(V_1 - V_2) \times 40.00}{m_S \times 1000} \times 100\% \qquad (2\text{-}17)$$

（2）$V_1 < V_2$：这表明溶液中有 NaHCO_3 存在，因此，混合碱由 Na_2CO_3 与 NaHCO_3 组成，且将溶液中的 Na_2CO_3 中和到 NaHCO_3 所消耗的 HCl 标准滴定溶液的体积为 V_1，所以

$$w(\text{Na}_2\text{CO}_3) = \frac{c(\text{HCl})V_1 \times 106.0}{m_S \times 1000} \times 100\% \qquad (2\text{-}18)$$

将溶液中的 NaHCO_3 中和成 H_2CO_3 所消耗的 HCl 标准滴定溶液的体积为 $V_2 - V_1$，所以

$$w(\text{NaHCO}_3) = \frac{c(\text{HCl})(V_2 - V_1) \times 84.01}{m_S \times 1000} \times 100\% \qquad (2\text{-}19)$$

氯化钡法与双指示剂法相比，前者操作上虽然稍麻烦，但由于测定时 CO_3^{2-} 被沉淀，所以最后的滴定实际上是强酸滴定强碱，因此结果反而比双指示剂法准确。

2.1.4.3　硼酸的测定

硼酸的酸性太弱（$pK_a = 9.24$），不能用碱直接滴定。实际测定时一般是在硼酸溶液中加入多元醇（如甘露醇或甘油），使之与硼酸反应，生成络合酸：

$$2 \begin{array}{c} \text{H} \\ | \\ \text{R—C—OH} \\ | \\ \text{R—C—OH} \\ | \\ \text{H} \end{array} + 3H_3BO_3 = \begin{array}{c} \text{H} \quad\quad\quad \text{H} \\ | \quad\quad\quad | \\ \text{R—C—O} \quad \text{O—C—R} \\ \quad\quad \diagdown \quad \diagup \\ \quad\quad\quad \text{B} \\ \quad\quad \diagup \quad \diagdown \\ \text{R—C—O} \quad \text{O—C—R} \\ | \quad\quad\quad | \\ \text{H} \quad\quad\quad \text{H} \end{array} + 3H_2O$$

此络合酸的酸性较强，其 $pK_a = 4.26$，可用 NaOH 直接滴定。

2.1.4.4　铵盐中氮的测定

肥料、土壤以及某些有机化合物常常需要测定其中氮的含量，通常是先将样品经过适当的处理，使其中的各种含氮化合物全部转化为氨态氮，然后进行测定。常用的测定方法有蒸馏法与甲醛法。

A　蒸馏法

准确称取一定量的含铵试样，置于蒸馏瓶中，加入过量浓 NaOH，加热，将 NH$_3$ 蒸馏出来。

$$(NH_4)_2SO_4 + 2NaOH(浓) = Na_2SO_4 + 2H_2O + 2NH_3\uparrow$$

蒸馏出来的 NH$_3$ 用过量的 HCl 标准溶液来吸收。

$$NH_3 + HCl = NH_4Cl$$

剩余标准 HCl 溶液的量，再用标准 NaOH 溶液滴定，以甲基红为指示剂，则试样中氮的含量为：

$$w(N) = \frac{[c(HCl)V_{HCl} - c(NaOH)V_{NaOH}] \times 14.01}{m_S \times 1000} \times 100\% \qquad (2-20)$$

式中　　　　　　14.01——氮的摩尔质量，g/mol；

$c(NaOH)$，$c(HCl)$——标准碱与标准酸溶液的浓度，mol/L；

V_{NaOH}，V_{HCl}——消耗标准碱与标准酸的体积，mL；

m_S——氨试样质量，g。

也可用 H$_3$BO$_3$ 溶液吸收 NH$_3$，然后用 HCl 标准滴定溶液滴定 H$_3$BO$_3$ 吸收液，选甲基红为指示剂。反应为：

$$NH_3 + H_3BO_3 = NH_4BO_2 + H_2O$$

$$HCl + NH_4BO_2 + H_2O = NH_4Cl + H_3BO_3$$

由于 H$_3$BO$_3$ 是极弱的酸，不影响测定，因此作为吸收剂，只需保证过量即可。此法的优点是只需一种标准溶液，且不需特殊的仪器。

有机氮化物需要在 CuSO$_4$ 的催化下，用浓 H$_2$SO$_4$ 消化分解使其转化为 NH$_4^+$，然后再用蒸馏法测定。这种方法称之为凯氏定氮法。

B　甲醛法

甲醛与铵盐反应，生成质子化的六亚甲基四胺和 H$^+$：

$$4NH_4^+ + 6HCHO = (CH_2)_6N_4H^+ + 3H^+ + 6H_2O$$

由于 $(CH_2)_6N_4H^+$ 的 $pK_a = 5.15$，因此它能用 NaOH 标准溶液滴定且它们之间的化学计量关系为 1:1，反应式为：

$$(CH_2)_6N_4H^+ + 3H^+ + 4OH^- \Longrightarrow (CH_2)_6N_4 + 4H_2O$$

通常采用酚酞作指示剂。如果试样中含有游离酸，则应先以甲基红作指示剂，用 NaOH 将其中和，然后再测定。

2.1.4.5　氟硅酸钾法测定 SiO_2 含量

硅酸盐试样中 SiO_2 含量的测定，一般是采用重量法。重量法虽然准确度高，但太费时，因此目前生产上各种试样中 SiO_2 含量的例行分析，采用氟硅酸钾容量法，其方法如下所述。

硅酸盐试样用 KOH 或 NaOH 熔融，使之转化为可溶性硅酸盐，如 K_2SiO_3。K_2SiO_3 在过量 KCl、KF 的存在下与 HF（HF 有剧毒，必须在通风橱中操作）作用，生成微溶的氟硅酸钾（K_2SiF_6），其反应如下：

$$K_2SiO_3 + 6HF \Longrightarrow K_2SiF_6 \downarrow + 3H_2O$$

将生成的 K_2SiF_6 沉淀过滤。由于 K_2SiF_6 在水中的溶解度较大，为防止其溶解损失，将其用 KCl 乙醇溶液洗涤。然后用 NaOH 溶液中和溶液中未洗净的游离酸，随后加入沸水使 K_2SiF_6 水解，生成 HF，反应如下：

$$K_2SiF_6 + 3H_2O \Longrightarrow 2KF + H_2SiO_3 + 4HF$$

水解生成的 HF 可用 NaOH 标准溶液滴定，从而计算出试样中 SiO_2 的含量。由于 1mol 的 K_2SiF_6 释放出 4mol 的 HF，也即消耗 4mol 的 NaOH，因此试样中的 SiO_2 与 NaOH 的化学计量关系为 $\dfrac{1}{4}$，所以试样中 SiO_2 含量的计算公式为：

$$w(SiO_2) = \frac{c(NaOH) V_{NaOH} \times \dfrac{1}{4} \times 60.084}{m_S \times 1000} \times 100\% \tag{2-21}$$

式中　60.084——SiO_2 的摩尔质量，g/mol。

2.2　配位滴定法

2.2.1　配位滴定法概述

配位滴定法是以生成配位化合物的反应为基础的滴定分析方法。例如，用 $AgNO_3$ 溶液滴定 CN^-（又称氰量法）时，Ag^+ 与 CN^- 发生配位反应，生成配离子 $[Ag(CN)_2]^-$，其反应式如下：

$$Ag^+ + CN^- \rightleftharpoons [Ag(CN)_2]^-$$

当滴定到达化学计量点后，稍过量的 Ag^+ 与 $[Ag(CN)_2]^-$ 结合生成 $Ag[Ag(CN)_2]$ 白色沉淀，使溶液变浑浊，指示终点的到达。

能用于配位滴定的配位反应必须具备一定的条件：

（1）配位反应必须完全，即生成的配合物的稳定常数足够大；

（2）反应应按一定的反应式定量进行，即金属离子与配位剂的比例（即配位比）要恒定；

（3）反应速度快；

（4）有适当的方法检出终点。

配位反应具有极大的普遍性，但不是所有的配位反应及其生成的配合物都满足上述条件。

2.2.1.1　无机配位剂与简单配合物

能与金属离子配位的无机配位剂很多，但多数的无机配位剂只有一个配位原子（通常称此类配位剂为单基配位体，如 F^-、Cl^-、CN^-、NH_3 等），与金属离子配位时分级配位，常形成 ML_n 型的简单配合物。例如，在 Cd^{2+} 与 CN^- 的配位反应中，分级生成了 $[Cd(CN)]^+$、$[Cd(CN)_2]$、$[Cd(CN)_3]^-$、$[Cd(CN)_4]^{2-}$ 等四种配位化合物。它们的稳定常数分别为 $10^{5.5}$、$10^{5.1}$、$10^{4.7}$、$10^{3.6}$。可见，各级配合物的稳定常数都不大，彼此相差也很小。因此，除个别反应（例如 Ag^+ 与 CN^-、Hg^{2+} 与 Cl^- 等反应）外，无机配位剂大多数不能用于配位滴定，它在分析化学中一般多用作掩蔽剂、辅助配位剂和显色剂。

2.2.1.2　有机配位剂与螯合物

有机配位剂分子中常含有两个以上的配位原子（通常称含 2 个或 2 个以上配位原子的配位剂为多基配位体），如乙二胺（$\ddot{N}H_2CH_2CH_2\ddot{N}H_2$）和氨基乙酸（$\ddot{N}H_2CH_2C\ddot{O}OH$），与金属离子配位时形成低配位比的具有环状结构的螯合物，它比同种配位原子所形成的简单配合物稳定得多。表 2-8 中 Cu^{2+} 与氨、乙二胺、三乙撑四胺所形成的配合物的比较清楚地说明了这一点。

表 2-8　Cu^{2+} 与氨、乙二胺、三乙撑四胺所形成的配合物的比较

配合物	配位比	螯环数	$\lg K_稳$
	1:4	0	12.6
	1:2	2	19.6
	1:1	3	20.6

有机配位剂中由于含有多个配位原子，因而减少甚至消除了分级配位现象，特别是生成的螯合物的稳定性好，使这类配位反应有可能用于滴定。

广泛用作配位滴定剂的是含有 $-N(CH_2COOH)_2$ 基团的有机化合物，称为氨羧配位剂。其分子中含有氨氮 $\overset{|}{\underset{/\backslash}{N}}$ 和羧氧 $\overset{O}{\underset{||}{-C-\ddot{O}-}}$ 配位原子，前者易与 Cu、Ni、Zn、Co、Hg 等金属离子配位，后者则几乎与所有高价金属离子配位。因此氨羧配位剂兼有两者配位的能

力，几乎能与所有金属离子配位。

在配位滴定中最常用的氨羧配位剂主要有以下几种：EDTA（乙二胺四乙酸）；C_yDTA（或 DCTA，环己烷二胺基四乙酸）；EDTP（乙二胺四丙酸）；TTHA（三乙基四胺六乙酸）。常用氨羧配位剂与金属离子形成的配合物稳定性见附录7。氨羧配位剂中，EDTA 是目前应用最广泛的一种，用 EDTA 标准溶液可以滴定几十种金属离子。通常所谓的配位滴定法，主要就是指 EDTA 滴定法。

2.2.1.3 乙二胺四乙酸

乙二胺四乙酸（通常用 H_4Y 表示）简称 EDTA，其结构式如下：

$$\begin{array}{cc} HOOCCH_2 & CH_2COOH \\ & N-CH_2-CH_2-N \\ HOOCCH_2 & CH_2COOH \end{array}$$

乙二胺四乙酸为白色无水结晶粉末，室温时溶解度较小（22℃时在 100mL H_2O 中的溶解度为0.02g），难溶于酸和有机溶剂，易溶于碱或氨水中形成相应的盐。由于乙二胺四乙酸溶解度小，因而不适用作滴定剂。

EDTA 二钠盐（$Na_2H_2Y \cdot 2H_2O$，也简称为 EDTA，相对分子质量为 372.26）为白色结晶粉末，室温下可吸附水分0.3%，80℃时可烘干除去。在 100～140℃时将失去结晶水而成为无水的 EDTA 二钠盐（相对分子质量为 336.24）。EDTA 二钠盐易溶于水（22℃时在 100mL H_2O 中的溶解度为 11.1g，浓度约 0.3mol/L，pH≈4.4），因此通常使用 EDTA 二钠盐作滴定剂。后面提及 EDTA，如未特殊强调，均指 EDTA 二钠盐。

EDTA 在水溶液中，具有双偶极离子结构：

$$\begin{array}{cc} HOOCH_2C & H & H & CH_2COO^- \\ & N-CH_2-CH_2-N & \\ & + & + \\ ^-OOCH_2C & & CH_2COOH \end{array}$$

因此，当 EDTA 溶解于酸度很高的溶液中时，它的两个羧酸根可再接受两个 H^+ 形成 H_6Y^{2+}，这样，它就相当于一个六元酸，有六级离解常数，见表2-9。

表2-9　六级离解常数

K_{a_1}	K_{a_2}	K_{a_3}	K_{a_4}	K_{a_5}	K_{a_6}
$10^{-0.9}$	$10^{-1.6}$	$10^{-2.0}$	$10^{-2.67}$	$10^{-6.16}$	$10^{-10.26}$

EDTA 在水溶液中总是以 H_6Y^{2+}、H_5Y^+、H_4Y、H_3Y^-、H_2Y^{2-}、HY^{3-} 和 Y^{4-} 等七种型体存在。它们的分布系数 δ 与溶液 pH 值的关系如图2-5所示。

由分布曲线图可以看出，在 pH<1 的强酸溶液中，EDTA 主要以 H_6Y^{2+} 型体存在；在 pH 为 2.75～6.24 时，主要以 H_2Y^{2-} 型体存在；仅在 pH>10.34 时才主要以 Y^{4-} 型体存在。值得注意的是，在七种型体中只有 Y^{4-}（为了方便，以下均用符号 Y 来表示 Y^{4-}）能与金属离子直接配位。Y 分布系数越大，即 EDTA 的配位能力越强。而 Y 分布系数的大小与溶液的 pH 密切相关，所以溶液的酸度便成为影响 EDTA 配合物稳定性及滴定终点敏锐性的一个很重要的因素。

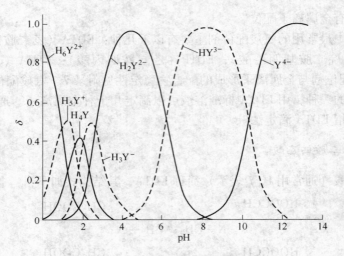

图 2-5　EDTA 溶液中各种存在形式的分布

2.2.1.4　乙二胺四乙酸的螯合物

螯合物是一类具有环状结构的配合物。螯合即指成环，只有当一个配位体至少含有两个可配位的原子时才能与中心原子形成环状结构，螯合物中所形成的环状结构常称为螯环。能与金属离子形成螯合物的试剂，称为螯合剂。EDTA 就是一种常用的螯合剂。

EDTA 分子中有六个配位原子，此六个配位原子恰能满足它们的配位数，在空间位置上均能与同一金属离子形成环状化合物，即螯合物。图 2-6 所示的是 EDTA 与 Ca^{2+} 形成的螯合物的立方构型。

EDTA 与金属离子的配合物有如下特点：

（1）EDTA 具有广泛的配位性能，几乎能与所有金属离子形成配合物，因而配位滴定应用很广泛，但如何提高滴定的选择性便成为配位滴定中的一个重要问题。

（2）EDTA 配合物的配位比简单，多数情况下都形成 1:1 配合物。个别离子如 Mo（V）与 EDTA 配合物 $[(MoO_2)_2Y^{2-}]$ 的配位比为 2:1。

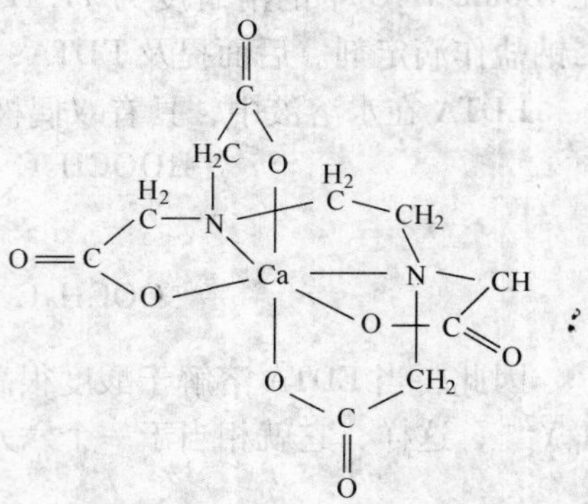

图 2-6　EDTA 与 Ca^{2+} 形成的螯
合物的立方构型

（3）EDTA 配合物的稳定性高，能与金属离子形成具有多个五元环结构的螯合物。

（4）EDTA 配合物易溶于水，使配位反应较迅速。

（5）大多数金属与 EDTA 形成的配合物无色，这有利于指示剂确定终点。但 EDTA 与有色金属离子配位生成的螯合物颜色则加深，见表 2-10。

表 2-10　EDTA 与有色金属离子配位生成的螯合物的颜色

CuY^{2-}	NiY^{2-}	CoY^{2-}	MnY^{2-}	CrY^-	FeY^-
深蓝	蓝色	紫红	紫红	深紫	黄

2.2.1.5　配合物的稳定常数

A　配合物的绝对稳定常数

对于 1∶1 型的配合物 ML 来说，其配位反应式如下（为简便起见，略去电荷）：

$$M + L \rightleftharpoons ML$$

因此反应的平衡常数表达式为：

$$K_{MY} = \frac{[ML]}{[M] \cdot [L]} \tag{2-22}$$

K_{MY} 即为金属 – EDTA 配合物的绝对稳定常数（或称形成常数），也可用 $K_稳$ 表示。对于具有相同配位数的配合物或配位离子，K_{MY} 越大，配合物越稳定。K_{MY} 稳定常数的倒数即为配合物的不稳定常数（或称离解常数）。

$$K_稳 = \frac{1}{K_{不稳}} \tag{2-23}$$

或

$$\lg K_稳 = pK_{不稳}$$

常见金属离子与 EDTA 形成的配合物 MY 的绝对稳定常数 K_{MY} 见表 2-11。需要指出的是：绝对稳定常数是指无副反应情况下的数据，它不能反映实际滴定过程中真实配合物的稳定状况。

表 2-11　部分金属与 EDTA 形成配位化合物的 $\lg K_{MY}$

阳离子	$\lg K_{MY}$	阳离子	$\lg K_{MY}$	阳离子	$\lg K_{MY}$
Na^+	1.66	Ce^{4+}	15.98	Cu^{2+}	18.80
Li^+	2.79	Al^{3+}	16.3	Ga^{2+}	20.3
Ag^+	7.32	Co^{2+}	16.31	Ti^{3+}	21.3
Ba^{2+}	7.86	Pt^{2+}	16.31	Hg^{2+}	21.8
Mg^{2+}	8.69	Cd^{2+}	16.49	Sn^{2+}	22.1
Sr^{2+}	8.73	Zn^{2+}	16.50	Th^{4+}	23.2
Be^{2+}	9.20	Pb^{2+}	18.04	Cr^{3+}	23.4
Ca^{2+}	10.69	Y^{3+}	18.09	Fe^{3+}	25.1
Mn^{2+}	13.87	VO^+	18.1	U^{4+}	25.8
Fe^{2+}	14.33	Ni^{2+}	18.60	Bi^{3+}	27.94
La^{3+}	15.50	VO^{2+}	18.8	Co^{3+}	36.0

B　配合物的逐级稳定常数和累积稳定常数

对于配位比为 1∶n 的配合物，由于 ML_n 的形成是逐级进行的，其逐级形成反应与相应的逐级稳定常数（$K_{稳n}$）为：

$$M + L \longrightarrow ML \qquad\qquad K_{稳1} = \frac{[ML]}{[M] \cdot [L]}$$

$$ML + L \longrightarrow ML_2 \qquad K_{稳2} = \frac{[ML_2]}{[ML] \cdot [L]}$$

$$\vdots \qquad\qquad\qquad\qquad \vdots$$

$$ML_{n-1} + L \longrightarrow ML_n \qquad K_{稳n} = \frac{[ML_n]}{[ML_{n-1}] \cdot [L]} \tag{2-24}$$

若将逐级稳定常数渐次相乘，应得到各级累积常数（β_n）。

第一级累积稳定常数　　$\beta_1 = K_{稳1} = \dfrac{[ML]}{[M] \cdot [L]}$

第二级累积稳定常数　　$\beta_2 = K_{稳1} \cdot K_{稳2} = \dfrac{[ML_2]}{[ML] \cdot [L]^2}$

第 n 级累积稳定常数　　$\beta_n = K_{稳1} \cdot K_{稳2} \cdots K_{稳n} = \dfrac{[ML_n]}{[M] \cdot [L]^n} \tag{2-25}$

β_n 即为各级配位化合物的总的稳定常数。

根据配位化合物的各级累积稳定常数，可以计算各级配合物的浓度，即：

$$[ML] = \beta_1 [M] \cdot L$$

$$[ML_2] = \beta_2 [M] \cdot [L]^2$$

$$\vdots \qquad\qquad \vdots$$

$$[ML_n] = \beta_n [M] \cdot [L]^n \tag{2-26}$$

可见，各级累积稳定常数将各级配位化合物的浓度（$[ML]$，$[ML_2]$，$\cdots$，$[ML_n]$）直接与游离金属、游离配位剂的浓度（$[M]$，$[L]$）联系了起来。在配位平衡计算中，常涉及各级配合物的浓度，这些关系式都是很重要的。

【例 2-4】 在 pH = 12 的 5.0×10^{-3} mol/L CaY 溶液中，Ca^{2+} 浓度和 pCa 为多少？

解： 已知 pH = 12 时 $c(CaY) = 5.0 \times 10^{-3}$ mol/L

查表 2-11 得 $K_{CaY} = 10^{10.7}$。

$$K_{CaY} = \frac{[CaY^{2-}]}{[Ca^{2+}] \cdot [Y]}$$

由于　$[Ca] = [Y]$，$[CaY^{2-}] \approx c(CaY)$，故

$$[Ca]^2 = \frac{c(CaY)}{K_{CaY}}$$

$$[Ca] = \left(\frac{c(CaY)}{K_{CaY}}\right)^{\frac{1}{2}} = \left(\frac{10^{-2.30}}{10^{10.7}}\right)^{\frac{1}{2}} = 10^{-6.5}$$

即　　　　　　　　　　　　　　$[Ca] = 3 \times 10^{-7}$ mol/L

$$pCa = \frac{1}{2}(\lg K_{CaY} - \lg[CaY^{2-}]) = \frac{1}{2}(10.7 + 2.3) = 6.5$$

因此，溶液中 Ca^{2+} 的浓度为 3×10^{-7} mol/L，pCa 为 6.5。

2.2.1.6　副反应系数和条件稳定常数

在滴定过程中，一般将 EDTA（Y）与被测金属离子 M 的反应称为主反应，而溶液中存在的其他反应都称为副反应，如：

主反应

$$\begin{array}{ccccccc} & M & A & Y & N & MY & OH^- \\ & \diagdown OH^- & & \diagdown H^+ & & \diagdown H^+ & \diagdown \\ M(OH) & MA & HY & NY & MHY & M(OH)Y \\ \vdots & \vdots & \vdots \end{array}$$

副反应 $\qquad$ M(OH)$_n$ $\qquad$ MA$_n$ $\qquad$ H$_6$Y

$\qquad$ 羟基配位效应 $\quad$ 配位效应 酸效应 $\qquad$ 共存离子效应 混合配位效位

其中，A 为辅助配位剂，N 为共存离子。副反应影响主反应的现象称为"效应"。

显然，反应物（M、Y）发生副反应不利于主反应的进行，而生成物（MY）的各种副反应则有利于主反应的进行，但所生成的这些混合配合物大多数不稳定，可以忽略不计。以下主要讨论反应物发生的副反应。

A 副反应系数

配位反应涉及的平衡比较复杂。为了定量处理各种因素对配位平衡的影响，引入副反应系数的概念。副反应系数是描述副反应对主反应影响大小程度的量度，以 α 表示。

（1） Y 与 H 的副反应——酸效应与酸效应系数。因 H^+ 的存在配位体参加主反应能力降低的现象称为酸效应。酸效应的程度用酸效应系数来衡量，EDTA 的酸效应系数用符号 $\alpha_{Y(H)}$ 表示。所谓酸效应系数是指在一定酸度下，未与 M 配位的 EDTA 各级质子化型体的总浓度 ［Y′］ 与游离 EDTA 酸根离子浓度［Y］的比值。即

$$\alpha_{Y(H)} = \frac{[Y']}{[Y]} \tag{2-27}$$

不同酸度下的 $\alpha_{Y(H)}$ 值，可按式（2-28）计算。

$$\alpha_{Y(H)} = 1 + \frac{[H]}{K_6} + \frac{[H]^2}{K_6K_5} + \frac{[H]^3}{K_6K_5K_4} + \cdots + \frac{[H]^6}{K_6K_5\cdots K_1} \tag{2-28}$$

式中，K_6，K_5，$\cdots$，K_1 为 H_6Y^{2+} 的各级离解常数。

由式（2-28）可知，$\alpha_{Y(H)}$ 随 pH 的增大而减小。$\alpha_{Y(H)}$ 越小则 ［Y］ 越大，即 EDTA 有效浓度 ［Y］ 越大，因而酸度对配合物的影响越小。

在 EDTA 滴定中，$\alpha_{Y(H)}$ 是最常用的副反应系数。为应用方便，通常用其对数值 $\lg\alpha_{Y(H)}$。表 2-12 列出不同 pH 值的溶液中 EDTA 酸效应系数 $\lg\alpha_{Y(H)}$。

表 2-12 不同 pH 值时的 $\lg\alpha_{Y(H)}$

pH	$\lg\alpha_{Y(H)}$	pH	$\lg\alpha_{Y(H)}$	pH	$\lg\alpha_{Y(H)}$
0.0	23.64	3.8	8.85	7.4	2.88
0.4	21.32	4.0	8.44	7.8	2.47
0.8	19.08	4.4	7.64	8.0	2.27
1.0	18.01	4.8	6.84	8.4	1.87
1.4	16.02	5.0	6.45	8.8	1.48
1.8	14.27	5.4	5.69	9.0	1.28
2.0	13.51	5.8	4.98	9.5	0.83
2.4	12.19	6.0	4.65	10.0	0.45

也可将 pH 值与 $\lg\alpha_{Y(H)}$ 的对应值绘成如图 2-7 所示的 $\lg\alpha_{Y(H)} - pH$ 曲线。由图 2-7 可看出，仅当 $pH \geq 12$ 时，$\alpha_{Y(H)} = 1$，即此时 Y 才不与 H^+ 发生副反应。

（2）Y 与 N 的副反应——共存离子效应和共存离子效应系数。如果溶液中除了被滴定的金属离子 M 之外，还有其他金属离子 N 存在，且 N 亦能与 Y 形成稳定的配合物时，又当如何呢？

当溶液中，共存金属离子 N 的浓度较大，Y 与 N 的副反应就会影响 Y 与 M 的配位能力，此时共存离子的影响不能忽略。这种由于共存离子 N 与 EDTA 反应，因而降低了 Y 的平衡浓度的副反应称为共存离子效应。副反应进行的程度用副反应系数 $\alpha_{Y(N)}$ 表示，称为共存离子效应系数。

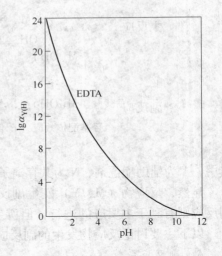

图 2-7　EDTA 的 $\lg\alpha_{Y(H)}$ 与 pH 的关系

$$\alpha_{Y(N)} = \frac{[Y']}{[Y]} = \frac{[NY] + [Y]}{[Y]} = 1 + K_{NY}[N] \tag{2-29}$$

式中，[N] 为游离共存金属离子 N 的平衡浓度。

由式（2-29）可知，$\alpha_{Y(N)}$ 的大小只与 K_{NY} 以及 N 的浓度有关。

若有几种共存离子存在时，一般只取其中影响最大的，其他可忽略不计。实际上，Y 的副反应系数 α_Y 应同时包括共存离子和酸效应两部分，因此

$$\alpha_Y \approx \alpha_{Y(H)} + \alpha_{Y(N)} - 1 \tag{2-30}$$

实际工作中，当 $\alpha_{Y(H)} \gg \alpha_{Y(N)}$ 时，酸效应是主要的；当 $\alpha_{Y(N)} \gg \alpha_{Y(H)}$ 时，共存离子效应是主要的。一般情况下，在滴定剂 Y 的副反应中，酸效应的影响大，因此 $\alpha_{Y(H)}$ 是重要的副反应系数。

【例 2-5】　pH = 6.0 时，含 Zn^{2+} 和 Ca^{2+} 的浓度均为 0.010mol/L 的 EDTA 溶液中，$\alpha_{Y(Ca)}$ 及 α_Y 应当是多少？

解： 欲求 $\alpha_{Y(Ca)}$ 及 α_Y 值，应将 Zn^{2+} 与 Y 的反应看作主反应，Ca^{2+} 作为共存离子。Ca^{2+} 与 Y 的副反应系数为 $\alpha_{Y(Ca)}$，酸效应系数为 $\alpha_{Y(H)}$，α_Y 值为总副反应系数。

查表 2-11 得 $K_{CaY^{2-}} = 10^{10.69}$；查表 2-12 得知 pH = 6.0 时，$\alpha_{Y(H)} = 10^{4.65}$。代入式（2-29），得：

$$\alpha_{Y(Ca)} = 1 + K_{CaY}[Ca^{2+}]$$

因此　　　　　　　　　　$$\alpha_{Y(Ca)} = 1 + 10^{10.69} \times 0.010 \approx 10^{8.7}$$

因为　　　　　　　　　　$$\alpha_Y = \alpha_{Y(H)} + \alpha_{Y(Ca)} - 1$$

所以　　　　　　　　　　$$\alpha_Y = 10^{4.65} + 10^{8.7} - 1 \approx 10^{8.7}$$

　　B　条件稳定常数

通过上述副反应对主反应影响的讨论，用绝对稳定常数描述配合物的稳定性显然是不符合实际情况的。应将副反应的影响一起考虑，由此推导的稳定常数区别于绝对稳定常数，称之为条件稳定常数或表观稳定常数，用 K'_{MY} 表示。K'_{MY} 与 α_Y、α_M、α_{MY} 的关系如下：

$$K'_{MY} = K_{MY} \frac{\alpha_{MY}}{\alpha_M \alpha_Y} \tag{2-31}$$

当条件恒定时 α_M、α_Y、α_{MY} 均为定值，故 K'_{MY} 在一定条件下为常数，称为条件稳定常数。当副反应系数为 1 时（无副反应），$K'_{MY} = K_{MY}$。

若将式（2-31）取对数得：

$$\lg K'_{MY} = \lg K_{MY} + \lg \alpha_{MY} - \lg \alpha_M - \lg \alpha_Y \tag{2-32}$$

多数情况下（溶液的酸碱性不是太强时），不形成酸式或碱式配合物，故 $\lg \alpha_{MY}$ 忽略不计，式（2-32）可简化成：

$$\lg K'_{MY} = \lg K_{MY} - \lg \alpha_M - \lg \alpha_Y \tag{2-33}$$

如果只有酸效应，式（2-33）又简化成：

$$\lg K'_{MY} = \lg K_{MY} - \lg \alpha_{Y(H)} \tag{2-34}$$

条件稳定常数是利用副反应系数进行校正后的实际稳定常数，应用它，可以判断滴定金属离子的可行性和混合金属离子分别滴定的可行性以及滴定终点时金属离子的浓度计算等。

【例 2-6】 计算 pH = 5.00，当 AlF_6^{3-} 的浓度为 0.10mol/L，累积稳定常数 $\beta_1 = 10^{6.1}$、$\beta_2 = 10^{11.15}$、$\beta_3 = 10^{15.0}$、$\beta_4 = 10^{17.7}$、$\beta_5 = 10^{19.4}$、$\beta_6 = 10^{19.7}$，溶液中游离 F^- 的浓度为 0.010mol/L 时，EDTA 与 Al^{3+} 的配合物的条件稳定常数 K'_{AlY}。

解： 在金属离子 Al^{3+} 发生副反应（配合效应）和 Y 也发生副反应（酸效应）时，K'_{AlY} 的条件稳定常数的对数值为：

$$\lg K'_{AlY} = \lg K_{AlY} - \lg \alpha_{Al(F)} - \lg \alpha_{Y(H)}$$

查表 2-11 得 pH = 5.00 时，$\lg \alpha_{Y(H)} = 6.45$；查表 2-12 得 $\lg K_{AlY} = 16.3$，则：

$$\alpha_{Al(F)} = 1 + \beta_1 [F^-] + \beta_2 [F^-]^2 + \beta_3 [F^-]^3 + \beta_4 [F^-]^4 + \beta_5 [F^-]^5 + \beta_6 [F^-]^6$$
$$= 1 + 10^{6.1} \times 0.01 + 10^{11.15} \times 0.01^2 + 10^{15.0} \times 0.01^3 + 10^{17.7} \times 0.01^4 +$$
$$10^{19.4} \times 0.01^5 + 10^{19.7} \times 0.01^6 = 10^{9.93}$$

故 $\lg K'_{AlY} = 16.3 - 6.45 - 9.93 = -0.08$

可见，此时条件稳定常数很小，说明 AlY^{3-} 已被 F^- 破坏，用 EDTA 滴定 Al^{3+} 已不可能。

【例 2-7】 计算 pH = 2.00、pH = 5.00 时的 $\lg K'_{ZnY}$。

解： 查表 2-12 得 $\lg K_{ZnY} = 16.5$；查表 2-11 得 pH = 2.00 时，$\lg \alpha_{Y(H)} = 13.51$；按题意，溶液中只存在酸效应，根据式（2-34）有：

$$\lg K'_{ZnY} = \lg K_{ZnY} - \lg \alpha_{Y(H)}$$

因此 $\qquad \lg K'_{ZnY} = 16.5 - 13.51 = 2.99$

同样，查表 2-11 得 pH = 5.00 时，$\lg \alpha_{Y(H)} = 6.45$；因此

$$\lg K'_{ZnY} = 16.5 - 6.45 = 10.05$$

由例 2-7 可看出，尽管 $\lg K_{ZnY} = 16.5$，但 pH = 2.00 时，$\lg K'_{ZnY}$ 仅为 2.99，此时 ZnY^{2-} 极不稳定，在此条件下 Zn^{2+} 不能被准确滴定。而在 pH = 5.00 时，$\lg K'_{ZnY}$ 为 10.05，ZnY^{2-} 已稳定，配位滴定可以进行。可见配位滴定中控制溶液酸度是十分重要的。

2.2.2　金属离子指示剂

配位滴定指示终点的方法很多，其中最重要的是使用金属离子指示剂（简称为金属指示剂）指示终点。我们知道，酸碱指示剂是以指示溶液中 H^+ 浓度的变化确定终点，而金属指示剂则是以指示溶液中金属离子浓度的变化确定终点。

2.2.2.1　金属指示剂的作用原理

金属指示剂是一种有机染料，也是一种配位剂，能与某些金属离子反应，生成与其本身颜色显著不同的配合物以指示终点。

在滴定前加入金属指示剂（用 In 表示金属指示剂的配位基团），则 In 与待测金属离子 M 有如下反应（省略电荷）：

$$M + \underset{甲色}{In} \Longrightarrow \underset{乙色}{MIn}$$

这时溶液呈 MIn（乙色）的颜色。当滴入 EDTA 溶液后，Y 先与游离的 M 结合，至化学计量点附近，Y 夺取 MIn 中的 M，即发生反应

$$MIn + Y \Longrightarrow MY + In$$

使指示剂 In 游离出来，溶液由乙色变为甲色，指示滴定终点的到达。

例如，铬黑 T 在 pH = 10 的水溶液中呈蓝色，与 Mg^{2+} 的配合物的颜色为酒红色。若在 pH = 10 时用 EDTA 滴定 Mg^{2+}，滴定开始前加入指示剂铬黑 T，则铬黑 T 与溶液中部分的 Mg^{2+} 反应，此时溶液呈 Mg^{2+} – 铬黑 T 的红色。随着 EDTA 的加入，EDTA 逐渐与 Mg^{2+} 反应。在化学计量点附近，Mg^{2+} 的浓度降至很低，加入的 EDTA 进而夺取了 Mg^{2+} – 铬黑 T 中的 Mg^{2+}，使铬黑 T 游离出来，此时溶液呈现出蓝色，指示滴定终点到达。

2.2.2.2　金属指示剂应具备的条件

作为金属指示剂必须具备以下条件：

（1）金属指示剂与金属离子形成的配合物的颜色，应与金属指示剂本身的颜色有明显的不同，这样才能借助颜色的明显变化来判断终点的到达。

（2）金属指示剂与金属离子形成的配合物 MIn 要有适当的稳定性。如果 MIn 稳定性过高（K_{MIn} 太大），则在化学计量点附近，Y 不易与 MIn 中的 M 结合，终点推迟，甚至不变色，得不到终点。通常要求 $K_{MY}/K_{MIn} \geqslant 10^2$。如果稳定性过低，则未到达化学计量点时 MIn 就会分解，变色不敏锐，影响滴定的准确度。一般要求 $K_{MIn} \geqslant 10^4$。

（3）金属指示剂与金属离子之间的反应要迅速、变色可逆，这样才便于滴定。

（4）金属指示剂应易溶于水，不易变质，便于使用和保存。

2.2.2.3　常用金属指示剂

（1）铬黑 T（EBT）。铬黑 T 在溶液中有如下平衡：

$$\underset{紫红}{H_2In} \underset{}{\overset{pK_{a_2} = 6.3}{\Longrightarrow}} \underset{蓝}{HIn^{2-}} \underset{}{\overset{pK_{a_3} = 11.6}{\Longrightarrow}} \underset{橙}{In^{3-}}$$

在 pH < 6.3 时，EBT 在水溶液中呈紫红色；pH > 11.6 时 EBT 呈橙色。而 EBT 与二价

离子形成的配合物颜色为红色或紫红色,所以只有在 pH = 7 ~ 11 的范围内使用,指示剂才有明显的颜色。实验表明最适宜的酸度是 pH 为 9 ~ 10.5。

铬黑 T 固体相当稳定,但其水溶液仅能保存几天,这是由于聚合反应的缘故。聚合后的铬黑 T 不能再与金属离子显色。pH < 6.5 的溶液中聚合更为严重,加入三乙醇胺可以防止聚合。

铬黑 T 是在弱碱性溶液中滴定 Mg^{2+}、Zn^{2+}、Pb^{2+} 等离子的常用指示剂。

(2)二甲酚橙(XO)。二甲酚橙为多元酸。在 pH = 0 ~ 6.0 之间,二甲酚橙呈黄色,它与金属离子形成的配合物为红色,是酸性溶液中许多离子配位滴定的极好指示剂。它常用于锆、铪、钍、钪、铟、钇、铋、铅、锌、镉、汞的直接滴定法中。

铝、镍、钴、铜、镓等离子会封闭二甲酚橙,可采用返滴定法。即在 pH = 5.0 ~ 5.5(六次甲基四胺缓冲溶液)时,加入过量 EDTA 标准溶液,再用锌或铅标准溶液返滴定。Fe^{3+} 在 pH = 2 ~ 3 时,以硝酸铋返滴定法测定之。

(3)PAN。PAN 与 Cu^{2+} 的显色反应非常灵敏,但很多其他金属离子如 Ni^{2+}、Co^{2+}、Zn^{2+}、Pb^{2+}、Bi^{3+}、Ca^{2+} 等与 PAN 反应慢或显色灵敏度低。所以有时利用 Cu - PAN 作间接指示剂来测定这些金属离子。Cu - PAN 指示剂是 CuY^{2-} 和少量 PAN 的混合液。将此液加到含有被测金属离子 M 的试液中时,发生如下置换反应:

$$\underset{黄}{CuY} + PAN + M \Longrightarrow MY + \underset{紫红}{Cu-PAN}$$

此时溶液呈现紫红色。当加入的 EDTA 定量与 M 反应后,在化学计量点附近 EDTA 将夺取 Cu - PAN 中的 Cu^{2+},从而使 PAN 游离出来:

$$\underset{紫红}{Cu-PAN} + Y \Longrightarrow CuY + \underset{黄}{PAN}$$

溶液由紫红变为黄色,指示终点到达。因滴定前加入的 CuY 与最后生成的 CuY 是相等的,故加入的 CuY 并不影响测定结果。

在几种离子的连续滴定中,若分别使用几种指示剂,往往发生颜色干扰。由于 Cu - PAN 可在很宽的 pH 范围(pH = 1.9 ~ 12.2)内使用,因而可以在同一溶液中连续指示终点。

类似 Cu - PAN 这样的间接指示剂,还有 Mg - EBT 等。

(4)其他指示剂。除前面所介绍的指示剂外,还有磺基水杨酸、钙指示剂(NN)等常用指示剂。磺基水杨酸(无色)在 pH = 2 时,与 Fe^{3+} 形成紫红色配合物,因此可用作滴定 Fe^{3+} 的指示剂。钙指示剂(蓝色)在 pH = 12.5 时,与 Ca^{2+} 形成紫红色配合物,因此可用作滴定钙的指示剂。

常用金属指示剂的使用 pH 条件、可直接滴定的金属离子和颜色变化及配制方法列于表 2-13 中。

表 2-13　常用的金属指示剂

指示剂	离解常数	滴定元素	颜色变化	配制方法	对指示剂封闭离子
酸性铬蓝 K	$pK_{a_1} = 6.7$ $pK_{a_2} = 10.2$ $pK_{a_3} = 14.6$	Mg(pH = 10) Ca(pH = 12)	红—蓝	0.1% 乙醇溶液	
钙指示剂	$pK_{a_2} = 3.8$ $pK_{a_3} = 9.4$ $pK_{a_4} = 13 \sim 14$	Ca(pH = 12 ~ 13)	酒红—蓝	与 NaCl 按 1:100 的质量比混合	Co^{2+}、Ni^{2+}、Cu^{2+}、Fe^{3+}、Al^{3+}、Ti^{4+}

指示剂	离解常数	滴定元素	颜色变化	配制方法	对指示剂封闭离子
铬黑 T	$pK_{a_1} = 3.9$ $pK_{a_2} = 6.4$ $pK = 11.5$	$Ca(pH = 10, 加入 EDTA - Mg)$ $Mg(pH = 10)$ $Pb(pH = 10, 加入酒石酸钾)$ $Zn(pH = 6.8 \sim 10)$	红—蓝 红—蓝 红—蓝 红—蓝	与 NaCl 按 1:100 的质量比混合	Co^{2+}、Ni^{2+}、Cu^{2+}、Fe^{3+} Al^{3+}、$Ti(Ⅳ)$
紫脲酸铵	$pK_{a_1} = 1.6$ $pK_{a_2} = 8.7$ $pK_{a_3} = 10.3$ $pK_{a_4} = 13.5$ $pK_{a_5} = 14$	$Ca(pH > 10, w = 25\% 乙醇)$ $Cu(pH = 7 \sim 8)$ $Ni(pH = 8.5 \sim 11.5)$	红—紫 黄—紫 黄—紫红	与 NaCl 按 1:100 的质量比混合	
o – PAN	$pK_{a_2} = 2.9$ $pK_{a_2} = 11.2$	$Cu(pH = 6)$ $Zn(pH = 5 \sim 7)$	红—黄 粉红—黄	1g/L 乙醇溶液	
磺基水杨酸	$pK_{a_1} = 2.6$ $pK_{a_2} = 11.7$	$Fe(Ⅲ)(pH = 1.5 \sim 3)$	红紫—黄	10 ~ 20g/L 水溶液	

2.2.2.4　使用金属指示剂中存在的问题

（1）指示剂的封闭现象。有的指示剂与某些金属离子生成很稳定的配合物（MIn），其稳定性超过了相应的金属离子与 EDTA 的配合物（MY），即 $\lg K_{MIn} > \lg K_{MY}$。例如 EBT 与 Al^{3+}、Fe^{3+}、Cu^{2+}、Ni^{2+}、Co^{2+} 等生成的配合物非常稳定，若用 EDTA 滴定这些离子，即使 EDTA 过量较多也无法将 EBT 从 MIn 中置换出来。因此滴定这些离子不用 EBT 作指示剂。如滴定 Mg^{2+} 时有少量 Al^{3+}、Fe^{3+} 杂质存在，到化学计量点仍不能变色，这种现象称为指示剂的封闭现象。解决的办法是加入掩蔽剂，使干扰离子生成更稳定的配合物，从而不再与指示剂作用。Al^{3+}、Fe^{3+} 对铬黑 T 的封闭可加三乙醇胺予以消除；Cu^{2+}、Co^{2+}、Ni^{2+} 对铬黑 T 的封闭可用 KCN 掩蔽；Fe^{3+} 对铬黑 T 的封闭也可先用抗坏血酸还原为 Fe^{2+}，再加 KCN 掩蔽。若干扰离子的量太大，则需预先分离除去。

（2）指示剂的僵化现象。有些指示剂或 MIn 络合物在水中的溶解度较小，或因 MIn 只稍逊于 MY 的稳定性，致使 EDTA 与 MIn 之间的置换反应速率缓慢，终点拖长或颜色变化很不敏锐。这种现象称为指示剂的僵化现象。克服僵化现象的措施是选择更合适的指示剂或适当加热，提高络合物的溶解度并加快滴定终点时置换反应的速度。

（3）指示剂的氧化变质现象。金属指示剂大多为含双键的有色化合物，易被日光、氧化剂、空气所分解，在水溶液中多不稳定，日久会变质。克服氧化变质现象的措施一般有两种：一是加入适宜的还原剂防止其氧化，或加入三乙醇胺以防止其聚合；二是配成固溶体，即以 NaCl 为稀释剂，按质量比 1:100 配成固体混合物使用，这样减小氧化变质的速度，可以保存更长的时间。

铬黑 T 和钙指示剂，常用固体 NaCl 或 KCl 作稀释剂来配制。

2.2.3　配位滴定过程

正确选择滴定条件是所有滴定分析的一个重要方面，特别是配位滴定。因为溶液的酸度和其他配位剂的存在会影响生成的配合物的稳定性。如何选择合适的滴定条件，使滴定顺利进行是本节的主要内容。

2.2.3.1 配位滴定曲线

在酸碱滴定中，随着滴定剂的加入，溶液中 H^+ 的浓度也在变化，当到达化学计量点时，溶液 pH 发生突变。配位滴定的情况与酸碱滴定相似。在一定 pH 条件下，随着配位滴定剂的加入，金属离子不断与配位剂反应生成配合物，其浓度不断减小。当滴定到达化学计量点时，金属离子浓度（pM）发生突变。若将滴定过程各点 pM 与对应的配位剂的加入体积绘成曲线，即可得到配位滴定曲线。配位滴定曲线反映了滴定过程中，配位滴定剂的加入量与待测金属离子浓度之间的变化关系。

现以 pH = 12 时，用 0.01000mol/L 的 EDTA 溶液滴定 20.00mL 0.01000mol/L 的 Ca^{2+} 溶液为例，通过计算滴定过程中的 pM，说明配位滴定过程中配位滴定剂的加入量与待测金属离子浓度之间的变化关系。

由于 Ca^{2+} 既不易水解也不与其他配位剂反应，因此在处理此配位平衡时只需考虑 EDTA 的酸效应。即在 pH = 12.00 的条件下，CaY^{2-} 的条件稳定常数为：

$$\lg K'_{CaY} = \lg K_{CaY} - \lg \alpha_{Y(H)} = 10.69 - 0 = 10.69$$

（1）滴定前。溶液中只有 Ca^{2+}，$[Ca^{2+}] = 0.01000mol/L$，所以 pCa = 2.00。

（2）化学计量点前。溶液中有剩余的金属离子 Ca^{2+} 和滴定产物 CaY^{2-}。由于 $\lg K'_{CaY}$ 较大，剩余的 Ca^{2+} 对 CaY^{2-} 的离解又有一定的抑制作用，可忽略 CaY^{2-} 的离解，按剩余的金属离子 $[Ca^{2+}]$ 计算 pCa 值。

当滴入的 EDTA 溶液体积为 18.00mL 时：

$$[Ca^{2+}] = \frac{2.00 \times 0.01000}{20.00 + 18.00} = 5.26 \times 10^{-3} mol/L$$

即

$$pCa = -\lg[Ca^{2+}] = 2.28$$

当滴入的 EDTA 溶液体积为 19.98mL 时

$$[Ca^{2+}] = \frac{0.01 \times 0.02}{20.00 + 19.98} = 5 \times 10^{-6} mol/L$$

即

$$pCa = -\lg[Ca^{2+}] = 5.3$$

当然在十分接近化学计量点时，剩余的金属离子极少，计算 pCa 时应该考虑 CaY^{2-} 的离解，有关内容这里就不讨论了。在一般要求的计算中，化学计量点之前的 pM 可按此方法计算。

（3）化学计量点时。Ca^{2+} 与 EDTA 几乎全部形成 CaY^{2-} 离子，所以

$$[CaY^{2-}] = 0.01 \times \frac{20.00}{20.00 + 20.00} = 5 \times 10^{-3} mol/L$$

因为 pH ≥ 12，$\lg \alpha_{Y(H)} = 0$，所以 $[Y^{4-}] = [Y]_总$，同时，$[Ca^{2+}] = [Y^{4-}]$，则

$$\frac{[CaY^{2-}]}{[Ca^{2+}]^2} = K'_{MY}$$

因此

$$\frac{5 \times 10^{-3}}{[Ca^{2+}]^2} = 10^{10.69}$$

$$[Ca^{2+}] = 3.2 \times 10^{-7} mol/L$$

即 $\qquad pCa = 6.5$

（4）化学计量点后。当加入的 EDTA 溶液为 20.02mL 时，过量的 EDTA 溶液为 0.02mL。此时

$$[Y]_{\text{总}} = \frac{0.01 \times 0.02}{20.00 + 20.02} = 5 \times 10^{-6} mol/L$$

则

$$\frac{5 \times 10^{-3}}{[Ca^{2+}] \times 5 \times 10^{-6}} = 10^{10.69}$$

$$[Ca^{2+}] = 10^{-7.69} mol/L$$

即 $\qquad pCa = 7.69$

将所得数据列于表 2-14 中。

表 2-14　pH = 12 时用 0.01000mol/L 的 EDTA 滴定 20.00mL0.01000mol/L Ca^{2+} 溶液中 pCa 的变化

EDTA 加入量		Ca^{2+} 被滴定的分数	EDTA 过量的分数	pCa
mL	%	%	%	
0	0	0		2.0
10.8	90.0	90.0		3.3
19.80	99.0	99.0		4.3
19.98	99.9	99.9		5.3
20.00	100.0	100.0		6.5 } 突跃范围
20.02	100.1		0.1	7.7
20.20	101.0		1.0	8.7
40.00	200.0		100	10.7

根据表 2-14 所列数据，以 pCa 值为纵坐标，加入 EDTA 的体积为横坐标作图，得到如图 2-8 所示的滴定曲线。

从表 2-14 或图 2-8 可以看出，在 pH = 12 时，用 0.01000mol/L 的 EDTA 滴定 0.01000mol/L 的 Ca^{2+}，计量点时的 pCa 为 6.5，滴定突跃的 pCa 为 5.3 ~ 7.7。可见滴定突跃较大，可以准确滴定。

由上述计算可知配位滴定比酸碱滴定复杂，不过两者有许多相似之处，酸碱滴定中的一些处理方法也适用于配位滴定。

配位滴定中滴定突跃越大，就越容易准确地指示终点。上例计算结果表明，配合物的条件稳定常数和被滴定金属离子的浓度是影响突跃范围的主要因素。

2.2.3.2　单一离子的滴定

A　单一离子准确滴定的判别式

滴定突跃的大小是准确滴定的重要依据之一。

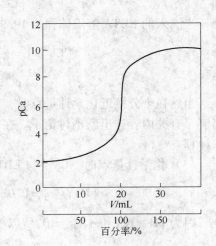

图 2-8　pH = 12 时 0.01000mol/L EDTA 滴定 0.01000mol/L Ca^{2+} 的滴定曲线

而影响滴定突跃大小的主要因素是 c_M 和 K'_{MY}，那么 c_M、K'_{MY} 值要多大才有可能准确滴定金属离子呢？

金属离子的准确滴定与允许误差和检测终点方法的准确度有关，还与被测金属离子的原始浓度有关。设金属离子的原始浓度为 c_M（对终点体积而言），用等浓度的 EDTA 滴定，滴定分析的允许误差为 E_t，在化学计量点时：

（1）被测定的金属离子几乎全部发生配位反应，即 $[MY] = c_M$。

（2）被测定的金属离子的剩余量应符合准确滴定的要求，即 $c_{M余} \le c_M E_t$。

（3）滴定时过量的 EDTA，也符合准确度的要求，即 $c(EDTA)_余 \le c(EDTA) E_t$。

将这些数值代入条件稳定常数的关系式得：

$$K'_{MY} = \frac{[MY]}{c_{M余} \cdot c(EDTA)_余}$$

$$K'_{MY} \ge \frac{c_M}{c_M E_t \cdot c(EDTA) E_t}$$

由于 $c_M = c(EDTA)$，不等式两边取对数，整理后得：

$$\lg c_M K'_{MY} \ge -2\lg E_t$$

若允许误差 E_t 为 0.1%，有：

$$\lg c_M K'_{MY} \ge 6 \tag{2-35}$$

式（2-35）为单一金属离子准确滴定的可行性条件。

在金属离子的原始浓度 c_M 为 0.010mol/L 的特定条件下，

$$\lg K'_{MY} \ge 8 \tag{2-36}$$

式（2-36）是在上述条件下准确滴定 M 时，$\lg K'_{MY}$ 的允许低限。

与酸碱滴定相似，若降低分析准确度的要求，或改变检测终点的准确度，则滴定要求的 $\lg c_M K'_{MY}$ 也会改变。例如：$E_t = \pm 0.5\%$、$\Delta pM = \pm 0.2$ 时，$\lg c_M K'_{MY} = 5$；$E_t = \pm 0.3\%$、$\Delta pM = \pm 0.2$，$\lg c_M K'_{MY} = 6$。

【例 2-8】 在 pH 为 2.00 和 5.00 的介质中（$\alpha_{Zn} = 1$），能否用 0.010mol/L 的 EDTA 准确滴定 0.010mol/L 的 Zn^{2+}？

解： 查表 2-11 得：$\lg K_{ZnY} = 16.50$

查表 2-12 得：pH = 2.00 时，$\lg \alpha_{Y(H)} = 13.51$，因此有：

$$\lg K'_{MY} = 16.50 - 13.51 = 2.99 < 8$$

查表 2-12 得：pH = 5.00 时，$\lg \alpha_{Y(H)} = 6.45$，因此有：

$$\lg K'_{MY} = 16.50 - 6.45 = 10.05 > 8$$

所以，当 pH = 2.00 时，Zn^{2+} 是不能被准确滴定的，而 pH = 5.00 时可以被准确滴定。

由此例计算可看出，用 EDTA 滴定金属离子，若要准确滴定必须选择适当的 pH。因为酸度是金属离子被准确滴定的重要影响因素。

B 单一离子滴定的最低酸度（最高 pH 值）与最高酸度（最低 pH 值）

稳定性高的配合物，溶液酸度略为高些亦能准确滴定。而对于稳定性较低的配合物，酸度高于某一值，就不能被准确滴定了。通常较低的酸度条件对滴定有利，但为了防止一些金属离子在酸度较低的条件下发生羟基化反应甚至生成氢氧化物，必须控制适宜的酸度范围。

a 最高酸度（最低 pH 值）

若滴定反应中除 EDTA 酸效应外，没有其他副反应，则根据单一离子准确滴定的判别式，在被测金属离子的浓度为 0.01mol/L 时，$\lg K'_{MY} \geqslant 8$，因此

$$\lg K'_{MY} = \lg K_{MY} - \lg \alpha_{Y(H)} \geqslant 8$$

即

$$\lg \alpha_{Y(H)} \leqslant \lg K_{MY} - 8 \tag{2-37}$$

将各种金属离子的 $\lg K_{MY}$ 代入式（2-37），即可求出对应的最大 $\lg \alpha_{Y(H)}$ 值，再从表 2-12 查得与它对应的最小 pH 值。例如，对于浓度为 0.01mol/L 的 Zn^{2+} 溶液的滴定，以 $\lg K_{ZnY} = 16.50$ 代入式（2-37）得 $\lg \alpha_{Y(H)} \leqslant 8.5$。从表 2-12 可查得 pH $\geqslant 4.0$，即滴定 Zn^{2+} 允许的最小 pH 值为 4.0。

将金属离子的 $\lg K_{MY}$ 值与最小 pH 值（或对应的 $\lg \alpha_{Y(H)}$ 与最小 pH 值）绘成曲线，称为酸效应曲线（或称 Ringboim 曲线），如图 2-9 所示。

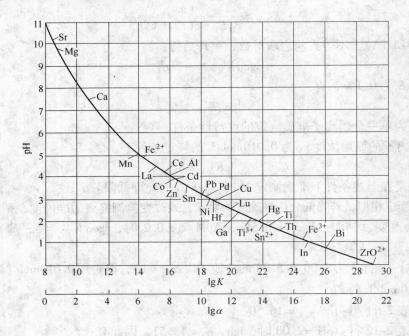

图 2-9 EDTA 酸效应曲线

实际工作中，利用酸效应曲线可查得单独滴定某种金属离子时所允许的最低 pH 值，还可以看出混合离子中哪些离子在一定 pH 值范围内有干扰（这部分内容将在下面讨论）。

必须注意，使用酸效应曲线查单独滴定某种金属离子的最低 pH 值的前提是：金属离子浓度为 0.01mol/L；允许测定的相对误差为 ±0.1%；溶液中除 EDTA 酸效应外，金属离子未发生其他副反应。如果前提变化，曲线将发生变化，则要求的 pH 值也会有所不同。

b 最低酸度（最高 pH 值）

为了能准确滴定被测金属离子，滴定时酸度一般都大于所允许的最小 pH 值。但是溶液的酸度不能过低，因为酸度太低，金属离子将会发生水解形成 $M(OH)_n$ 沉淀。这除影响反应速度使终点难以确定之外，还会影响反应的计量关系。因此需要考虑滴定时金属离子

不水解的最低酸度(最高 pH 值)。

在没有其他配位剂存在下,金属离子不水解的最低酸度可由 $M(OH)_n$ 的溶度积求得。如为防止开始时形成 $Zn(OH)_2$ 的沉淀必须满足:

$$[OH] = \sqrt{\frac{K_{SP(Zn(OH)_2)}}{[Zn^{2+}]}} = \sqrt{\frac{10^{-15.3}}{2 \times 10^{-2}}} = 10^{-6.8}$$

即

$$pH = 7.2$$

因此,EDTA 滴定浓度为 0.01mol/L 的 Zn^{2+} 溶液应在 pH 值为 4.0 ~ 7.2 的范围内,pH 值越近高限,K'_{MY} 就越大,滴定突跃也越大。若加入辅助配位剂(如氨水、酒石酸等),则 pH 值还会更高些。例如在氨性缓冲溶液存在下,可在 pH = 10 时滴定 Zn^{2+}。如若加入酒石酸或氨水,可防止金属离子生成沉淀。但由于辅助配位剂的加入会导致 K'_{MY} 降低,因此必须严格控制其用量,否则将因为 K'_{MY} 太小而无法准确滴定。

C 用指示剂确定终点时滴定的最佳酸度

以上是从滴定主反应讨论滴定适宜的酸度范围。实际工作中需要用指示剂来指示滴定终点,而金属指示剂只能在一定的 pH 值范围内使用,且由于酸效应,指示剂的变色点不是固定的,它随溶液的 pH 值而改变,因此在选择指示剂时必须考虑体系的 pH 值。指示剂变色点与化学计量点最接近时的酸度即为指示剂确定终点时滴定的最佳酸度。当然,是否合适还需要通过实验来检验。

【例 2-9】 计算用 0.020mol/L 的 EDTA 滴定 0.020mol/L 的 Cu^{2+} 的适宜酸度范围。

解:能准确滴定 Cu^{2+} 的条件是 $\lg c_M K'_{MY} \geq 6$,考虑滴定至化学计量点时体积增加一倍,故 $c(Cu^{2+}) = 0.010mol/L$。

$$\lg K_{CuY} - \lg \alpha_{Y(H)} \geq 8$$

即

$$\lg \alpha_{Y(H)} \leq 18.80 - 8.0 = 10.80$$

查图 2-9,当 $\lg \alpha_{Y(H)} = 10.80$ 时,pH = 2.9,此为滴定允许的最高酸度。

滴定 Cu^{2+} 时,允许最低酸度为 Cu^{2+} 不产生水解时的 pH。因为

$$[Cu^{2+}][OH^-]^2 = K_{sp}[Cu(OH)_2] = 10^{-19.66}$$

所以

$$[OH^-] = \sqrt{\frac{10^{-19.66}}{0.02}} = 10^{-8.98}$$

即

$$pH = 5.0$$

所以,用 0.020mol/L 的 EDTA 滴定 0.020mol/L 的 Cu^{2+} 的适宜酸度范围为 pH = 2.9 ~ 5.0。

必须指出,由于配合物的形成常数,特别是与金属指示剂有关的平衡常数目前还不齐全,有的可靠性还较差,理论处理结果必须由实验来检验。从原则上讲,在配位滴定的适宜酸度范围内滴定,均可获得较准确的结果。

D 配位滴定剂中缓冲剂的作用

配位滴定过程中会不断释放出 H^+,即

$$M^{n+} + H_2Y^{2-} \Longrightarrow MY^{(4-n)-} + 2H^+$$

使溶液酸度增高而降低 K'_{MY} 值,影响反应的完全程度,同时还会减小 K'_{MIn} 值使指示剂灵敏度降低。因此配位滴定中常加入缓冲剂控制溶液的酸度。

在弱酸性溶液（pH = 5 ~ 6）中滴定，常使用醋酸缓冲溶液或六次甲基四胺缓冲溶液；在弱碱性溶液（pH = 8 ~ 10）中滴定，常采用氨性缓冲溶液。在强酸中滴定（如 pH = 1 时滴定 Bi^{3+}）或强碱中滴定（如 pH = 13 时滴定时 Ca^{2+}），强酸或强碱本身就是缓冲溶液，具有一定的缓冲作用。在选择缓冲剂时，不仅要考虑缓冲剂所能缓冲的 pH 值范围，还要考虑缓冲剂是否会引起金属离子的副反应而影响反应的完全程度。例如，在 pH = 5 时用 EDTA 滴定 Pb^{2+}，通常不用醋酸缓冲溶液，因为 Ac^- 会与 Pb^{2+} 配位，降低 PbY 的条件形成常数。此外，所选的缓冲溶液还必须有足够的缓冲容量才能控制溶液 pH 基本不变。

2.2.3.3　混合离子的选择性滴定

以上讨论的是单一金属离子配位滴定的情况。实际工作中，遇到的常为多种离子共存的试样，而 EDTA 又是具有广泛配位性能的配位剂，因此必须提高 EDTA 配位滴定的选择性。提高配位滴定的选择性常用控制酸度和使用掩蔽剂等方法。

A　控制酸度分别滴定

若溶液中含有能与 EDTA 形成配合物的金属离子 M 和 N，且 $K_{MY} > K_{NY}$，则用 EDTA 滴定时，首先被滴定的是 M。如若 K_{MY} 与 K_{NY} 相差足够大，此时可准确滴定 M 离子（若有合适的指示剂），而 N 离子不干扰。滴定 M 离子后，若 N 离子满足单一离子准确滴定的条件，则又可继续滴定 N 离子，此时称 EDTA 可分别滴定 M 和 N。问题是 K_{MY} 与 K_{NY} 相差多大才能分步滴定？滴定应在何酸度范围内进行？

用 EDTA 滴定含有离子 M 和 N 的溶液，若 M 未发生副反应，溶液中的平衡关系如下：

$$M \; + \; \underset{\substack{HY \quad\quad NY \\ \vdots \\ H_6Y}}{\overset{H\diagup N}{Y}} \; \rightleftharpoons \; MY$$

当 $K_{MY} > K_{NY}$，且 $\alpha_{Y(N)} \gg \alpha_{Y(H)}$ 情况下，可推导出（省略推导）：

$$\lg(c_M K'_{MY}) = \lg K_{MY} - \lg K_{NY} + \lg \frac{c_M}{c_N} \tag{2-38}$$

或

$$\lg(c_M K'_{MY}) = \Delta\lg K + \lg(c_M/c_N) \tag{2-39}$$

这说明，两种金属离子配合物的稳定常数相差越大，被测离子浓度（c_M）越大，干扰离子浓度（c_N）越小，则在 N 离子存在下滴定 M 离子的可能性越大。至于两种金属离子配合物的稳定常数要相差多大才能准确滴定 M 离子而 N 离子不干扰，这就取决于所要求的分析准确度和两种金属离子的浓度比 c_M/c_N 及终点和化学计量点 pM 差值（ΔpM）等因素。

a　分步滴定可能性的判别

由以上讨论可推出，若溶液中只有 M、N 两种离子，当 ΔpM = ±0.2（目测终点一般有 ±0.2 ~ 0.5ΔpM 的出入），$E_t \leqslant \pm 0.1\%$ 时，要准确滴定 M 离子，而 N 离子不干扰，必须使 $\lg(c_M K'_{MY}) \geqslant 6$，即

$$\Delta\lg K + \lg(c_M/c_N) \geqslant 6 \tag{2-40}$$

　　式(2-40)是判断能否用控制酸度办法准确滴定 M 离子而 N 离子不干扰的判别式。滴定 M 离子后，若 $\lg c_N K'_{NY} \geqslant 6$，则可继续准确滴定 N 离子。

　　如果 $\Delta pM = \pm 0.2$，$E_t \leqslant \pm 0.5\%$（混合离子滴定通常允许误差不大于 $\pm 0.5\%$）时，则可用式(2-41)来判别控制酸度分别滴定的可能性。

$$\Delta \lg K + \lg(c_M/c_N) \geqslant 5 \tag{2-41}$$

　　b　分别滴定的酸度控制

　　（1）最高酸度（最低 pH 值）：选择滴定 M 离子的最高酸度与单一金属离子滴定最高酸度的求法相似。即当 $c_M = 0.01\,mol/L$、$E_t \leqslant \pm 0.5\%$ 时，

$$\lg \alpha_{Y(H)} \leqslant \lg K_{MY} - 8$$

根据 $\lg \alpha_{Y(H)}$ 查出对应的 pH 值即为最高酸度。

　　（2）最低酸度（最高 pH 值）：根据式(2-41)N 离子不干扰 M 离子滴定的条件是：

$$\Delta \lg K + \lg(c_M/c_N) \geqslant 5$$

即

$$\lg c_M K'_{MY} - \lg c_N K'_{NY} \geqslant 5$$

由于准确滴定 M 时，$\lg c_M K'_{MY} \geqslant 6$，因此

$$\lg c_N K'_{NY} \leqslant 1 \tag{2-42}$$

　　当 $c_N = 0.01\,mol/L$ 时，

$$\lg \alpha_{Y(H)} \geqslant \lg K_{NY} - 3$$

根据 $\lg \alpha_{Y(H)}$ 查出对应的 pH 值即为最高 pH 值。

　　值得注意的是，易发生水解反应的金属离子若在所求的酸度范围内发生水解反应，则适宜酸度范围的最低酸度为形成 $M(OH)_n$ 沉淀时的酸度。

　　滴定 M 和 N 离子的酸度控制仍使用缓冲溶液，并选择合适的指示剂，以减小滴定误差。如果 $\Delta \lg K + \lg(c_M/c_N) \leqslant 5$，则不能用控制酸度的方法分步滴定。

　　M 离子滴定后，滴定 N 离子的最高酸度、最低酸度及适宜酸度范围，与单一离子滴定相同。

　　【例2-10】　溶液中 Pb^{2+} 和 Ca^{2+} 浓度均为 $2.0 \times 10^{-2}\,mol/L$。如用相同浓度 EDTA 滴定，要求 $E_t \leqslant \pm 0.5\%$，问：（1）能否用控制酸度分步滴定？（2）滴定 Pb^{2+} 的酸度范围。

　　解：（1）由于两种金属离子浓度相同，且要求 $E_t \leqslant \pm 0.5\%$，此时判断能否用控制酸度分步滴定的判别式为 $\Delta \lg K \geqslant 5$。查表得 $\lg K_{PbY} = 18.0$，$\lg K_{CaY} = 10.7$，则

$$\Delta \lg K = 18.0 - 10.7 = 7.3 > 5$$

所以可以用控制酸度分步滴定。

　　（2）由于 $c(Pb^{2+}) = 2.0 \times 10^{-2}\,mol/L$，则

$$\lg \alpha_{Y(H)} \leqslant \lg K_{MY} - 8$$
$$\lg \alpha_{Y(H)} \leqslant 18.0 - 8 = 10.0$$

查表得 $pH \geqslant 3.7$，所以滴定 Pb^{2+} 的最高酸度 pH = 3.7。

　　滴定 Pb^{2+} 的最低酸度应先考虑滴定 Pb^{2+} 时，Ca^{2+} 不干扰，即

$$\lg c(Ca^{2+}) K'_{CaY^{2-}} \leqslant 1$$

由于 Ca^{2+} 浓度为 $2.0 \times 10^{-2}\,mol/L$，所以

$$\lg K'_{CaY^{2-}} \leqslant 3$$

即

$$\lg \alpha_{Y(H)} \geqslant \lg K_{NY} - 3$$

所以 $$\lg\alpha_{Y(H)} \geqslant 10.7 - 3 = 7.7$$

查表（或酸效应曲线）得 pH ≤ 8.0。

因此，准确滴定 Pb^{2+} 而 Ca^{2+} 不干扰的酸度范围是 pH = 3.7 ~ 8.0。

考虑到 Pb^{2+} 的水解：

$$[OH^-] \leqslant \sqrt{\frac{K_{sp}[Pb(OH)_2]}{[Pb^{2+}]}}$$

即

$$[OH^-] = \sqrt{\frac{10^{-15.7}}{2 \times 10^{-2}}} = 10^{-7}$$

$$pH \leqslant 7.0$$

所以，滴定 Pb^{2+} 适宜的酸度范围是 pH = 3.7 ~ 7.0。

【例 2-11】 溶液中含 Ca^{2+}、Mg^{2+}，浓度均为 1.0×10^{-2} mol/L，用相同浓度 EDTA 滴定 Ca^{2+} 使溶液 pH 值调到 12，问：若要求 $E_t \leqslant \pm 0.1\%$，Mg^{2+} 对滴定有无干扰？

解：pH = 12 时，

$$[Mg^{2+}] = \frac{K_{sp,Mg(OH)_2}}{[OH^-]^2} = \frac{1.8 \times 10^{-11}}{10^{-4}} = 1.8 \times 10^{-7} \text{mol/L}$$

查得 $\lg K_{CaY} = 10.69$，$\lg K_{MgY} = 8.69$，因此

$$\Delta\lg K + \lg\frac{c_M}{c_N} = 10.69 - 8.69 + \lg\frac{10^{-2}}{1.8 \times 10^{-7}} = 6.74 > 6$$

所以 Mg^{2+} 对 Ca^{2+} 的滴定无干扰。

B 使用掩蔽剂的选择性滴定

当 $\lg K_{MY} - \lg K_{NY} < 5$ 时，采用控制酸度分别滴定已不可能，这时可利用加入掩蔽剂来降低干扰离子的浓度以消除干扰。掩蔽方法按掩蔽反应类型的不同分为配位掩蔽法、氧化还原掩蔽法和沉淀掩蔽法等。

a 配位掩蔽法

配位掩蔽法在化学分析中应用最广泛，它是通过加入能与干扰离子形成更稳定配合物的配位剂（通称掩蔽剂）掩蔽干扰离子，从而能够更准确滴定待测离子。例如测定 Al^{3+} 和 Zn^{2+} 共存溶液中的 Zn^{2+} 时，可加入 NH_4F 与干扰离子 Al^{3+} 形成十分稳定的 AlF_6^{3-}，因而消除了 Al^{3+} 的干扰。又如测定水中 Ca^{2+}、Mg^{2+} 总量（即水的硬度）时，Fe^{3+}、Al^{3+} 的存在干扰测定，在 pH = 10 时加入三乙醇胺，可以掩蔽 Fe^{3+} 和 Al^{3+}，消除其干扰。

采用配位掩蔽法，在选择掩蔽剂时应注意如下几个问题：

（1）掩蔽剂与干扰离子形成的配合物应远比待测离子与 EDTA 形成的配合物稳定（即 $\lg K'_{NY} \gg \lg K'_{MY}$），而且所形成的配合物应为无色或浅色。

（2）掩蔽剂与待测离子不发生配位反应或形成的配合物稳定性要远小于待测离子与 EDTA 配合物的稳定性。

（3）掩蔽作用与滴定反应的 pH 值条件大致相同。例如，在 pH = 10 时测定 Ca^{2+}、Mg^{2+} 总量，少量 Fe^{3+}、Al^{3+} 的干扰可使用三乙醇胺来掩蔽，但若在 pH = 1 时测定 Bi^{3+} 就不能再使用三乙醇胺掩蔽。因为 pH = 1 时三乙醇胺不具有掩蔽作用。

实际工作中常用的配位掩蔽剂见表 2-15。

表 2-15 部分常用的配位掩蔽剂

掩蔽剂	被掩蔽的金属离子	pH 值
三乙醇胺	Al^{3+}、Fe^{3+}、Sn^{4+}、TiO_2^{2+}	10
氟化物	Al^{3+}、Sn^{4+}、TiO_2^{2+}、Zr^{4+}	>4
乙酰丙酮	Al^{3+}、Fe^{2+}	5~6
邻二氮菲	Cu^{2+}、Co^{2+}、Ni^{2+}、Cd^{2+}、Hg^{2+}	5~6
氰化物	Cu^{2+}、Co^{2+}、Ni^{2+}、Cd^{2+}、Hg^{2+}、Fe^{2+}	10
2,3 二巯基丙醇	Zn^{2+}、Pb^{2+}、Bi^{3+}、Sb^{2+}、Sn^{4+}、Cd^{2+}、Cu^{2+}	
硫脲	Hg^{2+}、Cu^{2+}	
碘化物	Hg^{2+}	

b　氧化还原掩蔽法

氧化还原掩蔽法是加入一种氧化剂或还原剂，改变干扰离子价态，以消除干扰的一种方法。例如，锆铁矿中锆的滴定，由于 Zr^{4+} 和 Fe^{3+} 与 EDTA 配合物的稳定常数相差不够大（$\Delta lgK = 29.9 - 25.1 = 4.8$），$Fe^{3+}$ 干扰 Zr^{4+} 的滴定。此时可加入抗坏血酸或盐酸羟氨使 Fe^{3+} 还原为 Fe^{2+}，由于 $lgK_{FeY^{2-}} = 14.3$，比 lgK_{FeY-} 小得多，因而避免了干扰。又如前面提到，pH = 1 时测定 Bi^{3+} 不能使用三乙醇胺掩蔽 Fe^{3+}，此时同样可采用抗坏血酸或盐酸羟氨使 Fe^{3+} 还原为 Fe^{2+} 消除干扰。其他如滴定 Th^{4+}、In^{3+}、Hg^{2+} 时，也可用同样方法消除 Fe^{3+} 干扰。

c　沉淀掩蔽法

沉淀掩蔽法是加入选择性沉淀剂与干扰离子形成沉淀，从而降低干扰离子的浓度，以消除干扰的一种方法。例如在 Ca^{2+}、Mg^{2+} 共存溶液中，加入 NaOH 生成 $Mg(OH)_2$ 沉淀，使 pH >12，这时 EDTA 就可直接滴定 Ca^{2+} 了。

沉淀掩蔽法要求所生成的沉淀溶解度要小，沉淀的颜色为无色或浅色，沉淀最好是晶形沉淀，吸附作用小。

由于某些沉淀反应进行得不够完全，造成掩蔽效率有时不太高，加上沉淀的吸附现象，既影响滴定准确度又影响终点观察。因此，沉淀掩蔽法不是一种理想的掩蔽方法，在实际工作中应用不多。配位滴定中常用的沉淀掩蔽剂见表 2-16。

表 2-16 部分常用的沉淀掩蔽剂

掩蔽剂	被掩蔽离子	被测离子	pH 值	指示剂
氢氧化物	Mg^{2+}	Ca^{2+}	12	钙指示剂
碘化钾	Cu^{2+}	Zn^{2+}	5~6	PAN
氟化物	Ba^{2+}、Sr^{2+}、Ca^{2+}、Mg^{2+}	Zn^{2+}、Cd^{2+}、Mn^{2+}	10	EBT
硫酸盐	Ba^{2+}、Sr^{2+}	Ca^{2+}、Mg^{2+}	10	EBT
铜试剂	Bi^{3+}、Cu^{2+}、Cd^{2+}	Ca^{2+}、Mg^{2+}	10	EBT

C　其他滴定剂的应用

氨羧配位剂的种类很多，除 EDTA 外，还有不少种类氨羧配位剂，它们与金属离子形成配位化合物的稳定性各具特点。选用不同的氨羧配位剂作为滴定剂，可以选择性地滴定某些离子。

(1) EGTA（乙二醇二乙醚二胺四乙酸）。EGTA 和 EDTA 与 Mg^{2+}、Ca^{2+}、Sr^{2+}、Ba^{2+} 所形成的配合物的 lgK 值比较见表 2-17。

表 2-17　M – EGTA 与 M – EDTA 的 lgK 值比较

lgK	Mg^{2+}	Ca^{2+}	Sr^{2+}	Ba^{2+}
M – EGTA	5. 2	11. 0	8. 5	8. 4
M – EDTA	8. 7	10. 7	8. 6	7. 6

可见，如果在大量 Mg^{2+} 存在的条件下，采用 EDTA 为滴定剂进行滴定，则 Mg^{2+} 的干扰严重。若用 EGTA 滴定，Mg^{2+} 的干扰就很小。因为 Mg^{2+} 与 EGTA 配合物的稳定性差，而 Ca^{2+} 与 EGTA 配合物的稳定性很高。因此，选用 EGTA 作滴定剂选择性高于 EDTA。

(2) EDTP（乙二胺四丙酸）。EDTP 与金属离子形成的配合物的稳定性普遍地比相应的 EDTA 配合物的差，但 Cu – EDTP 除外，Cu – EDTP 的稳定性仍很高。EDTP 和 EDTA 与 Cu^{2+}、Zn^{2+}、Cd^{2+}、Mn^{2+}、Mg^{2+} 所形成的配合物的 lgK 值比较见表 2-18。

表 2-18　M – EDTP 与 M – EDTA 的 lgK 值的比较

lgK	Cu^{2+}	Zn^{2+}	Cd^{2+}	Mn^{2+}	Mg^{2+}
M – EDTP	15. 4	7. 8	6. 0	4. 7	1. 8
M – EDTA	18. 8	16. 5	16. 5	14. 0	8. 7

因此，在一定的 pH 值下，用 EDTP 滴定 Cu^{2+}，则 Zn^{2+}、Cd^{2+}、Mn^{2+}、Mg^{2+} 不干扰。

若采用上述控制酸度、掩蔽干扰离子或选用其他滴定剂等方法仍不能消除干扰离子的影响，那就只有采用分离的方法除去干扰离子了。

2.2.4　EDTA 标准溶液的配制与标定

2.2.4.1　EDTA 标准溶液的配制

(1) 配制方法。常用的 EDTA 标准溶液的浓度为 $0.01 \sim 0.05 mol/L$。称取一定量（按所需浓度和体积计算）$EDTA[Na_2H_2Y \cdot 2H_2O, M(Na_2H_2Y \cdot 2H_2O) = 372.2 g/mol]$，用适量蒸馏水溶解（必要时可加热），溶解后稀释至所需体积，并充分混匀，转移至试剂瓶中待标定。

(2) 蒸馏水质量。在配位滴定中，使用的蒸馏水质量是否符合要求（符合国标《分析实验室用水规格和试验方法》(GB/T 6682—2008)）十分重要。若配制溶液的蒸馏水中含有 Al^{3+}、Fe^{3+}、Cu^{2+} 等，会使指示剂封闭，影响终点观察。若蒸馏水中含有 Ca^{2+}、Mg^{2+}、Pb^{2+} 等，在滴定中会消耗一定量的 EDTA，对结果产生影响。因此在配位滴定中，所用蒸馏水一定要进行质量检查。为了保证水的质量常用二次蒸馏水或去离子水来配制溶液。

(3) EDTA 溶液的贮存。配制好的 EDTA 溶液应贮存在聚乙烯塑料瓶或硬质玻璃瓶中。若贮存在软质玻璃瓶中，EDTA 会不断地溶解玻璃中的 Ca^{2+}、Mg^{2+} 等离子，形成配合物，从而浓度不断降低。

2.2.4.2 EDTA 标准滴定溶液的标定

A 标定 EDTA 常用的基准试剂

用于标定 EDTA 溶液的基准试剂很多，常用的基准试剂如表 2-19 所示。

表 2-19 标定 EDTA 的常用基准试剂

基准试剂	基准试剂处理	滴定条件		终点颜色变化
		pH 值	指示剂	
铜片	用稀 HNO₃ 除去氧化膜后，用水或无水乙醇充分洗涤，在 105℃ 烘箱中烘 3min，冷却后称量，以 1:1HNO₃ 溶解，再以 H₂SO₄ 蒸发除去 NO₂	4.3 HAc – Ac⁻ 缓冲溶液	PAN	红→黄
铅	用稀 HNO₃ 除去氧化膜，用水或无水乙醇充分洗涤，在 105℃ 烘箱中烘 3min，冷却后称量，以 1:2 HNO₃ 溶解，加热除去 NO₂	10 NH₃ – NH₄⁺ 缓冲溶液	铬黑 T	红→蓝
		5~6 六次甲基四胺	二甲酚橙	红→黄
锌片	用 1:5HCl 除去氧化膜，用水或无水乙醇充分洗涤，在 105℃ 烘箱中烘 3min，冷却后称量，以 1:1HCl 溶解	10 NH₃ – NH₄⁺ 缓冲溶液	铬黑 T	红→蓝
		5~6 六次甲基四胺	二甲酚橙	红→黄
CaCO₃	在 105℃ 烘箱中烘 120min，冷却后称量，以 1:1HCl 溶解	12.5~12.9KOH	甲基百里酚蓝	蓝→灰
		≥12.5	钙指示剂	酒红→蓝
MgO	在 1000℃ 灼烧后，以 1:1HCl 溶解	10 NH₃ – NH₄⁺ 缓冲溶液	铬黑 T + K – B	红→蓝

纯金属如 Bi、Cd、Cu、Zn、Mg、Ni、Pb 等，要求纯度在 99.99% 以上。金属表面如有一层氧化膜，应先用酸洗去，再用水或乙醇洗涤，并在 105℃ 烘干数分钟后再称量。金属氧化物或其盐类如 Bi_2O_3、$CaCO_3$、MgO、$MgSO_4 \cdot 7H_2O$、ZnO、$ZnSO_4$ 等试剂，在使用前应预先处理。

实验室中常用金属锌或氧化锌为基准物，由于它们的摩尔质量不大，标定时通常采用"称大样"法，即先准确称取基准物，溶解后定量转入一定体积的容量瓶中配制，然后再移取一定量溶液标定。

B 标定的条件

为了使测定结果具有较高的准确度，标定的条件与测定的条件应尽可能相同。在可能的情况下，最好选用被测元素的纯金属或化合物为基准物质。这是因为不同的金属离子与 EDTA 反应完全的程度不同，允许的酸度不同，因而对结果的影响也不同。如 Al^{3+} 与 EDTA 的反应，在过量 EDTA 存在下，控制酸度并加热，配位率也只能达到 99% 左右，因此要准确测定 Al^{3+} 含量，最好采用纯铝或含铝标样标定 EDTA 溶液，使误差抵消。又如，由实验用水中引入的杂质（如 Ca^{2+}、Pb^{2+}）在不同条件下有不同影响。在碱性中滴定时两者均会与 EDTA 配位；在酸性溶液中则只有 Pb^{2+} 与 EDTA 配位；在强酸溶液中滴定，则两者均不与 EDTA 配位。因此，若在相同酸度下标定和测定，这种影响就可以被抵消。

C　标定方法

以乙二胺四乙酸二钠标准溶液[$c(EDTA) = 0.1mol/L$]标定为例说明。

称取 0.25g 于 800℃灼烧至恒重的基准氧化锌，精确至 0.0001g。用少量水湿润，加 2mL 盐酸（20%）使样品溶解，加 100mL 水，用氨水溶液（10%）中和至 pH = 7～8，加 10mL 氨－氯化铵缓冲溶液甲（pH≈10）及 5 滴铬黑 T 指示液（5g/L），用配制好的乙二胺四乙酸二钠溶液滴定至溶液由紫色变为纯蓝色，记录数据然后计算。

2.2.5　配位滴定方法及应用

在配位滴定中采用不同的滴定方法，可以扩大配位滴定的应用范围。配位滴定法中常用的滴定方法主要有直接滴定法、返滴定法、置换滴定法和间接滴定法。

2.2.5.1　直接滴定法及应用

直接滴定法是配位滴定中的基本方法。这种方法是将试样处理成溶液后，调节至所需的酸度，再用 EDTA 直接滴定被测离子。在多数情况下，直接法引入的误差较小，操作简便、快速。只要金属离子与 EDTA 的配位反应能满足直接滴定的要求，应尽可能地采用直接滴定法。但如果有以下任何一种情况，都不宜直接滴定：

（1）待测离子与 EDTA 不形成或形成的配合物不稳定。

（2）待测离子与 EDTA 的配位反应很慢，例如 Al^{3+}、Cr^{3+}、Zr^{4+} 等的配合物虽稳定，但在常温下反应进行得很慢。

（3）没有适当的指示剂，或金属离子对指示剂有严重的封闭或僵化现象。

（4）在滴定条件下，待测金属离子水解或生成沉淀，滴定过程中沉淀不易溶解，也不能用加入辅助配位剂的方法防止这种现象的发生。

实际上大多数金属离子都可采用直接滴定法。例如，测定钙、镁可有多种方法，但以直接配位滴定法最为简便。钙、镁联合测定的方法是：先在 pH = 10 的氨性溶液中，以铬黑 T 为指示剂，用 EDTA 滴定。由于 CaY 比 MgY 稳定，故先滴定的是 Ca^{2+}。但它们与铬黑 T 配位化合物的稳定性则相反($\lg K_{CaIn} = 5.4$、$\lg K_{MgIn} = 7.0$)，因此当溶液由紫红变为蓝色时，表示 Mg^{2+} 已定量滴定。而此时 Ca^{2+} 早已定量反应，故由此测得的是 Ca^{2+}、Mg^{2+} 总量。另取同量试液，加入 NaOH 调节溶液酸度至 pH > 12。此时镁以 $Mg(OH)_2$ 沉淀形式被掩蔽，选用钙指示剂为指示剂，用 EDTA 滴定 Ca^{2+}。由前后两次测定之差即得到镁含量。

表 2-20 为部分金属离子常用的 EDTA 直接滴定法示例。

表 2-20　EDTA 直接滴定法示例

金属离子	pH	指示剂	其他主要滴定条件	终点颜色变化
Bi^{3+}	1	二甲酚橙	介质	紫红→黄
Ca^{2+}	12～13	钙指示剂		酒红→蓝
Cd^{2+}、Fe^{2+}、Pb^{2+}、Zn^{2+}	5～6	二甲酚橙	六次甲基四胺	红紫→黄

金属离子	pH	指示剂	其他主要滴定条件	终点颜色变化
Co^{2+}	5~6	二甲酚橙	六次甲基四胺，加热至80℃	红紫→黄
Cd^{2+}、Mg^{2+}、Zn^{2+}	9~10	铬黑T	氨性缓冲溶液	红→蓝
Cu^{2+}	2.5~10	PAN	加热或加乙醇	红→黄绿
Fe^{3+}	1.5~2.5	磺基水杨酸	加热	红紫→黄
Mn^{2+}	9~10	铬黑T	氨性缓冲溶液，抗坏血酸或 $NH_2OH \cdot HCl$ 或酒石酸	红→蓝
Ni^{2+}	9~10	紫脲酸胺	加热至50~60℃	黄绿→紫红
Pb^{2+}	9~10	铬黑T	氨性缓冲溶液，加酒石酸，并加热至40~70℃	红→蓝
Th^{2+}	1.7~3.5	二甲酚橙	介质	紫红→黄

2.2.5.2 返滴定法及应用

返滴定法是在适当的酸度下，在试液中加入定量且过量的 EDTA 标准溶液，加热（或不加热）使待测离子与 EDTA 配位完全，然后调节溶液的 pH 值，加入指示剂，以适当的金属离子标准溶液作为返滴定剂，滴定过量的 EDTA。

返滴定法适用于如下几种情况：

（1）被测离子与 EDTA 反应缓慢。

（2）被测离子在滴定的 pH 值下会发生水解，又找不到合适的辅助配位剂。

（3）被测离子对指示剂有封闭作用，又找不到合适的指示剂。

例如，Al^{3+} 与 EDTA 配位反应速度缓慢，而且对二甲酚橙指示剂有封闭作用；酸度不高时，Al^{3+} 还易发生一系列水解反应，形成多种多核羟基配合物。因此 Al^{3+} 不能直接滴定。用返滴定法测定 Al^{3+} 时，先在试液中加入一定量并过量的 EDTA 标准溶液，调节 pH = 3.5，煮沸以加速 Al^{3+} 与 EDTA 的反应（此时溶液的酸度较高，又有过量 EDTA 存在，Al^{3+} 不会形成羟基配合物）。冷却后，调节 pH 值至 5~6，以保证 Al^{3+} 与 EDTA 定量配位，然后以二甲酚橙为指示剂（此时 Al^{3+} 已形成 AlY，不再封闭指示剂），用 Zn^{2+} 标准溶液滴定过量的 EDTA。

返滴定法中用作返滴定剂的金属离子 N 与 EDTA 的配合物 NY 应有足够的稳定性，以保证测定的准确度，但 NY 又不能比待测离子 M 与 EDTA 的配合物 MY 更稳定，否则将发生如下反应（略去电荷），使测定结果偏低。

$$N + MY \Longrightarrow NY + M$$

上例中 ZnY^{2-} 虽比 AlY^{3-} 稍稳定（$lgK_{ZnY} = 16.5$，$lgK_{AlY} = 16.1$），但因 Al^{3+} 与 EDTA配位缓慢，一旦形成，离解也慢。因此，在滴定条件下 Zn^{2+} 不会把 AlY 中的 Al^{3+} 置换出来。但是，如果返滴定时温度较高，AlY 活性增大，就有可能发生置换反应，使终点难以确定。表 2-21 列出了常用作返滴定剂的部分金属离子及其滴定条件。

表 2-21　常用作返滴定剂的金属离子和滴定条件

待测金属离子	pH 值	返滴定剂	指示剂	终点颜色变化
Al^{3+}、Ni^{2+}	5～6	Zn^{2+}	二甲酚橙	黄→紫红
Al^{3+}	5～6	Cu^{2+}	PAN	黄→蓝紫（或紫红）
Fe^{2+}	9	Zn^{2+}	铬黑 T	蓝→红
Hg^{2+}	10	Mg^{2+}、Zn^{2+}	铬黑 T	蓝→红
Sn^{4+}	2	Th^{4+}	二甲酚橙	黄→红

2.2.5.3　置换滴定法及应用

配位滴定中用到的置换滴定有下列两类：

（1）置换出金属离子。例如，Ag^+ 与 EDTA 配合物不够稳定（$lgK_{AgY}=7.3$），不能用 EDTA 直接滴定。若在 Ag^+ 试液中加入过量的 $Ni(CN)_4^{2-}$，则会发生如下置换反应：

$$2Ag^+ + Ni(CN)_4^{2-} \longrightarrow 2Ag(CN)_2^- + Ni^{2+}$$

此反应的平衡常数 $lgK_{AgY}=10.9$，反应进行较完全。在 pH=10 的氨性溶液中，以紫脲酸铵为指示剂，用 EDTA 滴定置换出 Ni^{2+}，即可求得 Ag^+ 含量。

要测定银币试样中的 Ag 与 Cu，通常做法是：先将试样溶于硝酸后，加入氨调节溶液的 pH=8，以紫脲酸铵为指示剂，用 EDTA 滴定 Cu^{2+}，再用置换滴定法测 Ag^+。

紫脲酸铵是配位滴定 Ca^{2+}、Ni^{2+}、Co^{2+} 和 Cu^{2+} 的一个经典指示剂，强氨性溶液滴定 Ni^{2+} 时，溶液由配合物的紫色变为指示剂的黄色，变色敏锐。由于 Cu^{2+} 与指示剂的稳定性差，只能在弱氨性溶液中滴定。

（2）置换出 EDTA。用返滴定法测定可能含有 Cu、Pb、Zn、Fe 等杂质离子的某复杂试样中的 Al^{3+} 时，实际测得的是这些离子的合量。为了得到准确的 Al^{3+} 量，在返滴定至终点后，加入 NH_4F，F^- 与溶液中的 AlY^- 反应，生成更为稳定的 AlF_6^{3-}，置换出与 Al^{3+} 相当量的 EDTA。

$$AlY^- + 6F^- + 2H^{2+} \Longrightarrow AlF_6^{3-} + H_2Y^{2-}$$

置换出的 EDTA，再用 Zn^{2+} 标准溶液滴定，由此可得 Al^{3+} 的准确含量。

锡的测定也常用此法。如测定锡－铅焊料中锡、铅含量，试样溶解后加入一定量并过量的 EDTA，煮沸，冷却后用六次甲基四胺调节溶液 pH 值至 5～6，以二甲酚橙作指示剂，用 Pb^{2+} 标准溶液滴定 Sn^{4+} 和 Pb^{2+} 的总量。然后再加入过量的 NH_4F，置换出 SnY 中的 EDTA，再用 Pb^{2+} 标准溶液滴定，即可求得 Sn^{4+} 的含量。

置换滴定法不仅能扩大配位滴定法的应用范围，还可以提高配位滴定法的选择性。

2.2.5.4　间接滴定法及应用

有些离子和 EDTA 生成的配合物不稳定，如 Na^+、K^+ 等；有些离子和 EDTA 不配位，如 SO_4^{2-}、PO_4^{3-}、CN^-、Cl^- 等。这些离子可采用间接滴定法测定。表 2-22 列出常用的部分离子的间接滴定法以供参考。

表 2-22　常用的间接滴定法

待测离子	主　要　步　骤
K^+	沉淀为 $K_2Na[Co(NO_2)_6] \cdot 6H_2O$，经过滤、洗涤、溶解后测出其中的 Co^{3+}
Na^+	沉淀为 $NaZn(UO_2)_3Ac_9 \cdot 9H_2O$，经过滤、洗涤、溶解后测出其中的 Na^+
PO_4^{3-}	沉淀为 $MgNH_4PO_4 \cdot 6H_2O$，沉淀经过滤、洗涤、溶解后测定其中 Mg^{2+}，或测定滤液中过量的 Mg^{2+}
S^{2-}	沉淀为 CuS，测定滤液中过量的 Cu^{2+}
SO_4^{2-}	沉淀为 $BaSO_4$，测定滤液中过量的 Ba^{2+}，用 $Mg-Y$ 铬黑 T 作指示剂
CN^-	加一定量并过量的 Ni^{2+}，使形成 $Ni(CN)_4^{2-}$，测定过量的 Ni^{2+}
Cl^-、Br^-、I^-	沉淀为卤化银、过滤、滤液中过量的 Ag^+ 与 $Ni(CN)_4^{2-}$ 置换，测定置换出的 Ni^{2+}

2.3　氧化还原滴定法

2.3.1　氧化还原滴定概述

氧化还原滴定法是以氧化还原反应为基础的滴定分析法。氧化还原反应是基于电子转移的反应。由于氧化还原反应的反应机理比较复杂，许多反应的速度较慢，有时介质对反应也有较大的影响；有的反应除了主反应外，还伴随有各种副反应。因此，在讨论氧化还原滴定法时，除从平衡观点判断反应的可行性外，还应考虑反应机理、反应速度、反应条件及滴定条件等因素。

氧化还原滴定法的应用很广泛，可以用来直接、间接滴定，也可以利用诱导反应对混合物进行选择性滴定或分别滴定。

2.3.1.1　氧化还原电对的标准电极电位和条件电位

A　标准电极电位

各种不同的氧化剂的氧化能力和还原剂的还原能力是不相同的，其氧化还原能力的大小，可以用电极电位来衡量。

对于任何一个可逆氧化还原电对，有：

$$Ox(氧化态) + ne \Longrightarrow Red(还原态)$$

当达到平衡时，其电极电位与氧化态、还原态之间的关系遵循能斯特方程。

$$E_{Ox/Red} = E^{\ominus}_{Ox/Red} + \frac{RT}{nF}\ln\frac{a_{Ox}}{a_{Red}} \tag{2-43}$$

式中　$E_{Ox/Red}$——电对 Ox/Red 的电极电位；

$\quad\quad E^{\ominus}_{Ox/Red}$——电对 Ox/Red 的标准电极电位；

$\quad\quad a_{Ox}$，a_{Red}——电对氧化态和还原态的活度；

$\quad\quad R$——气体常数，8.314J/(K·mol)；

$\quad\quad T$——绝对温度，K；

n——电极反应中转移的电子数；

F——法拉第常数，96485C/mol。

将以上常数代入式(2-43)，并取常用对数，于25℃时得：

$$E_{Ox/Red} = E_{Ox/Red}^{\ominus} + \frac{0.059}{n} lg \frac{a_{Ox}}{a_{Red}} \qquad (2-44)$$

可见，在一定温度下，电对的电极电位与氧化态和还原态的浓度有关。

当 $a_{Ox} = a_{Red} = 1mol/L$ 时，

$$E_{Ox/Red} = E_{Ox/Red}^{\ominus}$$

因此，标准电极电位是指在一定的温度下（通常为25℃），当 $a_{Ox} = a_{Red} = 1mol/L$ 时（若反应物有气体参加，则其分压等于100kPa）的电极电位。

电对的电位值越高，其氧化态的氧化能力越强；电对的电位值越低，其还原态的还原能力越强。

B 条件电位

标准电极电位 $E^{\ominus}$ 是在特定条件下测得的，如果溶液中的离子强度、酸度或组分存在形式等发生变化时，电对的氧化还原电位也会随之改变，从而引起电位的变化。因而引入条件电位的概念。

如计算盐酸溶液中 Fe(Ⅲ)/Fe(Ⅱ) 的电位。$Fe^{3+} + e = Fe^{2+}$，标准电位 $E^{\ominus} = 0.771V$，若考虑溶液中离子强度的影响，可从离子强度计算得到 Fe^{3+} 与 Fe^{2+} 的活度系数。若溶液中 Fe^{3+} 与 Fe^{2+} 可能发生络合反应，如以 $FeOH^+$、$FeCl^{2+}$ 等其他形式存在，则要考虑副反应的影响，Fe^{3+} 与 Fe^{2+} 的平衡浓度可从式(2-45)求得：

$$\frac{c(Fe^{3+})}{[Fe^{3+}]} = \alpha_{Fe^{3+}}, \quad \frac{c(Fe^{2+})}{[Fe^{2+}]} = \alpha_{Fe^{2+}} \qquad (2-45)$$

即

$$[Fe^{3+}] = \frac{c(Fe^{3+})}{\alpha_{Fe^{3+}}}, \quad [Fe^{2+}] = \frac{c(Fe^{2+})}{\alpha_{Fe^{2+}}}$$

再将活度系数代入，可得到

$$E = E^{\ominus} + 0.059 lg \frac{\gamma_{Fe^{3+}} \cdot \alpha_{Fe^{2+}} \cdot c(Fe^{3+})}{\gamma_{Fe^{2+}} \cdot \alpha_{Fe^{3+}} \cdot c(Fe^{2+})} \qquad (2-46)$$

式(2-46)可改写为以下形式：

$$E = E^{\ominus} + 0.059 lg \frac{\gamma_{Fe^{3+}} \cdot \alpha_{Fe^{2+}}}{\gamma_{Fe^{2+}} \cdot \alpha_{Fe^{3+}}} + 0.059 lg \frac{c(Fe^{3+})}{c(Fe^{2+})}$$

当电对的氧化态和还原态的分析浓度均为1mol/L，或氧化态和还原态的分析浓度的比值为1时，可得：

$$E = E^{\ominus} + 0.059 lg \frac{\gamma_{Fe^{3+}} \cdot \alpha_{Fe^{2+}}}{\gamma_{Fe^{2+}} \cdot \alpha_{Fe^{3+}}} = E^{\ominus\prime}$$

$E^{\ominus\prime}$ 称为条件电位。条件电位反映了溶液中离子强度和各种副反应的影响，它在一定条件下为一常数。条件电位的大小，反映了在外界因素（离子强度、副反应、酸度等）影响下，氧化还原电对的实际氧化还原能力。用条件电位来处理实际问题比较简便。但因目前实验测得的条件电位数据不够，有时只有采用条件相似的条件电位或标准电位代替。

【例2-12】　计算0.10mol/L的HCl溶液中，As(Ⅴ)/As(Ⅲ)电对的条件电位（忽略离子强度的影响）。

解： 已知$H_3AsO_4 + 2H^+ + 2e = H_3AsO_3 + H_2O, E_{As(Ⅴ)/As^{3+}}^{\ominus} = 0.559V$，所以

$$E = E^{\ominus} + \frac{0.059}{2}\lg\frac{[H_3AsO_4][H^+]^2}{[H_3AsO_3]} = E^{\ominus} + 0.059 \times \lg[H^+] + \frac{0.059}{2}\frac{[H_3AsO_4]}{[H_3AsO_3]}$$

当$[H_3AsO_4] = [H_3AsO_3] = 1mol/L$时，$E = E^{\ominus\prime}$，故

$$E^{\ominus\prime} = E^{\ominus} + 0.059 \times \lg[H^+] = 0.559 - 0.059 = 0.500V$$

【例2-13】　用碘量法测定Cu^{2+}的有关反应如下：$2Cu^{2+} + 4I^- = 2CuI + I_2$，且已知$E_{(Cu^{2+}/Cu^+)}^{\ominus} = 0.159V$，$E_{(I_2/I^-)}^{\ominus} = 0.545V$，问为什么可用碘量法测定铜？

解： 若从标准电位判断，应当是I_2氧化Cu^+。事实上，Cu^{2+}氧化I^-的反应进行得很完全。其原因就在于Cu^+生成了溶解度很小的CuI沉淀，溶液中$[Cu^+]$极小，Cu^{2+}/Cu^+电对的电位显著增高，Cu^{2+}成为较强的氧化剂。

【例2-14】　计算在1.0mol/L的HCl溶液中用固体亚铁盐将0.100mol/L的$K_2Cr_2O_7$溶液还原至一半时的电位。已知$E_{Cr_2O_7^{2-}/Cr^{3+}}^{\ominus\prime} = 1.00V$。

解： 还原至一半时，

$$c(Cr_2O_7^{2-}) = 0.0500mol/L, \quad c(Cr^{3+}) = 2 \times 0.0500 = 0.1000mol/L$$

所以

$$E = E_{Cr_2O_7^{2-}/Cr^{3+}}^{\ominus\prime} + \frac{0.059}{6}\lg\frac{c(Cr_2O_7^{2-})}{[c(Cr^{3+})]^2} = 1.01V$$

【例2-15】　计算25℃、pH = 1.0时，EDTA浓度为0.10mol/L的溶液中，Fe^{3+}/Fe^{2+}电对的条件电位（忽略离子强度影响）。

$$E = E^{\ominus} + 0.059\lg\frac{[Fe^{3+}]}{[Fe^{2+}]} = E^{\ominus} + 0.059\lg\frac{c(Fe^{3+})/\alpha_{Fe^{3+}(Y)}}{c(Fe^{2+})/\alpha_{Fe^{2+}(Y)}}$$

解：

$$\alpha_{Fe^{3+}(Y)} = 1 + K_{(Fe^{3+}Y)}' \cdot [Y] = 1 + 10^{25.1-18.01} \times 0.10 = 10^{6.1}$$

$$\alpha_{Fe^{2+}(Y)} = 1 + K_{(Fe^{2+}Y)} \cdot [Y] = 1 + 10^{14.32-18.01} \times 0.10 \approx 1$$

$$E^{\ominus\prime} = E^{\ominus} + 0.059\lg\frac{\alpha_{Fe^{2+}(Y)}}{\alpha_{Fe^{3+}(Y)}} = 0.77 + 0.059\lg10^{-6.1} = 0.41V$$

2.3.1.2　氧化还原平衡常数

（1）平衡常数。氧化还原反应进行的程度，可由反应的平衡常数来衡量。例如对于以下氧化还原反应

$$n_2O_1 + n_1R_2 \rightleftharpoons n_2R_1 + n_1O_2$$

有关电对反应为：

$$O_1 + n_1e \rightleftharpoons R_1 \quad O_2 + n_2e \rightleftharpoons R_2$$

它们的电位分别为：

$$E_1 = E_1^{\ominus} + \frac{0.059}{n_1}\lg\frac{a_{O_1}}{a_{R_1}}, \quad E_2 = E_2^{\ominus} + \frac{0.059}{n_2}\lg\frac{a_{O_2}}{a_{R_2}}$$

反应平衡时，$E_1 = E_2$，所以

$$E_1^{\ominus} + \frac{0.059}{n_1} \lg \frac{a_{O_1}}{a_{R_1}} = E_2^{\ominus} + \frac{0.059}{n_2} \lg \frac{a_{O_2}}{a_{R_2}} \tag{2-47}$$

设 n 为电子转移数 n_1 和 n_2 的最小公倍数，将式（2-47）整理可得：

$$\lg \frac{a_{R_1}^{n_2} \cdot a_{O_2}^{n_1}}{a_{O_1}^{n_2} \cdot a_{R_2}^{n_1}} = \lg K = \frac{n(E_1^{\ominus} - E_2^{\ominus})}{0.059}$$

式中，K 为反应的平衡常数。该式表明，平衡常数与两电对的电位有关，与电子转移数有关。

（2）条件平衡常数。若考虑溶液中各种副反应等因素的影响，可用 $E^{\ominus}{}'$ 代替 $E^{\ominus}$，所得的平衡常数即为条件平衡常数，此时的活度项也应以相应的分析浓度代替。即

$$\lg \frac{c_{R_1}^{n_2} \cdot c_{O_2}^{n_1}}{c_{O_1}^{n_2} \cdot c_{R_2}^{n_1}} = \lg K' = \frac{n(E_1^{\ominus}{}' - E_2^{\ominus}{}')}{0.059} \tag{2-48}$$

【例 2-16】 已知 $E^{\ominus}(IO_3^-/I_2) = 1.20V$，$E^{\ominus}(I_2/I^-) = 0.535V$。根据标准电极电位计算反应 $IO_3^- + 5I^- + 6H^+ \Longrightarrow 3I_2 + 3H_2O$ 的平衡常数。

解： 因为此氧化还原反应的 $n = 5$，所以

$$\lg K = \frac{1.20 - 0.5350}{0.059} \times 5 = 56.4$$

$$K = 10^{56.4}$$

（3）氧化还原反应定量进行的条件。由式（2-48）可知，两电对的 $\Delta E^{\ominus}{}'$ 相差越大，氧化还原反应的条件常数 K' 就越大，反应越完全。但在分析中，反应进行到什么程度才能满足滴定分析的要求呢？

对于滴定反应 $n_2 O_1 + n_1 R_2 \Longrightarrow n_2 R_1 + n_1 O_2$

1）若 $n_1 = n_2 = 1$，要求反应完全度不小于 99.9%，即到达化学计量点时，应达到 $\frac{c_{R_1}}{c_{O_1}} \geq 10^3$，$\frac{c_{O_2}}{c_{R_2}} \geq 10^3$，所以要求 $E_1^{\ominus}{}' - E_2^{\ominus}{}' = 0.059 \lg K' = 0.059 \lg \frac{c_{R_1} \cdot c_{O_2}}{c_{O_1} \cdot c_{R_2}} = 0.059 \lg 10^6 = 0.35V$。

一般认为两电对的 $\Delta E^{\ominus}{}' > 0.4V$，反应便能定量完全地进行。

2）若 $n_1 = n_2 = 2$，要求反应完全度不小于 99.9%，即到达化学计量点时，应达到 $\frac{c_{R_1}}{c_{O_1}} \geq 10^3$，$\frac{c_{O_2}}{c_{R_2}} \geq 10^3$，所以要求 $E_1^{\ominus}{}' - E_2^{\ominus}{}' = \frac{0.059}{2} \lg K' = \frac{0.059}{2} \lg 10^6 = 0.18V$

3）若 $n_1 = 1$，$n_2 = 2$，要求反应完全度不小于 99.9%，即到达化学计量点时，应达到 $\lg K' = \lg \left(\frac{c_{R_1}}{c_{O_1}}\right)^2 \left(\frac{c_{O_2}}{c_{R_2}}\right) = \lg 10^9 = 9$，因此 $E_1^{\ominus}{}' - E_2^{\ominus}{}' = \frac{0.059}{2} \lg K' = \frac{0.059}{2} \lg 10^9 = 0.27V$

在氧化还原滴定中，常用强氧化剂和较强的还原剂作滴定剂。另外还可控制介质条件来改变电对的电位，以满足此反应定时进行的要求。

2.3.1.3　影响氧化还原反应速率的因素

在氧化还原反应中根据氧化还原电对的标准电极电位或条件电极电位，可以判断反应

进行的方向、次序和程度，但这只能说明氧化还原反应进行的可能性，并不能指出反应进行的速率。实际上，由于氧化还原反应的机理比较复杂，虽然从理论上看有些反应是可以进行的，但实际上却几乎觉察不到反应的进行。例如，从标准电极电位看：

$$O_2 + 4H^+ + 4e \Longrightarrow 2H_2O \quad E^\ominus(O_2/H_2O) = 1.229V$$

$$Sn^{4+} + 2e \Longrightarrow Sn^{2+} \quad E^\ominus(Sn^{4+}/Sn^{2+}) = 0.151V$$

O_2 应该可以氧化 Sn^{2+}：

$$2Sn^{2+} + O_2 + 4H^+ \Longrightarrow 2Sn^{4+} + 2H_2O$$

实际上该反应进行得很慢，Sn^{2+} 在水溶液中有一定的稳定性。

因此，对于氧化还原反应，不仅要从其平衡常数来判断反应的可能性，还要从其反应速率来考虑反应的现实性。在滴定分析中使用的氧化还原反应要求能够快速进行。

氧化还原反应是电子转移的反应，电子的转移往往会遇到各种阻力，例如，来自溶液中溶剂分子的阻力、物质之间的静电作用力等。而氧化还原反应中由于价态的变化，也使原子或离子的电子层结构、化学键的性质以及物质组成发生变化。例如，$Cr_2O_7^{2-}$ 被还原为 Cr^{3+} 时、MnO_4^- 被还原为 Mn^{2+} 时，离子的结构都发生了很大的改变，这可能是导致氧化还原反应速率缓慢的主要原因。此外，氧化还原反应的历程也往往比较复杂，例如，MnO_4^- 和 Fe^{2+} 的反应就很复杂，因此氧化还原反应的速率往往较慢。

影响氧化还原反应速率的因素主要有：

（1）浓度。由于氧化还原反应的机理比较复杂，因此不能以总的氧化还原反应方程式来判断浓度对反应速率的影响。但是一般来说，增加反应物浓度可以加速反应进行。

（2）温度。温度的影响比较复杂。对大多数反应来说，升高温度可以加快反应速率。例如，MnO_4^- 和 $C_2O_4^{2-}$ 在酸性溶液中的反应：

$$2MnO_4^- + 5C_2O_4^{2-} + 16H^+ \Longrightarrow 2Mn^{2+} + 10CO_2 + 8H_2O$$

在室温下，该反应速率很慢，加热则反应速率大为加快。

要注意并非所有的情况下都允许用加热的办法来提高反应的速率。

（3）催化剂。催化剂对反应速率的影响很大。例如在酸性介质中：

$$2Mn^{2+} + 5S_2O_8^{2-} + 8H_2O \Longrightarrow 2MnO_4^- + 10SO_4^{2-} + 16H^+$$

该反应必须有 Ag^+ 作催化剂才能迅速进行。

又如 MnO_4^- 与 $C_2O_4^{2-}$ 的反应，Mn^{2+} 的存在也能催化该反应迅速进行。由于 Mn^{2+} 是反应的产物之一，故把这种反应称为自动催化反应。此反应在刚开始时，由于一般 $KMnO_4$ 溶液中 Mn^{2+} 含量极少，反应进行得很缓慢。但反应开始后一旦溶液中生成了 Mn^{2+}，以后的反应就大为加快了。

（4）诱导反应。考虑如下在强酸性条件下进行的反应：

$$MnO_4^- + 5Fe^{2+} + 8H^+ \Longrightarrow Mn^{2+} + 5Fe^{3+} + 4H_2O$$

如果在盐酸溶液中进行该反应，就需要消耗较多的 $KMnO_4$ 溶液，这是由于同时发生了如下的反应：

$$2MnO_4^- + 10Cl^- + 16H^+ \Longrightarrow 2Mn^{2+} + 5Cl_2\uparrow + 8H_2O$$

当溶液中不含 Fe^{2+} 而是含其他还原剂如 Sn^{2+} 等时，MnO_4^- 和 Cl^- 之间的反应进行得非常缓慢，实际上可以忽略，但 Fe^{2+} 和 MnO_4^- 之间发生的氧化还原反应可以加速此反应。

这种在一般情况下自身进行很慢的反应，由于另一个反应的发生而使它加速进行，称为诱导反应。

诱导反应与催化反应不同。在催化反应中，催化剂参加反应后恢复为其原来的状态，而在诱导反应中，诱导体（本例中为 Fe^{2+}）参加反应后变成了其他物质。诱导反应的发生，是由于反应过程中形成的不稳定中间产物具有更强的氧化能力。本例中 $KMnO_4$ 氧化 Fe^{2+} 诱导了 Cl^- 的氧化，是由于 MnO_4^- 氧化 Fe^{2+} 的过程中形成的一系列中间产物 Mn（Ⅵ）、Mn（Ⅴ）、Mn（Ⅳ）、Mn（Ⅲ）等能与 Cl^- 反应。

诱导反应在滴定分析中往往是有害的，应设法防止其发生。

2.3.1.4　氧化还原滴定曲线

氧化还原滴定和其他滴定方法一样，随着标准溶液的加入，溶液的某一性质会不断发生变化。实验或计算表明，氧化还原滴定过程中电极电位的变化在化学计量点附近也有突跃。

在 $1mol/L$ 的 H_2SO_4 溶液中，以 $0.1000mol/L$ 的 Ce^{4+} 溶液滴定 Fe^{2+} 溶液的滴定反应为：

$$Ce^{4+} + Fe^{2+} = Ce^{3+} + Fe^{3+}$$

两电对的条件电极电位为 $E^{\ominus}{}'(Fe^{3+}/Fe^{2+}) = 0.68V$ 和 $E^{\ominus}{}'(Ce^{4+}/Ce^{3+}) = 1.44V$。其滴定曲线如图 2-10 所示。

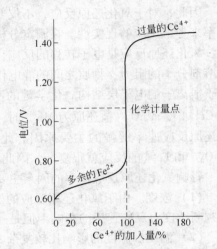

图 2-10　以 $0.1000mol/L$ 的 Ce^{4+} 溶液滴定 $0.1000mol/L$ 的 Fe^{2+} 溶液的滴定曲线

（1）滴定未开始时前，溶液中只有 Fe^{2+}，而 $[Fe^{3+}]/[Fe^{2+}]$ 未知，因此无法利用能斯特方程式进行计算。

（2）滴定开始后，溶液中存在两个电对。两个电对的电极电位分别为：

$$E(Fe^{3+}/Fe^{2+}) = E^{\ominus}{}'(Fe^{3+}/Fe^{2+}) + \frac{0.0592}{1}\lg\frac{c(Fe^{3+})}{c(Fe^{2+})}$$

$$E(Ce^{4+}/Ce^{3+}) = E^{\ominus}{}'(Ce^{4+}/Ce^{3+}) + \frac{0.0592}{1}\lg\frac{c(Ce^{4+})}{c(Ce^{3+})}$$

随着滴定剂的加入，两个电对的电极电位不断变化但保持相等，故溶液中各平衡点的电势可选便于计算的任一电对进行计算。

1）化学计量点前。溶液中有剩余的 Fe^{2+}，可利用 Fe^{3+}/Fe^{2+} 电对计算电极电位的变化：

$$E(Fe^{3+}/Fe^{2+}) = E^{\ominus}{}'(Fe^{3+}/Fe^{2+}) + \frac{0.0592}{1}\lg\frac{c(Fe^{3+})}{c(Fe^{2+})}$$

2）化学计量点时。$c(Ce^{4+})$ 和 $c(Fe^{2+})$ 都很小，但相等；反应达到化学计量点时两电对的电位相等，故可以联系起来进行计算。

令化学计量点时的电位为 E_{sp}，则

$$E_{sp} = E(Ce^{4+}/Ce^{3+}) = E^{\ominus}{}'(Ce^{4+}/Ce^{3+}) + \frac{0.0592}{1}\lg\frac{c(Ce^{4+})}{c(Ce^{3+})}$$

$$= E(Fe^{3+}/Fe^{2+}) = E^{\ominus\prime}(Fe^{3+}/Fe^{2+}) + \frac{0.0592}{1}\lg\frac{c(Fe^{3+})}{c(Fe^{2+})}$$

若令

$$E_1^{\ominus\prime} = E^{\ominus\prime}(Ce^{4+}/Ce^{3+}),\, E_2^{\ominus\prime} = E^{\ominus\prime}(Fe^{3+}/Fe^{2+})$$

可得:

$$n_1 E_{sp} = n_1 E_1^{\ominus\prime} + 0.0592\lg\frac{c(Ce^{4+})}{c(Ce^{3+})}$$

$$n_2 E_{sp} = n_2 E_2^{\ominus\prime} + 0.0592\lg\frac{c(Fe^{3+})}{c(Fe^{2+})}$$

两式相加,得:

$$(n_1 + n_2)E_{sp} = n_1 E_1^{\ominus\prime} + n_2 E_2^{\ominus\prime} + 0.0592\lg\frac{c(Ce^{4+})\cdot c(Fe^{3+})}{c(Ce^{3+})\cdot c(Fe^{2+})}$$

化学计量点时,加入 Ce^{4+} 的物质的量与 Fe^{2+} 的物质的量相等,

$$c(Ce^{4+}) = c(Fe^{2+}),\quad c(Ce^{3+}) = c(Fe^{3+})$$

此时

$$\lg\frac{c(Ce^{4+})\cdot c(Fe^{3+})}{c(Ce^{3+})\cdot c(Fe^{2+})} = 0$$

故

$$E_{sp} = \frac{n_1 E_1^{\ominus\prime} + n_2 E_2^{\ominus\prime}}{n_1 + n_2} \tag{2-49}$$

式(2-49)即为化学计量点电位的计算式,该式可在电对的氧化态和还原态的系数相等时使用。

对本例 Ce^{4+} 溶液滴定 Fe^{2+},化学计量点时的电位为:

$$E_{sp} = \frac{E^{\ominus\prime}(Ce^{4+}/Ce^{3+}) + E^{\ominus\prime}(Fe^{3+}/Fe^{2+})}{2}$$

$$= \frac{1.44 + 0.68}{2} = 1.06\,V$$

3)化学计量点后。溶液中有过量的 Ce^{4+},可利用 Ce^{4+}/Ce^{3+} 电对计算电极电位的变化:

$$E(Ce^{4+}/Ce^{3+}) = E^{\ominus\prime}(Ce^{4+}/Ce^{3+}) + \frac{0.0592}{1}\lg\frac{c(Ce^{4+})}{c(Ce^{3+})}$$

从滴定分析的误差要求小于 ±0.1% 出发,可以从能斯特方程式导出滴定突跃范围应为:

$$\left(E_2^{\ominus\prime} + \frac{0.0592}{n_2}\lg10^3\right) \sim \left(E_1^{\ominus\prime} + \frac{0.0592}{n_1}\lg10^{-3}\right)$$

式中,$E_1^{\ominus\prime}$,n_1——滴定剂所在电对的条件电极电位和电子转移数;

$E_2^{\ominus\prime}$,n_2——被滴定的待测物所在电对的条件电极电位和电子转移数。

显而易见,化学计量点附近电位突跃的大小和氧化剂、还原剂两电对条件电极电位的差值有关。条件电极电位的差值较大,突跃就较大;反之则较小。

由此可以计算得到以 Ce^{4+} 滴定 Fe^{2+} 的突跃范围为 $0.68 + 0.0592 \times 3 = 0.86\,V$ 到 $1.44 +$

$0.0592 \times (-3) = 1.26V$。该滴定反应的电位突跃十分明显。

2.3.2　氧化还原滴定终点的确定

在氧化还原滴定中，可以用电动势法确定滴定终点，但更常用指示剂来指示终点。氧化还原滴定中所使用的指示剂有以下三种：

（1）自身指示剂。

$$\underset{\text{紫红色}}{MnO_4^-} + 5Fe^{2+} + 8H^+ = = \underset{\text{肉色,近无色}}{Mn^{2+}} + 5Fe^{3+} + 4H_2O$$

实验表明：$KMnO_4$ 的浓度约为 $2 \times 10^{-6} mol/L$ 时就可以看到溶液呈粉红色，$KMnO_4$ 滴定无色或浅色的还原剂溶液，不需外加指示剂即称 $KMnO_4$ 为自身指示剂。

（2）显色指示剂。

$$\underset{\text{蓝色}}{I_2} + SO_2 + 2H_2O = = \underset{\text{无色}}{2I^-} + SO_4^{2-} + 4H^+$$

实验表明：可溶性淀粉与碘溶液反应，生成深蓝色的化合物，可用淀粉溶液作指示剂，在室温下，用淀粉可检出 $10^{-5} mol/L$ 的碘溶液。温度升高，显色灵敏度降低。

（3）氧化还原反应的指示剂。

1）这类指示剂的氧化态和还原态具有不同的颜色，在滴定过程中，指示剂由氧化态变为还原态，或由还原态变为氧化态，根据颜色的突变来指示终点。例如：

$$\underset{\text{黄色}}{Cr_2O_7^{2-}} + 6Fe^{2+} + 14H^+ = = 2\underset{\text{绿色}}{Cr^{3+}} + 6Fe^{3+} + 7H_2O$$

2）需外加本身发生氧化还原反应的指示剂，如二苯胺磺酸钠指示剂，紫红→无色。

$$In_{(Ox)} + ne = = In_{(Red)}$$

$$E = E_{In}^{\ominus} + \frac{0.059}{n} \lg \frac{[In(Ox)]}{[In(Red)]}$$

当 $[In_{Ox}]/[In_{Red}] \geq 10$，溶液呈现氧化态的颜色，此时

$$E = E_{In}^{\ominus} + \frac{0.059}{n} \lg 10 = E_{In}^{\ominus} + \frac{0.059}{n}$$

当 $[In_{Ox}]/[In_{Red}] \leq 1/10$，溶液呈现还原态的颜色，此时

$$E = E_{In}^{\ominus} + \frac{0.059}{n} \lg \frac{1}{10} = E_{In}^{\ominus} - \frac{0.059}{n}$$

因此指示剂变色的电位范围为 $E_{In}^{\ominus} \pm \frac{0.059}{n}$ 或 $E_{In}^{\ominus\prime} \pm \frac{0.059}{n}$（考虑离子强度和副反应）。

3）氧化还原指示剂的选择：指示剂的条件电位尽量与反应的化学计量点电位一致。

表 2-23 列出了部分常用的氧化还原指示剂。

表 2-23　常用的氧化还原指示剂

指示剂	$E^{\ominus\prime}(In)/V$ ($[H^+]=1$)	颜色变化		配　制　方　法
		还原态	氧化态	
次甲基蓝	+0.52	无	蓝	0.5g/L 水溶液
二苯胺磺酸钠	+0.85	无	紫红	0.5g 指示剂，2gNa$_2$CO$_3$，加水稀释至 100mL

指示剂	$E^{\ominus}{}'(\text{In})/\text{V}$ $([\text{H}^+]=1)$	颜色变化		配 制 方 法
		还原态	氧化态	
邻苯氨基苯甲酸	+0.89	无	紫红	0.11g 指示剂溶于 20mL、50g/L 的 Na_2CO_3 溶液中，用水稀释至 100mL
邻二氮菲亚铁	+1.06	红	浅蓝	1.485g 邻二氮菲，0.695g 的 $FeSO_4 \cdot 7H_2O$，用水稀释至 100mL

2.3.3　氧化还原滴定预处理

在利用氧化还原滴定法分析某些具体试样时，往往需要将欲测组分预先处理成特定的价态。例如，测定铁矿中总铁量时，将 Fe^{3+} 预先还原为 Fe^{2+}，然后用氧化剂 $K_2Cr_2O_7$ 滴定；测定锰和铬时，先将试样溶解，如果它们是以 Mn^{2+} 或 Cr^{3+} 形式存在，就很难找到合适的强氧化剂直接滴定，因此可先用 $(NH_4)_2S_2O_8$ 将它们氧化成 MnO_4^-、$Cr_2O_7^-$，再选用合适的还原剂（如 $FeSO_4$ 溶液）进行滴定；又如 Sn^{4+} 的测定，要找一个强还原剂来直接滴定它是不可能的，需将 Sn^{4+} 预还原成 Sn^{2+}，然后选用合适的氧化剂（如碘溶液）来滴定。这种测定前的氧化还原步骤，称为氧化还原预处理。

2.3.3.1　预氧化剂和预还原剂的条件

预处理时所选用的氧化剂或还原剂必须满足如下条件：

（1）氧化或还原必须将欲测组分定量地氧化（或还原）成一定的价态。

（2）过剩的氧化剂或还原剂必须易于完全除去。除去的方法有：

1）加热分解。如 $(NH_4)_2S_2O_8$、H_2O_2、Cl_2 等易分解或易挥发的物质可借加热煮沸分解除去。

2）过滤。如 $NaBiO_3$、Zn 等难溶于水的物质，可过滤除去。

3）利用化学反应。如用 $HgCl_2$ 除去过量 $SnCl_2$，发生反应：

$$2HgCl_2 + SnCl_2 \longrightarrow SnCl_4 + Hg_2Cl_2 \downarrow$$

Hg_2Cl_2 沉淀一般不被滴定剂氧化，不必过滤除去。

（3）氧化或还原反应的选择性要好，以避免试样中其他组分干扰。例如，钛铁矿中铁的测定，若用金属锌（$E^{\ominus}_{Zn^{2+}/Zn} = -0.76\text{V}$）为预还原剂，则不仅还原 Fe^{3+}，而且也还原 Ti^{4+}（$E^{\ominus}_{Ti^{4+}/Ti^{3+}} = +0.10\text{V}$），此时用 K_2CrO_7 滴定测出的则是两者的合量。如若用 $SnCl_2$（$E^{\ominus}_{Sn^{4+}/Sn^{2+}} = +0.14\text{V}$）为预还原剂，则仅还原 Fe^{3+}，因而提高了反应的选择性。

（4）反应速度要快。

2.3.3.2　常用的预氧化剂和预还原剂

预处理是氧化还原滴定法中关键性步骤之一，熟练掌握各种氧化剂、还原剂的特点，选择合理的预处理步骤，可以提高方法的选择性。下面介绍几种常用的预氧化和预还原时采用的试剂。

A　氧化剂

（1）过硫酸铵$(NH_4)_2S_2O_8$。过硫酸铵在酸性溶液中，并有催化剂银盐存在时，是一种很强的氧化剂。

$$S_2O_8^{2-} + 2e \longrightarrow 2SO_4^{2-} \qquad E^{\ominus}_{S_2O_8^{2-}/SO_4^{2-}} = 2.01V$$

$S_2O_8^{2-}$可以定量地将$Ce(III)$氧化成$Ce(IV)$，将$Cr(III)$氧化成$Cr(VI)$，将$V(IV)$氧化成$V(V)$，以及$W(V)$氧化成$W(VI)$。在硝酸－磷酸或硫酸－磷酸介质中，过硫酸铵能将$Mn(II)$氧化成$Mn(VII)$。磷酸的存在，可以防止锰被氧化成MnO_2沉淀析出，并保证锰全部氧化成MnO_4^-。

如果Mn^{2+}溶液中含有Cl^-，应该先加H_2SO_4蒸发并加热至冒SO_3白烟，以除尽HCl，然后再加入H_3PO_4，用过硫酸铵进行氧化。$Cr(III)$和$Mn(II)$共存时，能同时被氧化成$Cr(VI)$和$Mn(VII)$。如果在Cr^{3+}氧化完全后，加入盐酸或氯化钠煮沸，则$Mn(VII)$被还原而$Cr(VI)$不被还原，可以提高选择性。过量的$(NH_4)_2S_2O_8$可用煮沸的方法除去，其反应为：

$$2S_2O_8^{2-} + 2H_2O \xrightarrow{煮沸} 4HSO_4^- + O_2$$

（2）过氧化氢H_2O_2。在碱性溶液中，过氧化氢是较强的氧化剂，可以把$Cr(III)$氧化成CrO_4^{2-}。在酸性溶液中过氧化氢既可作氧化剂，也可作还原剂。例如在酸性溶液中它可以把Fe^{2+}氧化成Fe^{3+}：

$$Fe^{2+} + H_2O_2 + 2H^+ \longrightarrow 2Fe^{3+} + H_2O$$

也可将MnO_4^-还原为Mn^{2+}：

$$2MnO_4^- + 5H_2O_2 + 6H^+ \longrightarrow 2Mn^{2+} + 5O_2\uparrow + 8H_2O$$

因此，如果在碱性溶液中用过氧化氢进行预先氧化，过量的过氧化氢应该在碱性溶液中除去，否则在酸化后已经被氧化的产物可能再次被还原。例如，Cr^{3+}在碱性条件下被H_2O_2氧化成CrO_4^{2-}，当溶液被酸化后，CrO_4^{2-}能被剩余的H_2O_2还原成Cr^{3+}。

（3）高锰酸钾$KMnO_4$。高锰酸钾$KMnO_4$是一种很强的氧化剂，在冷的酸性介质中，可以在Cr^{3+}存在时将$V(IV)$氧化成$V(V)$，此时Cr^{3+}被氧化的速度很慢，但在加热煮沸的硫酸溶液中，Cr^{3+}可以定量被氧化成$Cr(VI)$。

$$2MnO_4^- + 2Cr^{3+} + 3H_2O \longrightarrow MnO_2\downarrow + Cr_2O_7^{2-} + 6H^+$$

过量的MnO_4^-和生成的MnO_2可以加入盐酸或氯化钠一起煮沸破坏。当有氟化物或磷酸存在时，$KMnO_4$可选择性地将Ce^{3+}氧化成Ce^{4+}，过量的MnO_4^-可以用亚硝酸盐将它还原，而多余的亚硝酸盐用尿素使之分解除去。

$$2MnO_4^- + 5NO_2^- + 6H^+ \longrightarrow 2Mn^{2+} + 5NO_3^- + 3H_2O$$

$$2NO_2^- + CO(NH_2)_2 + 2H^+ \longrightarrow 2N_2\uparrow + CO_2\uparrow + 3H_2O$$

（4）高氯酸$HClO_4$。$HClO_4$既是强的酸，在热而浓度很高时又是很强的氧化剂。其电对半反应如下：

$$ClO_4^- + 8H^+ + 8e \longrightarrow Cl^- + 4H_2O \qquad E^{\ominus}_{ClO_4^-/Cl^-} = 1.37V$$

在钢铁分析中，通常用 $HClO_4$ 来分解试样并同时将铬氧化成 CrO_4^{2-}，钒氧化成 VO_3^-，而 Mn^{2+} 不被氧化。当有 H_3PO_4 存在时，$HClO_4$ 可将 Mn^{2+} 定量地氧化成 $Mn(H_2P_2O_7)_3^{3-}$（其中锰为三价状态）。在预氧化结束后，冷却并稀释溶液，$HClO_4$ 就失去氧化能力。

应当注意，热而浓的高氯酸遇到有机物会发生爆炸。因此，在处理含有机物的试样时，必须先用浓 HNO_3 加热破坏试样中的有机物，然后再使用 $HClO_4$ 氧化。

其他的预氧化剂见表 2-24。

表 2-24 部分常用的预氧化剂

氧化剂	用 途	使 用 条 件	过量氧化剂除去的方法
$NaBiO_3$	$Mn^{2+} \rightarrow MnO_4^-$ $Cr^{3+} \rightarrow Cr_2O_7^{2-}$ $Ce^{3+} \rightarrow Ce^{4+}$	在硝酸溶液中	$NaBiO_3$ 微溶于水，过量时可过滤除去
KIO_4	$Ce^{3+} \rightarrow Ce^{4+}$ $VO^{2+} \rightarrow VO^{3+}$ $Cr^{3+} \rightarrow Cr_2O_7^{2-}$	在酸性介质中加热	加入 Hg^{2+} 与过量的 KIO_4 作用生成 $Hg(IO_4)_2$ 沉淀，过滤除去
Cl_2 或 Br_2	$I^- \rightarrow IO_3^-$	酸性或中性	煮沸或通空气流
H_2O_2	$Cr^{3+} \rightarrow CrO_4^{2-}$	碱性介质	碱性溶液中煮沸

B 还原剂

在氧化还原滴定中由于还原剂的保存比较困难，因而氧化剂标准溶液的使用比较广泛，这就要求待测组分必须处于还原状态，因而预先还原更显重要。常用的预还原剂有如下几种：

（1）二氯化锡 $SnCl_2$。$SnCl_2$ 是中等强度的还原剂，在 $1mol/L$ 的 HCl 中 $E^{\ominus\prime}_{Sn^{4+}/Sn^{2+}} = 0.139V$，$SnCl_2$ 常用于预先还原 Fe^{3+}，还原速度随氯离子浓度的增高而加快。在热的盐酸溶液中，$SnCl_2$ 可以将 Fe^{3+}，定量并迅速地还原为 Fe^{2+}，过量的 $SnCl_2$ 加入 $HgCl_2$ 除去。

$$SnCl_2 + 2HgCl_2 \rightleftharpoons SnCl_4 + Hg_2Cl_2 \downarrow$$

但要注意，如果加入 $SnCl_2$ 的量过多，就会进一步将 Hg_2Cl_2 还原为 Hg，而 Hg 将与氧化剂作用，使分析结果产生误差。所以预先还原 Fe^{3+} 时 $SnCl_2$ 不能过量太多。

$SnCl_2$ 也可将 $Mo(Ⅵ)$ 还原为 $Mo(Ⅴ)$ 及 $Mo(Ⅳ)$，将 $As(Ⅴ)$ 还原为 $As(Ⅲ)$ 等。

（2）三氯化钛 $TiCl_3$。$TiCl_3$ 是一种强还原剂，在 $1mol/L$ 的 HCl 中 $E^{\ominus}_{Ti^{4+}/Ti^{3+}} = -0.04V$，在测定铁时，为了避免使用剧毒的 $HgCl_2$，可以采用 $TiCl_3$ 还原 Fe^{3+}。此法的缺点是选择性不如 $SnCl_2$ 好。

（3）金属还原剂。常用的金属还原剂有铁、铝和锌等，它们都是非常强的还原剂。在 HCl 介质中铝可以将 Ti^{4+} 还原为 Ti^{3+}，将 Sn^{4+} 还原为 Sn^{2+}，过量的金属可以过滤除去。为了方便，通常将金属装入柱内使用，称为还原器，如常用的锌汞齐还原器（琼斯还原器）、银还原器（瓦尔登还原器）、铅还原器等。溶液以一定的流速通过还原器，流出时待测组分已被还原至一定的价态，还原器可以连续长期使用。表 2-25 列出了部分常用的预还原剂供选择时参考。

表 2-25　常见的预还原剂

还原剂	用　途	使　用　条　件	过量还原剂除去的办法
SO_2	$AsO_4^{3-} \rightarrow AsO_3^{3-}$ $Fe^{3+} \rightarrow Fe^{2+}$ $Sb^{5+} \rightarrow Sb^{3+}$ $V^{5+} \rightarrow V^{4+}$	H_2SO_4 溶液 SCN^- 催化	煮沸或通 CO_2 气流
	$Cu^{2+} \rightarrow Cu^+$	SCN^- 存在下	
联胺	$As^{5+} \rightarrow As^{3+}$ $Sb^{5+} \rightarrow Sb^{3+}$		浓 H_2SO_4 中煮沸
Al	$Sn^{4+} \rightarrow Sn^{2+}$ $Ti^{4+} \rightarrow Ti^{3+}$	在 HCl 溶液	
H_2S	$Fe^{3+} \rightarrow Fe^{2+}$ $MnO_4^- \rightarrow Mn^{2+}$ $Ce^{4+} \rightarrow Ce^{3+}$ $Cr_2O_7^{2-} \rightarrow Cr^{3+}$	强酸性溶液	煮沸

2.3.4　常用的氧化还原滴定法

根据所采用的滴定剂的不同，氧化还原滴定法可以分为多种，习惯以所用氧化剂的名称加以命名，如高锰酸钾法、重铬酸钾法、碘量法、溴酸盐法及铈量法等。

2.3.4.1　高锰酸钾法

高锰酸钾是强氧化剂，在强酸性溶液中，MnO_4^- 还原为 Mn^{2+}：

$$MnO_4^- + 8H^+ + 5e \Longrightarrow Mn^{2+} + 4H_2O \qquad E^{\ominus} = 1.507V$$

在中性或碱性溶液中，MnO_4^- 还原为 MnO_2：

$$MnO_4^- + 2H_2O + 3e \Longrightarrow MnO_2 + 4OH^- \qquad E^{\ominus} = 0.595V$$

在 OH^- 浓度大于 2mol/L 的碱溶液中，MnO_4^- 与很多有机物反应，还原为 MnO_4^{2-}：

$$MnO_4^- + e \Longrightarrow MnO_4^{2-} \qquad E^{\ominus} = 0.558V$$

可见，高锰酸钾既可在酸性条件下使用，也可在中性或碱性条件下使用。测定无机物一般都在强酸性条件下使用。但 MnO_4^- 氧化有机物的反应速率在碱性条件下比在酸性条件下更快，所以用高锰酸钾法测定有机物一般都在碱性溶液中进行。

A　测定方法

应用高锰酸钾法进行测定时，可根据待测物质的性质采用不同的方法。

（1）直接滴定法。用 $KMnO_4$ 作氧化剂可直接滴定 Fe(Ⅱ)、H_2O_2、草酸盐等还原性物质。

（2）返滴定法。MnO_2、PbO_2、Pb_3O_4、$K_2Cr_2O_7$、$KClO_3$ 等氧化性物质，可用返滴定

法测定。例如，测定 MnO_2 时，可以在其 H_2SO_4 溶液中加入一定量过量的 $Na_2C_2O_4$，待 MnO_2 与 $C_2O_4^{2-}$ 作用完毕后，再用知道浓度的 $KMnO_4$ 标准溶液返滴过量的 $C_2O_4^{2-}$，从而求得 MnO_2 的含量。

（3）间接滴定法。有些物质虽不具有氧化还原性，但能与另一还原剂或氧化剂发生定量反应，也可以用高锰酸钾法间接测定。例如，将无氧化还原性的 Ca^{2+} 沉淀为 CaC_2O_4，然后用稀 H_2SO_4 将沉淀溶解，再用 $KMnO_4$ 标准溶液滴定溶液中的 $C_2O_4^{2-}$，即可间接求得 Ca^{2+} 的含量。显然，凡是能与 $C_2O_4^{2-}$ 定量沉淀为草酸盐的金属离子（如 Sr^{2+}、Ba^{2+}、Ni^{2+}、Cd^{2+}、Zn^{2+}、Cu^{2+}、Pb^{2+}、Hg^{2+}、Ag^+、Bi^{3+}、Ce^{3+} 等），都能用该法测定。

高锰酸钾法的优点是 $KMnO_4$ 氧化能力强，应用广泛。但也因为它可以和很多还原性物质作用，故干扰比较严重。$KMnO_4$ 试剂常含少量杂质，其标准溶液不够稳定。

$KMnO_4$ 溶液的浓度可用 $H_2C_2O_4 \cdot 2H_2O$、$Na_2C_2O_4$、$FeSO_4 \cdot (NH_4)_2SO_4 \cdot 6H_2O$ 等还原剂作基准物来标定。其中草酸钠不含结晶水，容易提纯，最为常用。

在 H_2SO_4 溶液中，MnO_4^- 与 $C_2O_4^{2-}$ 的反应为：

$$2MnO_4^- + 5C_2O_4^{2-} + 16H^+ = 2Mn^{2+} + 10CO_2\uparrow + 8H_2O$$

B　控制滴定条件

为了使此反应能够定量地迅速进行，控制其滴定条件十分重要。

（1）温度。在室温下高锰酸钾法反应的速率缓慢，因此应将溶液加热至 $75 \sim 85℃$。但温度不宜高于 $90℃$，以免部分 $H_2C_2O_4$ 在酸性溶液中发生分解反应：

$$H_2C_2O_4 = CO_2 + CO + H_2O$$

（2）酸度。溶液保持足够的酸度。酸度不够时，容易生成 MnO_2 沉淀；酸度过高，又会促使 $H_2C_2O_4$ 分解。一般开始滴定时，溶液的酸度应控制在 $0.5 \sim 1mol/L$。

（3）滴定速度。MnO_4^- 与 $C_2O_4^{2-}$ 的反应是自动催化反应。滴定开始时，加入的第一滴 $KMnO_4$ 溶液退色很慢，所以开始滴定要慢些。等最初几滴 $KMnO_4$ 溶液已经反应生成 Mn^{2+}，反应速率逐渐加快之后，滴定速度就可以稍快些，但不能让 $KMnO_4$ 溶液像流水似的流下去，否则部分加入的 $KMnO_4$ 溶液来不及与 $C_2O_4^{2-}$ 反应，在热的酸性溶液中发生分解：

$$4MnO_4^- + 12H^+ = 4Mn^{2+} + 5O_2 + 6H_2O$$

（4）滴定终点。化学计量点后稍微过量的 MnO_4^- 使溶液呈现粉红色而指示终点的到达。该终点不太稳定，这是由于空气中的还原性气体及尘埃等能使 $KMnO_4$ 还原，而使粉红色消失，所以在 $0.5 \sim 1min$ 内不退色即可认为已到滴定终点。

C　应用示例

（1）H_2O_2 的测定。在酸性溶液中，H_2O_2 定量地被 MnO_4^- 氧化，其反应为：

$$2MnO_4^- + 5H_2O_2 + 6H^+ = 2Mn^{2+} + 5O_2 + 8H_2O$$

反应在室温下酸性溶液中进行。反应开始速度较慢，但因 H_2O_2 不稳定，不能加热，随着反应进行，由于生成的 Mn^{2+} 催化了反应，反应速度加快。

（2）Ca^{2+} 的测定。Ca^{2+} 能与 $C_2O_4^{2-}$ 生成难溶的 CaC_2O_4 沉淀，将生成的 CaC_2O_4 沉淀按一定的方法过滤、洗涤，再溶于酸中，用 $KMnO_4$ 标准溶液滴定 $H_2C_2O_4$，就可间接测定 Ca^{2+}。

在沉淀 Ca^{2+} 时，如果将沉淀剂 $(NH_4)_2C_2O_4$ 直接加入中性或氨性的 Ca^{2+} 溶液中，此

时生成的 CaC_2O_4 沉淀颗粒很小，难以过滤，且含有碱式草酸钙和氢氧化钙，故必须适当选择沉淀 Ca^{2+} 的条件。

正确的沉淀方法是先以盐酸酸化含 Ca^{2+} 的试液，然后加入 $(NH_4)_2C_2O_4$。由于 $C_2O_4^{2-}$ 在酸性溶液中大部分以 $HC_2O_4^-$ 存在，此时即使 Ca^{2+} 浓度相当大也不会生成 CaC_2O_4 沉淀。在加入 $(NH_4)_2C_2O_4$ 后把溶液加热至 70～80℃，在不断搅拌下滴入稀氨水，由于 H^+ 逐渐被中和，$C_2O_4^{2-}$ 浓度缓缓增加，结果可以生成粗颗粒结晶的 CaC_2O_4 沉淀。应控制溶液的 pH 值最后在 3.5～4.5 之间（甲基橙呈黄色），并保温约 30min 使沉淀陈化（但对 Mg 含量过高的试样，陈化不宜过久，以免 Mg 发生后沉淀）。这样不仅可避免其他不溶性钙盐的生成，而且所得 CaC_2O_4 沉淀容易过滤和洗涤。放置冷却、过滤、洗涤，将 CaC_2O_4 沉淀溶于稀硫酸中，即可在热溶液中用 $KMnO_4$ 标准溶液滴定与 Ca^{2+} 定量结合的 $C_2O_4^{2-}$，从而间接测定 Ca^{2+}。

（3）测定某些有机化合物。MnO_4^- 在强碱性溶液中与某些有机化合物反应，还原成绿色的 MnO_4^{2-}。利用这一反应可以测定某些有机化合物。例如，测定甘油时在试液中加入一定量过量的碱性 $KMnO_4$ 标准溶液，发生反应：

$$\begin{array}{l} H_2C{-}OH \\ | \\ HC{-}OH \\ | \\ H_2C{-}OH \end{array} + 14MnO_4^- + 20OH^- =\!=\!= 3CO_3^{2-} + 14MnO_4^{2-} + 14H_2O$$

待反应完成后再将溶液酸化，准确加入过量的 Fe^{2+} 标准溶液，把溶液中所有的高价锰离子还原为 $Mn(Ⅱ)$，再用 $KMnO_4$ 标准溶液滴定过量的 Fe^{2+}，由两次所用 $KMnO_4$ 的量及 Fe^{2+} 的量，计算出甘油的含量。

此法也可用于甲酸、甲醇、甲醛、柠檬酸、酒石酸、水杨酸、苯酚、葡萄糖等有机物的测定。

2.3.4.2　重铬酸钾法

在酸性条件下，$K_2Cr_2O_7$ 与还原剂作用被还原为 Cr^{3+}：

$$Cr_2O_7^{2-} + 14H^+ + 6e =\!=\!= 2Cr^{3+} + 7H_2O \qquad E^{\ominus} = 1.232V$$

可见 $K_2Cr_2O_7$ 是一种较强的氧化剂，能与许多无机物和有机物反应。重铬酸钾法只能在酸性条件下使用。其优点是：

（1）$K_2Cr_2O_7$ 易于提纯，在 140～250℃ 干燥后，可以直接称量准确配制成标准溶液。

（2）$K_2Cr_2O_7$ 溶液非常稳定，保存在密闭容器中浓度可以长期保持不变。

（3）$K_2Cr_2O_7$ 的氧化能力虽比 $KMnO_4$ 稍弱些，但不受 Cl^- 还原作用的影响，故可以在盐酸溶液中进行滴定。

利用重铬酸钾法进行测定也有直接法和间接法。一些有机试样，常在硫酸溶液中加入过量重铬酸钾标准溶液，加热至一定温度，冷后稀释，再用 Fe^{2+} 标准溶液返滴定。这种间接方法可以用于腐植酸肥料中腐植酸的分析、电镀液中有机物的测定等。

应用 $K_2Cr_2O_7$ 标准溶液进行滴定时，常用二苯胺磺酸钠等作指示剂。

例如用重铬酸钾法测定铁含量是利用下列反应：

$$6Fe^{2+} + Cr_2O_7^{2-} + 14H^+ =\!=\!= 6Fe^{3+} + 2Cr^{3+} + 7H_2O$$

铁矿石等试样一般先用 HCl 溶液加热分解，再加入 $SnCl_2$ 将 Fe(Ⅲ) 还原为 Fe(Ⅱ)，过量的 $SnCl_2$ 用 $HgCl_2$ 氧化除去，然后以二苯胺磺酸钠作指示剂用 $K_2Cr_2O_7$ 标准溶液滴定 Fe(Ⅱ)，终点时溶液由绿色（Cr^{3+} 的颜色）突变为紫色或紫蓝色。为了减小终点误差，常在试液中加入 H_3PO_4，使 Fe^{3+} 生成无色稳定的 $Fe(HPO_4)_2^-$ 配阴离子，降低了 Fe^{3+}/Fe^{2+} 电对的电位，因而滴定突跃增大；同时生成无色的 $Fe(HPO_4)_2^-$，消除了 Fe^{3+} 的黄色，有利于终点颜色的观察。

应该指出的是，使用 $K_2Cr_2O_7$ 时应注意废液处理，以防污染环境。

2.3.4.3 碘量法

碘量法是利用 I_2 的氧化性和 I^- 的还原性进行滴定的分析方法。

I_2 在水中的溶解度很小（0.00133mol/L），实际工作中常将 I_2 溶解在 KI 溶液中形成 I_3^- 以增大其溶解度。为方便起见，一般仍简写为 I_2。

碘量法利用的半反应为：

$$I_3^- + 2e \Longrightarrow 3I^- \qquad E^{\ominus}(I_2/I^-) = 0.5355V$$

A 测定方法

应用碘量法进行测定时，可根据待测物质的性质采用不同的方法。

（1）直接碘量法。I_2 是一较弱的氧化剂，能与较强的还原剂作用，因此可用 I_2 标准溶液直接滴定 Sn(Ⅱ)、Sb(Ⅲ)、As_2O_3、S^{2-}、SO_3^{2-} 等还原性物质，例如：

$$I_2 + SO_3^{2-} + H_2O \Longrightarrow 2I^- + SO_4^{2-} + 2H^+$$

这种方法称为直接碘量法。

由于 I_2 的氧化能力不强，所以能被 I_2 氧化的物质有限。

直接碘量法的应用受溶液中 H^+ 浓度的影响较大。在较强的碱性溶液中，I_2 会发生如下的歧化反应：

$$3I_2 + 6OH^- \Longrightarrow IO_3^- + 5I^- + 3H_2O$$

给滴定带来误差。

在酸性溶液中，只有少数还原能力强、不受 H^+ 浓度影响的物质才能与 I_2 发生定量反应。因此直接碘量法的应用有限。

（2）间接碘量法。I^- 为中等强度的还原剂，能与许多氧化剂作用析出 I_2，因而可以间接测定 $Cr_2O_7^{2-}$、CrO_4^{2-}、MnO_4^-、H_2O_2、IO_3^-、NO_2^-、BrO_3^- 等氧化性物质，这种方法称为间接碘量法。

间接碘量法的基本反应是：

$$2I^- - 2e \Longrightarrow I_2$$

析出的 I_2 可以用还原剂 $Na_2S_2O_3$ 标准溶液滴定：

$$I_2 + 2S_2O_3^{2-} \Longrightarrow 2I^- + S_4O_6^{2-}$$

凡能与 I^- 作用定量析出 I_2 的氧化性物质以及能与过量 I_2 在碱性介质中作用的有机物质，都可用间接碘量法测定。

间接碘量法的操作中应注意：

1）控制溶液的酸度。I_2 和 $Na_2S_2O_3$ 的反应需在中性或弱酸性溶液中进行。因为在碱性溶液中，$S_2O_3^{2-}$ 的还原能力增大，会发生如下反应：

$$S_2O_3^{2-} + 4I_2 + 10OH^- \Longrightarrow 2SO_4^{2-} + 8I^- + 5H_2O$$

而在碱性溶液中，I_2 又会发生歧化反应，生成 IO^- 及 IO_3^-。

在强酸性溶液中，$S_2O_3^{2-}$ 会发生分解：

$$S_2O_3^{2-} + 2H^+ \Longrightarrow SO_2 + S\downarrow + H_2O$$

2）防止 I_2 的挥发和 I^- 被空气中的 O_2 氧化。加入过量 KI 使 I_2 形成 I_3^-，以减小 I_2 的挥发。滴定前先调节好酸度，氧化析出 I_2 后立即进行滴定。最好使用碘量瓶进行滴定。

I^- 在酸性溶液中易被空气中的 O_2 所氧化：

$$4I^- + 4H^+ + O_2 \Longrightarrow 2I_2 + 2H_2O$$

此反应随光照和酸度的增加而加快。所以碘量法一般在中性或弱酸性溶液中及低温（<25℃）下进行滴定。滴定时不应过度摇荡，以减少 I^- 与空气的接触和 I_2 的挥发。

B　碘量法的终点指示——淀粉指示剂法

碘量法的终点常用淀粉指示剂来确定。在有少量 I^- 存在下，I_2 与淀粉反应形成蓝色吸附配合物。在室温及少量 I^- 存在下，该反应的灵敏度为 $[I_2] = (1\sim2)\times10^{-5}$ mol/L。无 I^- 存在时，该显色反应的灵敏度降低；I^- 浓度太大时，终点变色不灵敏。该显色反应的灵敏度随温度的升高而降低。

淀粉溶液应新鲜配制。若放置过久，则与 I_2 形成的配合物不呈蓝色而呈紫色或红色，在用 $Na_2S_2O_3$ 滴定时该配合物退色慢，终点不敏锐。

标定 $Na_2S_2O_3$ 溶液的基准物质有纯碘、KIO_3、$KBrO_3$、$K_2Cr_2O_7$ 等。除纯碘外，它们都能与 KI 反应析出 I_2：

$$IO_3^- + 5I^- + 6H^+ \Longrightarrow 3I_2 + 3H_2O$$

$$BrO_3^- + 6I^- + 6H^+ \Longrightarrow 3I_2 + 3H_2O + Br^-$$

$$Cr_2O_7^{2-} + 6I^- + 14H^+ \Longrightarrow 2Cr^{3+} + 3I_2 + 7H_2O$$

析出的 I_2 用 $Na_2S_2O_3$ 标准溶液滴定。

标定 $Na_2S_2O_3$ 溶液时称取一定量的基准物，在酸性溶液中与过量 KI 作用，以淀粉为指示剂，用 $Na_2S_2O_3$ 溶液滴定析出的 I_2。

C　标定时应注意问题

（1）基准物（如 KIO_3 或 $K_2Cr_2O_7$）与 KI 反应时，溶液的酸度愈大，反应速率愈快。但酸度太大时，I^- 容易被空气中的 O_2 所氧化，所以在开始滴定时酸度一般以 $0.2\sim0.4$ mol/L 为宜。

（2）$K_2Cr_2O_7$ 与 KI 的反应速率较慢，应将碘量瓶或锥形瓶（盖好表面皿）中的溶液在暗处放置一定时间（5min），待反应完全后再以 $Na_2S_2O_3$ 溶液滴定。

KIO_3 与 KI 的反应快，不需要放置。

（3）在以淀粉作指示剂时，应先以 $Na_2S_2O_3$ 溶液滴定至大部分 I_2 已作用，溶液呈浅黄色，此时再加入淀粉溶液，用 $Na_2S_2O_3$ 溶液继续滴定至蓝色恰好消失，即为终点。淀粉指示剂若加入太早，则大量的 I_2 与淀粉结合成蓝色物质，这一部分碘就不容易与 $Na_2S_2O_3$ 反应，因而使滴定发生误差。

滴定至终点的溶液放置几分钟后，又会出现蓝色，这是由空气中的 O_2 氧化 I^- 生成 I_2

引起的。

D   应用示例

（1）硫酸铜中铜的测定。Cu^{2+} 与 I^-（KI）的反应如下：

$$2Cu^{2+} + 4I^- \rule[0.5ex]{2em}{0.4pt} 2CuI \downarrow + I_2$$

生成的 I_2 再用 $Na_2S_2O_3$ 标准溶液滴定，就可计算出铜的含量。

这里 KI 既是还原剂、沉淀剂，又是配位剂。

为了促使反应趋于完全，必须加入过量 KI，但 KI 浓度太大会妨碍终点的观察。由于 CuI 沉淀强烈地吸附 I_2，因此测定结果偏低。如果加入 KSCN，使 CuI 转化为溶解度更小的 CuSCN 沉淀：

$$CuI + KSCN \rule[0.5ex]{2em}{0.4pt} CuSCN \downarrow + KI$$

这样不仅可以释放出被 CuI 吸附的 I_2，同时再生出来的 I^- 可再与未作用的 Cu^{2+} 反应。这样使用较少的 KI 就可以使反应进行得更完全。但是 KSCN 只能在接近终点时加入，否则 SCN^- 可直接还原 Cu^{2+} 而使结果偏低：

$$6Cu^{2+} + 7SCN^- + 4H_2O \rule[0.5ex]{2em}{0.4pt} 6CuSCN \downarrow + SO_4^{2-} + HCN + 7H^+$$

为了防止 Cu^{2+} 水解，反应必须在酸性溶液中进行（一般控制 pH 值在 3 ~ 4 之间）。酸度过低，反应速度慢，终点拖长；酸度过高，则 I^- 被空气氧化为 I_2 的反应被 Cu^{2+} 催化而加速，结果偏高。因大量 Cl^- 会与 Cu^{2+} 配位，因此应采用 H_2SO_4 而不能用 HCl（少量 HCl 不干扰）。

（2）葡萄糖含量的测定。葡萄糖分子中的醛基能在碱性条件下被过量 I_2 氧化成羧基：

$$I_2 + 2OH^- \rule[0.5ex]{2em}{0.4pt} IO^- + I^- + H_2O$$

$$CH_2OH(CHOH)_4CHO + IO^- + OH^- \rule[0.5ex]{2em}{0.4pt} CH_2OH(CHOH)_4COO^- + I^- + H_2O$$

剩余的 IO^- 在碱性溶液中歧化成 IO_3^- 和 I^-：

$$3IO^- \rule[0.5ex]{2em}{0.4pt} IO_3^- + 2I^-$$

溶液经酸化后又析出 I_2：

$$IO_3^- + 5I^- + 6H^+ \rule[0.5ex]{2em}{0.4pt} 3I_2 + 3H_2O$$

最后以 $Na_2S_2O_3$ 标准溶液滴定析出 I_2。

过氧化物、臭氧、漂白粉中的有效氯等氧化性物质也都可以用碘量法测定。

2.3.5   氧化还原滴定结果的计算

氧化还原滴定结果的计算主要依据氧化还原反应式中的化学计量关系。例如，待测组分 X 经一系列反应后得到 Z，用滴定剂 T 滴定 Z，由各步反应中的化学计量关系可以得出：

$$aX \rightleftharpoons bY \rightleftharpoons \cdots \rightleftharpoons cZ \rightleftharpoons dT$$

则试样中 X 的质量分数为：

$$w(X) = \frac{\dfrac{a}{d}c_T V_T M_X}{m_S}$$

式中　c_T，V_T——滴定剂 T 的浓度和体积；

　　　M_X——待测组分 X 的摩尔质量；

　　　m_S——试样的质量。

【例2-17】　在 H_2SO_4 溶液中，0.1000g 工业甲醇与25.00mL 0.01667mol/L 的 $K_2Cr_2O_7$ 溶液作用。在反应完成后，以邻苯氨基苯甲酸作指示剂，用 0.1000mol/L 的 $(NH_4)_2Fe(SO_4)_2$ 溶液滴定剩余的 $K_2Cr_2O_7$，用去 10.00mL。求试样中甲醇的质量分数。

解：在 H_2SO_4 介质中，甲醇与 $K_2Cr_2O_7$ 的反应为：

$$CH_3OH + Cr_2O_7^{2-} + 8H^+ \Longrightarrow CO_2\uparrow + 2Cr^{3+} + 6H_2O$$

过量的 $K_2Cr_2O_7$ 以 Fe^{2+} 溶液滴定，反应为：

$$Cr_2O_7^{2-} + 6Fe^{2+} + 14H^+ \Longrightarrow 2Cr^{3+} + 6Fe^{3+} + 7H_2O$$

可知：

$$CH_3OH \Longleftrightarrow Cr_2O_7^{2-} \Longleftrightarrow 6Fe^{2+}$$

$$w(CH_3OH) = \frac{\left[c(K_2Cr_2O_7)V_{K_2Cr_2O_7} - \frac{1}{6}c(Fe^{2+})V_{Fe^{2+}}\right] \times 10^{-3} M_{CH_3OH}}{m_S}$$

$$= \frac{(25.00 \times 0.01667 - \frac{1}{6} \times 0.1000 \times 10.00) \times 10^{-3} \times 32.04}{0.1000}$$

$$= 0.0801$$

【例2-18】　有一 $K_2Cr_2O_7$ 标准溶液，已知其浓度为 0.01683mol/L，求其对 Fe_2O_3 的滴定度 $T(Fe_2O_3/K_2Cr_2O_7)$。称取某含铁试样 0.2801g，溶解后将溶液中的 Fe^{3+} 还原为 Fe^{2+}，然后用上述 $K_2Cr_2O_7$ 标准溶液滴定，用去 25.60mL。求试样中 Fe_2O_3 的质量分数。

解：用 $K_2Cr_2O_7$ 标准溶液滴定 Fe^{2+} 时，Fe^{2+} 被氧化为 Fe^{3+}，即

$$6Fe^{2+} + Cr_2O_7^{2-} + 14H^+ \Longrightarrow 6Fe^{3+} + 2Cr^{3+} + 7H_2O$$

由反应式可知：

$$Fe_2O_3 \Longleftrightarrow 2Fe \Longleftrightarrow \frac{1}{3}Cr_2O_7^{2-}$$

根据滴定度的定义，得到：

$$T_{Fe_2O_3/K_2Cr_2O_7} = 3c(K_2Cr_2O_7) \times 10^{-3} \times M_{Fe_2O_3}$$

$$= 3 \times 0.01683 \times 10^{-3} \times 159.7$$

$$= 0.008063\text{g/mL}$$

因此

$$w(Fe_2O_3) = \frac{T_{Fe_2O_3/K_2Cr_2O_7}V_{K_2Cr_2O_7}}{m_S}$$

$$= \frac{0.008063 \times 25.60}{0.2801}$$

$$= 0.7369$$

2.4　沉淀滴定法

2.4.1　沉淀滴定法概述

沉淀滴定法是以沉淀反应为基础的一种滴定分析方法。沉淀反应很多，但是能用于滴定分析的沉淀反应必须符合下列几个条件：

（1）沉淀反应必须迅速，并按一定的化学计量关系进行。

（2）生成的沉淀应具有恒定的组成，而且溶解度必须很小。

（3）有确定化学计量点的简单方法。

（4）沉淀的吸附现象不影响滴定终点的确定。

由于上述条件的限制，能用于沉淀滴定法的反应并不多，目前有实用价值的主要是形成难溶性银盐的反应，例如：

$$Ag^+ + Cl^- \stackrel{}{=\!=\!=} AgCl\downarrow_{\text{白色}}$$

$$Ag^+ + SCN^- \stackrel{}{=\!=\!=} AgSCN\downarrow_{\text{白色}}$$

这种利用生成难溶银盐反应进行沉淀滴定的方法称为银量法。银量法主要用于测定 Cl^-、Br^-、I^-、Ag^+、CN^-、SCN^- 等离子及含卤素的有机化合物。

除银量法外，沉淀滴定法中还有利用其他沉淀反应的方法，如 $K_4[Fe(CN)_6]$ 与 Zn^{2+}、四苯硼酸钠与 K^+ 形成沉淀的反应。

$$2K_4[Fe(CN)_6] + 3Zn^{2+} \stackrel{}{=\!=\!=} K_2Zn_3[Fe(CN)_6]_2\downarrow + 6K^+$$

$$NaB(C_6H_5)_4 + K^+ \stackrel{}{=\!=\!=} KB(C_6H_5)_4\downarrow + Na^+$$

本节主要讨论银量法。根据滴定方式的不同，银量法可分为直接法和间接法。直接法是用 $AgNO_3$ 标准溶液直接滴定待测组分的方法。间接法是先于待测试液中加入一定量的 $AgNO_3$ 标准溶液，再用 NH_4SCN 标准溶液来滴定剩余的 $AgNO_3$ 溶液的方法。

2.4.2　银量法滴定终点的确定

根据确定滴定终点所采用的指示剂不同，银量法分为莫尔法、佛尔哈德法和法扬司法。

2.4.2.1　莫尔法——铬酸钾作指示剂法

莫尔法是以 K_2CrO_4 为指示剂，在中性或弱碱性介质中用 $AgNO_3$ 标准溶液测定卤素混合物含量的方法。

A　指示剂的作用原理

以测定 Cl^- 为例，K_2CrO_4 作指示剂，用 $AgNO_3$ 标准溶液滴定，其反应为：

$$Ag^+ + Cl^- \stackrel{}{=\!=\!=} AgCl\downarrow_{\text{白色}}$$

$$2Ag^+ + CrO_4^{2-} \stackrel{}{=\!=\!=} Ag_2CrO_4\downarrow_{\text{砖红色}}$$

这个方法的依据是多级沉淀原理。由于 AgCl 的溶解度比 Ag_2CrO_4 的溶解度小，因此在用 $AgNO_3$ 标准溶液滴定时，AgCl 先析出沉淀。当滴定剂 Ag^+ 与 Cl^- 达到化学计量点时，微过量的 Ag^+ 与 CrO_4^{2-} 反应析出砖红色的 Ag_2CrO_4 沉淀，指示滴定终点的到达。

B　滴定条件

a　指示剂作用量

用 $AgNO_3$ 标准溶液滴定 Cl^-，指示剂 K_2CrO_4 的用量对于终点指示有较大的影响。CrO_4^{2-} 浓度过高或过低，Ag_2CrO_4 沉淀的析出就会过早或过迟，就会产生一定的终点误差。因此要求 Ag_2CrO_4 沉淀应该恰好在滴定反应的化学计量点时出现。化学计量点时

[Ag^+] 为：

$$[Ag^+] = [Cl^-] = \sqrt{K_{sp,AgCl}} = \sqrt{3.2 \times 10^{-10}} = 1.8 \times 10^{-5} \text{mol/L}$$

若此时恰有 Ag_2CrO_4 沉淀，则：

$$[CrO_4^{2-}] = \frac{K_{sp,Ag_2CrO_4}}{[Ag^+]^2} = 5.0 \times 10^{-12}/(1.8 \times 10^{-5})^2 = 1.5 \times 10^{-2} \text{mol/L}$$

在滴定时，由于 K_2CrO_4 显黄色，当其浓度较高时颜色较深，不易判断砖红色的出现。为了能观察到明显的终点，指示剂的浓度以略低一些为好。实验证明，滴定溶液中 $c(K_2CrO_4)$ 为 5×10^{-3} mol/L 是确定滴定终点的适宜浓度。

显然，K_2CrO_4 浓度降低后，要使 Ag_2CrO_4 析出沉淀，必须多加些 $AgNO_3$ 标准溶液，这时滴定剂就过量了，终点将在化学计量点后出现，但由于产生的终点误差一般都小于 0.1%，不会影响分析结果的准确度。但是如果溶液较稀，如用 0.01000mol/L 的 $AgNO_3$ 标准溶液滴定 0.01000mol/L 的 Cl^- 溶液，滴定误差可达 0.6%，影响分析结果的准确度，此时应做指示剂空白试验进行校正。

b　滴定时的酸度

在酸性溶液中，CrO_4^{2-} 有如下反应：

$$2CrO_4^{2-} + 2H^+ \Longrightarrow 2HCrO_4^- \Longrightarrow Cr_2O_7^{2-} + H_2O$$

因而降低了 CrO_4^{2-} 的浓度，使 Ag_2CrO_4 沉淀出现过迟，甚至不会沉淀。

在强碱性溶液中，会有棕黑色 Ag_2O 沉淀析出：

$$2Ag^+ + 2OH^- \Longrightarrow Ag_2O\downarrow + H_2O$$

因此，莫尔法只能在中性或弱碱性（pH = 6.5～10.5）溶液中进行。在有 NH_4^+ 存在时，滴定的 pH 范围应控制在 6.5～7.2 之间。若溶液酸性太强，可用 $Na_2B_4O_7 \cdot 10H_2O$ 或 $NaHCO_3$ 中和；若溶液碱性太强，可用稀 HNO_3 溶液中和。

C　应用范围

莫尔法主要用于测定 Cl^-、Br^- 和 Ag^+，如氯化物、溴化物纯度测定以及天然水中氯含量的测定。当试样中 Cl^- 和 Br^- 共存时，测得的结果是它们的总量。若测定 Ag^+，应采用返滴定法，即向 Ag^+ 的试液中加入过量的 NaCl 标准溶液，然后再用 $AgNO_3$ 标准溶液滴定剩余的 Cl^-（若直接滴定，先生成的 Ag_2CrO_4 转化为 AgCl 的速度缓慢，滴定终点难以确定）。莫尔法不宜测定 I^- 和 SCN^-，因为滴定生成的 AgI 和 AgSCN 沉淀表面会强烈吸附 I^- 和 SCN^-，使滴定终点过早出现，造成较大的滴定误差。

莫尔法的选择性较差，凡能与 CrO_4^{2-} 或 Ag^+ 生成沉淀的阳、阴离子均干扰滴定。前者如 Ba^{2+}、Pb^{2+}、Hg^{2+} 等；后者如 SO_3^{2-}、PO_4^{3-}、AsO_4^{3-}、S^{2-}、$C_2O_4^{2-}$ 等。

2.4.2.2　佛尔哈德法——铁铵矾作指示剂

佛尔哈德法是在酸性介质中，以铁铵矾 [$NH_4Fe(SO_4)_2 \cdot 12H_2O$] 作指示剂来确定滴定终点的一种银量法。根据滴定方式的不同，佛尔哈德法分为直接滴定法和返滴定法两种。

A　直接滴定法测定 Ag^+

在含有 Ag^+ 的 HNO_3 介质中，以铁铵矾作指示剂，用 NH_4SCN 标准溶液直接滴定，当滴定到化学计量点时，微过量的 SCN^- 与 Fe^{3+} 结合生成红色的 $[FeSCN]^{2+}$ 即为滴定终点。

$$Ag^+ + SCN^- \stackrel{}{=\!=\!=} \underset{\text{白色}}{AgSCN\downarrow}, \quad K_{sp,AgSCN} = 2.0 \times 10^{-12}$$

$$Fe^{3+} + SCN^- \stackrel{}{=\!=\!=} \underset{\text{红色}}{[FeSCN]^{2+}}, \quad K = 200$$

由于指示剂中的 Fe^{3+} 在中性或碱性溶液中将形成 $Fe(OH)^{2+}$、$Fe(OH)_2^+$ ……深色配合物，碱度再大，还会产生 $Fe(OH)_3$ 沉淀，因此滴定应在酸性（0.3～1mol/L）溶液中进行。

用 NH_4SCN 溶液滴定 Ag^+ 溶液时，生成的 AgSCN 沉淀能吸附溶液中的 Ag^+，使 Ag^+ 浓度降低，以致红色的出现略早于化学计量点。因此在滴定过程中需剧烈摇动，使被吸附的 Ag^+ 释放出来。

此法的优点在于可直接测定 Ag^+，并可在酸性溶液中进行滴定。

B　返滴定法测定卤素离子

佛尔哈德法测定卤素离子（如 Cl^-、Br^-、I^- 和 SCN）时应采用返滴定法。即在酸性（HNO_3 介质）待测溶液中，先加入已知过量的 $AgNO_3$ 标准溶液，再用铁铵矾作指示剂，用 NH_4SCN 标准溶液回滴剩余的 Ag^+（HNO_3 介质）。反应如下：

$$\underset{\text{（过量）}}{Ag^+} + Cl^- \stackrel{}{=\!=\!=} \underset{\text{白色}}{AgCl\downarrow}$$

$$\underset{\text{（剩余量）}}{Ag^+} + SCN^- \stackrel{}{=\!=\!=} \underset{\text{白色}}{AgSCN\downarrow}$$

终点指示反应：　　　　$Fe^{3+} + SCN^- \stackrel{}{=\!=\!=} \underset{\text{红色}}{[FeSCN]^{2+}}$

用佛尔哈德法测定 Cl^-，滴定到临近终点时，经摇动后形成的红色会退去，这是因为 AgSCN 的溶解度小于 AgCl 的溶解度，加入的 NH_4SCN 将与 AgCl 发生沉淀转化反应：

$$AgCl + SCN^- \stackrel{}{=\!=\!=} AgSCN\downarrow + Cl^-$$

沉淀的转化速率较慢，滴加 NH_4SCN 形成的红色随着溶液的摇动而消失。这种转化作用将继续进行到 Cl^- 与 SCN^- 浓度之间建立一定的平衡关系，此时溶液才会出现持久的红色。无疑滴定已多消耗了 NH_4SCN 标准滴定溶液。为了避免上述现象的发生，通常采用以下措施：

（1）试液中加入一定过量的 $AgNO_3$ 标准溶液之后，将溶液煮沸，使 AgCl 沉淀凝聚，以减少 AgCl 沉淀对 Ag^+ 的吸附。滤去沉淀，并用稀 HNO_3 充分洗涤沉淀，然后用 NH_4SCN 标准滴定溶液回滴滤液中的过量 Ag^+。

（2）在滴入 NH_4SCN 标准溶液之前，加入有机溶剂硝基苯或邻苯二甲酸二丁酯或 1,2-二氯乙烷。用力摇动后，有机溶剂将 AgCl 沉淀包住，使 AgCl 沉淀与外部溶液隔离，阻止 AgCl 沉淀与 NH_4SCN 发生转化反应。此法方便，但硝基苯有毒。

（3）提高 Fe^{3+} 的浓度以减小终点时 SCN^- 的浓度，从而减小上述误差（实验证明，一般溶液中 $c(Fe^{3+}) = 0.2mol/L$ 时，终点误差将小于 0.1%）。

佛尔哈德法在测定 Br^-、I^- 和 SCN^- 时，滴定终点十分明显，不会发生沉淀转化，因此不必采取上述措施。但是在测定碘化物时，必须加入过量 $AgNO_3$ 溶液之后再加入铁铵矾指示剂，以免 I^- 对 Fe^{3+} 的还原作用而造成误差。强氧化剂和氮的氧化物以及铜盐、汞盐都与 SCN^- 作用，因而干扰测定，必须预先除去。

2.4.2.3 法扬司法——吸附指示剂法

法扬司法是以吸附指示剂确定滴定终点的一种银量法。

A 吸附指示剂的作用原理

吸附指示剂是一类有机染料，它的阴离子在溶液中易被带正电荷的胶状沉淀吸附，吸附后结构改变，从而引起颜色的变化，指示滴定终点的到达。

现以 $AgNO_3$ 标准溶液滴定 Cl^- 为例，说明指示剂荧光黄的作用原理。

荧光黄是一种有机弱酸，用 HFI 表示，在水溶液中可离解为荧光黄阴离子 FI^-，呈黄绿色：

$$HFI \Longrightarrow FI^- + H^+$$

在化学计量点前，生成的 AgCl 沉淀在过量的 Cl^- 溶液中吸附 Cl^- 而带负电荷，形成的 $(AgCl) \cdot Cl^-$ 不吸附指示剂阴离子 FI^-，溶液呈黄绿色。达化学计量点时，微过量的 $AgNO_3$ 可使 AgCl 沉淀吸附 Ag^+ 形成 $(AgCl) \cdot Ag^+$ 而带正电荷，此 $(AgCl) \cdot Ag^+$ 吸附荧光黄阴离子 FI^-，结构发生变化呈现粉红色，使整个溶液由黄绿色变成粉红色，指示终点的到达。

$$(AgCl) \cdot Ag^+ + FI^- \xrightarrow{吸附} (AgCl) \cdot Ag \cdot FI$$
$$\quad\quad\quad\quad\quad 黄绿色 \quad\quad\quad\quad\quad\quad\quad 粉红色$$

B 使用吸附指示剂的注意事项

为了使终点变色敏锐,应用吸附指示剂时需要注意以下几点。

(1)保持沉淀呈胶体状态。由于吸附指示剂的颜色变化发生在沉淀微粒表面上,因此,应尽可能使卤化银沉淀呈胶体状态,具有较大的表面积。为此,在滴定前应将溶液稀释,并加糊精或淀粉等高分子化合物作为保护剂,以防止卤化银沉淀凝聚。

(2)控制溶液酸度。常用的吸附指示剂大多是有机弱酸,而起指示剂作用的是它们的阴离子。酸度大时,H^+ 与指示剂阴离子结合成不被吸附的指示剂分子,无法指示终点。酸度的大小与指示剂的离解常数有关,离解常数大,酸度可以大些。例如荧光黄的 $pKa \approx 7$,适用于 $pH = 7 \sim 10$ 的条件下进行滴定;若 $pH < 7$,荧光黄主要以 HFI 形式存在,不被吸附。

(3)避免强光照射。卤化银沉淀对光敏感,易分解析出银使沉淀变为灰黑色,影响滴定终点的观察,因此在滴定过程中应避免强光照射。

(4)吸附指示剂的选择。沉淀胶体微粒对指示剂离子的吸附能力,应略小于对待测离子的吸附能力,否则指示剂将在化学计量点前变色;但也不能太小,否则终点出现过迟。卤化银对卤化物和几种吸附指示剂的吸附能力的次序如下:

$$I^- > SCN^- > Br^- > 曙红 > Cl^- > 荧光黄$$

可见,滴定 Cl^- 不能选曙红,而应选荧光黄。表 2-26 中列出了几种常用的吸附指示剂及其应用。

表 2-26 常用吸附指示剂

指示剂	被测离子	滴定剂	滴定条件	终点颜色变化
荧光黄	Cl^-、Br^-、I^-	$AgNO_3$	$pH = 7 \sim 10$	黄绿→粉红
二氯荧光黄	Cl^-、Br^-、I^-	$AgNO_3$	$pH = 4 \sim 10$	黄绿→红

续表 2-26

指示剂	被测离子	滴定剂	滴定条件	终点颜色变化
曙红	Br^-、SCN^-、I^-	$AgNO_3$	pH = 2 ~ 10	橙黄→红紫
溴酚蓝	生物碱盐类	$AgNO_3$	弱酸性	黄绿→灰紫
甲基紫	Ag^+	NaCl	酸性溶液	黄红→红紫

C 应用范围

法扬司法可用于测定 Cl^-、Br^-、I^- 和 SCN^- 及生物碱盐类(如盐酸麻黄碱)等。测定 Cl^- 常用荧光黄或二氯荧光黄作指示剂,而测定 Br^-、I^- 和 SCN^- 常用曙红作指示剂。此法终点明显,方法简便,但反应条件要求较严,应注意溶液的酸度、浓度及胶体的保护等。

2.5 重量分析法

2.5.1 重量分析法概述

2.5.1.1 重量分析法的分类和特点

重量分析法是用适当的方法先将试样中待测组分与其他组分分离,然后用称量的方法测定该组分的含量。根据分离方法的不同,重量分析法常分为三类。

(1)沉淀法。沉淀法是重量分析法中的主要方法,这种方法是利用试剂与待测组分生成溶解度很小的沉淀,经过滤、洗涤、烘干或灼烧成为组成一定的物质,然后称其质量,再计算待测组分的含量。

(2)气化法(又称挥发法)。气化法是利用物质的挥发性质,通过加热或其他方法使试样中的待测组分挥发逸出,然后根据试样质量的减少,计算该组分的含量;或者用吸收剂吸收逸出的组分,根据吸收剂质量的增加计算该组分的含量。

(3)电解法。电解法是利用电解的方法使待测金属离子在电极上还原析出,然后称量,根据电极增加的质量,求得其含量。

本节重点介绍沉淀重量法。

2.5.1.2 沉淀重量法对沉淀形式和称量形式的要求

利用沉淀重量法进行分析时,首先将试样溶解为试液,然后加入适当的沉淀剂使其与被测组分发生沉淀反应,并以"沉淀形"沉淀出来。沉淀经过滤、洗涤,在适当的温度下烘干或灼烧,转化为"称量形",再进行称量。根据称量形的化学式计算被测组分在试样中的含量。"沉淀形"和"称量形"可能相同,也可能不同,例如:

$$\underset{\text{被测组分}}{Ba^{2+}} \xrightarrow{\text{沉淀}} \underset{\text{沉淀形}}{BaSO_4} \xrightarrow{\text{灼烧}} \underset{\text{称量形}}{BaSO_4}$$

$$\underset{\text{被测组分}}{Fe^{3+}} \xrightarrow{\text{沉淀}} \underset{\text{沉淀形}}{Fe(OH)_3} \xrightarrow{\text{灼烧}} \underset{\text{称量形}}{Fe_2O_3}$$

在沉淀重量分析法中,为获得准确的分析结果,沉淀形和称量形必须满足以下要求。

(1)对沉淀形的要求。

1)沉淀要完全,沉淀的溶解度要小,要求测定过程中沉淀的溶解损失不超过分析天平的称量误差，一般要求溶解损失应小于 0.1mg。例如，测定 Ca^{2+} 时，以形成 $CaSO_4$ 和 CaC_2O_4 两种沉淀形式作比较，$CaSO_4$ 的溶解度较大（$K_{sp} = 2.45 \times 10^{-5}$），$CaC_2O_4$ 的溶解度小（$K_{sp} = 1.78 \times 10^{-9}$）。显然，用 $(NH_4)_2C_2O_4$ 作沉淀剂比用硫酸作沉淀剂沉淀得更完全。

2）沉淀必须纯净，并易于过滤和洗涤。沉淀纯净是获得准确分析结果的重要因素之一。颗粒较大的晶体沉淀（如 $MgNH_4PO_4 \cdot 6H_2O$）其表面积较小，吸附杂质的机会较少，因此沉淀较纯净，易于过滤和洗涤。颗粒细小的晶形沉淀（如 CaC_2O_4、$BaSO_4$），由于某种原因其比表面积大，吸附杂质多，洗涤次数也相应增多。非晶形沉淀（如 $Al(OH)_3$、$Fe(OH)_3$）体积庞大疏松，吸附杂质较多，过滤费时且不易洗净。对于这类沉淀，必须选择适当的沉淀条件以满足对沉淀形式的要求。

3）沉淀形应易于转化为称量形。沉淀经烘干、灼烧时，应易于转化为称量形式。例如 Al^{3+} 的测定，若沉淀为 8 - 羟基喹啉铝 $[Al(C_9H_6NO)_3]$，在 130℃ 烘干后即可称量；而若沉淀为 $Al(OH)_3$，则必须在 1200℃ 灼烧转变为无吸湿性的 Al_2O_3 后，方可称量。因此，测定 Al^{3+} 时选用前法比后法好。

（2）对称量形的要求。

1）称量形的组成必须与化学式相符，这是定量计算的基本依据。例如测定 PO_4^{3-}，可以形成磷钼酸铵沉淀，但组成不固定，无法利用它作为测定 PO_4^{3-} 的称量形。若采用磷钼酸喹啉法测定 PO_4^{3-}，则可得到组成与化学式相符的称量形。

2）称量形要有足够的稳定性，不易吸收空气中的 CO_2、H_2O。例如测定 Ca^{2+} 时，若将 Ca^{2+} 沉淀为 $CaC_2O_4 \cdot H_2O$，灼烧后得到 CaO，易吸收空气中 H_2O 和 CO_2，因此，CaO 不宜作为称量形式。

3）称量形的摩尔质量尽可能大，这样可增大称量形的质量，以减小称量误差。例如在铝的测定中，分别用 Al_2O_3 和 8 - 羟基喹啉铝 $[Al(C_9H_6NO)_3]$ 两种称量形进行测定，若被测组分 Al 的质量为 0.1000g，则可分别得到 0.1888g Al_2O_3 和 1.7040g $Al(C_9H_6NO)_3$。两种称量形由称量误差所引起的相对误差分别为 ±1% 和 ±0.1%。显然，以 $Al(C_9H_6NO)_3$ 作为称量形比用 Al_2O_3 作为称量形测定 Al 的准确度高。

2.5.1.3　沉淀剂的选择

根据上述对沉淀形和称量形的要求，选择沉淀剂时应考虑如下几点：

（1）选用具有较好选择性的沉淀剂。所选的沉淀剂只能和待测组分生成沉淀，而与试液中的其他组分不起作用。例如：丁二酮肟和 H_2S 都可以沉淀 Ni^{2+}，但在测定 Ni^{2+} 时常选用前者。又如沉淀锆离子时，选用在盐酸溶液中与锆有特效反应的苦杏仁酸作沉淀剂，这时即使有钛、铁、钡、铝、铬等十几种离子存在，也不发生干扰。

（2）选用能与待测离子生成溶解度最小的沉淀的沉淀剂。所选的沉淀剂应能使待测组分沉淀完全。例如：生成难溶的钡的化合物有 $BaCO_3$、$BaCrO_4$、BaC_2O_4 和 $BaSO_4$，其中，$BaSO_4$ 溶解度最小。因此以 $BaSO_4$ 的形式沉淀 Ba^{2+} 比生成其他难溶化合物好。

（3）尽可能选用易挥发或经灼烧易除去的沉淀剂。这样沉淀中带有的沉淀剂即便未洗净，也可以借烘干或灼烧而除去。一些铵盐和有机沉淀剂都能满足这项要求。例如：用氯

化物沉淀 Fe^{3+} 时，选用氨水而不用 NaOH 作沉淀剂。

（4）选用溶解度较大的沉淀剂。用此类沉淀剂可以减少沉淀对沉淀剂的吸附作用。例如：利用生成难溶钡化合物沉淀 SO_4^{2-} 时，应选 $BaCl_2$ 作沉淀剂，而不用 $Ba(NO_3)_2$。因为 $Ba(NO_3)_2$ 的溶解度比 $BaCl_2$ 小，$BaSO_4$ 吸附 $Ba(NO_3)_2$ 比吸附 $BaCl_2$ 严重。

2.5.2 沉淀溶解平衡

2.5.2.1 溶解度与固有溶解度、溶度积与条件溶度积

A 溶解度与固有溶解度

当水中存在 1∶1 型微溶化合物 MA 时，MA 溶解并达到饱和状态后，有下列平衡关系：

$$MA(固) = MA(水) = M^+ + A^-$$

在水溶液中，除了 M^+、A^- 外，还有未离解的分子状态的 MA。例如 AgCl 溶于水中有：

$$AgCl(固) = AgCl(水) = Ag^+ + Cl^-$$

对于有些物质可能是离子化合物（M^+A^-），如 $CaSO_4$ 溶于水中有：

$$CaSO_4(固) = Ca^{2+}SO_4^{2-}(水) = Ca^{2+} + SO_4^{2-}$$

根据 MA（固）和 MA（水）之间的溶解平衡可得：

$$\frac{a_{MA(水)}}{a_{MA(固)}} = K'（平衡常数）$$

因固体物质的活度等于 1，若用 $s^\ominus$ 表示 K'，则

$$a_{MA(水)} = s^\ominus \tag{2-50}$$

$s^\ominus$ 称为 MA 固有溶解度，当温度一定时，$s^\ominus$ 为常数。

若溶液中不存在其他副反应，微溶化合物 MA 的溶解度 s 等于固有溶解度和 M^+（或 A^-）离子浓度之和，即

$$s = s^\ominus + [M^+] = s^\ominus + [A^-] \tag{2-51}$$

如果 MA（水）几乎完全离解或 $s^\ominus << [M^+]$ 时（大多数的电解质属此类情况），则 $s^\ominus$ 可以忽略不计，则

$$s = [M^+] = [A^-] \tag{2-52}$$

对于 M_mA_n 型微溶化合物的溶解度 s 可按式（2-53）或（2-54）计算。

$$s = s^\ominus + \frac{[M^{n+}]}{m} = s^\ominus + \frac{[A^{m-}]}{n} \tag{2-53}$$

或

$$s = \frac{[M^{n+}]}{m} = \frac{[A^{m-}]}{n} \tag{2-54}$$

B 溶度积与条件溶度积

（1）活度积与溶度积。当微溶化合物 MA 溶解于水中，如果除简单的水合离子外，其他各种形式的化合物均可忽略，则根据 MA 在水溶液中的平衡关系，得到：

$$\frac{a_{M^+} \cdot a_{A^-}}{a_{MA(水)}} = K$$

中性分子的活度系数视为 1，则根据式（2-50），有：

$$a_{M^+} \cdot a_{A^-} = Ks^\ominus = K_{sp}^\ominus \tag{2-55}$$

$K_{sp}^{\ominus}$ 为离子的活度积常数（简称活度积），它仅随温度变化。若引入活度系数，则由式 (2-55) 可得

$$a_{M^+} \cdot a_{A^-} = \gamma_{M^+} [M^+] \cdot \gamma_{A^-} [A^-] = K_{sp}^{\ominus}$$

即
$$[M^+][A^-] = \frac{K_{sp}^{\ominus}}{\gamma_{M^+} \gamma_{A^-}} = K_{sp} \tag{2-56}$$

式中，K_{sp} 为溶度积常数（简称溶度积），它是微溶化合物饱和溶液中，各种离子浓度的乘积。K_{sp} 的大小不仅与温度有关，而且与溶液的离子强度大小有关。在重量分析中大多是加入过量沉淀剂，一般离子强度较大，引用溶度积计算比较符合实际，仅在计算水中的溶解度时，才用活度积。

对于 $M_m A_n$ 型微溶化合物，其溶解平衡如下：

$$M_m A_n (固) \Longrightarrow m M^{n+} + n A^{m-}$$

因此其溶度积表达式为：

$$K_{sp} = [M^{n+}]^m [A^{m-}]^n \tag{2-57}$$

（2）条件溶度积。在沉淀溶解平衡中，除了主反应外，还可能存在多种副反应。例如对于 1:1 型沉淀 MA，除了溶解为 M^+ 和 A^- 这个主反应外，阳离子 M^+ 还可能与溶液中的配位剂 L 形成配合物 ML、ML_2 …… （略去电荷，下同），也可能与 OH^- 生成各级羟基配合物；阴离子 A^- 还可能与 H^+ 形成 HA、H_2A ……。

主反应　　　　　　　MA(固) $\Longrightarrow$　　M　+　A

副反应　　　　　　　ML　　MOH　　HA

　　　　　　　　　　⋮　　　　⋮　　　　⋮

　　　　　　　　　ML_n　　$M(OH)_n$　　H_nA

此时，溶液中金属离子总浓度 [M′] 和沉淀剂总浓度 [A′] 分别为：

$$[M'] = [M] + [ML] + [ML_2] + \cdots + [M(OH)] + [M(OH)_2] + \cdots$$

$$[A'] = [A] + [HA] + [H_2A] + \cdots$$

同配位平衡的副反应计算相似，引入相应的副反应系数 α_M、α_A，则

$$K_{sp} = [M][A] = \frac{[M'][A']}{\alpha_M \cdot \alpha_A} = \frac{K_{sp}'}{\alpha_M \cdot \alpha_A}$$

即
$$K_{sp}' = [M'][A'] = K_{sp} \cdot \alpha_M \cdot \alpha_A \tag{2-58}$$

K_{sp}' 只有在温度、离子强度、酸度、配位剂浓度等一定时才是常数，即 K_{sp}' 只有在反应条件一定时才是常数，故称为条件溶度积常数，简称条件溶度积。因为 $\alpha_M > 1$、$\alpha_A > 1$，所以 $K_{sp}' > K_{sp}$，即副反应的发生使溶度积常数增大。

对于 $m:n$ 型的沉淀 $M_m A_n$，则：

$$K_{sp}' = K_{sp} \cdot \alpha_M^m \cdot \alpha_A^n \tag{2-59}$$

由于条件溶度积 K_{sp}' 的引入，使得在有副反应发生时的溶解度计算大为简化。

2.5.2.2　影响沉淀溶解度的因素

影响沉淀溶解度的因素很多，如同离子效应、盐效应、酸效应、配位效应等。此外，

温度、介质、沉淀结构和颗粒大小等对沉淀的溶解度也有影响。现分别进行讨论。

　　A　同离子效应

　　组成沉淀晶体的离子称为构晶离子。当沉淀反应达到平衡后，如果向溶液中加入适当过量的含有某一构晶离子的试剂或溶液，则沉淀的溶解度减小，这种现象称为同离子效应。

　　例如，25℃时，$BaSO_4$在水中的溶解度为：

$$s = [Ba^{2+}] = [SO_4^{2-}] = \sqrt{K_{sp}} = \sqrt{6 \times 10^{-10}} = 2.4 \times 10^{-5} \, mol/L$$

　　如果使溶液中的$[SO_4^{2-}]$增至$0.10 mol/L$，此时$BaSO_4$的溶解度为：

$$s = [Ba^{2+}] = K_{sp}/[SO_4^{2-}] = 6 \times 10^{-10}/0.10 = 6 \times 10^{-9} \, mol/L$$

即$BaSO_4$的溶解度减少至原来的万分之一。

　　因此，在实际分析中，常加入过量沉淀剂，利用同离子效应，使被测组分沉淀完全。但沉淀剂过量太多，可能引起盐效应、酸效应及配位效应等副反应，反而使沉淀的溶解度增大。一般情况下，沉淀剂过量$50\% \sim 100\%$是合适的，如果沉淀剂是不易挥发的，则以过量$20\% \sim 30\%$为宜。

　　B　盐效应

　　沉淀反应达到平衡时，由于强电解质的存在或加入其他强电解质，沉淀的溶解度增大，这种现象称为盐效应。例如，$AgCl$、$BaSO_4$在KNO_3溶液中的溶解度比在纯水中大，而且溶解度随KNO_3浓度增大而增大。

　　产生盐效应的原因是由于离子的活度系数γ与溶液中加入的强电解质的浓度有关，当强电解的浓度增大到一定程度时，离子强度增大因而使离子活度系数明显减小。而在一定温度下K_{sp}为一常数，因而$[M^+][A^-]$必然要增大，致使沉淀的溶解度增大。因此，利用同离子效应降低沉淀的溶解度时，应考虑盐效应的影响，即沉淀剂不能过量太多。

　　应该指出，如果沉淀本身的溶解度很小，一般来讲，盐效应的影响很小，可以不予考虑。只有当沉淀的溶解度比较大，而且溶液的离子强度很高时，才考虑盐效应的影响。

　　C　酸效应

　　溶液酸度对沉淀溶解度的影响，称为酸效应。酸效应的发生主要是由于溶液中H^+浓度的大小对弱酸、多元酸或难溶酸离解平衡的影响。因此，酸效应对于不同类型沉淀的影响情况不一样，若沉淀是强酸盐（如$BaSO_4$、$AgCl$等）其溶解度受酸度影响不大，但对弱酸盐（如CaC_2O_4）则酸效应影响就很显著。如CaC_2O_4沉淀在溶液中有下列平衡：

$$CaC_2O_4 \Longrightarrow Ca^{2+} + C_2O_4^{2-}$$

$$\Big\updownarrow {\tiny -H^+ \quad +H^+}$$

$$HC_2O_4^- \xrightarrow[-H^+]{+H^+} H_2C_2O_4$$

当酸度较高时，沉淀溶解平衡向右移动，从而增加了沉淀溶解度。

　　若知平衡时溶液的 pH，就可以计算酸效应系数，得到条件溶度积，从而计算溶解度。

　　【例2-19】　计算CaC_2O_4沉淀在 pH = 5 和 pH = 2 溶液中的溶解度。已知$H_2C_2O_4$的

$K_{a_1} = 5.9 \times 10^{-2}$, $K_{a_2} = 6.4 \times 10^{-5}$, $K_{sp,CaC_2O_4} = 2.0 \times 10^{-9}$。

解：pH = 5 时，$H_2C_2O_4$ 的酸效应系数为：

$$\alpha_{C_2O_4(H)} = 1 + \frac{[H]}{K_{a_2}} + \frac{[H]^2}{K_{a_1}K_{a_2}}$$

$$= 1 + \frac{1.0 \times 10^{-5}}{6.4 \times 10^{-5}} + \frac{(1.0 \times 10^{-5})^2}{6.4 \times 10^{-5} \times 5.9 \times 10^{-2}} = 1.16$$

根据式（2-58）得：

$$K'_{sp,CaC_2O_4} = K_{sp,CaC_2O_4}\alpha_{C_2O_4(H)} = 2.0 \times 10^{-9} \times 1.16$$

因此　　　　　　　　$s = [Ca^{2+}] = [C_2O_4^{2-}] = \sqrt{K'_{sp}}$

$$s = \sqrt{2.0 \times 10^{-9} \times 1.16} = 4.8 \times 10^{-5} mol/L$$

同理可求出 pH = 2 时，CaC_2O_4 的溶解度为 6.1×10^{-4} mol/L。

由上述计算可知 CaC_2O_4 在 pH = 2 的溶液中的溶解度约为在 pH = 5 的溶液中的溶解度的 13 倍。

为了防止沉淀溶解损失，对于弱酸盐沉淀，如碳酸盐、草酸盐、磷酸盐等，通常应在较低的酸度下进行沉淀。如果沉淀本身是弱酸，如硅酸（$SiO_2 \cdot nH_2O$）、钨酸（$WO_3 \cdot nH_2O$）等，易溶于碱，则应在强酸性介质中进行沉淀。如果沉淀是强酸盐，如 AgCl 等，在酸性溶液中进行沉淀时，溶液的酸度对沉淀的溶解度影响不大。对于硫酸盐沉淀，如 $BaSO_4$、$SrSO_4$ 等，由于 H_2SO_4 的 K_{a_2} 不大，当溶液的酸度太高时，沉淀的溶解度也随之增大。

D　配位效应

进行沉淀反应时，若溶液中存在能与构晶离子生成可溶性配合物的配位剂，则可使沉淀溶解度增大，这种现象称为配位效应。

配位剂主要来自两方面，一是沉淀剂本身就是配位剂，二是加入的其他试剂。例如用 Cl^- 沉淀 Ag^+ 时，得到 AgCl 白色沉淀，若向此溶液加入氨水，则因 NH_3 配位形成 $[Ag(NH_3)_2]^+$，使 AgCl 的溶解度增大，甚至全部溶解。如果在沉淀 Ag^+ 时，加入过量的 Cl^-，则 Cl^- 能与 AgCl 沉淀进一步形成 $AgCl_2^-$ 和 $AgCl_3^{2-}$ 等配离子，也使 AgCl 沉淀逐渐溶解。这时 Cl^- 沉淀剂本身就是配位剂。由此可见，在用沉淀剂进行沉淀时，应严格控制沉淀剂的用量，同时注意外加试剂的影响。

配位效应使沉淀的溶解度增大的程度与沉淀的溶度积、配位剂的浓度和形成配合物的稳定常数有关。沉淀的溶度积越大，配位剂的浓度越大，形成的配合物越稳定，沉淀就越容易溶解。

综上所述，在实际工作中应根据具体情况来考虑哪种效应是主要的。对无配位反应的强酸盐沉淀，主要考虑同离子效应和盐效应；对弱酸盐或难溶盐的沉淀，多数情况主要考虑酸效应；对于有配位反应且沉淀的溶度积又较大、易形成稳定配合物时，应主要考虑配位效应。

E　其他影响因素

除上述因素外，温度和其他溶剂的存在、沉淀颗粒大小和结构等，都对沉淀的溶解度有影响。

（1）温度的影响。沉淀的溶解一般是吸热过程，其溶解度随温度升高而增大。因此，对于一些在热溶液中溶解度较大的沉淀，在过滤洗涤时必须在室温下进行，如 $MgNH_4PO_4$、CaC_2O_4 等。对于一些溶解度小、冷时又较难过滤和洗涤的沉淀，则应趁热过滤，并用热的洗涤液进行洗涤，如 $Fe(OH)_3$、$Al(OH)_3$ 等。

（2）溶剂的影响。无机物沉淀大部分是离子型晶体，它们在有机溶剂中的溶解度一般比在纯水中要小。例如，$PbSO_4$ 沉淀在 100mL 水中的溶解度为 1.5×10^{-4} mol/L，而在 100mL $\varphi_{乙醇}=50\%$ 的乙醇溶液中的溶解度为 7.6×10^{-6} mol/L。

（3）沉淀颗粒大小和结构的影响。同一种沉淀，在质量相同时，颗粒越小，其总表面积越大，溶解度越大。这是因为小晶体比大晶体有更多的角、边和表面，处于这些位置的离子受晶体内离子的吸引力小，又受到溶剂分子的作用，容易进入溶液中。所以，在实际分析中，要尽量创造条件以利于形成大颗粒晶体。

2.5.3　沉淀的类型、形成与影响因素

研究沉淀的类型和沉淀的形成过程，主要是为了选择适宜的沉淀条件，以获得纯净且易于分离和洗涤的沉淀。

2.5.3.1　沉淀的类型

沉淀按其物理性质的不同，可粗略地分为晶形沉淀和无定形沉淀两大类。

（1）晶形沉淀。晶形沉淀是指具有一定形状的晶体，其内部排列规则有序，颗粒直径约为 $0.1 \sim 1\mu m$。这类沉淀的特点是：结构紧密，具有明显的晶面，沉淀所占体积小、沾污少、易沉降、易过滤和洗涤。如 $MgNH_4PO_4$、$BaSO_4$ 等是典型的晶形沉淀。

（2）无定形沉淀。无定形沉淀是指无晶体结构特征的一类沉淀。如 $Fe_2O_3 \cdot nH_2O$，$P_2O_3 \cdot nH_2O$ 是典型的无定形沉淀。无定形沉淀是由许多聚集在一起的微小颗粒（直径小于 $0.02\mu m$）组成的，内部排列杂乱无章，结构疏松，体积庞大，吸附杂质多，不能很好地沉降，无明显的晶面，难于过滤和洗涤。它与晶型沉淀的主要差别在于颗粒大小不同。

介于晶形沉淀与无定形沉淀之间，颗粒直径为 $0.02 \sim 0.1\mu m$ 的沉淀如 AgCl 称为凝乳状沉淀，其性质也介于两者之间。

沉淀过程中生成沉淀的类型，主要取决于沉淀本身的性质和沉淀的条件。

2.5.3.2　沉淀形成过程

沉淀的形成是一个复杂的过程，一般来讲，沉淀的形成要经过晶核形成和晶核长大两个过程，如图 2-11 所示。

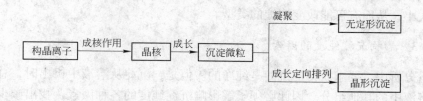

图 2-11　沉淀的形成

A　晶核的形成

将沉淀剂加入待测组分的试液中，溶液是过饱和状态时，构晶离子由于静电作用而形成微小的晶核。晶核的形成可以分为均相成核和异相成核。

均相成核是指过饱和溶液中构晶离子通过缔合作用，自发地形成晶核的过程。不同的沉淀，组成晶核的离子数目不同。例如，$BaSO_4$ 的晶核由 8 个构晶离子组成，Ag_2CrO_4 的晶核由 6 个构晶离子组成。

异相成核是指在过饱和溶液中，构晶离子在外来固体微粒的诱导下，聚合在固体微粒周围形成晶核的过程。这种成核方式溶液中的"晶核"数目取决于溶液中混入固体微粒的数目。随着构晶离子浓度的增加，晶体将成长得大一些。

当溶液的相对过饱和程度较大时，异相成核与均相成核同时作用，形成的晶核数目多，沉淀颗粒小。

B　晶形沉淀和无定形沉淀的生成

晶核形成时，溶液中的构晶离子向晶核表面扩散，并沉积在晶核上，晶核逐渐长大形成沉淀微粒。在沉淀过程中，由构晶离子聚集成晶核的速度称为聚集速度；构晶离子按一定晶格定向排列的速度称为定向速度。如果定向速度大于聚集速度较多，溶液中最初生成的晶核不很多，有更多的离子以晶核为中心，并有足够的时间依次定向排列长大，形成颗粒较大的晶形沉淀。反之聚集速度大于定向速度，则很多离子聚集成大量晶核，溶液中没有更多的离子定向排列到晶核上，于是沉淀就迅速聚集成许多微小的颗粒，因而得到无定形沉淀。

定向速度主要取决于沉淀物质的本性。极性较强的物质，如 $BaSO_4$、$MgNH_4PO_4$ 和 CaC_2O_4 等，一般具有较大的定向速度，易形成晶形沉淀。AgCl 的极性较弱，逐步生成凝乳状沉淀。氢氧化物，特别是高价金属离子的氢氧化物，如 $Fe(OH)_3$、$Al(OH)_3$ 等，由于含有大量水分子，阻碍离子的定向排列，一般生成无定形胶状沉淀。

聚集速度不仅与物质的性质有关，而且主要由沉淀的条件决定，其中最重要的是溶液中生成沉淀时的相对过饱和度。

$$相对过饱和度 = \frac{Q - S}{S}$$

式中　Q——加入沉淀剂瞬间沉淀的浓度；

　　　　S——沉淀的溶解度。

聚集速度与溶液的相对过饱和度成正比，溶液相对过饱和度越大，聚集速度越大，晶核生成多，易形成无定形沉淀。反之，溶液相对过饱和度小，聚集速度小，晶核生成少，有利于生成颗粒较大的晶形沉淀。因此，通过控制溶液的相对过饱和度，可以改变形成沉淀颗粒的大小，从而有可能改变沉淀的类型。

2.5.3.3　影响沉淀纯度的因素

在重量分析中，要求获得的沉淀是纯净的。但是，沉淀从溶液中析出时，总会或多或少地夹杂溶液中的其他组分。因此必须了解影响沉淀纯度的各种因素，找出减少杂质混入的方法，以获得符合重量分析要求的沉淀。影响沉淀纯度的主要因素有共沉淀现象和继沉淀现象。

（1）共沉淀。当沉淀从溶液中析出时，溶液中的某些可溶性组分也同时沉淀下来的现象称为共沉淀。共沉淀是引起沉淀不纯的主要原因，也是重量分析误差的主要来源之一。共沉淀现象主要有以下三类。

1）表面吸附。由于沉淀表面离子电荷的作用力未达到平衡，因而产生自由静电力场。沉淀表面静电引力作用吸引了溶液中带相反电荷的离子，使沉淀微粒带有电荷，形成吸附层。带电荷的微粒又吸引溶液中带相反电荷的离子，构成电中性的分子。因此，沉淀表面吸附了杂质分子。例如，加过量 $BaCl_2$ 到 H_2SO_4 的溶液中，生成 $BaSO_4$ 晶体沉淀。沉淀表面上的 SO_4^{2-} 由于静电引力强烈地吸引溶液中的 Ba^{2+}，形成第一吸附层，使沉淀表面带正电荷。然后它又吸引溶液中带负电荷的离子，如 Cl^- 离子，构成电中性的双电层，如图 2-12 所示。双电层能随颗粒一起下沉，因而使沉淀被污染。

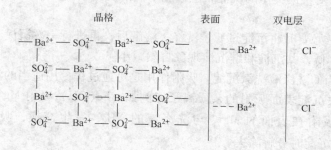

图 2-12　晶体表面吸附示意图

显然，沉淀的总表面积越大，吸附杂质就越多；溶液中杂质离子的浓度越高，价态越高，越易被吸附。由于吸附作用是一个放热反应，所以升高溶液的温度，可减少杂质的吸附。

2）吸留和包藏。吸留是被吸附的杂质机械地嵌入沉淀中。包藏常指母液机械地包藏在沉淀中。这些现象的发生，是由于沉淀剂加入太快，沉淀急速生长，沉淀表面吸附的杂质来不及离开就被随后生成的沉淀所覆盖，从而使杂质离子或母液被吸留或包藏在沉淀内部。这类共沉淀不能用洗涤的方法将杂质除去，可以借改变沉淀条件或重结晶的方法来减免。

3）混晶。当溶液杂质离子与构晶离子半径相近，晶体结构相同时，杂质离子将进入晶核排列中形成混晶。例如，Pb^{2+} 和 Ba^{2+} 半径相近，电荷相同，在用 H_2SO_4 沉淀 Ba^{2+} 时，Pb^{2+} 能够取代 $BaSO_4$ 中的 Ba^{2+} 进入晶核，形成 $PbSO_4$ 与 $BaSO_4$ 的混晶共沉淀。又如 $AgCl$ 和 $AgBr$、$MgNH_4PO_4 \cdot 6H_2O$ 和 $MgNH_4AsO_4$ 等都易形成混晶。为了减免混晶的生成，最好在沉淀前先将杂质分离出去。

（2）继沉淀。在沉淀析出后，当沉淀与母液一起放置时，溶液中某些杂质离子可能慢慢地沉积到原沉淀上，放置时间越长，杂质析出的量越多，这种现象称为继沉淀。例如，Mg^{2+} 存在时以 $(NH_4)_2C_2O_4$ 沉淀 Ca^{2+}，Mg^{2+} 易形成稳定的草酸盐过饱和溶液而不立即析出。如果把形成 CaC_2O_4 沉淀过滤，则发现沉淀表面上吸附有少量 MgC_2O_4。若将含有 Mg^{2+} 的母液与 CaC_2O_4 沉淀一起放置一段时间，则 MgC_2O_4 沉淀的量将会增多。

2.5.3.4　减少沉淀污染的方法

为了提高沉淀的纯度，可采用下列措施。

（1）采用适当的分析程序。当试液中含有几种组分时，首先应沉淀低含量组分，再沉淀高含量组分。反之，大量沉淀的析出，会使部分低含量组分掺入沉淀，产生测定误差。

（2）降低易被吸附杂质离子的浓度。对于易被吸附的杂质离子，可采用适当的掩蔽方法或改变杂质离子价态来降低其浓度。例如，将 SO_4^{2-} 沉淀为 $BaSO_4$ 时，Fe^{3+} 易被吸附，可把 Fe^{3+} 还原为不易被吸附的 Fe^{2+} 或加酒石酸、EDTA 等，使 Fe^{3+} 生成稳定的配离子，以减小沉淀对 Fe^{3+} 的吸附。

（3）选择沉淀条件。沉淀条件包括溶液浓度、温度、试剂的加入次序和速度，母液与沉淀陈化与否等。对不同类型的沉淀，应选用不同的沉淀条件，以获得符合重量分析要求的沉淀。

（4）再沉淀。必要时将沉淀过滤、洗涤、溶解后，再进行一次沉淀。再沉淀时，溶液中杂质的量大为降低，共沉淀和继沉淀现象自然减小。

（5）选择适当的洗涤液洗涤沉淀。吸附作用是可逆过程，用适当的洗涤液通过洗涤交换的方法，可洗去沉淀表面吸附的杂质离子。例如，$Fe(OH)_3$ 吸附 Mg^{2+}，用 NH_4NO_3 稀溶液洗涤时，被吸附在表面的 Mg^{2+} 与洗涤液的 NH_4^+ 发生交换，吸附在沉淀表面的 NH_4^+，可在灼烧沉淀时分解除去。

为了提高洗涤沉淀的效率，同体积的洗涤液应尽可能分多次洗涤，即通常所说的"少量多次"的洗涤原则。

（6）选择合适的沉淀剂。无机沉淀剂选择性差，易形成胶状沉淀，吸附杂质多，难以过滤和洗涤。有机沉淀剂选择性高，常能形成结构较好的晶形沉淀，吸附杂质少，易于过滤和洗涤。因此，在可能的情况下，尽量选择有机试剂做沉淀剂。

2.5.4　沉淀的条件、方法和称量形的获得

2.5.4.1　沉淀的条件

在重量分析中，为了获得准确的分析结果，要求沉淀完全、纯净、易于过滤和洗涤，并减小沉淀的溶解损失。因此，对于不同类型的沉淀，应当选用不同的沉淀条件。

A　晶形沉淀

为了形成颗粒较大的晶形沉淀，采取以下沉淀条件：

（1）在适当稀、热溶液中沉淀。在稀、热溶液中进行沉淀，可使溶液相对过饱和度保持较低，以利于生成晶形沉淀，同时也有利于得到纯净的沉淀。对于溶解度较大的沉淀，溶液不能太稀，否则沉淀溶解损失较多，影响结果的准确度。在沉淀完全后，应将溶液冷却后再进行过滤。

（2）快搅慢加。在不断搅拌的同时缓慢滴加沉淀剂，可使沉淀剂迅速扩散，防止局部相对过饱和度过大而产生大量小晶粒。

（3）陈化。陈化是指沉淀完全后，将沉淀连同母液一起放置一段时间，使小晶粒变为大晶粒、不纯净的沉淀转变为纯净沉淀的过程。因为在同样条件下，小晶粒的溶解度比大

晶粒大。在同一溶液中，对大晶粒为饱和溶液时，对小晶粒则为未饱和，因此小晶粒就要溶解。这样，溶液中的构晶离子就在大晶粒上沉积，直至达到饱和。这时，小晶粒又为未饱和，又要溶解。如此反复进行，小晶粒逐渐消失，大晶粒不断长大。

加热和搅拌可以缩短陈化时间。陈化过程不仅能使晶粒变大，而且能使沉淀变得更纯净。但是陈化作用对伴随有混晶共沉淀的沉淀，不一定能提高纯度，对伴随有继沉淀的沉淀，不仅不能提高纯度，有时反而会降低纯度。

B 无定形沉淀

无定形沉淀的特点是结构疏松，比表面大，吸附杂质多，溶解度小，易形成胶体，不易过滤和洗涤。对于这类沉淀，关键是创造适宜的沉淀条件来改善沉淀的结构，使之不致形成胶体，并且有较紧密的结构，便于过滤和减小杂质吸附。因此，无定形沉淀的沉淀条件是：

（1）在较浓的溶液中进行沉淀。在浓溶液中进行沉淀，离子水化程度小，结构较紧密，体积较小，容易过滤和洗涤。但在浓溶液中，杂质的浓度也比较高，沉淀吸附杂质的量也较多。因此，在沉淀完毕后，应立即加入热水稀释搅拌，使被吸附的杂质离子转移到溶液中。

（2）在热溶液中及电解质存在的条件下进行沉淀。在热溶液中进行沉淀可防止生成胶体，并减少杂质的吸附。电解质的存在，可促使带电荷的胶体粒子相互凝聚沉降，加快沉降速度。因此，电解质一般选用易挥发性的铵盐如 NH_4NO_3 或 NH_4Cl 等，它们在灼烧时均可挥发除去。有时在溶液中加入与胶体带相反电荷的另一种胶体来代替电解质，可使被测组分沉淀完全。例如测定 SiO_2 时，可加入带正电荷的动物胶与带负电荷的硅酸胶体凝聚而沉降下来。

（3）趁热过滤洗涤，不需陈化。沉淀完毕后，趁热过滤，不要陈化，因为沉淀放置后逐渐失去水分，聚集得更为紧密，使吸附的杂质更难洗去。

洗涤无定形沉淀时，一般选用热、稀的电解质溶液作洗涤液，这主要是防止沉淀重新变为胶体难以过滤和洗涤，常用的洗涤液有 NH_4NO_3、NH_4Cl 或氨水。

无定形沉淀吸附杂质较严重，一次沉淀很难保证纯净，必要时进行再沉淀。

2.5.4.2 均匀沉淀法

为改善沉淀条件，避免因加入沉淀剂所引起的溶液局部相对过饱和的现象发生，可采用均匀沉淀法。这种方法是通过某一化学反应，使沉淀剂从溶液中缓慢地、均匀地产生出来，使沉淀在整个溶液中缓慢地、均匀地析出，从而获得颗粒较大、结构紧密、纯净、易于过滤和洗涤的沉淀。例如，沉淀 Ca^{2+} 时，如果直接加入 $(NH_4)_2C_2O_4$，尽管按晶形沉淀条件进行沉淀，仍得到颗粒细小的 CaC_2O_4 沉淀。若在含有 Ca^{2+} 的溶液中，以 HCl 酸化后，加入 $(NH_4)_2C_2O_4$，溶液中主要存在的是 $HC_2O_4^-$ 和 $H_2C_2O_4$，此时，向溶液中加入尿素并加热至 90℃，尿素逐渐水解产生 NH_3。

$$CO(NH_2)_2 + H_2O \Longrightarrow 2NH_3 + CO_2 \uparrow$$

水解产生的 NH_3 均匀地分布在溶液的各个部分，溶液的酸度逐渐降低，$C_2O_4^{2-}$ 浓度逐渐增大，CaC_2O_4 则均匀而缓慢地析出形成颗粒较大的晶形沉淀。

均匀沉淀法还可以利用有机化合物的水解（如酯类水解）、配合物的分解、氧化还原反应等方式进行，如表 2-27 所示。

表 2-27　某些均匀沉淀法的应用

沉淀剂	加入试剂	反　应	被测组分
OH^-	尿素	$CO(NH_2)_2 + H_2O \Longrightarrow CO_2 + 2NH_3$	Al^{3+}、Fe^{3+}、Bi^{3+}
OH^-	六次甲基四胺	$(CH_2)_6N_4 + 6H_2O \Longrightarrow 6HCHO + 4NH_3$	Th^{4+}
PO_4^{3-}	磷酸三甲酯	$(CH_3)_3PO_4 + 3H_2O \Longrightarrow 3CH_3OH + H_3PO_4$	Zr^{4+}、Hf^{4+}
S^{2-}	硫代乙酰胺	$CH_3CSNH_2 + H_2O \Longrightarrow CH_3CONH_2 + H_2S$	金属离子
SO_4^{2-}	硫酸二甲酯	$(CH_3)_2SO_4 + 2H_2O \Longrightarrow 2CH_3OH + SO_4^{2-} + 2H^+$	Ba^{2+}、Sr^{2+}、Pb^{2+}
$C_2O_4^{2-}$	草酸二甲酯	$(CH_3)_2C_2O_4 + 2H_2O \Longrightarrow 2CH_3OH + H_2C_2O_4$	Ca^{2+}、Th^{4+}、稀土
Ba^{2+}	Ba – EDTA	$BaY^{2-} + 4H^+ \Longrightarrow H_4Y + Ba^{2+}$	SO_4^{2-}

2.5.4.3　称量形的获得

沉淀完毕后，还需经过过滤、洗涤、烘干或灼烧，最后才能得到符合要求的称量形。

A　沉淀的过滤和洗涤

沉淀常用定量滤纸（也称无灰滤纸）或玻璃砂芯坩埚过滤。

对于需要灼烧的沉淀，应根据沉淀的性状选用紧密程度不同的滤纸。一般无定形沉淀如 $Al(OH)_3$、$Fe(OH)_3$ 等，选用疏松的快速滤纸；粗粒的晶形沉淀如 $MgNH_4PO_4 \cdot 6H_2O$ 等，选用较紧密的中速滤纸；颗粒较小的晶形沉淀如 $BaSO_4$ 等，选用紧密的慢速滤纸。

对于只需烘干即可作为称量形的沉淀，应选用玻璃砂芯坩埚过滤。

洗涤沉淀是为了洗去沉淀表面吸附的杂质和混杂在沉淀中的母液。洗涤时要尽量减小沉淀的溶解损失和避免形成胶体。因此，需选择合适的洗液。选择洗涤液的原则是：对于溶解度很小，又不易形成胶体的沉淀，可用蒸馏水洗涤；对于溶解度较大的晶形沉淀，可用沉淀剂的稀溶液洗涤，但沉淀剂必须在烘干或灼烧时易挥发或易分解除去，例如用 $(NH_4)_2C_2O_4$ 稀溶液洗涤 CaC_2O_4 沉淀；对于溶解度较小而又能形成胶体的沉淀，应用易挥发的电解质稀溶液洗涤，例如用 NH_4NO_3 稀溶液洗涤 $Fe(OH)_3$ 沉淀。

用热洗涤液洗涤，则过滤较快，且能防止形成胶体，但溶解度随温度升高而增大较快的沉淀不能用热洗涤液洗涤。

洗涤必须连续进行，一次完成，不能将沉淀放置太久，尤其是一些非晶形沉淀，放置凝聚后，不易洗净。

洗涤沉淀时，既要将沉淀洗净，又不能增加沉淀的溶解损失。同体积的洗涤液，采用"少量多次"、"尽量沥干"的洗涤原则，即用适当少的洗涤液，分多次洗涤，每次加洗涤液前，应使前次洗涤液尽量流尽，这样可以提高洗涤效果。

在沉淀的过滤和洗涤操作中，为缩短分析时间和提高洗涤效率，都应采用倾泻法。倾泻法过滤沉淀是化学分析中最常用的方法。过滤沉淀操作时应使玻璃棒下端靠近滤纸三层的一边，沿着玻璃棒倾入清液，且尽可能不搅动沉淀，使其留在烧杯中。倾注溶液时最满应不超过滤纸边缘 7.5mm 处，否则沉淀会因毛细管作用向上越过滤纸边缘。暂停过滤时，沿玻璃棒将烧杯嘴向上提，使烧杯放直，以免漏斗嘴上的液滴沿着漏斗外壁流下，然后使烧杯处于立直状态，将玻棒放回烧杯中。需要转移沉淀到漏斗滤纸上时，先用少量洗液约

10mL，倾入烧杯中，把沉淀搅动起来，然后将混浊液顺着玻璃棒小心倾入滤纸上。这样反复清洗几次，绝大部分沉淀均已移入滤纸上，但杯壁和玻棒上可能还附着少量沉淀，不易冲洗下来，此时可用一端附带的玻璃棒，蘸少量洗液擦洗，并用洗瓶压入洗液以把全部沉淀冲至滤纸上。

  B　沉淀的烘干和灼烧

  沉淀的烘干或灼烧是为了除去沉淀中的水分和挥发性物质，并转化为组成固定的称量形。烘干或灼烧的温度和时间，随沉淀的性质而定。

  灼烧温度一般在800℃以上，常用瓷坩埚盛放沉淀。若需用氢氟酸处理沉淀，则应用铂坩埚。灼烧沉淀前，应用滤纸包好沉淀，放入已灼烧至质量恒定的瓷坩埚中，先加热烘干、炭化后再进行灼烧。

  沉淀经烘干或灼烧至质量恒定后，由其质量即可计算测定结果。

2.5.5　重量分析结果计算

2.5.5.1　重量分析中的换算因数

  重量分析中，当最后称量形与被测组分形式一致时，计算其分析结果就比较简单了。例如，测定要求计算 SiO_2 的含量，重量分析最后称量形也是 SiO_2，其分析结果按式（2-60）计算：

$$w(SiO_2) = \frac{m_{SiO_2}}{m_S} \times 100\% \tag{2-60}$$

式中 $w(SiO_2)$——SiO_2 的质量分数（数值以%表示）；

   m_{SiO_2}——SiO_2 沉淀质量，g；

   m_S——试样质量，g。

  如果最后称量形与被测组分形式不一致时，分析结果就要进行适当的换算。如测定钡时，得到 $BaSO_4$ 沉淀0.5051g，可按下列方法换算成被测组分钡的质量。

$$BaSO_4 \longrightarrow Ba$$
$$233.4g/mol \qquad 137.4g/mol$$
$$0.5051g \qquad m_{Ba}$$
$$m_{Ba} = 0.5051 \times 137.4/233.4 = 0.2973g$$

  即

$$m_{Ba} = m_{BaSO_4} \frac{M_{Ba}}{M_{BaSO_4}}$$

式中 m_{BaSO_4}——称量形 $BaSO_4$ 的质量，g；

  $\dfrac{M_{Ba}}{M_{BaSO_4}}$——将 $BaSO_4$ 的质量换算成 Ba 的质量的分式，此分式是一个常数，与试样质

     量无关。这一比值通常称为换算因数或化学因数（即欲测组分的摩尔质量与称量形的摩尔质量之比，常用 F 表示）。

  将称量形的质量换算成所要测定组分的质量后，即可按前面计算 SiO_2 分析结果的方法进行计算。

　　求算换算因数时，一定要注意使分子和分母所含被测组分的原子或分子数目相等，所以在待测组分的摩尔质量和称量形摩尔质量之前有时需要乘以适当的系数。分析化学手册中可查到常见物质的换算因数。表 2-28 所列为几种常见物质的换算因数。

表 2-28　几种常见物质的换算因数

被测组分	沉淀形	称量形	换 算 因 数
Fe	$Fe_2O_3 \cdot nH_2O$	Fe_2O_3	$2M(Fe)/M(Fe_2O_3) = 0.6994$
Fe_3O_4	$Fe_2O_3 \cdot nH_2O$	Fe_2O_3	$2M(Fe_3O_4)/3M(Fe_2O_3) = 0.9666$
P	$MgNH_4PO_4 \cdot 6H_2O$	$Mg_2P_2O_7$	$2M(P)/M(Mg_2P_2O_7) = 0.2783$
P_2O_5	$MgNH_4PO_4 \cdot 6H_2O$	$Mg_2P_2O_7$	$M(P_2O_5)/M(Mg_2P_2O_7) = 0.6377$
MgO	$MgNH_4PO_4 \cdot 6H_2O$	$Mg_2P_2O_7$	$M(2MgO)/M(Mg_2P_2O_7) = 0.3621$
S	$BaSO_4$	$BaSO_4$	$M(S)/M(BaSO_4) = 0.1374$

2.5.5.2　结果计算示例

【例 2-20】　用 $BaSO_4$ 重量法测定黄铁矿中硫的含量时，称取试样 0.1819g，最后得到 $BaSO_4$ 沉淀 0.4821g，计算试样中硫的质量分数。

　　解：沉淀形为 $BaSO_4$，称量形也是 $BaSO_4$，但被测组分是 S，所以必须利用换算因数把称量组分换算为被测组分，才能算出被测组分的含量。已知 $BaSO_4$ 的摩尔质量为 233.4g/mol；S 的摩尔质量为 32.06g/mol。

$$w(S) = \frac{m_S}{m_S} \times 100\% = \frac{m_{BaSO_4}\dfrac{M_S}{M_{BaSO_4}}}{m_S} \times 100\%$$

$$= \frac{0.4821 \times 32.06/233.4}{0.1819} \times 100\%$$

$$= 36.41\%$$

【例 2-21】　测定磁铁矿（不纯的 Fe_3O_4）中铁的含量时，称取试样 0.1666g，经溶解、氧化，使 Fe^{3+} 离子沉淀为 $Fe(OH)_3$，灼烧后得 Fe_2O_3 质量为 0.1370g，计算试样中：（1）Fe 的质量分数；（2）Fe_3O_4 的质量分数。

　　解：（1）已知 $M_{Fe} = 55.85g/mol$、$M_{Fe_3O_4} = 231.5g/mol$、$M_{Fe_2O_3} = 159.7g/mol$，因此有：

$$w(Fe) = \frac{m_{Fe}}{m_S} \times 100\% = \frac{m_{Fe_2O_3}\dfrac{2M_{Fe}}{M_{Fe_2O_3}}}{m_S} \times 100\%$$

$$= \frac{0.1370 \times 2 \times 55.85/159.7}{0.1666} \times 100\%$$

$$= 57.52\%$$

（2）
$$w(Fe_3O_4) = \frac{m_{Fe_3O_4}}{m_S} \times 100\% = \frac{m_{Fe_2O_3}\dfrac{2M_{Fe_3O_4}}{3M_{Fe_2O_3}}}{m_S} \times 100\%$$

$$= \frac{0.1370 \times 2 \times 231.5/3 \times 159.7}{0.1666} \times 100\%$$

$$= 79.47\%$$

【例 2-22】 铵离子可用 H_2PtCl_6 沉淀为 $(NH_4)_2PtCl_6$，再灼烧为金属 Pt：

$$(NH_4)_2PtCl_6 \Longrightarrow Pt + 2NH_4Cl + 2Cl_2\uparrow$$

若分析得到 0.1032gPt，求试样中含 NH_3 的质量（g）。

解： 已知 $M_{NH_3} = 17.03g/mol$、$M_{Pt} = 195.1g/mol$，按题意 $(NH_4)_2PtCl_6 \sim Pt \sim 2NH_3$，因此有

$$m_{NH_3} = m_{Pt}\frac{2M_{NH_3}}{M_{Pt}}$$

$$= 0.1032 \times 2 \times 17.03/195.1$$

$$= 0.01802g$$

习 题

2-1 计算下列溶液的 pH 值：

（1）0.0500mol/L 的 HCl 溶液；

（2）0.0500mol/L 的 NaOH 溶液；

（3）0.2000mol/L 的 HAc 溶液；

（4）4.00×10^{-5} mol/L 的 HAc 溶液；

（5）4.00×10^{-5} mol/L 的 $NH_3 \cdot H_2O$ 溶液。

2-2 欲配制 1L pH = 10.00 的 $NH_3 - NH_4Cl$ 缓冲溶液，现有 250mL 10mol/L 的 $NH_3 \cdot H_2O$ 溶液，还需称取 NH_4Cl 固体多少克？

2-3 用 0.2000mol/L 的 $Ba(OH)_2$ 滴定 0.1000mol/L 的 HAc 至化学计量点时，溶液的 pH 值等于多少？

2-4 某混合碱试样可能含有 NaOH、Na_2CO_3、$NaHCO_3$ 中的一种或两种。称取该试样 0.3019g，用酚酞为指示剂，滴定用去 0.1035mol/L 的 HCl 溶液 20.10mL；再加入甲基橙指示液，继续以同一 HCl 溶液滴定，一共用去 HCl 溶液 47.70mL。试判断试样的组成及各组分的含量。

2-5 称取 Na_2CO_3 和 $NaHCO_3$ 的混合试样 0.7650g，加适量的水溶解，以甲基橙为指示剂，用 0.2000mol/L 的 HCl 溶液滴定至终点时，消耗 HCl 溶液 50.00mL。如改用酚酞为指示剂，用上述 HCl 溶液滴定至终点时，还需消耗多少毫升？

2-6 用酸碱滴定法测定工业硫酸的含量，称取硫酸试样 1.8095g，配成 250mL 的溶液，移取 25mL 该溶液，以甲基橙为指示剂，用浓度为 0.1233mol/L 的 NaOH 标准溶液滴定，到终点时消耗 NaOH 溶液 31.42mL，试计算该工业硫酸的质量分数。

2-7 计算 pH = 5.0 时 EDTA 的酸效应系数 $\alpha_{Y(H)}$。若此时 EDTA 各种存在形式的总浓度为 0.0200mol/L，则 $[Y^{4-}]$ 为多少？

2-8 pH = 5.0 时，Zn^{2+} 和 EDTA 配合物的条件稳定常数是多少？假设 Zn^{2+} 和 EDTA 的浓度皆为 0.01mol/L（不考虑羟基配位等副反应）。pH = 5.0 时，能否用 EDTA 标准溶液滴定 Zn^{2+}？

2-9　试求以 EDTA 滴定浓度为 0.01mol/L 的 Fe^{3+} 溶液时允许的 pH 值范围。

2-10　在 pH = 10 的 NH_3 – NH_4Cl 缓冲溶液中，游离的 NH_3 浓度为 0.1mol/L，用 0.01mol/L 的 EDTA 滴定 0.01mol/L 的 Zn^{2+}。计算：

（1）$lg\alpha Zn\ (NH_3)_4^{2+}$；

（2）$lgKZnY$；

（3）化学计量点时 pZn^{2+}。

2-11　称取含钙试样 0.2000g，溶解后转入 100mL 容量瓶中，稀释至标线。吸取此溶液 25.00mL，以钙指示剂为指示剂，在 pH = 12.0 时用 0.02000mol/L 的 EDTA 标准溶液滴定，消耗 EDTA 19.86mL，求试样中 $CaCO_3$ 的质量分数。

2-12　今取水样 50mL，调 pH = 10.0，以铬黑 T 为指示剂，用 0.02000mol/L 的 EDTA 标准溶液滴定，消耗 15.00mL；另取水样 50mL，调 pH = 12.0，以钙指示剂为指示剂，用 0.02000mol/L 的 EDTA 标准溶液滴定，消耗 10.00mL。计算：

（1）水样中 Ca、Mg 总量（以 mmol/L 表示）。

（2）Ca、Mg 各自含量（以 mg/L 表示）。

2-13　测定合金钢中 Ni 的含量。称取 0.500g 试样，处理后制成 250.0mL 试液。准确移取 50.00mL 试液，用丁二酮肟将其中镍沉淀分离。所得的沉淀溶于热 HCl 中，得到 Ni^{2+} 试液。在所得试液中，加入浓度为 0.05000mol/L 的 EDTA 标准溶液 30.00mL，反应完全后，多余的 EDTA 用 $c(Zn^{2+})$ = 0.02500mol/L 标准液溶液返滴定，消耗 14.56mL，计算合金钢中试样的质量分数。

2-14　称取含氟矿样 0.5000g，溶解后，在弱碱介质中加入 0.1000mol/L 的 Ca^{2+} 标准溶液 50.00mL，Ca^{2+} 将 F^- 沉淀后分离。滤液中过量的 Ca^{2+}，在 pH = 10.0 的条件下用 0.05000mol/L 的 EDTA 标准溶液返滴定，消耗 20.00mL。计算试样中氟的质量分数。

2-15　分析 Pb、Zn、Al 合金时，称取合金 0.480g，溶解后，用容量瓶准确配制成 100mL 试液。吸取 25.00mL 试液，加 KCN 将 Zn^{2+} 掩蔽。然后用 $c(EDTA)$ = 0.02000mol/L 的 EDTA 滴定 Pb^{2+} 和 Mg^{2+}，消耗 EDTA 溶液 46.40mL；继续加入二巯基丙醇（DMP）掩蔽 Pb^{2+}，使其置换出等量的 EDTA，再用 $c(Mg^{2+})$ = 0.01000mol/L 的 Mg^{2+} 标准溶液滴定置换出的 EDTA，消耗 Mg^{2+} 离子溶液 22.60mL；最后加入甲醛解蔽 Zn^{2+}，再用上述 EDTA 滴定 Zn^{2+}，又消耗 EDTA 溶液 44.10mL。计算合金中 Pb、Zn、Mg 的质量分数。

2-16　称取 Bi、Pb、Cd 合金试样 2.420g，用 HNO_3 溶解后，在 250mL 容量瓶中配制成溶液。移取试液 50.00mL，调 pH = 1，以二甲酚橙为指示剂，用 $c(EDTA)$ = 0.02479mol/L 的 EDTA 标准溶液滴定，消耗 EDTA25.67mL。再用六次甲基四胺缓冲溶液调 pH = 5，再以上述 EDTA 滴定，消耗 EDTA 溶液 24.76mL。再加入邻二氮菲，此时用 $c(Pb(NO_3)_2)$ = 0.02479mol/L 的 $Pb(NO_3)_2$ 标准溶液滴定，消耗 6.76mL。计算合金试样中 Bi、Pb、Cd 的质量分数。

2-17　指出 H_2O_2 在作为氧化剂和还原剂时的基本单元。

（1）作为氧化剂时的反应为：

$$H_2O_2 + 2I^- + H^+ \longrightarrow I_2 + 2H_2O$$

（2）作为还原剂时的反应为：

$$5H_2O_2 + 2MnO_4^- + 14H^+ \longrightarrow 2Mn^{2+} + 5O_2 + 8H_2O$$

2-18　计算 $Cr_2O_7^{2-}/2Cr^{3+}$ 电对的电极电位：

（1）$[Cr_2O_7^{2-}]$ = 0.020mol/L，$[Cr^{3+}]$ = 1.010^{-6} mol/L，$[H^+]$ = 0.10mol/L；

（2）$[Cr_2O_7^{2-}]$ = 2.3×10^{-2} mol/L，$[Cr^{3+}]$ = 0.015mol/L；$[H^+]$ = 1.0mol/L。

2-19　计算在 1mol/L 的 HCl 介质中，用 0.1000mol/L 的 Ce^{4+} 标准溶液滴定 Fe^{2+} 时的化学计量点电位（已知 $E^{\ominus\prime}_{Ce^{4+}/Ce^{3+}}$ = 1.44V，$E^{\ominus\prime}_{Fe^{3+}/Fe^{2+}}$ = 0.68V）。

2-20 制备 1L $c(Na_2S_2O_3) = 0.2mol/L$ 的 $Na_2S_2O_3$ 溶液, 需称取 $Na_2S_2O_3 \cdot 5H_2O$ 多少克?

2-21 测定稀土中铈 (Ce) 含量。称取试样量为 1.000g, 用 H_2SO_4 溶解后, 加过硫酸铵氧化 ($AgNO_3$ 为催化剂), 稀释至 100.0mL, 取 25.00mL。用 $c(Fe^{2+}) = 0.05000mol/L$ 的 Fe^{2+} 标准滴定溶液滴定, 用去 6.32mL, 计算稀土中 $CeCl_4$ 的质量分数 (反应为 $Ce^{3+} + Fe^{2+} \longrightarrow Ce^{4+} + Fe^{3+}$)。

2-22 称取炼铜所得渣粉 0.5000g, 测其中锑量。用 HNO_3 溶解试样, 经分离铜后, 将 Sb^{5+} 还原为 Sb^{3+}, 然后在 HCl 溶液中, 用 $c(1/6KBrO_3) = 0.1000mol/L$ 的 $KBrO_3$ 标准溶液滴定, 消耗 $KBrO_3$ 22.20mL, 计算 Sb 的质量分数。

2-23 NaCl 试液 20.00mL, 用 0.1023mol/L 的 $AgNO_3$ 标准滴定溶液滴定至终点, 消耗了 27.00mL。求 NaCl 溶液中 NaCl 的含量。

2-24 在含有相等浓度的 Cl^- 和 I^- 的溶液中, 逐滴加入 $AgNO_3$ 溶液, 哪一种离子先沉淀? 第二种离子开始沉淀时, Cl^- 和 I^- 的浓度比为多少?

2-25 称取烧碱样品 0.5038g, 溶于水中, 用硝酸调节 pH 值后, 置于 250mL 容量瓶中, 摇匀。吸取 25.00mL 置于锥形瓶中, 加入 25.00mL 0.1041mol/L 的 NH_4SCN 溶液 21.45mL, 计算烧碱中 NaCl 的质量分数。

2-26 法扬司法测定某试样中碘化钾含量时, 称样 1.6520g, 溶于水后, 用 $c(AgNO_3) = 0.05000mol/L$ 的 $AgNO_3$ 标准溶液滴定, 消耗 20.00mL。试计算试样中 KI 的质量分数。

2-27 计算 Ag_2CrO_4 在 0.0010mol/L 的 $AgNO_3$ 溶液中的溶解度。

2-28 计算 AgI 的 K_{sp}。已知其溶解度 s 为 $1.40\mu g/500mL$。

2-29 重量法测定 $BaCl_2 \cdot H_2O$ 中钡的含量, 纯度约 90%, 要求得到 $0.5gBaSO_4$, 问应称试样多少克?

2-30 称取某试样 0.5000g, 经一系列分析步骤后得 NaCl 和 KCl 共 0.1803g, 将此混合氯化物溶于水后, 加入 $AgNO_3$, 得 0.3904gAgCl。计算试样中 Na_2O 和 K_2O 的质量分数。

2-31 合金钢 0.4289g, 将镍离子沉淀为丁二酮肟镍 ($NiC_8H_{14}O_4N_4$), 烘干后的质量为 0.2671g。计算合金钢中镍的质量分数。

2-32 取一磁铁矿 0.5000g 分析, 得 Fe_2O_3 质量 0.4980g, 计算磁铁矿中:

(1) Fe 的质量分数;

(2) Fe_3O_4 的质量分数。

黑色金属分析

3.1　黑色金属分析概述

金属材料是最重要的工程材料之一。工业上将金属材料分为黑色金属和有色金属两大类。黑色金属指铁与 C(碳)、Si(硅)、Mn(锰)、P(磷)、S(硫)以及少量的其他元素所组成的合金。其中除 Fe(铁)外，C 的含量对金属的力学性能起主要作用，故统称为铁碳合金。黑色金属是工程中最重要、用量最大的金属材料，包括钢、生铁和铸铁，因此也称为钢铁材料。有色金属指除黑色金属以外的所有金属及其合金。

3.1.1　钢铁材料的分类

3.1.1.1　钢的分类

钢是含碳量在 0.04% ~2.3% 之间的铁碳合金。为了保证其韧性和塑性，含碳量一般不超过 1.7%。钢的主要元素除铁、碳外，还有硅、锰、硫、磷等。钢的分类方法多种多样，其主要方法有如下七种：

（1）按品质分类，分为普通钢 （$w(P) \leqslant 0.045\%$, $w(S) \leqslant 0.050\%$ ）、优质钢 （$w(P)$ 和 $w(S)$ 均不大于 0.035% ） 和高级优质钢（$w(P) \leqslant 0.035\%$, $w(S) \leqslant 0.030\%$ ）。

（2）按化学成分分类，分为碳素钢和合金钢。其中，碳素钢又可分为低碳钢 （$w(C) \leqslant 0.25\%$ ）、中碳钢 （$w(C) \leqslant 0.25\% ~0.60\%$ ） 和高碳钢 （$w(C) \leqslant 0.60\%$ ）；合金钢又可分为低合金钢 （合金元素总含量不大于 5% ）、中合金钢 （合金元素总含量介于 5% ~10% ） 和高合金钢 （合金元素总含量大于 10% ）。

（3）按成型方法分类，分为锻钢、铸钢、热轧钢和冷拉钢。

（4）按金相组织分类，分为退火状态的、正火状态的和无相变或部分发生相变的。其中，退火状态的包括亚共析钢 （铁素体 + 珠光体）、共析钢 （珠光体）、过共析钢 （珠光体 + 渗碳体） 和莱氏体钢 （珠光体 + 渗体）；正火状态的包括珠光体钢、贝氏体钢、马氏体钢和奥氏体钢。

（5）按用途分类，可分为建筑及工程用钢、结构钢、工具钢、特殊性能钢和专业用钢，其中各种钢又可以细分如下：

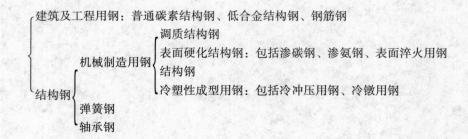

工具钢：碳素工具钢、合金工具钢、高速工具钢

特殊性能钢
 不锈耐酸钢
 耐热钢：包括抗氧化钢、热强钢、气阀钢
 电热合金钢
 耐磨钢
 低温用钢
 电工用钢

专业用钢：如桥梁用钢、船舶用钢、锅炉用钢、压力容器用钢、农机用钢等

（6）综合分类，可分为普通钢和优质钢，它们又可以细分如下：

普通钢
 碳素结构钢：Q195、Q215（A、B）、Q235（A、B、C）、Q255（A、B）、Q275
 低合金结构钢
 特定用途的普通结构钢

优质钢（包括高级优质钢）
 结构钢：优质碳素结构钢、合金结构钢、弹簧钢、易切钢、轴承钢、特定用途优质结构钢
 工具钢：碳素工具钢、合金工具钢、高速工具钢
 特殊性能钢：不锈耐酸钢耐热钢、电热合金钢、电工用钢、高锰耐磨钢

（7）按冶炼方式，有不同的分类方法。如按炉种分，可分为平炉钢、转炉钢和电炉钢；如按脱氧程度和浇注制度分，可分为沸腾钢、半镇静钢、镇静钢、特殊镇静钢。

按炉种分
 平炉钢：酸性平炉钢、碱性平炉钢
 转炉钢：可分为酸性转炉钢和碱性转炉钢，或者分为底吹转炉钢、侧吹转炉钢和顶吹转炉钢
 电炉钢：电弧炉钢、电渣炉钢、感应炉钢、真空自耗炉钢、电子束炉钢

按脱氧程度和浇注制度分：沸腾钢、半镇静钢、镇静钢、特殊镇静钢

3.1.1.2　生铁的分类

碳的质量分数大于2%的铁碳合金称为生铁。按化学成分生铁可分为普通生铁和特种生铁（包括天然合金生铁和铁合金）。按用途生铁可分为炼钢生铁和铸造生铁；习惯上把炼钢生铁称为生铁，把铸造生铁简称为铸铁。

3.1.1.3　铸铁的分类

碳的质量分数超过2%（一般为2.5%～3.5%）的铁碳合金称为铸铁。用于铸造各种铸铁件的生铁称为铸铁。

铸铁按断口颜色可分为灰铸铁、白口铸铁和麻口铸铁；按化学成分可分为普通铸铁和合金铸铁；按生产工艺和组织性能可分为普通灰铸铁、孕育铸铁、可锻铸铁、球墨铸铁和特殊性能铸铁。

3.1.2　钢铁的生产过程

钢铁的化学成分中除铁外，还含有碳、硅、锰、磷、硫等元素。从钢铁的生产过程，了解到各元素在钢铁中的作用各不相同，从而证明测定的意义。

钢铁的基本生产过程，首先是将铁矿石和焦炭、石灰石等原料，按一定比例配合，经过高温煅烧、冶炼后，铁矿石被焦炭还原，生成粗制的铁，称生铁。生铁中含 C 2.5%～

4%、Mn 0.5% ~6%、Si 0.5% ~3%和少量的 S 与 P。然后再以生铁为原料，配以其他辅助材料用不同的炼钢炉进一步冶炼成钢，或经冲天炉等设备重熔，直接用于浇注机器零件。钢要铸成钢锭或连铸坯形状，再送到轧钢机进行轧制加工，或者经过锻造，最终成为可用的各种形状的钢材。

原料铁矿石中的杂质主要是以硅酸盐状态存在的其他金属或非金属，经冶炼后大部分杂质转化成炉渣而被分离除去，只有少量杂质如 C、Mn、Si、S、P 等残存在生铁中。如果将生铁与其他辅助材料配合进一步冶炼，则杂质被进一步氧化除去，同时控制含碳量降至一定限度，硅、锰等元素含量很低，硫磷等杂质降至 0.05% 以下，则成为铁与碳的合金——碳素钢。若适当提高钢中 Si 或 Mn 的含量，或加入一定量的 Ni、Cr、W、Mo、V、Ti 等金属，则成为特种钢——铁合金或合金钢。加 Ni 可增强钢的强度及韧性，多用于承受冲击或强大压力的制件；含 Ni 36% 的铸钢受热时几乎不膨胀，可用于制造精密仪器。加 Cr 使钢耐热、耐腐蚀性较强，多用于制造滚珠轴承或工具；含 Cr 12.5% ~18% 的铬钢或含 Cr 0.6% ~1.75%、Ni 1.25% 的镍铬钢，又称不锈钢。加 W 的钢有极强的耐热性，受热至白热化仍不软化，常用来制作运转的机件或刀具。含 Mo、V、Ti 等的合金钢和钨钢性能相似。

3.1.3　各元素在钢铁中的形态和作用

（1）碳。碳是钢铁的主要成分之一，它直接影响着钢铁的性能。碳是区别铁与钢，决定钢号、品级的主要标志。碳在钢中大部分以化合态存在，称为化合碳。碳在铁中主要以铁的固溶体和石墨碳等夹杂固体形式存在，称为游离碳。化合碳与游离碳的含量之和称为总碳量。生铁中如果石墨碳多，则软而韧，剖面呈灰色；如果化合碳多，则硬而脆，难于加工，主要用作炼钢。碳是对钢性能起决定作用的元素。钢中含碳量增加，屈服点和抗拉强度升高，但塑性和冲击韧性降低。当含碳量超过 0.23% 时，钢的焊接性能变坏，因此用于焊接的低合金结构钢，含碳量一般不超过 0.20%。含碳量高还会降低钢的耐大气腐蚀能力，在露天料场的高碳钢就易锈蚀。此外，碳能增加钢的冷脆性和时效敏感性。碳在钢中可作为硬化剂和加强剂。正是由于碳的存在，才能用热处理的方法来调节和改善钢的力学性能。

（2）硅。硅由原料矿石引入或在脱氧及有特殊需要时加入。它主要以硅化物的形式存在，如 FeSi、MnSi、FeMnSi。在高硅钢中，硅以 SiC 的形式存在，有时也形成固熔体或硅酸盐。硅能显著提高钢的弹性极限、屈服点和抗拉强度，故广泛用作弹簧钢。一般生铁中含硅小于 1%。炼钢过程中硅作为还原剂和脱氧剂，所以镇静钢含有 0.15% ~0.30% 的硅。如果钢中含硅量超过 0.50%，硅就算合金元素。在调质结构钢中加入 1.0% ~1.2% 的硅，强度可提高 15% ~20%。硅和钼、钨、铬等结合，有提高抗腐蚀性和抗氧化的作用，可制造耐热钢。含硅 1% ~4% 的低碳钢，具有极高的磁导率，用于电器工业做硅钢片。硅量增加，会降低钢的焊接性能。

（3）锰。锰少量来源于原料矿石中，主要是在冶炼钢铁过程中作为脱硫脱氧剂有意加入的。在钢铁中锰主要以 MnS 状态存在，如 S 含量较低，过量的锰可能组成 MnC、MnSi、FeMnSi 等，成固熔体状态存在。生铁中含锰 0.5% ~6%，含锰 12% ~20% 的铁合金称为镜铁，含锰 60% ~80% 的铁合金称为锰铁。在炼钢过程中，锰是良好的脱氧剂和脱硫剂，锰能增强钢的硬度，减弱延展性。一般钢中含锰 0.30% ~ 0.50%。在碳素钢中加入锰 0.80% 以上时就算"锰钢"。锰钢，较普通钢不但有足够的韧性，而且有较高的强度和硬度，能提高钢的淬性，改善钢的热加工性能，可用于制造弹簧、齿轮、转轴、铁路道岔等。含锰 11% ~ 14% 的钢有极高的耐磨性，可用于制造挖土机铲斗，球磨机衬板等。锰量增高，减弱钢的抗腐蚀能力，降低焊接性能。

（4）硫。硫在通常情况下是有害元素。它主要由焦炭或原料矿石引入，以 MnS 或 FeS 状态存在。硫的存在，使钢产生"热脆性"。产生热脆性的原因是 FeS 的熔点较低，在冶炼中最后凝固，夹杂于钢铁的晶格之间。当加热压制钢铁时，FeS 熔融，钢铁的晶粒失去连接而脆裂。硫还会降低钢铁的延展性和韧性，使钢铁在锻造和轧制时出现裂纹。硫对钢的焊接性能也不利，降低钢的耐腐蚀性。所以通常要求钢中硫含量小于 0.055%，优质钢要求小于 0.040%。

（5）磷。在一般情况下，磷也是钢铁中有害元素。磷由原料引入，有时也为特殊需要而有意加入，以 Fe_2P 或 Fe_3P 状态存在。磷化铁硬度较强，使钢铁难以加工，并使钢铁产生"冷脆性"，焊接性能变坏，塑性降低，冷弯性能变坏。因此通常要求生铁中含磷量小于 0.3%，碳素钢中小于 0.06%，优质钢中小于 0.03%。但含磷量增加，能使钢铁的流动性增强，易铸造，并可避免在轧钢时轧辊与压件黏合，这也是在特殊情况下有意加入一定量的磷的原因。如轧辊钢中含磷高达 0.4% ~ 0.5%。

综上所述，C 决定钢铁型号及用途，是主要指标；Si、Mn 直接影响钢铁性能，对钢铁性能有益，需要控制一定量；S、P 是有害成分，必须严格降至一定量。因此，对于生铁和碳素钢，C、Si、Mn、S、P 五种元素的含量是冶金或机械工业日常生产中需严格控制的重要指标。

3.2　碳的测定

碳是钢铁的主要成分之一。钢中碳绝大部分是由生铁中带来的，但也有因需要而加入的（如碳粉、石墨粉等）。生铁中碳主要是由冶炼原料带入的。碳在钢中大部分以 Fe_3C、Mn_3C、TiC 等化合态存在，在铁中碳呈铁的固溶体和夹杂固体如无定形碳、结晶形碳、退火碳、石墨碳等的游离碳形式存在。

3.2.1　测定方法

一般钢样只测定总碳量，但生铁类（包括铸造铁）试样，除测定总碳量外，还需要分别测定游离碳和化合碳的含量。游离碳不与酸作用，而化合碳能溶于热、稀硝酸，据此可将游离碳分离出来再测定。化合碳的含量则由总碳量和游离碳量之差求得。下面介绍总碳量的测定方法。测定钢中总碳量的方法很多，但归纳起来主要分为目测法、物理法、化学法及物理化学法四大类。

（1）目测法。目测法是根据炼钢炉口的火焰、钢样的火花及表面等，来判断钢中的碳含量。

（2）物理法。物理法包括光谱法和结晶定碳法。光谱法是根据钢样在高温激发时所发射的光谱线的强弱，直接测出钢中碳的含量。结晶定碳法的依据是钢水由高温冷却固化结晶时，其冷却曲线的形状与钢中的碳含量有函数关系。因此将钢水注入特制结晶定碳仪中，根据自动记录下来的冷却曲线，可确定钢中碳含量。

（3）化学法及物理化学法。这两类方法都是首先在高温下通氧，将钢样中的碳燃烧生成二氧化碳，然后再用适当方法测定二氧化碳的量，从而算出试样中碳的含量。

1）碳转化为二氧化碳的方法。碳转化为二氧化碳是在 1150～1250℃ 的高温、富氧的条件下，采用下述三种设备实现的。

① 高温管式燃烧炉：此设备以硅碳棒作发热元件，加热一瓷管，调节电压和电流，以控制瓷管内的温度，最高可达 1350℃。高温管式燃烧炉一般常用卧式，是应用最为广泛的一种高温设备，其缺点是升温时间较长、耗电量大。

② 高频感应炉：又称高频感应加热器。它利用电子管自激振荡产生高频磁场，金属试样在高频磁场作用下产生涡流而发热，在富氧的条件下，1min 便可由室温升至 1400～1600℃。高频感应炉使用方便，升温快（只需预热 3～5min），省电，温度高，但设备构造比较复杂，使用高压电（3000V），应注意安全。

③ 电弧引燃燃烧炉，简称电弧炉，是我国首创的一种钢铁定碳（及硫）的燃烧炉。它是将试样置于两电极（交流电压 36～45V）间，在富氧的条件下，利用电弧炉的电极与试样的虚联，形成瞬息短路，发出温度很高的弧光，使助熔剂和试样着火，由试样本身剧烈燃烧所发出的热，使试样熔融，并使其中的碳化物转化为二氧化碳，其测定温度可达 1500℃ 左右。这种方法，设备简单，可自行加工制作，操作方便，升温快，省电，但影响碳的转化率稳定的条件较为复杂。

2）测定二氧化碳的方法。测定二氧化碳含量的方法有多种，如气体容量法、吸收重量法、电导法和红外线法等。

① 气体容量法。用吸收剂吸收生成的二氧化碳，根据吸收前后气体体积的缩小测得二氧化碳的体积，再根据测定时的温度、压力计算含碳量。此法分析准确度高、稳定、应用广泛，适用于测定含碳量在 0.1%～5% 的钢铁及合金钢试样，现已列为国内外标准方法。

② 吸收重量法。用已知重量的碱石棉吸收二氧化碳，根据碱石棉增加的重量，求出碳的含量。此法准确度最好，适用范围广，适用于含碳量在 0.100%～6.00% 的碳钢及硅钢等试样，但操作烦琐费时，现已很少应用。不过，在标准试样分析时，有时也用重量法进行检验。

③ 电导法。是在盛有氢氧化钠或氢氧化钡的电导池中，通入二氧化碳，生成的碳酸盐使溶液的电导率发生改变，因电导率的变化与通入的二氧化碳的量有一定的比例关系，故可由仪器所测电导率的前后变化，计算出碳的含量。

④ 红外线吸收法。利用某些气体对不同波长的红外辐射线具有选择性吸收的特性，吸收强度取决于被测气体的浓度。二氧化碳由氧气载至红外线分析器的测量室，二氧化碳吸收某特定波长的红外能，其吸收能与碳的浓度成正比，根据检测器接受能量变化可测得碳量。此法灵敏度高、适应范围广、自动化程度高，但需特定的红外线分析器及配套的电子测量元件。

⑤ 库仑法。二氧化碳被已知 pH 值的高氯酸钡溶液吸收，生成的高氯酸使溶液 pH 值改变，通以一定电量的脉冲电流进行电解，使溶液的 pH 值恢复到原值，根据电解消耗的脉冲电量数计算试样中含碳量。此法灵敏度高，适于低含量碳的测定。

在上述方法中，目前常用的方法是燃烧-气体容量法和燃烧-红外吸收法。

3.2.2　燃烧-气体容量法

3.2.2.1　方法原理

将试样在 1150～1350℃ 高温炉中，通氧气燃烧，此时钢铁中的碳都被氧化成二氧化碳：

$$C + O_2 \longrightarrow CO_2 \uparrow$$
$$4Fe_3C + 13O_2 \longrightarrow 4CO_2 \uparrow + 6Fe_2O_3$$
$$4Mn_3C + 13O_2 \longrightarrow 4CO_2 \uparrow + 6Mn_2O_3$$
$$4Cr_3C + 17O_2 \longrightarrow 6CO_2 \uparrow + 6Cr_2O_3$$

生成的二氧化碳与过剩的氧，导入量气管中，然后通过装有氢氧化钾的吸收器，吸收其中的二氧化碳：

$$CO_2 + 2KOH \longrightarrow K_2CO_3 + H_2O$$

吸收前后气体的体积之差，即为二氧化碳所占据的体积，由此可以算出碳的含量。

3.2.2.2　试样的燃烧（即碳的氧化）

当试样在高温氧气流中燃烧时，其中的碳化物都能被氧化为二氧化碳。但由于钢铁试样的种类及其结构不同，各种碳化物转化为二氧化碳所需的温度也不同。如一般碳素钢、生铁及低合金钢等在 1150～1250℃，就可使其中的碳化物完全转化为二氧化碳。而难熔的高合金钢（如高铬钢）则需在 1300℃ 左右才能使其中的碳化物完全转化为二氧化碳。因此，应控制好燃烧温度。若燃烧时温度低，则试样燃烧不完全，易使分析结果偏低；反之，温度高，瓷舟易与瓷管黏结，常常使瓷管损坏。在实际分析过程中，为了降低试样的燃烧温度，促使碳化物的转化，可采用减少取样量或加入助熔剂的办法。

助熔剂在氧气中氧化时，将释放出大量的热，使温度局部升高，促进试样燃烧。另外，当助熔剂与试样熔化时，生成易熔合金，亦能促使试样熔点降低。常用的助熔剂有纯锡、纯铜、纯铅、铅的氧化物、氧化铜及五氧化二钒等。其中以纯锡为最好，并最常使用，这是因为锡的空白值低，黏度小。

通氧速度是保证分析准确的关键。通氧过快，可能燃烧不完全，结果偏低；通氧过慢，影响分析速度，有时由于供氧不足，也会使结果偏低；通氧速度不均匀，由于管内气流紊乱，还可能使二氧化碳残留于燃烧管中使结果偏低。上述影响当碳含量高时最为明显。因此，在实际分析工作中，通氧速度一般是先慢后快，最后赶尽残余的二氧化碳。

3.2.2.3　硫的干扰及其消除

试样在高温燃烧时，不但其中的碳化物转化为二氧化碳，而且其中的硫也转化为二氧化硫：

$$4FeS + 7O_2 \longrightarrow 4SO_2 \uparrow + 2Fe_2O_3$$
$$3MnS + 5O_2 \longrightarrow 3SO_2 \uparrow + Mn_3O_4$$

如果生成的二氧化硫不在吸收前除去，将会被 KOH 吸收测定：

$$SO_2 + 2KOH \longrightarrow K_2SO_3 + H_2O$$

除去混合气体中的二氧化硫，常用偏钒酸银、二氧化锰：

$$MnO_2 + SO_2 \longrightarrow MnSO_4$$

$$2AgVO_3 + 3SO_2 + O_2 \longrightarrow Ag_2SO_4 + 2VOSO_4$$

3.2.2.4　结果计算

燃烧-气体容量定碳法是使用一种专门设计的仪器来测定试样中含碳量的方法。在这种仪器上测出的结果，实际上是二氧化碳的体积。为了把它换算成碳的百分含量，需用下列方法进行计算。

（1）刻度标尺。钢铁定碳仪量气管的刻度，通常是在 101.3kPa、16℃ 时按每毫升滴定相当于每克试样含碳 0.05% 刻制的，这个数字是根据以下计算得到的。

已知 1mol 纯 CO_2 在标准状况下（即 0℃、101.3kPa）所占体积为 22260mL（体积不等于 22.4L 的原因，在于 CO_2 是一种真实气体。CO_2 在 56.6℃、5.2 大气压下即成为易流动的无色液体，固体 CO_2 升华温度为 −78.5℃。故在标准状况下 CO_2 和理想气体相比，有较大偏离）。16℃ 时饱含水蒸气的压力为 1.813kPa，根据气态方程可以算出在 16℃、101.3kPa 下，在水面上的 1mol CO_2 所占的体积。

$$V_{16} = 22260 \times \frac{101.3}{101.3 - 1.813} \times \frac{273 + 16}{273} = 23994\text{mL}$$

由于碳原子的相对原子质量为 12，因此 12g 的碳生成二氧化碳的体积为 23994mL，每 1.00mL 二氧化碳相当于碳的质量为：$\frac{12}{23994} = 0.000500\text{g}$

当试样为 1.0000g 时，每 1.00mL 二氧化碳相当于含碳 0.0500%。

（2）压力-温度校正系数。在实际测定中，当测量气体体积时的温度、压力和量气管刻度规定的温度、压力不同时，需加以校正。即将读出的数值乘以压力-温度校正系数 f。f 值可从压力-温度校正系数表中查出，也可根据气态方程算出。若在温度为 $t(℃)$ 和压力为 $B(\text{kPa})$ 条件下（$t(℃)$ 时饱含水蒸气的压力为 $b(\text{kPa})$）测定 CO_2 的体积为 V_t，同样质量 CO_2 在 16℃、101.3kPa 下的体积为 V_{16}，根据气态方程有：

$$\frac{PV}{T} = \frac{(101.3 - 1.813) \times V_{16}}{273 + 16} = \frac{(B - b) \times V_t}{273 + t}$$

所以　　　$f = \dfrac{V_{16}}{V_t} = \dfrac{(273 + 16)(B - b)}{(101.3 - 1.813)(273 + t)} = 2.905 \times \dfrac{B - b}{273 + t}$

【例3-1】　17℃、101.3kPa 时测得气体体积为 V_{17}，17℃ 时饱含水蒸气的压力为 1.933kPa，16℃、101.3kPa 时气体体积为 V_{16}，问压力-温度校正系数 f 为多少？

解：
$$f = 2.905 \times \frac{B - b}{273 + t}$$

$$= 2.905 \times \frac{101.3 - 1.933}{273 + 17} = 0.995$$

3.2.3　燃烧-红外吸收法

燃烧-红外吸收法中试样的燃烧见燃烧-气体容量法中试样的燃烧。

事实上，目前使用燃烧-红外吸收法都是碳、硫同时测定的。极性分子，如 CO_2、

SO_2、SO_3 等，对红外波段特定波长的谱线产生能量吸收。不同的气体分子浓度对谱线的吸收程度不同，且存在一定的比例关系，因此通过检测谱线的强度变化，即可得出气体分子的浓度，也即求得物质的碳、硫含量。

红外碳硫仪就是基于这一基本原理实现对碳硫的分析。首先它由红外源产生位于红外波段的红外线，经切光马达调制为固定频率的高变信号，试样经高频炉的加热，通氧燃烧，使碳和硫分别转化为二氧化碳和二氧化硫，并随氧气流，流经红外池，吸收红外线的能量，根据它们对各自特定波长的红外吸收与其浓度的关系，经微处理机运算处理，显示并打印出试样中的碳、硫含量。但由于二氧化硫对红外光的吸收不及二氧化碳灵敏，加之试样中的硫含量又较低，所以分析的准确度硫不及碳高。

3.3　硫的测定

硫在钢铁中常以 FeS、MnS 及其他硫的夹杂物存在。FeS 易与 α-Fe 形成低熔点（988℃）的共晶体，促使钢在热状态下变脆，降低钢的强度及冲击韧性。因此，硫被认为是钢铁中极有害的杂质。

3.3.1　测定方法

硫的测定方法大体上可分为燃烧-滴定法和燃烧-红外吸收法两大类型。

（1）燃烧-滴定法。试样在高温（1250～1350℃）下通氧燃烧，使其中的硫化物转化为二氧化硫，然后再以适当的方法测定二氧化硫的量。测定硫的方法有：

1）碘量法。此法手续简便，准确度能满足一般要求，应用较普遍，适用于测定含硫量在 0.01%～0.35% 的钢样试样。

2）碘酸钾法。本法系用盐酸酸性淀粉溶液吸收二氧化硫以后，再以碘酸钾标准溶液（由碘化钾组成）滴定，根据碘酸钾标准溶液消耗的毫升数计算硫的含量。主要反应如下：

$$SO_2 + H_2O \longrightarrow H_2SO_3$$
$$KIO_3 + 5KI + 6HCl \longrightarrow 3I_2 + 3H_2O + 6KCl$$
$$H_2SO_3 + I_2 + H_2O \longrightarrow H_2SO_4 + 2HI$$

此法所用碘酸钾标液较碘标准溶液稳定，不易挥发分解，灵敏度高，适于微量硫测定。

3）中和法。本法系用过氧化氢水溶液吸收二氧化硫，二氧化硫被氧化，最后成为硫酸：

$$SO_2 + H_2O \longrightarrow H_2SO_3$$
$$H_2O_2 + H_2SO_3 \longrightarrow H_2SO_3 + H_2O$$

再用标准氢氧化钠溶液滴定所生成的硫酸，计算硫的含量。此法终点十分敏锐，操作方便，适用于碳硫连续测定。

（2）燃烧-红外吸收法。见碳的测定。

目前钢铁中硫的测定，应用最普遍的为燃烧-碘量法和燃烧-红外吸收光谱法。

3.3.2　燃烧-碘量法

3.3.2.1　原理

试样在高温下（1250～1350℃）通氧燃烧，其中的硫化物被氧化为 SO_2：

$$3MnS + 5O_2 \longrightarrow Mn_3O_4 + 3SO_2 \uparrow$$
$$4FeS + 7O_2 \longrightarrow 4Fe_2O_3 + 4SO_2 \uparrow$$

生成的二氧化硫导入吸收液中，被水吸收，生成 H_2SO_3：

$$SO_2 + H_2O \longrightarrow H_2SO_3$$

生成的 H_2SO_3 用碘标准溶液滴定：

$$H_2SO_3 + I_2 + H_2O \longrightarrow H_2SO_4 + 2HI$$

用淀粉作指示剂，过量的碘与淀粉作用，溶液由无色变蓝色，即到达终点。

3.3.2.2 结果计算

用本法测定硫，不能用理论值计算，否则会得到偏低的结果。这是由于硫转化为二氧化硫只是在特定条件下才能达到符合定量分析要求的回收率，而且回收率随条件变化而变动，即试样中的硫没有全部变成二氧化硫，同时生成的二氧化硫又部分被氧化为三氧化硫。即硫的回收率取决于二氧化硫的转化率和回收率。因此，在计算时，应该用与试样组分相近，含量相近的标准样品，在相同条件下进行操作，求出标准溶液对硫的滴定度，借此计算试样硫含量。

3.3.2.3 二氧化硫转化率的影响因素

二氧化硫转化率，也称为生成率或燃出率，是指试样中硫变成二氧化硫的量。在反应中，影响二氧化硫转化率的主要因素有以下几方面：

(1) 燃烧温度的影响。硫在钢铁中的存在形态较碳稳定，硫的氧化需要在更高的温度下进行。一般说来，燃烧炉的温度愈高，二氧化硫的转化率也愈高。由此可见，要使试样中的硫尽可能地燃烧释放出来，就应该提高燃烧温度。

例如：采用管式炉燃烧时，定硫的炉温总是高于定碳的炉温。炉温为 1450 ~ 1510℃时，硫的回收率达到 98% 。但根据一般试验室的条件，当采用电阻炉时，若温度过高，则容易烧穿瓷管，所以一般规定炉温为 1250 ~ 1350℃，铸铁为 1250 ~ 1350℃，高速钢、耐热钢为 1300 ~ 1350℃。

(2) 燃烧时间的影响。必须确保一定的高温燃烧持续时间，高温持续时间对硫的充分氧化起决定作用。试样燃烧反应生成熔点较高的四氧化三铁熔渣，如果高温持续时间短，当硫还没有充分氧化和分离时，熔渣已经凝固，迫使反应停止。一般来说，电弧炉中硫的回收率低于管式炉和高频炉。

(3) 氧气流速的影响。氧气流速最好能保持吸收液水平升高至 30 ~ 40mm。氧气流速过小，样品不易燃烧完全，甚至使吸收器内的溶液发生倒吸；氧气流速过大，易使燃烧管出口处的橡皮塞燃烧而放出大量的二氧化硫，其熔渣易生成气泡，降低硫的生成率；此外，在滴定时少量的碘和二氧化硫也有逃逸的可能。

(4) 助熔剂的影响。加入适当的助熔剂，可以降低试样的熔点，但必须事先检查助熔剂的空白值。常用的助熔剂有锡、五氧化二钒、电解铜及其氧化物。锡为定硫常用的助熔剂，助熔效果尚好，当用于管式炉时，硫的回收率可达 80% 左右。其主要缺点是燃烧过程中产生大量的二氧化锡粉尘。锡不能单独用于含铬合金钢的分析，因为它将会产生吸附能力更强的粉红色粉尘，使硫的回收率大幅度下降。所以近年来主张不用锡作助熔剂。铜的助熔作用较强，但在燃烧过程中，飞溅厉害，使燃烧管的寿命降低。不能用铅及其氧化物做助熔剂，因它可使硫生成硫酸铅而停滞在燃烧管中。近年来有人提出用五氧化二钒做助熔剂助熔效果最好。其优点是燃烧过程中产生的粉尘少，硫的回收率高。也可以采用五氧化二钒、还原铁粉和碳粉为混合助熔剂，它可使中低合金钢、碳钢、生铁等不同样品中硫的回收率接近一致。

（5）试样的种类和形状的影响。试样制成薄屑状，易于熔化，但应考虑到与标定所用的标准样品的屑状相当。试样应均匀铺于瓷舟底部中段。若集中放置于瓷舟一点，不但不易全熔，而且会产生气泡包住二氧化硫。

（6）预热时间的影响。一般预热 30s ~ 1min，不能预热过久，否则由于氧化铁的催化作用，二氧化硫变成三氧化硫而不能被碘所滴定。在燃烧铸铁试样时，预热时间应延长至1.5 ~ 2min；燃烧铁合金试样时，应延长至 2 ~ 3min，否则混合气流将会大量地带走氧化铁，堵塞及弄污导管和吸收器。一般的碳素钢可不预热而直接燃烧。

3.3.2.4　二氧化硫回收率的影响因素

二氧化硫的回收率，是指被碘标准溶液所滴定到的数值，和二氧化硫的生成率的含义不同。二氧化硫生成以后，不是全部被回收，而是有一部分损失掉了。损失掉的部分包括以下三方面：

（1）由氧化铁催化而使部分二氧化硫转化为三氧化硫，只要有氧化铁和氧存在，这种作用总是可能发生的。还有人认为，中温区域是接触氧化区域，气流通过金属氧化物易使二氧化硫与氧结合为三氧化硫。因此，为了提高二氧化硫的回收率，在测定硫时，燃烧管应保持干净，并应加大氧气流速，使混合气体尽快通过中温接触区，以降低二氧化硫转化为三氧化硫的生成率。

（2）二氧化硫被管路中的粉尘吸附，这种吸附主要是由于试样燃烧后，生成的氧化物粉尘在气流的管路上停滞下来而造成的。粉尘很细，疏松多孔，表面积大，容易产生表面吸附。又因为粉尘是弱碱性（SnO_2、Fe_2O_3），对酸性的二氧化硫气体有一定的化学作用，特别是当试样中含有铬时，这种粉尘对于二氧化硫的吸附就更为严重。所以，有人提出使用三氧化钼作为反吸附剂。因为采用三氧化钼以后，它可改变粉尘的组成或性质，增强粉尘的酸性，降低二氧化锡对二氧化硫的吸附。另外，有人认为二氧化硫在管路中容易凝集，因此，可采用将管路加热的办法，以提高二氧化硫的回收率。

（3）二氧化硫在吸收器中逃逸。二氧化硫在水中的溶解度是较大的，1 体积的水可以溶解 40 体积的二氧化硫，所以，按正常的氧气流速和滴定方法，二氧化硫是不会逃逸的。但如果气流过大，气泡过大，则有可能逃逸。这种情况，在测定生铁等高含量试样时，应尤其注意，滴定速度也应控制好。如果改用酸碱滴定，以过氧化氢吸收，二氧化硫逃逸的可能性就会大大减小。

3.4　磷的测定

磷为钢铁中常见元素之一，通常由冶炼原料或燃料带入。磷在钢铁中主要以固溶体磷化物（Fe_2P 或 Fe_3P）形态存在，有时呈磷酸盐夹杂物形式。Fe_3P 是一种很硬的物质，使钢不易加工。钢中含磷量高时，会减弱钢的冲击韧性，影响钢的锻接性能。含磷量高达

0.1%时，还会使钢发生冷脆现象或自裂，在凝结过程中，又容易产生偏析。因此，通常在炼钢时需将磷降至很低，一般含量限在0.05%以下。磷在钢中有时也能起好的作用。例如，含磷量高的钢铁，其熔点低，流动性大，既便于翻砂铸造，又便于改善切削性能。而像轧辊之类含磷量高达0.4%~0.5%，在轧辊过程中可避免和钢板黏合。

3.4.1　测定方法

在测定磷的所有方法中，一般都是使磷（正磷酸）与钼酸铵组成磷钼杂多酸络合物，然后用质量法、容量法、分光光度法等不同的方法测出磷的含量。

（1）质量法。质量法是使磷先以磷钼酸铵形式沉淀而与大多数干扰元素分离；再将沉淀溶于氨水，重新释出PO_4^{3-}；在有柠檬酸铵存在的条件下，加入氯化镁和氯化铵，使其成为磷酸铵镁沉淀析出；于1000~1100℃下灼烧，得焦磷酸镁；最后，称重计算磷的含量。此法操作烦琐，在日常应用中，颇感不便。

（2）容量法（酸碱滴定法）。容量法是将生成的磷钼酸铵沉淀，用过量的氢氧化钠标准溶液溶解后，剩余的氢氧化钠用硝酸标准溶液回滴，根据氢氧化钠的消耗量，计算磷的含量。本法列为国内外的标类法。

（3）分光光度法。分光光度法是冶金分析中测定磷的主要方法，它主要有直接光度法和萃取光度法。试样中的磷转化为正磷酸再与钼酸铵组成磷钼杂多酸络合物，这种络合物呈黄色，称为磷钼黄，还原后呈蓝色称为磷钼蓝。分析中利用分光光度法直接测定磷钼黄或磷钼蓝的含量称为直接光度法。直接光度法灵敏度不够、稳定性差、干扰因素多，但测定方法简单、快捷。萃取光度法是将生成的磷钼杂多酸经有机溶剂萃取，而水溶液中的硅钼酸和砷钼酸及过量的钼酸盐不被萃取。这样可以消除硅、砷的干扰，同时也排除了溶液中过量钼酸盐被还原的可能。常用的有机溶剂是正丁醇-三氯甲烷或乙酸乙酯。萃取光度法的灵敏度和选择性比直接光度法明显提高，但有机溶剂污染环境且损害人的健康，操作又较繁杂、费时，故目前只用于标准分析中。

磷钼杂多酸为二元杂多酸，磷钼杂多酸可以与钒、铋、锑等金属离子形成三元杂多酸或多元杂多酸。三元杂多酸或多元杂多酸还原后测定其吸光度，灵敏度、稳定性均较二元杂多酸好。例如，铋磷钼蓝法是在酸性溶液中Bi^{3+}和Mo^{6+}与磷形成黄色三元杂多酸，可在水相用抗坏血酸还原为铋磷钼蓝，利用分光光度法测定其含量。其他钼蓝法是选择适当还原剂，将所生成的磷钼杂多酸（磷钼黄）在适当条件下还原为磷钼蓝。由于形成杂多酸条件以及所用还原剂种类的不同，故衍生出各种钼蓝法。目前多元杂多蓝及离子配合物测定磷的方法也日益增多。

氟化钠-氯化亚锡及抗坏血酸-磷钼蓝直接光度法由于简单、快速的特点，是目前日常分析中的主要方法。

3.4.2　氟化钠-氯化亚锡直接光度法

3.4.2.1　方法原理

试样以氧化性酸（如稀硝酸）溶解后，磷太部分生成正磷酸，小部分生成亚磷酸：

$$3Fe_3P + 41HNO_3 \longrightarrow 3H_3PO_4 + 9Fe(NO_3)_3 + 16H_2O + 14NO \uparrow$$

$$Fe_3P + 13HNO_3 \longrightarrow H_3PO_3 + 3Fe(NO_3)_3 + 5H_2O + 4NO \uparrow$$

加入高锰酸钾氧化亚磷酸:

$$5H_3PO_3 + 2KMnO_4 + 6HNO_3 \longrightarrow 5H_3PO_4 + 2KNO_3 + 2Mn(NO_3)_2 + 3H_2O$$

过量的高锰酸钾用酒石酸（或亚硝酸钠）还原。在适当的条件下，正磷酸与钼酸铵生成磷钼杂多酸（磷钼黄）:

$$H_3PO_4 + 12(NH_4)_2MoO_4 + 24HNO_3 \longrightarrow H_7[P(Mo_2O_7)_6] + 24NH_4NO_3 + 10H_2O$$

加入氯化亚锡将磷钼杂多酸还原为磷钼蓝（$H_3PO_4 \cdot 8MoO_3 \cdot 2Mo_2O_5$ 或 $H_3PO_4 \cdot 10MoO_3 \cdot Mo_2O_5$），借此利用光度法测定磷含量。该法简便、快速，但存在色泽不稳和硅等的干扰的缺点。该方法适用于普通钢及低合金钢磷的测定。

3.4.2.2　试样的溶解

一般不用非氧化性酸溶样，不可单独使用盐酸或稀硫酸，因为磷易生成磷化氢逸出。根据钢铁试样种类的不同，可选用硝酸（1+3）、王水、硝酸加氢氟酸或王水加高氯酸等溶样。否则，磷会生成气态 PH_3 而挥发损失。

3.4.2.3　反应条件

A　磷钼杂多酸的组成及其形成条件

（1）磷钼杂多酸的组成。杂多酸的结构比较复杂，是一类特殊的多酸型配合物。例如磷钼杂多酸可认为是 1 个磷酸分子作中心体，结合 4 个三钼酸酐（Mo_3O_9）而生成的。分子式为 $H_3[P(Mo_3O_{10})_4]$。其磷与钼原子数的比例等于 1:12，因此，又称为 12-磷钼杂多酸。随着溶液的酸、温度、试剂用量或配位酸酐数量的不同，杂多酸的组成可能不同，中心原子和配位酸酐的比例可能是 1:11，1:10…1:6 而不是 1:12。不同组成的杂多酸，在性质上是不同的。所以，在应用杂多酸做定量分析时，必须严格控制形成所需杂多酸或其盐类的条件。

（2）磷钼杂多酸的形成条件。杂多酸一般是强酸，比它的原酸要强很多，它只能存在于酸性或中性溶液中，因此，采用杂多酸的光度法均在酸性介质中进行。适宜酸度为 0.7~1.4mol/L，过高的酸度会影响杂多酸的形成。如果在碱性溶液中，杂多酸会遭到破坏，而分解成原来的酸根离子。要使磷定量生成杂多酸，钼酸铵必须过量。磷钼杂多酸还原的机理非常复杂，直到现在仍无一致的看法。杂多酸在氧化还原能力上，与原来简单的酸有较大的差异。例如，钼酸铵中钼的电极电位为 0.5V，当其形成磷钼杂多酸时，它的电极电位提高到 0.63V。原来钼酸铵中的 6 价钼不易被还原剂还原，而磷钼杂多酸中的 6 价钼，因其电位提高后，就比较容易被还原剂还原成蓝色络合物。蓝色络合物称为杂多蓝，一般认为组成为 $H_3PO_4 \cdot 8MoO_3 \cdot 2Mo_2O_5$ 或 $H_3PO_4 \cdot 10MoO_3 \cdot Mo_2O_5$，当用氯化亚锡还原 12-磷钼酸时，其反应分四步进行。每一步还原杂多酸分子中的两个钼原子为 5 价，其反应式为:

$$[PMo_{12}(VI)O_{40}]^{3-} + 2e \longrightarrow \left[P^{Mo_{10}(VI)}_{Mo_2(V)}O_{40}\right]^{5-}$$

$$\left[P^{Mo_{10}(VI)}_{Mo_2(V)}O_{40}\right]^{5-} + 2e + 2H^- \longrightarrow \left[P^{Mo_8(VI)}_{Mo_4(V)}O_{38}(OH)_2\right]^{5-}$$

$$\left[P^{Mo_8(VI)}_{Mo_4(V)}O_{38}(OH)_2\right]^{5-} + 2e + 2H^- \longrightarrow \left[P^{Mo_6(VI)}_{Mo_6(V)}O_{36}(OH)_4\right]^{5-}$$

$$\left[P^{Mo_6(VI)}_{Mo_6(V)}O_{36}(OH)_4\right]^{5-} + 2e + 2H^- \longrightarrow \left[P^{Mo_4(VI)}_{Mo_6(V)}O_{34}(OH)_6\right]^{5-}$$

B　酸度是反应的重要条件

确定适宜的酸度时，应考虑生成磷钼黄的反应必须完全，而不能形成硅钼黄；还原剂只还原磷钼杂多酸中的部分钼原子，而不还原未反应的钼酸铵。如酸度太低，硅钼黄可能形成而产生干扰，过量的钼酸铵也可能被还原；酸度太高，磷钼黄形成不完全。因此，在室温反应的适宜硝酸酸度一般规定在 0.7～1.6mol/L 范围。但是，酸度与温度、钼酸铵浓度等是相互制约的，反应温度高，适宜酸度提高；钼酸铵浓度愈大，酸度也愈高。本方法系在热溶液中反应，因此控制硝酸酸度可高至 2mol/L，比其他室温中进行反应测定磷的比色法的酸度高。本法虽然控制较高酸度，可抑制硅钼酸的形成，但是当硅含量高时仍有可能形成少量硅钼酸，并被还原成钼蓝。与钼酸铵同时加入酒石酸钾钠，使硅生成较稳定的配合物而不致生成硅钼杂多酸，从而消除高硅的干扰。如试样中硅含量低（小于0.6%）时，酒石酸钾钠也可不加。

基体铁对测定有影响，一方面含铁与不含铁，形成的钼蓝吸收曲线不一样；另一方面铁的存在，要消耗氯化亚锡。加 NaF 可 Fe^{3+} 使生成稳定的 FeF^{3-}，抑制 Fe^{3+} 与 $SnCl_2$ 反应。F^- 又可与反应生成的 Sn^{4+} 配合，增加 $SnCl_2$ 的还原能力。

加尿素是防止可能存在的低价氮氧化物使钼蓝退色或转绿色。

在钢铁的标准分析中，还常采用正丁醇-三氯甲烷萃取钼蓝比色法。即用正丁醇-三氯甲烷萃取磷钼杂多酸，然后用氯化亚锡溶液反萃取钼蓝于水相进行比色测定。因为萃取分离后，溶液中已无过量钼酸铵存在，排除了它被还原的可能，使还原反应简单化，而且条件易于掌握，方法稳定，重现性较好。

3.4.3　抗坏血酸钼蓝光度法

抗坏血酸又称丙维酸，由于内酯环容易通过去氢作用而形成二酮醛，所以具有还原作用。以抗坏血酸还原二元磷钼杂多酸，常温下极其缓慢，必须在 100℃ 水浴中加热 5min。此法手续较繁杂，但重现性及稳定性好。

如果在形成杂多酸时，有一定量的锑盐或铋盐存在，则可大大加速还原过程，灵敏度也有所提高。有人证实 Sb^{3+} 在此过程中反应形成新的三元杂多酸。这种三元杂多酸不仅易在常温条件下被还原，而且其最大吸收波长以及吸收光谱曲线的形状也发生改变。

锑盐-抗坏血酸法和铋盐-抗坏血酸法，两者的显色酸度、稳定性和干扰情况都较相似。数年来，铋盐-抗坏血酸钼蓝光度法在国内得到广泛的应用。在使用抗坏血酸钼蓝光度法时，砷对测定有干扰。因为硫代硫酸钠对 As^{5+} 有较好的还原能力，几乎在瞬间便可将 As^{5+} 还原。所以，可采用硫代硫酸钠将 As^{5+} 还原为 As^{3+} 以消除其干扰。但用量过大会使磷的显色灵敏度大大降低。试验结果证明，20mg 以下的五水合硫代硫酸钠的存在，对磷的显色灵敏度影响不大。

采用此方法时，如磷的显色酸度不大于 0.3mol/L，并相应减少钼酸铵的用量，控制时间和温度使其不具备生成硅钼杂多酸的条件时，还可避免硅的干扰。

3.5　硅的测定

硅在钢中主要以 Fe_2Si、$FeSi$ 或更复杂的 $FeMnSi$ 的形式存在，有时亦可发现少量的硅酸盐状态的夹杂物。除高碳硅钢外，一般不存在 SiC。

硅固溶于铁素体和奥氏体中，能提高钢的强度和硬度，是钢中的有益元素。在常见元素中，硅的作用仅次于磷，而较锰、镍、铬、钨、钼、钒等强，具有增强钢的抗张力、弹性、防腐性、耐酸性和耐热性及增大钢的电阻系数的作用。硅能显著提高钢的弹性极限、屈服强度、屈服比、疲劳强度和疲劳比，对于冶炼弹簧钢十分有利。硅可作为不锈耐酸钢、耐热不起皮钢种的主要合金元素是硅的抗氧化性、耐蚀性的体现。硅与氧的亲和力仅次于铝和钛，而强于锰、铬和钒，在炼钢过程中硅可用作还原剂、脱氧剂和脱硫剂，在工艺上还能增加流动性，减少收缩。在铸铁中，硅是重要的石墨化元素，承担着维持相应碳含量的重要任务，并能减少缩孔及白口倾向，增加铁素体数量，细化石墨，提高球状石墨的圆整性。

但是，硅含量过高，将使钢的塑性、韧性降低，并影响焊接性能。钢中含硅量一般不超过 1%。作为一种合金元素来考虑，一般不低于 0.40%，而硅钢中含硅量可达 4%，是良好的磁性材料。

3.5.1　测定方法

3.5.1.1　质量法

试样经酸（如盐酸、硝酸混合酸）溶解后生成硅酸胶体溶液，再经动物胶或高氯酸在较高温度下脱水形成二氧化硅，过滤、洗涤、灰化、灼烧后，以二氧化硅的形式称量，再加入 HF，使硅形成 SiF_4 挥发除去，根据 HF 处理前后的质量差换算出硅量。

质量法测定硅的关键在于脱水是否完全。一般采用动物胶脱水质量法来测定硅。脱水也可以在盐酸、硫酸或高氯酸中进行。在试验中发现：

（1）单用盐酸脱水效果较差，需进行二次脱水；

（2）硫酸脱水比盐酸要好一些，但得到的二氧化硅沉淀不纯净，而且冒烟时易产生飞溅；

（3）高氯酸脱水所得二氧化硅较纯净，在日常分析中，一次脱水即可。

通过试验认为高氯酸脱水重量法测定高含量硅准确度高，而且稳定性好，便于分析。因此，高氯酸脱水重量法完全可以取代动物胶脱水重量法来测定高含量硅。当分析试样中硅的含量较大时一般采用质量法测定较准确。如硅酸盐中硅的质量分数大于 10% 时，矿石如莫来石、铝矾土、保护渣等硅含量都较高，采用质量法效果较好。

3.5.1.2　滴定法

氟硅酸钾滴定法，是在强酸性溶液中，在过量氟离子及钾离子存在下，硅以氟硅酸钾沉淀析出（即将试样经硝酸溶解后生成硅酸胶体溶液，加入氟化钾形成氟硅酸钾沉淀析出）。此沉淀在沸水中迅速水解，定量释放出氢氟酸。用氢氧化钠滴定水解生成的氢氟酸，则可求得硅量。水解形成的硅酸，酸性极弱，在控制滴定终点的酸度下可不干扰氢氟酸的滴定。

$$H_4SiO_4 + 4H^+ + 6F^- + 2K^+ \longrightarrow K_2SiF_6 \downarrow + 4H_2O$$
$$K_2SiF_6 + 4H_2O \longrightarrow H_4SiO_4 + 4HF + 2KF$$

$$NaOH + HF \longrightarrow NaF + H_2O$$

3.5.1.3　分光光度法

分光光度法是在弱酸性介质中，硅酸与钼酸铵形成硅钼杂多酸的硅钼黄法和硅钼黄还原成硅钼蓝的光度法。

（1）硅钼黄光度法。此法用于较高硅含量的测定，其灵敏度和选择性较差，现在很少应用。

（2）硅钼蓝光度法。与磷钼杂多酸相似，以形成硅钼杂多酸为基础的钼蓝光度法，在硅的测定中占主要地位。其中以草酸-硫酸亚铁铵法为最常用。因该法灵敏度高，故使用广泛。

（3）发射光谱法。本法适用于合金钢中质量分数为 0.005% ~ 1.20% 的硅含量的测定。由于此方法必须配备电感耦合等离子体的发射光谱仪，仪器昂贵，只适用于大型钢铁厂分析。

综上所述，对含量很低的钢铁中的硅的测定，多用硅钼蓝光度法。钢铁中硅的测定采用草酸-硫酸亚铁铵硅钼蓝光度法较多，该法不仅快速，而且有较高的准确度。

3.5.2　草酸-硫酸亚铁铵光度法

3.5.2.1　方法原理

钢铁试样经稀硝酸分解，其中的硅转化为可对溶性硅酸。
$$3FeSi + 16HNO_3 \longrightarrow 3Fe(NO_3)_3 + 3H_4SiO_4 + 2H_2O + 7NO\uparrow$$
在弱酸性条件下（pH = 0.7 ~ 1.3），硅酸与钼酸铵作用生成硅钼杂多酸（硅钼黄）。
$$H_4SiO_4 + 12H_2MoO_4 \longrightarrow H_8[Si(Mo_2O_7)_6] + 10H_2O$$
在草酸存在条件下用硫酸亚铁铵还原硅钼黄为硅钼蓝。
$$H_8[Si(Mo_2O_7)_6] + 4FeSO_4 + 2H_2SO_4 \longrightarrow H_8[Si\ Mo_2O_5 \cdot (Mo_2O_7)_5] + 2Fe_2(SO_4)_3 + 2H_2O$$
硅钼蓝的蓝色深度与硅的含量成正比，借此可用光度法测定钢铁中的硅的含量。

3.5.2.2　试样的分解

试样分解方法的选择，主要决定于试样本身的组成与性质。碳素钢和低合金钢常用稀硫酸、稀硝酸溶解。高合金钢常用稀王水溶解。但含铬量较高者，若首先用氧化性的酸分解试样，则试样表面被氧化生成 Cr_2O_3 的薄膜，反而使试样难溶，所以应先采用稀盐酸分解试样，然后再进行氧化。氢氟酸也可作为溶样酸，在70℃以下温度时，硅不致损失。如遇高碳铬铁、硼铁等试样，它们不溶于以上几种酸时，可用强碱过氧化钠熔融。

总之，在使用酸分解样品时，既要注意使样品分解好，又要不影响下一步的分析操作和被测元素的测定。

3.5.2.3　反应条件

A　硅钼杂多酸的形成

只有单分子硅酸才能和钼酸铵络合成硅钼杂多酸。为了达到单分子硅酸状态，溶样时可使酸度小于 2mol/L。

硅钼杂多酸有 α 型和 β 型两种同分异构变体。虽然两者的组成一样，分子式都是 H_4[$SiMo_{12}O_{40}$]，但很多性质却不相同。α 型硅钼酸在较低酸度（pH = 3 ~ 4）的溶液中生成，很稳定。但 β 型硅钼酸在较高酸度（pH = 1 ~ 2）的溶液中生成，很不稳定，能自发地逐渐转化成为 α 型的稳定结构。在一般分析硅的条件下 α 型和 β 型两种变体总是同时存在，而且 β 型会不断地自发转变成 α 型，所以硅钼黄的吸光度会随时间而变。当溶液中有 1mol/L 钼酸盐时，其酸度小于 1.5mol/L，pH 值约为 4.5 时，形成 α 型硅钼杂多酸。如酸度大于 2mol/L，pH 值为 2.9 ~ 1.5 时，形成 β 型硅钼杂多酸。当 pH 值大于 6.5 时，不生成硅钼杂多酸。

在实际分析过程中，正硅酸与钼酸铵的络合酸度始终互不统一。酸度的适用范围，随溶液温度的增高，随加入钼酸铵后放置时间的延长而增大。适宜的 pH 值根据溶液中的铁含量和钼酸铵加入量的不同而有所不同。因为分析液中含铁量不同，所以钼酸铵用量也不同。根据实验得知，在黄色的钼酸铁中，铁和钼之比为 5:11，由计算得到，每 100mL 铁会消耗 10% 钼酸铵溶液 7mL。由于钼酸铵有一定的缓冲作用，对 pH 值稍有影响。同时过多的钼酸铁也要消耗一部分酸，所以根据计算而得到的总酸度也就不同。钼酸铵的加入量根据铁的含量而变动。假使钼酸铵加入量不够，会使结果偏低。一般多加 5% 溶液 1 ~ 3mL 为合适。如果加入过多时，则开始测得的吸光度比较高，不稳定。以后逐渐降低，达到稳定。其数值与加入适量钼酸铵的数值相同。

实验证明：5% 钼酸铵 5mL 加 5% 草酸 3.5mL 络合。显色时，加入草酸溶液的量应多于消耗于铁及钼的量，并多加 5% 溶液 2 ~ 5mL。

完全形成硅钼络离子所需的时间，受温度的影响很大。在夏天室温，只需 2min；而在冬天需要 10min 以上；在低于 5℃ 时，即使延长放置时间，也不能完全形成。此外，温度还会影响水溶液中杂多酸 α 和 β 变体之间的平衡。

B 硅钼杂多酸的还原

硅钼酸在一定条件下，可以被还原剂还原为硅钼蓝，其中有两个钼被还原到 4 价：

$$[Si\,Mo_{12}O_{40}]^{4-} + 4e + 4H^+ \longrightarrow [H_4Si(Mo_2O_5)(Mo_2O_7)_5]^{4-}$$

常用的还原剂有氯化亚锡、抗坏血酸、亚硫酸钠、硫酸亚铁等。选择还原剂和确定反应条件，主要考虑避免溶液中过量钼酸铵被还原。一般采用下列两种方案：

（1）在高酸度下，用氯化亚锡还原。硅钼酸只能在弱酸介质中生成。但一旦生成后，极为稳定，酸度提高到 4mol/L 也不分解。又根据实验得知，在高酸度下，钼酸盐不被氯化亚锡还原。因此选用氯化亚锡作还原剂。但使用氯化亚锡作还原剂时，要 5min 后才能得到稳定的色泽，而且该色泽只能稳定 30min，因此该法未被广泛采用。

（2）在低酸度下，用较弱的还原剂硫酸亚铁铵还原是目前我国钢铁分析中广泛应用的方法，已被定为部颁标准方法。

3.5.2.4 干扰元素及其消除

钢铁中磷、砷也能与钼酸铵生成络合物，同时被还原成钼蓝，故应消除其影响，否则使结果偏高。消除磷、砷的干扰，可通过控制酸度来解决。因硅钼酸在较低酸度下形成以后，具有较高的稳定性，即使增高酸度至 2.5mol/L 以上，磷、砷杂多酸都分解了，而硅钼酸却分解得很慢，此时加入还原剂还原，磷、砷不干扰硅的测定。另外，还可以利用它们对络合剂作用的差异性来消除干扰。在络合剂如草酸、酒石酸、氢氟酸等存在下，硅不能生成硅钼酸。但当硅钼杂多酸生成以后，再加入络合剂，则磷、砷络离子迅速分解。因为磷、砷络离子为 5 价结合，比较不稳定；而硅为 4 价结合，比较稳定。所以硅钼酸分解极慢。借此可消除磷、砷的干扰。

由于草酸仍能分解硅钼酸（硅钼黄），因此，在实际操作中，当草酸加入后，应在 2min 内，加硫酸亚铁铵还原。否则，结果会随间隔时间的增长而降低。加草酸还能与 Fe^{3+} 络合生成浅黄色络合物 $[Fe(C_2O_4)_3]^{3-}$，从而能溶解钼酸铁，掩蔽 Fe^{3+} 黄色对测定的干扰。同时因 Fe^{3+} 的有效浓度大大降低，使 Fe^{3+}/Fe^{2+} 电对的电极电位降低，相对地提高了 Fe^{2+} 的还原能力。铁的存在，会降低灵敏度。虽然增加钼酸铵的用量，但仍不能避免其干扰。显色液中含 0.05g 铁时，灵敏度降为 90%；含 0.1g 铁时，灵敏度降为 85%。因此，在绘制标准曲线时，显色液中，也应含有相当量的铁，并应尽可能保持与试样中含铁量相近，以保持条件一致，抵消误差。

钢铁中除磷、砷、钒等元素外，其他元素都不干扰硅的测定。溶液中有色离子的干扰，可配制适当的空白溶液来消除。

3.5.3　电感耦合等离子体发射光谱法

3.5.3.1　方法原理

试样以盐硝混酸溶解后，稀释至一定体积。在电感耦合等离子体发射光谱（ICP-AES）仪器上以钇为内标元素，与所推荐分析线的波长处测量其发射光强度比，由标准曲线查出硅的浓度进行测定。

3.5.3.2　标准溶液的配制

（1）钇内标溶液。称取一定量的三氧化二钇（Y_2O_3，质量分数大于 99.9%），精确至 0.0001g。加入盐酸（1 + 1）加热溶解。冷却至室温后，用水稀释至刻度，混匀，定容。

（2）硅标准溶液。称取一定量的、在 1000℃ 马弗炉中灼烧过 1h 的二氧化硅（质量分数大于 99.95%），精确至 0.0001g。置于加有无水碳酸钠的铂坩埚中，先于低温处加热，再置于 950℃ 高温处加热熔融至透明，然后再继续熔融 3min，取出冷却。置于塑料烧杯中，用热水浸出熔块，加热至完全溶解，以热水洗净坩埚，冷却至室温。移入一定体积的容量瓶中，定容，得到所需要的标准溶液。如果一次定容不够，则需多次定容。

3.5.3.3　反应条件

（1）电感耦合等离子体的发射光谱仪器有顺序型或同时型两种，不管是哪种，都必须有同时测定内标线的功能，若无此功能，则不能使用内标法测定。

（2）光谱仪的实际分辨率。对所选用的分析线，计算光谱带宽，其带宽必须小于 0.030nm，实际分辨率优于 0.010nm。

（3）测定待测元素最大浓度溶液绝对强度或强度比的标准偏差相对标准偏差应小

于 0.4% 。

（4）标准曲线的线性通过相关系数来检验，相关系数应大于 0.999。

（5）本方法没有特别规定分析线。表 3-1 中列出了推荐分析线。在选择分析线时，必须仔细检查干扰情况，必要时采用基体匹配法及干扰系数校正法进行校正。

表 3-1　推荐分析线

元　　素	波长/nm	检出限/mg·L^{-1}
Si	251. 611	0.037
	212. 412	0.016
Y（内标）	371. 029	0.001

（6）在仅含有待测元素的溶液中，对所选分析线计算其背景等效浓度和检出限，其值应小于表 3-1 所列值。

（7）当测定元素中有干扰元素时，应备干扰系数校正法软件对干扰元素进行校正。

3.6　锰的测定

锰几乎存在于一切钢铁中，是常见的基本元素之一，亦是重要的合金元素。锰一部分来自原料矿石，一部分是在冶炼过程中作为脱氧、脱硫剂或作为合金元素而特意加入的。锰在钢铁中主要以固溶体及 MnS 形态存在，也可以 Mn_3C、MnSi、FeMnSi 等形态存在。锰和氧、硫有较强化合能力，故是良好的脱氧剂和脱硫剂；锰和硫作用生成熔点较高的MnS，可使钢的热脆性减小，并由此提高钢的可锻性；锰固溶于铁中，可提高铁素体和奥氏体的硬度和强度，并降低临界转变温度以细化珠光体，间接起到提高珠光体钢强度的作用；锰能提高钢的淬透性，因而加锰生产的弹簧钢、轴承钢、工具钢等，具有良好的热处理性能；锰具有扩大 γ 相区、稳定奥氏体的作用，可用于生产各种高锰奥氏体钢，如高碳高锰耐磨钢、中碳高锰无磁钢、低碳高锰不锈钢及高锰耐热钢等。含锰量超过 10% 以上的合金钢，因含锰量高，其强度、硬度和耐磨性都有所增加。作为一种合金元素，锰的加入也有不利的一面。锰含量过高时，有使钢晶粒粗化的倾向，并增加钢的回火脆敏感性；冶炼浇铸和锻轧后冷却不当时，易产生白点。在铸铁生产中，锰过高时，缩孔倾向加大，在强度、硬度、耐磨性提高的同时，塑性、韧性有所降低。

锰在钢中一般含量为 0.3% ~0.8% ，超过 0.8% 时即称为合金钢；在生铁中，一般含量为 0.5% ~2% 。

3.6.1　测定方法

锰的测定方法主要有氧化还原法、光度法和原子吸收法。

（1）氧化还原法。在酸性溶液中，在适当的氧化条件下，将 2 价锰氧化为 7 价锰，所使用的氧化剂有过硫酸铵（硝酸银存在下）、铋酸钠、高碘酸钾等，其中最常用的是过硫酸铵。再用还原剂滴定，将 7 价锰还原为 2 价锰，可供选择的还原剂有硫酸亚铁铵、亚砷酸钠-亚硝酸钠、硝酸亚汞、苯基氧肟酸等，以亚砷酸钠-亚硝酸钠最为常用。另外，也有三价锰氧化还原法，即将 2 价锰氧化为 3 价锰，再将 3 价锰还原为 2 价锰。常用的氧化还原法测定锰有以下两种：

1）亚砷酸钠-亚硝酸钠滴定法。试样用酸溶解后在硫酸、磷酸介质中，以硝酸银为催化剂，用过硫酸铵将锰氧化成 7 价，用亚砷酸钠-亚硝酸钠标准溶液滴定。此法已使用多年，方法完善，应用广泛，适用于含锰量在 0.500% ~ 2.50% 的钢铁试样。其缺点是不能用理论值计算测定结果，而必须用含量相近的标样在相同条件下标定标准溶液的滴定度，用以计算结果。原因是用亚砷酸钠-亚硝酸钠与高锰酸反应在终点时并不能完全将 7 价锰还原成 2 价，同时还存在 3 价和 4 价锰。另外，铬量高时，终点不易观察，必须分离铬。

2）硝酸铵氧化滴定法。在浓磷酸介质中，以硝酸铵或高氯酸作为氧化剂，将 2 价锰氧化为 3 价锰，然后，再以亚铁标准溶液滴定。本法适用于含锰量大于 2%、钒小于 1.5% 的各种钢样和锰铁，是国家标准规定的方法。

（2）分光光度法。分光光度法有高锰酸法和甲本醛肟法等。

1）高锰酸法。在适当的酸性溶液中，将 2 价锰氧化为高锰酸，高锰酸显紫红色，借以进行光度测定。此法中作为氧化剂的有过硫酸铵、高碘酸盐和铋酸盐等。铋酸盐现已很少采用，常用的为高碘酸钠（钾）。高锰酸法适用于生铁、铁粉、碳钢、合金钢、高温合金和精密合金，测定范围为 0.01% ~ 2.0%。

2）甲醛肟法。在碱性介质中，2 价锰与甲醛肟形成无色配合物，瞬间即被空气中的氧氧化为 4 价锰，成为褐红色的锰-甲肟配合物。甲醛肟法灵敏度较高，约为高锰酸法的 5 倍，但选择性很差，仅限于微量锰的测定。

（3）原子吸收光谱法。试样用盐酸和过氧化氢分解后，试液用水稀释至一定体积，喷入空气-乙炔火焰中，用锰空心阴极灯作光源，于原子吸收光谱仪 279.5nm 处测定吸光度。为消除基体影响，作标准曲线时应加入与试样相近的铁量。此法仪器昂贵，但操作简便。目前原子吸收光谱法已成为测定微量锰的一种好方法，也是国家标准规定的方法。

3.6.2　亚砷酸钠-亚硝酸钠滴定法

3.6.2.1　方法原理

试样用氧化性的酸（多为混酸）溶解：

$$3MnS + 14HNO_3 \longrightarrow 3Mn(NO_3)_2 + 3H_2SO_4 + 8NO \uparrow + 4H_2O$$

$$MnS + H_2SO_4 \longrightarrow MnSO_4 + H_2S \uparrow$$

$$3Mn_3C + 28HNO_3 \longrightarrow 9Mn(NO_3)_2 + 10NO \uparrow + 3CO_2 + 14H_2O$$

在酸性介质中，以硝酸银为催化剂，用过硫酸铵将 2 价锰氧化为 7 价锰：

$$2AgNO_3 + (NH_4)_2S_2O_8 \longrightarrow Ag_2S_2O_8 + 2NH_4NO_3$$

$$Ag_2S_2O_8 + 2H_2O \longrightarrow Ag_2O_2 + 2H_2SO_4$$

$$5Ag_2O_2 + 2Mn(NO_3)_2 + 6HNO_3 \longrightarrow 2HMnO_4 + 10AgNO_3 + 2H_2O$$

继续加热破坏过剩的氧化剂：

$$2(NH_4)_2S_2O_8 + 2H_2O \longrightarrow 2(NH_4)_2SO_4 + 2H_2SO_4 + O_2 \uparrow$$

反应完毕后加氯化钠破坏催化剂除去银离子：

$$NaCl + AgNO_3 \longrightarrow AgCl \downarrow + NaNO_3$$

用亚砷酸钠-亚硝酸钠标准溶液滴定高锰酸至红色消失为终点。

$$5Na_3AsO_3 + 2HMnO_4 + 4HNO_3 \longrightarrow 2Mn(NO_3)_2 + 5Na_3AsO_4 + 3H_2O$$

$$5NaNO_2 + 2HMnO_4 + 4HNO_3 \longrightarrow 2Mn(NO_3)_2 + 5\ NaNO_3 + 3H_2O$$

3.6.2.2　试样的分解

一般碳素钢、低合金钢和生铁试样，常用硝酸（1+3）或硫磷混酸溶解，难溶的高合金钢可用王水（HCl: HNO₃ = 1:1）溶解，再加高氯酸或硫酸蒸发冒烟。在溶样酸中加入磷酸，其作用如下：

（1）磷酸能与 Fe^{3+} 生成无色可溶性络合物 $[Fe(PO_4)_2]^{3-}$，这样除去了 Fe^{3+} 颜色干扰，使滴定终点易于判别。其反应式为：

$$Fe(NO_3)_3 + 2H_3PO_4 \longrightarrow H_3[Fe(PO_4)_2] + 3HNO_3$$

或

$$Fe_2(SO_4)_3 + 4H_3PO_4 \longrightarrow 2H_3[Fe(PO_4)_2] + 3H_2SO_4$$

（2）磷酸的存在，可使锰的氧化范围扩大，防止二氧化锰的生成和高锰酸的分解。其原因是：在用过硫酸铵氧化 Mn^{2+} 时，常有部分 Mn^{2+} 只被氧化成 MnO_2 而生成沉淀，从而使锰氧化不完全。当有磷酸存在时，它可使在反应中生成的中间价态的水溶性3价锰，由于形成磷酸盐络合物 $[Mn(PO_4)_2]^{3-}$ 而稳定下来，此络合物在强氧化剂和催化剂作用下，易氧化至7价。

加入硝酸破坏碳化物后，必须驱尽氮的氧化物，否则在硝酸溶液里生成亚硝酸而还原高价锰，使结果偏低。

3.6.2.3　反应条件

A　锰的氧化

在氧化时，反应在酸性溶液中进行。经实验证明，锰氧化时应在 2~4mol/L 的酸度下进行，超过此酸度，锰氧化不完全或完全不能氧化。但酸度也不宜过小，否则有二氧化锰沉淀析出。

氧化时，反应应在加热（煮沸）的条件下进行，过硫酸铵的用量一般为 2.5g，约为锰的 1000 倍为宜。过量的过硫酸铵可煮沸除去。煮沸的时间要严格控制。如煮沸时间不足，锰氧化不完全，同时过硫酸铵剩余过多，它能与滴定剂起反应。反之高锰酸会部分分解为低价，使结果偏低。实验证明：加热煮沸时间以溶液中产生不连续大气泡为准。在溶液中剩余的少量过硫酸铵，经冷却并加氯化钠除去硝酸银后，氧化2价锰的速度极慢，此时如立即滴定高锰酸，不会造成明显的误差。

氧化时，硝酸银的用量以每 100mL 0.019g 或 15 倍于锰量为宜。但氧化后，必须用氯化钠除去硝酸银。因为 Ag^+ 变成氯化银沉淀以后，残余的少量过硫酸铵才不干扰滴定。另外，滴定剂中的亚砷酸也不会和 Ag^+ 生成沉淀而干扰滴定。用氯化钠沉淀硝酸银时应在冷却后进行，沉淀后应立即滴定，以免氯离子在热的酸性溶液中还原高锰酸。氯化钠的加入量应控制合适，根据与 $AgNO_3$ 起化学反应量而定，可使 Cl^- 稍许过量。若加入量过多时，则氯离子也能使高锰酸还原，使分析结果偏低。

$$2NaCl + H_2SO_4 \longrightarrow Na_2SO_4 + 2HCl$$

$$2HMnO_4 + 14HCl \longrightarrow 9MnCl_2 + 8H_2O + 5Cl_2\uparrow$$

若氯化钠加入量不足，则硝酸银会连续起催化作用，使滴定过程中被还原的2价锰再被氧化，并且所得氯化银会很快结团沉淀，使滴定不易找到正确的终点。

B　锰的还原

本法采用亚砷酸钠与亚硝酸钠混合溶液作为标准溶液。这是因为若单独使用亚砷酸钠溶液作为滴定剂，虽然 Na_3AsO_3 能和 $HMnO_4$ 起反应，但实际滴定时，MnO^- 不是全部还原为 Mn^{2+}，而有部分被还原为 Mn^{4+} 和 Mn^{3+}，平均为 $Mn^{3.3+}$，使溶液呈现黄绿或棕色，终点难以确定，不过，试剂本身较稳定。若单独使用亚硝酸钠溶液作为滴定剂，虽能将 MnO^- 还原成 Mn^{2+}，但在室温下反应速度缓慢，不适用于滴定法测定，同时试剂本身也不够稳定。实验证明，将 1:1 亚硝酸钠和亚砷酸钠混合液作为滴定剂，它们就可以互相取长补短，使滴定反应足够快，可以在室温下进行滴定，滴定终点由淡红色突然转为白色（如含铬则呈淡黄色），易于判别。不过，此混合滴定剂仍不能将 7 价锰全部还原为 2 价锰，且还原的程度与滴定条件有关。所以本法必须用标钢或锰标准溶液求得标准溶液的实际滴定度，并用以计算结果。

滴定速度是本法的关键，滴定速度不能过快。因为亚硝酸钠与高锰酸的作用较缓慢，而亚硝酸钠在酸性溶液中形成亚硝酸，亚硝酸可能挥发，而使结果偏高。另外，滴定过快，易滴定过量，特别在近终点时（溶液呈淡红色），滴定速度更应慢，每两滴之间相隔不得少于 2s。滴定时溶液的酸度应该比氧化过程中的酸度稍高，如在滴定前增加硫酸量，可使终点易于判别。

3.6.2.4　干扰元素及其消除

（1）铬。含铬在 2% 以上的试样，滴定终点为橙黄色，不易判别，因此必须将铬进行分离。分离方法有：

1）用固体氯化钠"飞铬"。试样溶解后，加入固体氯化钠使铬生成氯化铬酰（CrO_2Cl_2）挥发除去。这种方法常称为"飞铬"，其反应如下：

$$H_2Cr_2O_7 + 4HClO_4 + 4NaCl \longrightarrow 2CrO_2Cl_2 \uparrow + 4NaClO_4 + 3H_2O$$

2）用氧化锌分离，在微酸性溶液中，加氧化锌使溶液的 pH 值增至 5.2 时，可使铬、铁、铝、钒、铜、钼、钨、钛等元素完全沉淀，而全部锰、镍、钴则留在溶液中，借此将铬分离。

（2）钴。当大量钴存在时，由于钴离子本身呈粉红色，滴定终点难以判别。因此在滴定前必须将钴分离或消除，方法有：

1）取已用氧化锌分离其他干扰元素后的滤液（含全部锰、钴和镍），在氯化铵存在下，用过硫酸铵将锰氧化为二氧化锰沉淀，而与钴镍分离。然后，将二氧化锰用水洗净，在亚硝酸钠存在下将二氧化锰溶解在硝酸内。煮沸除尽氮氧化物，再进行锰的氧化及滴定：

$$MnO_2 + 2NO_2^- + 4H^+ \longrightarrow Mn^{2+} + 2NO_2 \uparrow + 2H_2O$$

2）在氧化前的溶液内，按钴与镍为 1:4 的比例加入镍溶液（硫酸镍 10g 溶于 96mL 水中，加 1:1 硫酸 4mL）使镍的翠绿色与钴的粉红色互补，使终点易于判别。

（3）钨、镍。含钨量高时（大于 4%），则在溶样时，将生成黄色的钨酸沉淀，干扰终点的观察。可用磷酸溶样，使钨络合为 $H_3PO_4 \cdot 12WO_3$，以消除其干扰。镍存在时，对测锰并无影响，只是滴定到终点时，溶液呈镍离子的翠绿色。

3.6.3　过硫酸铵光度法

3.6.3.1　方法原理

试样经酸溶解后，以硝酸银为催化剂，用过硫酸铵将2价锰氧化为高锰酸，其色泽与锰含量成正比，然后在530nm波长处进行光度测定。

用过硫酸铵氧化锰时，可在加热或室温下进行，因此又可分为加热和室温显色法两种。

（1）加热显色法。本法是在2～3mol/L硫磷酸介质中，在加热煮沸的条件下，用过硫酸铵-银盐将2价锰氧化为高锰酸。加热煮沸时间以15～45s为宜。若煮沸时间不足，锰氧化不完全，煮沸时间过长，高锰酸会部分分解成低价，使结果偏低。本法适用于锰含量在0.010%～2.00%的普碳钢、低合金钢和生铁等试样。

（2）室温显色法。本法是在低酸度0.4～0.8mol/L硝酸介质中，在温度与时间一定下，用过硫酸铵-银盐将2价锰氧化为高锰酸。酸度的改变不仅影响显色时间，而且影响色泽稳定性。试验表明，在室温30℃下，当在硝酸介质中酸度为0.4～0.8mol/L时，显色3min后，吸光度即可稳定。而在0.2mol/L时，显色20min后吸光度才稳定，且重现性差。当酸度提高到1～1.5mol/L时，显色后需放置20min才能稳定，但吸光度略高。同样，温度对显色速度的影响也很大，室温高于28℃一般放置3min即可稳定，室温低时，放置时间需延长。本法稳定性较好，适用于锰含量（质量分数）在0.05%～1%的钢铁试样。

3.6.3.2　干扰元素及其消除

铬、铜、镍、钴等元素因其离子或酸根有色，故干扰测定。

（1）铬。铬在锰氧化时也被氧化成 $Cr_2O_7^{2-}$，对530nm光波有吸收，故干扰锰的测定。铬含量小于2%时，可用参比液法（见镍、铜、钴干扰的消除）予以消除。铬含量高时（如高铬镍钢、不锈钢等），则必须事先除去。除去的方法有高氯酸"挥发"法（加入足量的高氯酸，将铬氧化成六价后再滴加盐酸，使铬生成氯化铬先挥发除去）和氧化锌法（在微酸溶液中，加氧化锌使溶液的pH值增至5.2时，可使铬完全沉淀，借此将铬分离）。一般常用高氯酸"挥发"法。

（2）镍、铜、钴。可用参比液法消除其干扰，即在锰的显色液中用亚硝酸钠或EDTA使 MnO_4^- 的颜色退去，并以此溶液作参比液，可消除上述元素的干扰。

3.6.4　高碘酸钾(钠)光度法

3.6.4.1　方法原理

试样经酸溶解后，在硫酸、磷酸介质中，用高碘酸钠（钾）将锰氧化至7价，在分光光度计上于波长530nm处测其吸光度。

3.6.4.2　酸度的影响

酸浓度低时显色液颜色为棕色，不是高锰酸钾颜色，影响测定准确度。加入 H_3PO_4

可消除 3 价铁的干扰，还可防止氧化过程中形成不溶性二氧化锰沉淀。H_3PO_4 加热时生成焦磷酸，具有很强的络合能力，可以分解合金钢和难溶矿物。但单独使用 H_3PO_4 分解试样的主要缺点是不易掌握，如果温度过高，时间过长，H_3PO_4 会脱水并形成难溶的焦磷酸盐沉淀，使过滤困难。高氯酸具有较强的脱水和氧化能力，可溶解 Fe、Co、Ni 等金属及一些碱性氧化物和弱酸盐，除去低沸点酸 HF、HCl、HNO_3 等酸及氮的氧化物，破坏有机物。因此，H_3PO_4 常与 $HClO_4$ 同时使用，这样既可提高反应的温度条件，又可以防止焦磷酸盐沉淀析出。

3.6.4.3　加热时间的影响

如果加热时间太长，溶液几乎蒸干时，磷酸会脱水并形成难溶的焦磷酸盐沉淀，液体呈浓稠状，过滤困难；而加热时间如果过短，试样分解不够完全，硝酸驱逐不完全，影响测定结果。因此，加热蒸发至冒高氯酸烟为好。

3.6.4.4　共存离子和基体元素的干扰和消除

经过多次试验表明，矿石中常见的某些有色的金属元素如 Cr、Ni、Cu、Co 等，可用亚硝酸钠退色作参比消除其影响；当 SiO_2 含量大于 12% 时，分解试样时可加入几滴 HF 形成 SiF_4 逸去；试样中的还原性物质如 Fe^{2+}、Cl^-、Br^-、S^{2-} 以及氮氧化物等，在磷酸高氯酸混酸冒烟处理后，可消除影响；大量的基体铁元素，在充足的磷酸中可被完全络合，不影响测定。

3.7　铬的测定

铬是合金钢中应用最广的元素之一，它能提高钢的淬火度和淬火以后的变形能力，增加钢的硬度、弹性、抗磁性、抗张力、耐蚀性和耐热性等。铬在钢中的状态比较复杂，有金属状态（存在于铁固溶体中）、碳化物（Cr_4C、Cr_7C_3、Cr_3C_2、Cr_5C_2）、硅化物（Cr_3Si、CrSi、$CrSi_2$）、氮化物（CrN、Cr_2N）及氧化物（Cr_2O_3）等。其中以碳化物（Cr_3C_2、Cr_5C_2）和氮化物状态较为稳定。

铬常与镍、钒、钼等元素同时加入钢中，形成各种性能的钢。一般铬钢含铬量为 0.5%~2%，镍铬钢含铬量为 1%~4%，高速工具钢含铬量为 5%，不锈钢含铬量可达 20% 等。至于普通钢，由于原料（矿石、废钢）中带入残余铬，其含量通常在 0.3% 以下。

3.7.1　测定方法

工厂实用铬的测定方法有滴定法和分光光度法。

（1）滴定法。滴定法又有氧化还原法和络合滴定法。其中以氧化还原法应用最广。

1）氧化还原法。本法是将 3 价铬氧化为 6 价，再以还原剂将其还原为 3 价，根据消耗还原剂的量来计算铬含量。此法常用的氧化剂有过硫酸铵、高氯酸、高锰酸钾等。其中应用最多的是过硫酸铵，其次是高氯酸、高锰酸。常用的滴定剂（还原剂）为亚铁盐溶液。滴定方法有直接滴定和间接滴定。此法快速、准确，适用范围宽，为目前钢铁中铬的分析最广泛采用的方法。

2）络合滴定法。本法是加入过量的金属离子形成铬酸盐沉淀，再以络合剂滴定过量金属离子，或加入过量 EDTA 溶液进行返滴定的方法。此法在钢铁分析中应用很少。

（2）分光光度法。分光光度法主要用于低含量铬的测定，大都是应用有机试剂来进行。分光光度法按照铬的显色反应可分为两类：一类是根据高价铬氧化有机试剂而显色的方法，如二苯基碳酰二肼；另一类是用有机试剂和 3 价铬生成络合物的显色法，如铬天青 S 法。目前国内外普遍采用二苯基碳酰二肼光度法。其测定方案有两种：

1）二苯基碳酰二肼直接光度法，本法简单、快速。其缺点是稳定性和准确度稍差，若严格控制试验条件，也可得到准确的结果；

2）铜铁试剂-三氯甲烷萃取分离，二苯基碳酰二肼光度法。本法采取了萃取分离铁基和其他干扰元素后，准确度较好，适用于低含铬量的测定。其缺点是操作较复杂，成本稍高。

3.7.2 过硫酸铵滴定法

3.7.2.1 方法原理

用硫磷混酸溶解试样，以硝酸破坏碳化物：

$$2Cr_3C_2 + 9H_2SO_4 \longrightarrow 3Cr_2(SO_4)_3 + 4C + 9H_2 \uparrow$$
$$Cr_4C + 12H_3PO_4 \longrightarrow 4Cr(H_2PO_4)_3 + C + 6H_2 \uparrow$$
$$3C + 4HNO_3 \longrightarrow 3CO_2 + 4NO \uparrow + 2H_2O$$

以硝酸银作催化剂，用过硫酸铵氧化铬：

$$Cr_2(SO_4)_3 + 3(NH_4)_2S_2O_8 + 7H_2O \longrightarrow 3(NH_4)_2SO_4 + H_2Cr_2O_7 + 6H_2SO_4$$

用硫酸亚铁铵滴定 6 价铬，根据所消耗硫酸亚铁铵标准溶液的量计算铬的含量：

$$H_2Cr_2O_7 + 6(NH_4)_2Fe(SO_4)_2 + 6H_2SO_4 \longrightarrow Cr_2(SO_4)_3 + 3Fe_2(SO_4)_3 + 6(NH_4)_2SO_4 + 7H_2O$$

3.7.2.2 试样的分解

一般处于固溶体中的铬易溶于盐酸、稀硫酸或高氯酸中。但是铬的碳化物或氮化物，通常要用浓硝酸或加热至冒硫酸或高氯酸烟时才能破坏，有时甚至要在冒硫酸烟的同时滴加浓硝酸时才能破坏。但浓硝酸能使试样表面生成一层氧化膜而钝化，使样品难溶，因此不能单独用浓硝酸溶解试样。在一般情况下，普通钢、低合金钢、高速钢等采用硫磷混酸溶解，硝酸分解氧化。高铬钢及高铬镍钢等采用王水溶解，高氯酸氧化。生铁采用稀硝酸硫酸溶解，过硫酸铵等分解氧化；低碳铬铁采用稀硫酸溶解，硝酸分解氧化。高碳铬铁采用过氧化钠熔融，硫酸酸化等。

3.7.2.3 反应条件

A 3 价铬的氧化

试样溶解时，铬一般以 3 价状态转入溶液中，为了进行测定，首先必须将其定量地转化为 6 价铬：

$$Cr_2O_7{}^{2-} + 6e + 14H^+ \longrightarrow 2Cr^{3+} + 7H_2O$$

从上式可以看出，6 价铬在酸性溶液中是很强的氧化剂，欲把 3 价铬定量地氧化为 6

价，必须应用更强的氧化剂。过硫酸铵在酸性溶液中，是一个极强的氧化剂。它可以定量地氧化 3 价铬，但是它的氧化速度很慢，一般要加入少量 Ag^+ 作为催化剂，以加快反应速度。其反应机理是在反应过程中，有中间产物过氧化银生成，降低了反应时所需的能量，这样，Ag^+ 的存在就大大加快了反应速度。其反应式如下：

$$2Ag^+ + S_2O_8^{2-} \longrightarrow Ag_2S_2O_8$$

$$Ag_2S_2O_8 + 2H_2O \longrightarrow Ag_2O_2 + 4H^+ + 2SO_4^{2-}$$

$$3Ag_2O_2 + 2Cr^{3+} + H_2O \longrightarrow Cr_2O_7^{2-} + 6Ag^+ + 2H^+$$

在氧化时，溶液的酸度对铬的氧化很重要。硫酸浓度大，铬氧化迟缓；硫酸浓度小，锰易析出二氧化锰沉淀。实验证明，硫酸浓度在 1 ~ 1.5mol/L 为宜。

硝酸银的用量也必须足够，否则氧化不完全。每 10mg 铬需 2.5mg 硝酸银。

过硫酸铵的用量一般为 2 ~ 2.5g，约为铬量的 1000 倍，过量的过硫酸铵应当煮沸分解除去。过硫酸铵是强氧化剂，它可以氧化滴定剂。

氧化时，反应应在加热（煮沸）的条件下进行，因为加热可加速 Cr^{3+} 氧化。不过，要注意控制加热（煮沸）的时间和温度。因为温度过高，过硫酸铵的分解速度加快；煮沸时间过长，铬酸也易分解。一般煮沸至铬完全氧化（即溶液呈高锰酸的紫红色）后，再继续煮沸约 5min 至冒大气泡，使过量的过硫酸铵完全分解为宜。由于 MnO_4^-/Mn^{2+} 电对的标准电极电位（1.51V）比 $Cr_2O_7^{2-}/Cr^{3+}$ 电对的标准电极电位（1.33V）高，Mn^{2+} 离子在 Cr^{3+} 被过硫酸铵氧化后才被氧化，因此，当溶液呈紫红色时，就表明 Cr^{3+} 离子已全部被氧化成 Cr^{6+}。

B　6 价铬的还原

在酸性溶液中，以标准亚铁溶液滴定 6 价铬，反应式为：

$$Cr_2O_7^{2-} + 6Fe^{2+} + 14H^+ \longrightarrow 2Cr^{3+} + 6Fe^{3+} + 7H_2O$$

从标准电极电位知，在酸性溶液中，重铬酸根是强氧化剂，Fe^{2+} 是强还原剂，因此 Fe^{2+} 可以定量地将 Cr^{6+} 还原为 Cr^{3+}。

在还原时，反应应在酸性溶液中进行，酸度宜高一些。这是因为 $Cr_2O_7^{2-}/Cr^{3+}$ 电对的标准电极电位与酸度有关。在 8mol/L 硫酸介质中，Fe^{3+}/Fe^{2+} 的标准电极电位为 0.658V，远小于 $Cr_2O_7^{2-}/Cr^{3+}$ 的标准电极电位，有利于亚铁滴定 6 价铬。因此，亚铁滴定铬时酸度宜高些，一般认为 2.5 ~ 3mol/L 硫酸为宜。另外，在滴定液中还应有磷酸存在，因为磷酸可与 Fe^{3+} 形成稳定的络合物，使溶液的 Fe^{3+} 离子浓度减小，Fe^{3+}/Fe^{2+} 电对的电极电位减低，增强 Fe^{2+} 的还原能力。

在还原时，常用于亚铁滴定铬的指示剂有二苯胺、二苯胺磺酸钠、二苯基联苯胺、二苯胺磺酸钡、N-苯基邻氨基苯甲酸等，其中以 N-苯基邻氨基苯甲酸用得最多。N-苯基邻氨基苯甲酸是一种氧化还原指示剂，在酸性溶液中，氧化形为紫红色，还原形为无色。这种指示剂的标准电极电位为 + 0.89V，比重铬酸的标准电极电位（+ 1.33V）低。所以，当亚铁溶液滴定时，标准电极电位高的重铬酸先被还原，当重铬酸被还原后，标准电极电位低的指示剂才被亚铁还原为还原形，达到终点时为 3 价的黄绿色。滴定时，指示剂的用量不能过多，因为指示剂本身具有氧化性，它可以显著地消耗亚铁标准溶液，同时指示剂颜色变化也不很明显，使终点观察较为困难。实验证明，一般加入浓度为 0.2% 的指示剂 2~3 滴即可。还原时，滴定速度不宜过快，特别是将近终点时，应在剧烈摇荡下滴定。

3.7.2.4 干扰元素及其消除

主要的干扰元素为钨、锰及钒。

（1）钨。钨的干扰是由于生成钨酸沉淀，吸附影响终点变色。可加入磷酸与钨结合，消除干扰。实验证明，高钨试样用二苯胺磺酸钠为指示剂时有明显的终点。

（2）锰和钒。锰和钒的干扰，以硝酸银作催化剂，过硫酸铵氧化铬时，锰、钒同时被氧化：

$$2MnSO_4 + 5(NH_4)_2S_2O_8 + 8H_2O \longrightarrow 2HMnO_4 + 5(NH_4)_2SO_4 + 7H_2SO_4$$
$$(VO)_2(SO_4)_2 + (NH_4)_2S_2O_8 + 6H_2O \longrightarrow 2H_3VO_4 + (NH_4)_2SO_4 + 3H_2SO_4$$

当用亚铁标准溶液滴定铬时，V^{5+} 和 Mn^{7+} 也同时被滴定。反应式为：

$$2H_3VO_4 + 2(NH_4)_2Fe(SO_4)_2 + 3H_2SO_4 \longrightarrow (VO)_2(SO_4)_2 + Fe_2(SO_4)_3 + 2(NH_4)_2SO_4 + 6H_2O$$
$$2HMnO_4 + 10(NH_4)_2Fe(SO_4)_2 + 7H_2SO_4 \longrightarrow 2MnSO_4 + 5Fe_2(SO_4)_3 + 10(NH_4)_2SO_4 + 8H_2O$$

1）消除锰的干扰的方法。一般是采用还原剂将 MnO_4^- 还原为 Mn^{2+} 除去之。

① 用氯化钠或盐酸在煮沸的条件下，将 $HMnO_4$ 分解除去：

$$2MnO_4^- + 10Cl^- + 16H^+ \longrightarrow 2Mn^{2+} + 5Cl_2 + 8H_2O$$

值得注意的是，加入氯化钠溶液后，煮沸时间不可太长，而且当 MnO_4^- 还原后，应立即冷却，以免使少量 $Cr_2O_7^{2-}$ 被 Cl^- 还原，使分析结果偏低。一般煮沸时间为 5~8min，可煮至氯化银下沉为止。另外加入氯化钠的量应恰当，若加入量不足时，MnO_4^- 破坏不完全；加入量太多时，易将 6 价铬还原为 3 价，使结果偏低。

② 用亚硝酸钠除去高锰酸，其反应为：

$$2HMnO_4 + 5NaNO_2 + 2H_2SO_4 \longrightarrow 2MnSO_4 + NaNO_3 + 3H_2O$$

过量的亚硝酸钠以尿素分解，其反应式为：

$$(NH_2)_2CO + 2NaNO_2 + H_2SO_4 \longrightarrow CO_2\uparrow + 2N_2\uparrow + Na_2SO_4 + 3H_2O$$

因为过量的亚硝酸钠能将 Gr^{6+} 还原为 Gr^{3+}，造成误差：

$$H_2Cr_2O_7 + 3NaNO_2 + 3H_2SO_4 \longrightarrow Cr_2(SO_4)_3 + 3NaNO_3 + 4H_2O$$

为了消除锰的干扰，也可采用锰、铬连续滴定。即先以亚砷酸钠-硝酸钠标准溶液滴定 MnO_4^-，然后以亚铁标准溶液滴定 $Cr_2O_7^{2-}$，可在同一溶液中同时测定锰和铬。

2）消除钒的干扰的方法。

① 校正法。用亚铁标准溶液滴定铬和钒的合量，然后用其他方法测得钒的含量，最后按 1%V 相当于 0.34%Cr 在结果中减去校正值（即钒的含量乘以 0.34%）即得铬的含量。

② 用高锰酸钾返滴定。先加入过量的亚铁标准溶液将铬还原，再以高锰酸钾标准溶液滴定过量亚铁。这种滴定方式钒无干扰。用亚铁还原铬时，V^{5+} 同时被还原成 V^{4+}：

$$2H_3VO_4 + 2(NH_4)_2Fe(SO_4)_2 + 3H_2SO_4 \longrightarrow (VO)_2(SO_4)_2 + Fe_2(SO_4)_3 + 2(NH_4)_2SO_4 + 6H_2O$$

而当用高锰酸钾返滴过量亚铁时，V^{4+} 又被氧化成 H_3VO_4：

$$5(VO)_2(SO_4)_2 + 2KMnO_4 + 22H_2O \longrightarrow 10H_3VO_4 + K_2SO_4 + 2MnSO_4 + 7H_2SO_4$$

而 Cr^{3+} 在低温的条件下，不被高锰酸钾氧化。

在实际工作时应注意 MnO_4^- 氧化 VO^{2+} 的速度较慢，所以应滴定至溶液呈微红色并保持 2min 不退色为终点。在滴定时，若采用邻菲罗啉作指示剂，用无水醋酸钠调节酸度以提高指示剂的氧化还原电位后，可使高锰酸钾返滴定的终点容易观察。

3.7.3　碳酸钠分离-二苯基碳酰二肼光度法

3.7.3.1　方法原理

试样溶解时，铬以 3 价形式存在于溶液中。为了进行测定，必须首先将 3 价铬氧化至 6 价。最常用的方法是在酸性溶液中以高锰酸钾氧化 3 价铬至 6 价，反应为：

$$5Cr_2(SO_4)_3 + 6KMnO_4 + 11H_2O \longrightarrow 5H_2Cr_2O_7 + 3K_2SO_4 + 6MnSO_4 + 6H_2SO_4$$

加入碳酸钠使一些干扰元素形成沉淀而分离除去。过量的高锰酸钾加入亚硝酸钠还原，过量的亚硝酸钠加入尿素分解。

$$2HMnO_4 + 5NaNO_2 + 2H_2SO_4 \longrightarrow 2MnSO_4 + NaNO_3 + 3H_2O$$
$$(NH_2)_2CO + 2NaNO_2 + H_2SO_4 \longrightarrow CO_2 \uparrow + 2N_2 \uparrow + Na_2SO_4 + 3H_2O$$

以高锰酸钾氧化时，适宜的酸度为 0.5mol/L。然后 6 价铬与二苯基碳酰二肼反应生成紫红色络合物，其最大吸收波长为 540nm。借此可以进行铬的光度测定。

3.7.3.2　试剂的性质

二苯基碳酰二肼为白色结晶，微溶于水，较易溶于醇、酮及冰醋酸中。固体试剂在放置时逐渐变为粉红色，原因是部分二苯基碳酰二肼被空气氧化为二苯基偶氮碳酰肼（橙红色针状结晶，难溶于水，易溶于醇、三氯甲烷和苯）。二苯基碳酰二肼和二苯基偶氮碳酰肼在弱酸性介质中，可与一些重金属离子（如 Cr^{6+}）生成蓝色或紫色络合物。

3.7.3.3　络合物的生成及其条件

6 价铬与二苯基碳酰二肼的反应必须在酸性溶液中进行，适宜酸度为 0.012 ～ 0.145mol/L 硫酸。酸度低，铬显色慢；酸度高，色泽不稳定。在硫酸溶液中颜色可稳定 30min ～ 1h。一般不用盐酸溶液，因其与 Fe^{3+} 生成黄色络合物，干扰铬的测定。

显色时显色剂必须过量，否则当二苯基碳酰二肼量不足时，过量的 $Cr_2O_7^{2-}$ 将进一步氧化紫红色络合物而生成无色化合物。一般 1mol 铬需加入 1.5 ～ 2mol 二苯基碳酰二肼。

习　题

3-1　钢铁有哪些分类方法？

3-2　各元素在钢铁中以什么形式存在，对钢铁的性能产生何种影响？

3-3　钢铁中的碳有哪些测定方法？这些方法的基本原理及特点是什么？

3-4　试述气体容量法测定碳含量的原理。在测定过程中应注意哪些关键问题？

3-5　燃烧气体容量法测碳中为什么要除硫？除硫的方法有哪些？

3-6　钢铁中的硫有哪些测定方法？这些方法的基本原理及特点是什么？

3-7　试述燃烧-碘量法测定硫含量的原理。其结果为何不能按理论因素计算？

3-8 　如何提高硫的转化率？

3-9 　钢铁中的磷有哪些测定方法？这些方法的基本原理及特点是什么？

3-10 　试述氟化钠-氯化亚锡直接光度法测定磷的原理。

3-11 　磷钼杂多酸的组成如何？形成磷钼杂多酸时应注意哪些问题（反应条件）？

3-12 　钢铁中的硅有哪些测定方法？这些方法的基本原理及特点是什么？

3-13 　试述草酸-硫酸亚铁铵法测定硅的原理。

3-14 　磷、砷对硅的测定有无干扰，如何消除？

3-15 　钢铁中的锰有哪些测定方法？这些方法的基本原理及特点是什么？

3-16 　为什么要用亚砷酸钠-亚硝酸钠混合液作高锰酸的还原滴定剂，而不单独采用其中之一？采用亚砷酸钠-亚硝酸钠混合液还原 Mn^{7+} 为 Mn^{2+} 时，为什么必须采用标钢所标定的滴定度计算结果，而不能根据浓度计算结果？

3-17 　试述高碘酸钾（钠）氧化光度法测定锰的原理。

3-18 　试说明过硫酸铵容量法测定铬的原理。在氧化和还原时应注意哪些反应条件？

3-19 　过硫酸铵容量法测定铬的主要干扰元素有哪些，如何消除？

3-20 　在滴定以前加入氯化钠的作用是什么？加入氯化钠的量的多少对测定有何影响？在氧化和滴定时应注意哪些问题？

3-21 　怎样判断试样中铬已全部氧化了？为何钒的氧化在铬之前，锰的氧化在铬之后？

3-22 　试述碳酸钠分离-二苯基碳酰二肼光度法测铬的原理。哪些元素干扰测定？

4　煤的工业分析

　　煤既是重要的燃料，又是珍贵的冶金和化工原料。为了确定煤的各种性质，合理利用煤炭资源，通常先对大批量的煤进行采样和制备，获得具有代表性的煤样，然后再进行煤质分析。

　　煤的工业分析也称煤的实用分析或技术分析，其内容包括煤的水分、灰分、挥发分和固定碳四项测定。利用工业分析结果，可以基本掌握各种煤的质量、工艺性质及特点，确定煤在工业上的实用价值。

4.1　煤工业分析概述

　　煤样是指为确定某些特性而从煤中采取的具有代表性的一部分煤。采样的目的就是为了获得具有代表性的样品，通过其后的制样与分析，掌握煤质特性，从而鉴定煤炭质量，指导煤炭生产和综合加工利用，同时为煤炭销售提供依据。煤是粒度组成与化学组成都极不均匀的混合物，为使煤的分析结果总误差不超过一定的限度，必须正确地掌握煤样的采集和制备方法。

4.1.1　采样基础知识

　　煤样的采集是指在大量煤中采取具有代表性的一部分煤的过程，简称采样。当采集的样品精密度合格，且又不存在系统误差时，说明所采样品具有代表性。煤样的采集应该符合国家标准的规定。

4.1.1.1　采样中常用的基本概念

　　(1) 批。批是指需要进行整体煤质特性测定的一个独立煤量。

　　(2) 采样单元。采样单元是指从一批煤中采取一个总样的煤量，其单位为 t。一批煤可以是一个或多个采样单元。

　　(3) 子样。子样是指应用采样器具机械操作一次或截取一次煤流全横截断所采取的一份煤样。其质量决定于被采煤的最大粒度。子样不是随意在运输工具、煤堆上或煤流中采集的一份样。它必须满足相关标准对采样量、采样点的位置及采样工具或机械的开口宽度等的规定。

　　(4) 总样。总样是指从一个采样单元取出的全部子样合成的煤样。一个总样的子样数决定于煤的品种、采样单元的大小和要求的采样精确度。

　　(5) 分样。分样是由均匀分布于整个采样单元的若干初级子样组成的煤样，分样应保持与总样一样的性质。有时为了进行仲裁或对比试验，需将总样充分混合均匀后，分成 2 份或 3 份，这样的每一份样品也称为分样。

4.1.1.2　采样的基本原理

　　煤炭采样和制样的目的，是为了获得其试验结果能代表整批被采煤样的试验煤样。采样的基本要求，是被采煤的所有颗粒都可能进入采样设备，每一个颗粒都有相等的概率被采入试样中。采样和制样的基本过程，是首先从分布于整批煤的许多点收集相当数量的一批煤，即初级子样，然后将各初级子样直接合并或缩分后合并成一个总样，最后将此总样经过一系列制样程序制成所要求数目和类型的试验煤样。子样的份数由煤的不均匀程度和采样的精密度所决定。子样质量达到一定限度之后，再增加质量就不能显著提高采样的精密度。在所有的采样、制样和化验方法中，误差总是存在的，同时用这样的方法得到的任一指定参数的试验结果也将偏离该参数的真值。由于不能确切了解真值，一个单个结果对真值的绝对偏倚是不可能测定的，而只能对该试验结果的精密度做一估算。对同一煤进行一系列测定所得结果间的彼此符合程度就是精密度，而这一系列测定结果的平均值对一可以接受的参比值的偏离程度就是偏倚。采样精密度与被采样煤的变异性（初级子样方差、采样单元方差）、制样和化验误差、采样单元数、子样数和试样量有关。采样精密度一般用灰分表示，也可用其他煤炭品质参数表示。

在用灰分表示精密度时，一般取空气干燥基灰分的十分之一。精密度确定后，应在例行采样中用双份采样法或多份。

4.1.2　煤样人工采取方法

煤样的子样数目与分布的确定要合理。根据煤的品种、数量及采样方法，可以合理地确定子样数目。子样数目确定后，要布置子样点。子样点的布置要遵循"均匀布点，使每一部分煤都有机会被采出"的原则。本节所讲的煤样人工采取方法符合《商品煤样人工采取方法》（GB 475—2008）的相关规定。

4.1.2.1　每个采样单元子样数目

根据采样单元煤量的不同，子样数目有不同的要求。

（1）采样单元煤量等于1000t 时的子样数目见表4-1。

表4-1　基本采样单元最少子样数

品　种	灰分范围	采样地点				
		煤流	火车	汽车	煤堆	船舶
原煤、筛选煤	>20%	60	60	60	60	60
	≤20%	30	60	60	60	60
精　煤	—	15	20	20	20	20
其他洗煤（包括中煤）	—	20	20	20	20	20

（2）采样单元煤量少于1000t 时，子样数目根据表4-1 子样数按比例递减，但最少不应少于表4-2 的规定数。

表 4-2　采样单元煤量少于 1000t 时的最少子样数

品　种	灰分范围	采样地点				
		煤流	火车	汽车	煤堆	船舶
原煤、筛选煤	>20%	18	18	18	30	30
	≤20%	10	18	18	30	30
精煤	—	10	10	10	10	10
其他洗煤（包括中煤）	—	10	10	10	10	10

（3）煤量超过 1000t 的子样数目，按式（4-1）计算。

$$N = n \sqrt{\frac{m}{1000}} \qquad (4-1)$$

式中　N——实际应采子样数目，个；

　　　n——表 4-1 规定的子样数目，个；

　　　m——实际被采煤量，t。

（4）批煤采样单元数的确定。一批煤可以作为一个采样单元，也可按式（4-2）划分为 m 个采样单元。

$$m = \sqrt{\frac{M}{1000}} \qquad (4-2)$$

式中　m——采样单元数，个；

　　　M——被采煤批量，个。

4.1.2.2　试样质量的确定

（1）总样的最小质量。表 4-3 列出了一般煤样（共用煤样）、全水分煤样和粒度分析煤样的总样或缩分后总样的最小质量。

表 4-3　一般煤样总样、全水分总样、粒度分析煤样的总样或缩分后总样的最小质量

标称最大粒度/mm	一般和共用煤样/kg	全水分总样/kg	粒度分析煤样/kg	
			精密度 1%	精密度 2%
150	2600	500	6750	1700
100	1025	190	2215	570
80	565	105	1070	275
50	170	35	280	70
25	40	8	36	9
13	15	3	5	1.25
6	3.75	1.25	0.65	0.25
3	0.7	0.65	0.25	0.25
1.0	0.10	—	—	—

为保证采样精密度符合要求，当按式(4-3)计算的子样质量和按表 4-1、表 4-2 给出的子样数采样但总样质量达不到表 4-3 规定值时，应增加子样质量或子样数直至质量符合要

求。否则，采样精密度很可能会下降。

（2）子样质量。

1）子样最小质量。子样最小质量按式（4-3）计算，但最少为 0.5kg。表4-4 给出了部分粒度的初级子样或缩分后子样最小质量。

$$m_a = 0.06d \qquad\qquad (4-3)$$

式中　m_a——子样最小质量；

　　　d——被采样煤标称最大粒度。

表4-4　部分粒度的初级子样最小质量

标称最大粒度/mm	子样质量参考值/kg
100	6.0
50	3.0
25	1.5
13	0.8
≤6	0.5

2）子样平均质量。当按每个采样单元子样数规定的子样数和按子样最小质量规定的最小子样质量采取的总样质量达不到表4-3 规定的总样最小质量时，应将子样质量增加到按式（4-4）计算的子样平均质量。

$$\bar{m} = \frac{m_g}{n} \qquad\qquad (4-4)$$

式中　n——子样数目；

　　　$\bar{m}$——子样平均质量；

　　　m_g——总样最小质量。

4.1.2.3　采样地点的确定

（1）车厢中采样地点的确定。在火车车厢上采样，所采子样数目和每个子样的质量应按下述规定要求进行。子样点布置方法有斜线三点法和斜线五点法，如图 4-1 所示。子样布置在车皮对角线上，首末 2 个子样距车角 1m，其余各子样等距离分布于首末 2 个子样之间。

原煤和筛选煤按图 4-1（a）所示，每车采取 3 个子样；精煤、其他洗煤和粒度大于 100mm 的煤块按图 4-1（b）所示，以五点循环方式，每车采取 1 个子样。各车的对角线方向应一致。

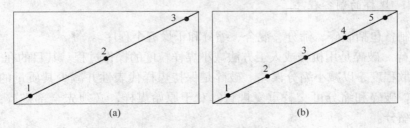

图 4-1　火车顶部采样的子样点布置图

（a）斜线三点法；（b）斜线五点法

当以不足 6 节车皮为一采样单元时，依据"均匀布点，使每一部分煤都有机会被采出"的原则分布子样点。此时，原煤、筛选煤应至少采取 18 个子样；精煤、其他洗煤（包括中煤）和粒度大于 100mm 的煤块至少采取 6 个子样。如果一节车皮的子样数超过 3 个（对原煤、筛选煤）或 5 个（对精煤、其他洗煤），多出的子样可分布在交叉的对角线上，如图 4-2 所示，也可分布在车皮平分线上。当原煤和筛选煤以一节车皮为一采样单元时，18 个子样既可分布在两交叉的对角线上，也可分布在图 4-3 所示的 18 个方块中。

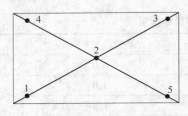

1	4	7	10	13	16
2	5	8	11	14	17
3	6	9	12	15	18

图 4-2　对角线平分法　　　　　　图 4-3　18 方块法

（2）船舱中采样地点的确定。船舱中采样点按煤量多少均匀分布在船的首、中、尾各舱中，采样原则与火车上采样相同。

（3）煤堆中采样地点的确定。煤堆的采样应当在堆或卸煤过程中，或在迁移煤堆过程中，于皮带输送煤流上，小型运输工具如汽车上、堆卸过程中的各层新工作表面上，斗式装载机卸下的煤上及刚卸下并未与主堆合并的小煤堆上采取子样。在迁移过程中采样的方式采样。

子样的数目、质量仍按表 4-1、表 4-2、表 4-3 的规定确定。

煤堆上的采样点，应根据煤堆的外形均匀布置在煤堆的顶、腰和底部，最低的部位应距地面 0.5m。采样时，应除去 0.2m 表面煤层。

4.1.3　煤样的制备

煤炭是一种化学组成和粒度组成都很不均匀的混合物，采样量一般较大。煤样采集之后，不可能直接进行分析检验，还需经过制样过程，由大量的总样中分取出很少一部分组成和总样基本一致的试样。

制样就是使煤样达到分析或试验状态的过程，制样是按一定方法将原始煤样的质量逐渐减少到分析煤样所需要的质量，而使其化学组成和物理性质与原始煤样保持一致。

4.1.3.1　煤样的制备程序

煤样的制备包括破碎、筛分、混合、缩分和干燥五个程序。

（1）破碎。破碎是用机械或人工方法减小煤样粒度的操作过程。其目的在于增加不均匀物质的分散程度，以减小缩分误差。破碎是保持煤样代表性并减少其质量的准备工作。一般情况下，破碎和缩分可交替重复进行。对于原始煤样，必须先全部破碎到 25mm 以下，才允许缩分。

（2）筛分。筛分是用选定孔径的筛子从煤样中分选出不同粒级煤的过程。其目的是将不符合要求的大粒度煤样分离出来，进一步破碎到规定程度，保证各不均匀物质达到一定的分散程度以降低缩分误差。如果制备一般分析试验煤样，不宜使用筛分，因筛出物破碎后再并入原样时很难混合均匀。方孔筛和圆孔筛在煤样的制备过程中均可使用。

（3）混合。混合是将煤样各部分互相掺和的操作过程。其目的在于用人为的方法促使不均匀物质分散，使煤样尽可能均匀化，以减小下一步缩分的误差。

目前普通还是采用人工混合，并以铲子、铁锨为主要混合工具。国家标准规定，掺和至少需三遍，煤样的混合应在制样室内的制样钢板上进行。混合时，普遍常采用堆锥法。堆锥法是将破碎至一定粒度的煤样，用铁铲在钢板上堆成一个圆锥体。然后，围绕物料堆，由圆锥体底部一铲一铲地将物料铲起，在距圆锥体一定距离的部位堆成另一个圆锥体。每一铲物料都必须由锥顶自然洒落，而且每铲一铲都必须向同一方向移动一铲的距离。堆锥操作需重复三次。混合工序只有在堆锥四分法、棋盘式缩分法和九点法筛分全水分煤样时才需要；二分器缩分和其他以多子样抽取为基础的缩分则不需要。

（4）缩分。缩分是将试样分成具有代表性的几部分，使一份或多份留下来的操作过程。其目的在于从大量煤样中取出一部分煤样，而不改变物料平均组成。缩分是制样最关键的程序。煤样缩分可分为人工缩分法和机械缩分法。人工缩分法包括堆锥四分法、棋盘式缩分法和九点缩分法；机械缩分法可采用二分器、联合破碎缩分机等工具和设备。为减少人为误差，应尽量使用机械方法缩分。当机械缩分破坏试样完整性，如水分损失、粒度离析等时，应该用人工方法缩分。人工方法本身会造成偏倚，特别是当缩分煤量较大时。

1）人工缩分法。

① 堆锥四分法。此法兼有混合和缩分的操作。用堆锥法将煤样堆成圆锥体后，用平板将物料堆由中心向四周压成厚度均匀的圆形平堆，然后用十字板通过平堆的圆心，将平堆分成四个相等的扇形，如图4-4所示。弃去其中相对的两个扇形体，另外两个扇形体则进一步破碎、混合、缩分。

② 棋盘缩分法。此法是将物料排成一定厚度的均匀薄层，然后用铁皮做成的有若干个长宽各为 25～30mm 的隔板将物料薄层分割成若干个小方块，如图4-5所示。再用平底小方铲每间隔一个小方块铲出一个小方块，将其他抛弃或保存。剩余的部分继续进行破碎、混合、缩分。

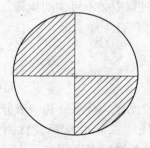

图4-4　堆锥四分法示意图

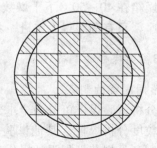

图4-5　棋盘缩分法示意图

③ 九点缩分法。此法只适用于全水分煤样的缩分。此法是用堆锥四分法将试样掺和一次后摊开成厚度不大于试样最大粒度3倍的圆饼状，然后用与棋盘式缩分法类似的取样铲和操作从图4-6所示的9点中取9个子样，合成一份全水分煤样。

2）机械缩分法。机械缩分法可对未经破碎的单个子样、多个子样或总样进行，也可对破碎到一定粒度的试样进行。缩分可采用定质量缩分或定比缩分方式。缩分时，各次切割样质量应均匀，为此，供入缩分器的煤流应均匀，切割器开口应固定，供料方式应使煤流的粒度离析减到最小。为最大限度地减小偏倚，缩分时，第一次切割应在第一切割间隔内随机进行。对第二和第三缩分器，后一切割器的切割周期不应和前一切割器切割周期重合。对于定质量缩分，切割间隔应随被缩分煤的质量成比例变化，以使缩分出的试样质量一定。对于定比缩分，切割间隔应固定，与被缩分煤的质量变化无关，以使缩分出的试样质量与供料质量成正比。

二分器是常见的缩分工具，具有混合和缩分的双重功能，它由一列平行而交错的宽度相等的斜槽组成，其坡度不小于60°，如图4-7所示，用以缩分小于13mm的煤样。二分器开口宽度应为煤最大粒度的3倍，但不应小于5mm。使用时，用宽度和缩分器进料口相等的铁铲将物料缓缓倾入缩分器，物料由两侧流出，被平均分成两份。其中一份可以抛弃或保存，另一份则继续进一步破碎、混合、缩分。

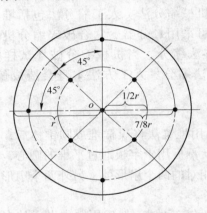

图 4-6　九点缩分法示意图

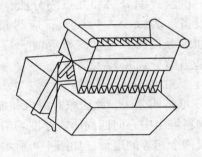

图 4-7　二分器

（5）空气干燥。空气干燥是除去煤样中大量水分的操作过程，其目的在于使煤样顺利通过破碎机、筛子、缩分机或二分器。干燥时，一般经自然干燥达空气干燥状态，也可以用恒温干燥箱在40~50℃下干燥数小时。干燥不是制样过程中必不可少的步骤，因此没有固定的次序，只有潮湿得无法进一步破碎和缩分的煤样才进行干燥。

4.1.3.2　煤样的制备过程

A　不同煤样的制备

煤质分析试验煤样可分为全水分煤样、一般分析试验煤样、全水分和一般分析试验共用煤样、粒度分析煤样、其他试验（如哈氏可磨指数测定、二氧化碳反应性测定）等煤样。煤样制备是规范性很强的操作过程，必须按照相关的标准要求进行。

（1）全水分煤样的制备。全水分测定煤样应满足 GB/T 211 要求，水分专用煤样的一般制备程序如图4-8所示。

图4-8所示程序仅为示例，实际制样中可根据具体情况予以调整。当试样水分较低而且使用没有实质性偏倚的破碎缩分机械时，可一次破碎到6mm，然后用二分器缩分到

1.25kg；当试样量和粒度过大时，也可在破碎到
13mm 前，增加一个制样阶段。但各阶段的粒度
和缩分后试样质量应符合表 4-3 要求。

　　制备完毕的全水分煤样应储存在不吸水、不
透气的密封容器中（装样量不得超过容器容积的
3/4）并准确称量。煤样制备后应尽快进行全水
分测定。

　　制样设备和程序应根据 GB/T 19494.3 所述进
行精密度和偏倚试验，偏倚试验可采取下述方法
之一进行：

　　1）与未被破碎的煤样的水分测定值进行对
比，但该法只适用于粒度在 13mm 以下的煤样。

　　2）与人工多阶段制样——测定程序测定值
进行对比（即先空气干燥测定外在水分，再破碎
到适当粒度测定内在水分，计算全水测定值，再
进行对比）。但应使用密封式、空气流动小的破
碎机和二分器制样。

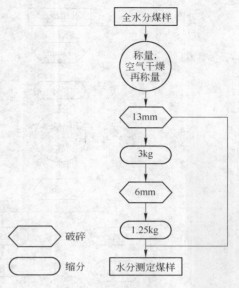

图 4-8　水分专用煤样的一般制备程序

　　（2）一般分析试验煤样的制备。一般分析试验煤样的粒度、质量和完整性应满足一般
物理化学特性参数测定有关国家标准要求。制样程序如图 4-9 所示。

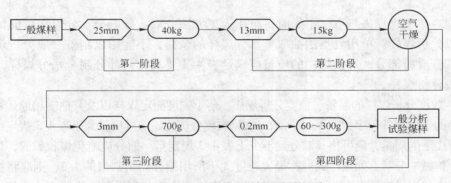

图 4-9　一般分析试验煤样的制备程序

　　每个阶段由干燥（需要时）、破碎、混合（需要时）和缩分构成。为了减少缩分误
差，制样阶段应尽量少，一般为 2 ~ 3 个阶段。必要时可根据具体情况改变各阶段的粒度
和留样量。

　　制备好的煤样应装入煤样瓶，装样量不应超过煤样瓶容积的 3/4，以便取样时混合。

　　（3）共用煤样的制备。在多数情况下，为了方便，一般都一次采取同时用于全水分测
定和一般分析试验的共用煤样。制备共用煤样时，应同时满足 GB/T 211 和一般分析试验
项目国家标准的要求，包括试样粒度、试样量和试样完整性等。其制备程序如图 4-10
所示。

　　全水分煤样最好用经试验证明无实质性偏倚的机械缩分器分取；当水分过大、质量过

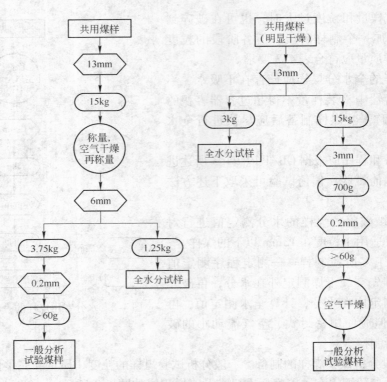

图 4-10　由共用煤样制备全水分和一般分析试验煤样程序

大，不能对整个煤样进行空气干燥时，可用人工方法分取。分取全水分煤样后的留样用以制备一般分析煤样。单用九点法抽取全水分煤样的余样，不能用以制备一般分析煤样。必须先将其分成两部分，每份煤样的质量应满足表 4-3 要求，一部分制全水分煤样，另一部分制一般分析煤样。

（4）粒度分析煤样的制备。粒度分析煤样、落下强度测定煤样以及其他需用原始粒度煤样进行试验的煤样制备程序如图 4-11 所示。如果粒度分析原始煤样质量大于表 4-3 规定的相应标称最大粒度下的质量，则可将其缩分到不少于表 4-3 规定量。缩分应避免煤粒破碎，最好用人工方法。机械缩分时，如煤样的标称最大粒度大于所用缩分器切割口的 1/3，则应将粒度大于切割口 1/3 的煤样筛分出来单独进行粒度分析，将筛下物缩分到质量不少于表 4-3 规定量后进行粒度分析。取筛上和筛下物粒度分析的加权平均值为最后结果。

（5）其他试验煤样。其他试验煤样，如落下强度、可磨性、磨损度、热稳定性结渣性、二氧化碳反应性以及煤的焦化指标测定煤样，可按图 4-11 所示程序制备。有特殊粒度要求的试验项目煤样，应在相应阶段、使用相应设备制备。破碎应用逐级破碎法，即只使大于要求粒度的煤粒破碎，小于要求粒度的煤粒不再重复破碎。

（6）存查煤样。存查煤样在原始煤样制备的同时、用相同的程序于一定的制样阶段分取。存查煤样的粒度和质量应根据测试项目和试验室的存放能力而定。

存放煤样应尽可能减少缩分，缩分到最大可储存量即可；也不要过分破碎，破碎到从表 4-3 查到的与最大存储量相应的标称最大粒度即可。如无特殊需要，一般可以取 700g 粒度为 3mm 的试样为存查煤样。

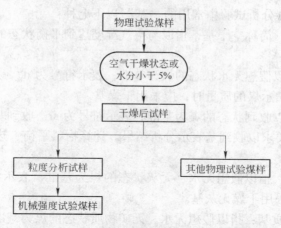

图 4-11　粒度分析和其他物理试验煤样制备程序

存查煤样的保存期根据需要和试验室的存放能力而定，其最长期限不能超过煤炭品质发生显著变化的最短时间。对商品煤样，一般存放期限为从结果报出日算起的 2 个月。

B　分析试验煤样制备应注意的问题

（1）煤样室（包括制样、储样、干燥、减灰等房间）应宽大敞亮，有防尘设备，不受风雨及外来灰尘的影响。

（2）制样室应为水泥地面，堆掺缩分区还需要在水泥地面上铺厚度 6mm 以上的钢板。

（3）储存煤样的房间不应有热源，不受强光照射，无任何化学药品。

（4）制样应在专门的制样室中进行，制样中应避免样品污染，每次制样后应将制样设备清扫干净，制样人员在制备煤样的过程中，应穿专用鞋。

对不易清扫的密封式破碎机和联合破碎缩分机，只用于处理单一品种的大量煤样时，处理每个煤样之前，可用被采样的煤通过机器予以"冲洗"，弃去"冲洗"煤后再处理煤样。处理完之后，应反复开、停机器几次，以排净滞留煤样。

（5）在下列情况下应对制样程序和设备进行精密度核验和偏倚试验：

1）首次采用或改变制样程序时；

2）新的缩分机和制样系统投入使用时；

3）对制样精密度产生怀疑时；

4）其他认为须检验制样精密度时。

4.1.4　煤质分析试验中的常用基准

在煤炭勘探、采选、运输和贸易的众多领域中，煤的工业分析、元素分析及其他煤质分析项目的测定数据具有广泛的用途。为了统一标准和使用方便，中国现行国家标准 GB/T 3715—2007《煤质及煤分析有关术语》和 GB/T 483—2007《煤质分析试验方法一般规定》规定了煤质和煤分析的有关术语、定义、基准及符号。

煤的工业分析、元素分析及其他煤质分析结果，必须用一定的基准来表示。所谓"基准"（简称"基"），就是表示分析结果是以什么状态下的煤样为基础而得出的。基准若不一致，同一分析项目的计算结果会有很大差异。各种煤的同类分析数据只有在统一的基准下才能进行比较。煤碳分析试验中常用的"基"以下七种：

（1）空气干燥基：简称空干基，指以与空气湿度达到平衡状态的煤为基准，表示符号为 ad。

（2）干燥基：指以假想无水状态的煤为基准，表示符号为 d。一般在生产中用煤的灰分、硫分、发热量来表示煤的质量时，应采用干燥基。

（3）收到基：指以收到状态的煤为基准，表示符号为 ar。收到基指标在煤炭运销中使用较多，一般用户都要求以收到基表示分析结果。计算物料平衡、热平衡时，也须采用收到基。

（4）干燥无灰基：指以假想无水、无灰状态的煤为基准，表示符号为 daf。在研究煤的有机质特性时，常采用干燥无灰基。

（5）干燥无矿物质基：指以假想无水、无矿物质状态的煤为基准，表示符号为 dmmf。

（6）恒湿无灰基：指以假想的含最高内在水分、无灰状态的煤为基准，表示符号为 maf。

（7）恒湿无矿物质基：指以假想的含最高内在水分、无矿物质状态的煤为基准，表示符号为 mmmf。

上述基准中，由实验室直接测定出的结果一般均是空气干燥基结果，用户可根据需要换算为其他标准。

4.2　水分的分析

4.2.1　煤中水分的存在形式

煤中水分的来源是多方面的。首先在成煤过程中，成煤植物遗体堆积在沼泽或湖泊中，水因此进入煤中；其次是煤层形成后，地下水进入煤层的缝隙中；第三是在水力开采、洗选和运输过程中，煤接触雨、雪或潮湿的空气。

煤中的水分按照它的存在状态及物理化学性质，可分为外在水分、内在水分及化合水三种类型。

（1）外在水分（M_f）。外在水分是指在一定条件下煤样与周围空气湿度达到平衡失去的水分。外在水分在煤的开采、运输、储存和冲洗过程中，附着在煤的颗粒表面以及直径大于 10^{-5} cm 的毛细孔中。含有外在水分的煤称为"收到煤"，即指刚开采出来，或使用单位刚刚收到，或即将投入使用状态时的煤。

除去外在水分的煤样称为"空气干燥煤样"，也称为"分析煤样"，因此分析煤样中的水分仅为内在水分。

（2）内在水分（M_{inh}）。内在水分是指在一定条件下达到空气干燥状态时所保留的水分，它以吸附或凝聚方式存在于煤粒内部直径小于 10^{-5} cm 的小毛细孔中，较难蒸发，加热到 105～110℃时才能蒸发。失去内在水分的煤称为"空气干燥煤"。工业分析一般测定空气干燥煤样水分，即煤的内在水分。

煤的外在水分与内在水分的总和称为煤的全水分，简记符号为 M_t。煤的外在水分与内在水分是以机械方式及物理化学方式与煤结合，通常称为游离水。煤中的游离水在常压下 105～110℃经一定时间干燥即可全部蒸发。

（3）化合水。煤中的化合水是指以化学方式与矿物质结合、有严格的分子比、在全水分测定后仍保留下来的水分，即通常所说的结晶水和结合水。化合水在煤中含量不大，通常要在200℃甚至500℃以上才能析出。例如，石膏（$CaSO_4 \cdot 2H_2O$）、高岭石[$Al_2Si_2O_5(OH)_3$]中的化合水，含量不大且必须在更高的温度下才能失去。因此煤的工业分析中，一般不考虑化合水，只测定游离水。

煤中水分含量的变化范围很大，可以由煤的水分含量大致推断煤的煤化程度，其中内在水分与煤化程度的关系见表4-5。

表 4-5　煤中内在水分与煤的煤化程度的关系

煤　种	$M_{inh}/\%$	煤　种	$M_{inh}/\%$
泥炭	5～25	焦煤	0.5～1.5
褐煤	5～25	瘦煤	0.5～2.0
长焰煤	3～12	贫煤	0.6～2.5
气煤	1～5	年轻无烟煤	0.7～3
肥煤	0.3～3	年老无烟煤	2～9.5

由表4-5可见，煤中的内在水分随煤的煤化程度加深而呈规律性变化：从泥炭→褐煤→烟煤→年轻无烟煤，内在水分逐渐减小，而从年轻无烟煤→年老无烟煤，水分又有所增加。这主要是因为煤的内在水分随煤的内表面积变化而变化，内表面积越大，小毛细孔愈多，内在水分也愈高。煤在变质过程中，随着煤化程度增高，煤的内表面积减小，致使吸附水分逐渐减小。另外，低煤化程度煤中有较多的亲水基团，随着煤化程度的加剧，这些官能团也逐渐减少，因而水分含量降低。到高煤化的无烟煤阶段，煤分子排列更加整齐，内表面积增大，所以水分含量略有提高。

经风化后的煤，内在水分增加，因此，煤的内在水分的大小，也是衡量煤风化程度的标志之一。煤中的化合水与煤的煤化程度没有关系，但化合水多，说明含化合水的矿物质多，会间接地影响煤质。

4.2.2　全水分的测定

4.2.2.1　测定方法

GB/T 212—2008规定，煤中全水分别可采用三种方法——方法A（通氮干燥法）、方法B（空气干燥法）和方法C（微波干燥法）进行测定。各种方法的测定要点及适用范围见表4-6。

4.2.2.2　测定步骤

A、B、C三种方法的测定步骤如下。

（1）两步法：包括方法A1（在氮气流中干燥）和方法A2（在空气流中干燥）。

第一步（测定外在水分）：在预先干燥和已称量过的称量瓶内称取粒度小于13mm的煤样（500±10）g，称准至0.01g，平摊在称量瓶中。在温度不高于40℃的环境下干燥到质量恒定（连续干燥1h，质量变化不超过0.5g）。

表 4-6　煤中全水分测定方法及要点

方法代号	方法名称	方法提要	适用范围
方法 A （两步法）	方法 A1 （在氮气流中干燥）	称取粒度小于 13mm 的煤样，在温度不高于 40℃ 的环境下干燥到质量恒定，再将煤样破碎到粒度小于 3mm，在干燥氮气（空气）中，于 105～110℃ 干燥至质量恒定，然后根据煤样的质量损失计算全水分的含量	对各种煤种均适用
	方法 A2 （在空气流中干燥）		适用于烟煤及无烟煤
方法 B （一步法）	方法 B1 （在氮气流中干燥）	称取一定量粒度小于 6mm 的煤样，在氮气流中，于 105～110℃ 干燥至质量恒定，然后根据煤样的质量损失计算全水分的含量	对各种煤种均适用
	方法 B2 （在空气流中干燥）	称取一定量粒度小于 13mm（或小于 6mm）的煤样，在空气流中，于 105～110℃ 干燥至质量恒定，然后根据煤样的质量损失计算全水分的含量	适用于烟煤及无烟煤
C	微波干燥法	称取一定量粒度小于 6mm 的煤样，置于微波炉内，煤中水分在微波发生器的交变电场作用下，高速振动产生摩擦热，使水分迅速蒸发，根据煤样干燥质量损失计算全水分的含量	适用于烟煤及褐煤水分的快速测定

　　第二步（测定内在水分）：立即将测定外在水分后的煤样破碎到粒度小于 3mm，在预先干燥和已称量过的称量瓶内称取煤样（10±1）g，称准至 0.001g，平摊在称量瓶中。在干燥氮气（空气）中，于 105～110℃ 干燥箱中干燥，烟煤干燥 1.5h，褐煤和无烟煤干燥 2h。从干燥箱中取出称量瓶，立即盖上盖，放入干燥器中冷却至室温（约 20min）后称量，称准至 0.001g。进行检查性干燥，每次 30min，直到连续两次干燥煤样质量的减少不超过 0.01g 或质量增加时为止。在后一种情况下，采用质量增加前一次的质量为计算依据。水分在 2.00% 以下时，不必进行检查性干燥。

　　(2) 方法 B：包括方法 B1（在氮气流中干燥）和 B2（在氧气流中干燥）。

　　1）方法 B1（在氮气流中干燥）。

　　第一步：在预先干燥和已称量过的称量瓶内称取粒度小于 6mm 的煤样 10～12g，称准至 0.001g，平摊在称量瓶中。

　　第二步：打开称量瓶盖，放入预先鼓风预先鼓风是为了使温度均匀并加热到 105～110℃ 的干燥氮气干燥箱中。烟煤干燥 2h，褐煤和无烟煤干燥 3h。

　　第三步：从干燥箱中取出称量瓶，立即盖上盖，在空气中干燥 5min，放入干燥器中冷却至室温（约 20min）后称量，称准至 0.001g。

　　第四步：进行检查性干燥，每次 30min，直到连续两次干燥煤样质量的减少不超过 0.01g 或质量增加时为止。在后一种情况下，采用质量增加前一次的质量为计算依据。

　　2）方法 B2（空气干燥法）：适用于粒度小于 13mm 煤样的全水分测定。

　　第一步：在预先干燥并已称量过的称量瓶内称取粒度小于 13mm 的煤样（500±10）g，称准至 0.1g，平摊在称量瓶中。

　　第二步：将浅盘放入预先鼓风预先鼓风是为了使温度均匀并加热到 105～110℃ 的干燥

空气干燥箱中。在鼓风条件下，烟煤干燥 2h，褐煤和无烟煤干燥 3h。

第三步：将浅盘取出，趁热称量，称准至 0.1g。

第四步：进行检查性干燥，每次 30min，直到连续两次干燥煤样质量的减少不超过 0.5g 或质量增加时为止。在后一种情况下，采用质量增加前一次的质量为计算依据。

（3）方法 C（微波干燥法）。

第一步：将微波水分干燥仪进行调节，在预先干燥并已称量过的称量瓶内称取粒度小于 6mm 的煤样 10～12g，称准至 0.001g，平摊在称量瓶中。

第二步：打开称量瓶盖，放入测定仪旋转盘规定区域内，关上门，接通电源，仪器开始工作，直至工作程序结束。

第三步：打开门，取出称量瓶，立即盖上盖，在空气中放置 5min，放入干燥器中冷却至室温（约 20min），称准至 0.001g。

4.2.2.3 结果计算

（1）方法 A。按照式(4-5)计算外在水分：

$$M_f = \frac{m_1}{m} \times 100\% \tag{4-5}$$

式中 M_f——煤样的外在水分；

m——称取小于 13mm 煤样的质量，g；

m_1——干燥后煤样减少的质量，g。

按照式(4-6)计算内在水分：

$$M_{inh} = \frac{m_2}{m_3} \times 100\% \tag{4-6}$$

式中 M_{inh}——煤样的内在水分；

m_2——称取小于 3mm 煤样的质量，g；

m_3——干燥后煤样减少的质量，g。

按照式(4-7)计算全水分，即收到基全水分：

$$M_t = M_f + \frac{100 - M_f}{100} \times M_{inh} \tag{4-7}$$

式中 M_t——煤样的全水分，%；

M_f——煤样的外在水分，%；

M_{inh}——煤样的内在水分，%。

需要指出的是：虽然全水分等于外在水分和内在水分之和，但外在水分以收到基为基准，而内在水分以空气干燥基为基准，因基准不同，不能直接相加，必须经过换算，将空气干燥基内在水分换算成收到基内在水分，才能与收到基外在水分相加得出全水分，即收到基全水分。

（2）方法 B 和方法 C。按式(4-8)计算全水分测定结果：

$$M_t = \frac{m_1}{m} \times 100\% \tag{4-8}$$

式中 M_t——煤样的全水分；

m —— 称取煤样的质量，g；

m_1 —— 干燥后煤样减少的质量，g。

【例 4-1】　对某一煤样测定全水分时，样品盘质量为 452.30g，样品质量为 501.10g，干燥后称量，样品盘及样品质量为 901.60g，检查性干燥后称量为 901.80g，此煤样的全水分为多少？

解： 因检查性干燥后，煤样质量有所增加，故采用第一次称量的质量 901.60g 进行计算。

$$M_t = \frac{m_1}{m} \times 100\% = \frac{452.30 + 501.10 - 901.60}{501.10} \times 100\% = 10.3\%$$

【例 4-2】　某收到煤样的质量是 1000.00g，经空气干燥后质量为 900.00g，用空气干燥煤样测定内在水分，两次重复测定结果见表 4-7。求收到煤样的全水分。

表 4-7　收到煤样的测定结果

煤　样	煤样 I	煤样 II
煤样质量/g	10.0000	10.00000
105℃ 干燥后煤样质量/g	9.5120	9.4840

解： 首先求收到煤样的外在水分 M_f。

$$M_f = \frac{1000.00 - 900.00}{1000.00} \times 100\% = 10.00\%$$

再求空气干燥煤样的内在水分 M_{inh}。

煤样 I　　　　　　　$M_{inh1} = \frac{10.0000 - 9.5120}{10.0000} \times 100\% = 4.88\%$

煤样 II　　　　　　 $M_{inh2} = \frac{10.0000 - 9.4840}{10.0000} \times 100\% = 5.16\%$

煤样内在水分的平均结果 $M_{inh} = \frac{M_{inh1} + M_{inh2}}{2} \times 100\% = \frac{4.88 + 5.16}{2} \times 100\% = 5.02\%$

由式（4-7）求收到煤样的全水分 M_t。

$$M_t = M_f + M_{inh} \times \frac{100 - M_f}{100}$$

$$= 10.00\% + 5.02\% \times \frac{100 - 10.00}{100} = 14.7\%$$

4.2.3　一般分析试样煤样水分的测定

按 GB/T 212—2008 的规定，一般分析试验煤样水分的测定有方法 A（通氮干燥法）和方法 B（空气干燥法）。

4.2.3.1　方法 A（通氮干燥法）

此法适用于所有煤种。在仲裁分析中遇到有用空气干燥煤样水分进行校正的以及基的换算时，应采用方法 A 测定空气干燥煤样的水分。

（1）测定原理。称取一定量的空气干燥煤样，置于 105～110℃ 干燥箱中，在干燥氮气流中干燥到质量恒定。然后根据煤样的质量损失计算出水分的质量分数。

（2）测定方法。

1）用预先干燥并已经称量过的称量瓶称取粒度小于 0.2mm 的一般分析试验煤样 (1±0.1)g，称准至 0.0002g，平摊在称量瓶中。

2）打开称量瓶盖，放入预先通入干燥氮气 10min 并加热到 105～110℃ 的干燥箱中。烟煤干燥 1.5h，褐煤和无烟煤干燥 2h。

3）从干燥箱中取出称量瓶，立即盖上盖，放入干燥器中冷却至室温（约 20min）后称量。

4）进行检查性干燥，每次 30min，直到连续两次干燥煤样质量的减少不超过 0.0010g 或质量增加时为止。水分小于 2.00% 时，不必进行检查性干燥。

4.2.3.2　方法 B（空气干燥法）

此法仅适用于烟煤和无烟煤。

（1）测定原理。称取一定量的一般分析试验煤样，置于 105～110℃ 干燥箱内，于空气流中干燥到质量恒定。根据煤样的质量损失计算出水分的质量分数。

（2）测定方法。

1）用预先干燥并已经称量过的称量瓶称取粒度小于 0.2mm 的一般分析试验煤样 (1±0.1)g，称准至 0.0002g，平摊在称量瓶中。

2）打开称量瓶盖，放入预先鼓风 10min 并已加热到 105～110℃ 的干燥箱中。在一直鼓风的条件下，烟煤干燥 1h，褐煤和无烟煤干燥 1.5h。

3）从干燥箱中取出称量瓶，立即盖上盖，放入干燥器中冷却至室温（约 20min）后称量。

4）进行检查性干燥，每次 30min，直到连续两次干燥煤样质量的减少不超过 0.0010g 或质量增加时为止。水分小于 2.00% 时，不必进行检查性干燥。

4.2.3.3　结果计算

两种方法的一般分析试验水分的质量分数按式（4-9）计算。

$$M_{ad} = \frac{m_1}{m} \times 100\% \qquad (4-9)$$

式中　M_{ad}——一般分析试验的水分的质量分数；

　　　m——称取的一般分析试验的质量，g；

　　　m_1——一般分析试验干燥后失去的质量，g。

4.2.4　煤中水分对煤工业加工利用的影响

水分是煤中的不可燃成分。它的存在对煤的加工利用通常是有害的，表现在以下几个方面。

（1）造成运输浪费。水分含量越大，则运输负荷越大。特别是在寒冷地区，水分容易冻结，造成装卸困难，解冻又需要消耗额外的能耗。

（2）引起储存负担。煤中水分随空气温度而变化，煤易氧化变质，煤中水分含量越高，要求相应的煤场、煤仓容积越大，输烘设备的选型也随之增加，势必造成投资和管理的负担。

（3）增加机械加工的困难。煤中水分过多，会引起粉碎、筛分困难，既容易损坏设备，又降低了生产效率。

（4）延长炼焦周期，增加能耗。炼焦时，煤中水分的蒸发需消耗热量，增加焦炉能耗，延长了结焦时间，降低了焦炉生产效率。煤中水分每增加1%，结焦时间延长 20～30min。水分过大，还会损坏焦炉，缩短焦炉使用年限。此外，炼焦煤中的各种水分（包括热解水）全部转入焦化剩余氨水中，增大了焦化废水处理负荷。一般规定炼焦精煤的全水分应在12.0%以下。

（5）降低发热量。煤作为燃料，水分在气化和燃烧时，成为蒸汽，蒸发时需消耗热量，每增加1%的水分，煤的发热量降低0.1%。例如粉煤悬浮床气化炉 K-T 炉要求煤粉的全水分在1%～5%。

但是，在现代煤炭加工利用中，有时水分高反而是一件好事，如煤中水分可作为加氢液化和加氢气化的供氢体。燃烧粉煤时，若煤中含有一定水分，可适当改善炉膛辐射，有效减少粉煤的损失。

4.3　灰分和矿物质的分析

煤中的矿物质是指煤中的无机物质，不包括游离水，但包括化合水，主要包括黏土或页岩、方解石、黄铁矿以及其他微量成分。矿物类型属碳酸盐、硅酸盐、硫酸盐、金属硫化物、氧化物等。

煤的灰分确切地说是指煤的灰分产率。它不是煤中的固有成分，而是煤在规定条件下完全燃烧后的残留物，即煤中矿物质在一定温度下经一系列分解、化合等复杂反应后剩下的残渣。灰分符号简记为 A。

4.3.1　灰分的来源

灰分按其来源可分为内在灰分和外在灰分。内在灰分是成煤植物中的矿物质以及成煤过程中进入煤层的矿物质即内在矿物质所形成的灰分；外在灰分是在煤炭生产过程中混入煤中的矿物质即外来矿物质形成的灰分。灰分产率由加热速度、加热时间、通风条件等因素决定。煤在高温灰化或燃烧过程中，矿物质将发生以下变化。

（1）黏土、页岩和石膏等失去化合水。这类矿物质中最普遍的是高岭土，它们在 500～600℃失去结晶水，石膏在163℃分解失去结晶水。

$$2SiO_2 \cdot Al_2O_3 \cdot 2H_2O \xrightarrow{\Delta} 2SiO_2 + Al_2O_3 + 2H_2O \uparrow$$

$$CaSO_4 \cdot 2H_2O \xrightarrow{\Delta} CaSO_4 + 2H_2O \uparrow$$

（2）碳酸盐矿物受热分解。这类矿物质在 500～800℃时分解产生二氧化碳

$$CaCO_3 \xrightarrow{\Delta} CaO + CO_2 \uparrow$$

$$FeCO_3 \xrightarrow{\Delta} FeO + CO_2 \uparrow$$

（3）硫化铁矿物及碳酸盐矿物的热分解产物发生氧化反应。这类反应在温度为 400～

600℃时在空气中氧的作用下进行。

$$4FeO + O_2 \longrightarrow 2Fe_2O_3$$

（4）碱金属氧化物和氯化物在温度为700℃以上时部分挥发，故测定灰分的温度不宜太高，规定为815±10℃。

4.3.2　矿物质的来源

（1）原生矿物质：指成煤植物中所含的无机元素，主要包括碱金属和碱土金属盐，此外还有铁、硫、磷以及少量的钛、钒、氯等元素。原生矿物质参与成煤，含量一般为1%～2%，不能用机械方法选出，对煤的质量影响很大，洗选纯精煤时，总存留有少量灰分，就是原生矿物质造成的。

（2）次生矿物质：是指煤形成过程中混入或与煤伴生的矿物质，如煤中的高岭土、方解石、黄铁矿、石英、长石、云母、石膏等。它们以多种形态嵌布于煤中，可形成矿物夹层、包裹体、浸染状、充填矿物等。次生矿物质选除的难易程度与其分布形态相关。如果在煤中颗粒较小且分散均匀，就很难与煤分离；若颗粒较大而又分布集中，可将其破碎后利用密度差分离。

原生矿物质和次生矿物质总称为内在矿物质，来自内在矿物质的灰分称为内在灰分。

（3）外来矿物质：指在煤炭开采和加工处理中混入的矿物质，如煤层的顶板、底板岩石和夹矸层中的矸石。外来矿物质的主要成分为 SiO_2、Al_2O_3、$CaCO_3$、$CaSO_4$ 和 FeS_2 等。外来矿物质的块度越大，密度越大，越易用重力选煤的方法除去。来自外在矿物质的灰分称为外在灰分。

4.3.3　灰分产率的测定

煤的灰分可用来表示煤中矿物质的含量，通过测定煤中灰分产率，可以研究煤的其他性质，如含碳量、发热量、结渣性等，从而确定煤的质量和使用价值。

GB/T 212—2008 规定，灰分测定方法包括缓慢灰化法和快速灰化法两种。

4.3.3.1　缓慢灰化法

（1）测定原理。称取一定量一般分析试样煤样，放入马弗炉中，以一定的速度加热到 (815±10)℃，灰化并灼烧到质量恒定。以残留物的质量占煤样质量的百分数作为灰分产率。

（2）测定步骤。

1）在预先灼烧至质量恒定的灰皿中，测定时，称取粒度小于 0.2mm 的一般分析试验煤样(1±0.1g)，称准至 0.0002g，均匀地摊平在灰皿中，使其每平方厘米的质量不超过 0.15g。

2）将灰皿送入炉温不超过100℃的马弗炉恒温区内，关上炉门并使炉门留有 15mm 左右的缝隙，30min 内将炉温缓慢升至500℃(使煤样逐渐灰化，防止爆燃)，并在此温度下保持30min(保证有机硫和硫化铁充分氧化并排出)。继续升温到(815±10)℃，保持 1h (使碳酸钙分解完全及二氧化碳完全驱出)。

3）取出灰皿，在空气中冷却 5min 左右，移入干燥器中冷却至室温(约20min)后称量。

4）进行检查性灼烧，温度为（815±10）℃，每次 20min，直到连续两次灼烧后的质量变化不超过 0.0010g 为止（灰分低于 15.00% 时，不必进行检查性灼烧）。

4.3.3.2 快速灰化法

快速灰化法较适用于例行分析，但在校核实验中仍需采用缓慢灰化法。快速灰化法包括方法 A 和方法 B 两种方法。

（1）方法 A。将装有煤样的灰皿放在预先加热至（815±10）℃的灰分快速测定仪的传送带上，煤样自动送入仪器内完全灰化，然后送出。以残留物的质量占煤样质量的百分数作为煤样灰分。具体测定步骤见实训七。

（2）方法 B。将装有煤样的灰皿由炉外逐渐送入预先加热至（815±10）℃的马弗炉中灰化并灼烧至质量恒定。以残留物的质量占煤样质量的百分数作为煤样的灰分。具体测定步骤如下：

1）在预先灼烧至质量恒定的灰皿中，测定时，称取粒度小于 0.2mm 的一般分析试验煤样（1±0.1g），称准至 0.0002g，均匀地摊平在灰皿中，使其每平方厘米的质量不超过 0.15g。将盛有煤样的灰皿预先分排放在耐热瓷板或石棉板上。

2）将马弗炉加热到 850℃，打开炉门，将盛有煤样的灰皿放在耐热瓷板或石棉板上缓慢地推入马弗炉中，先使第一排灰皿中的煤样灰化。5～10min 后煤样不再冒烟时，以每分钟不大于 2cm 的速度把其余各排灰皿顺序推入炉内炽热部分（若煤样着火发生爆燃，试验应作废）。

3）关上炉门并使炉门留有 15mm 左右的缝隙，在（815±10）℃温度下灼烧 40min。

4）取出灰皿，在空气中冷却 5min 左右，移入干燥器中冷却至室温（约 20min）后称量。

5）进行检查性灼烧，温度为（815±10）℃，每次 20min，直到连续两次灼烧后的质量变化不超过 0.0010g 为止（灰分低于 15.00% 时，不必进行检查性灼烧）。

4.3.3.3 结果计算

一般分析试验煤样灰分的质量分数按式（4-10）计算，报告值修约至小数点后两位。

$$A_{ad} = \frac{m_1}{m} \times 100\% \tag{4-10}$$

式中　A_{ad}——空气干燥煤样的灰分的质量分数；

　　　m——称取的空气干燥基煤样的质量，g；

　　　m_1——灼烧后残留物的质量，g。

4.3.4 煤中矿物质和灰分对煤工业利用的影响

煤中的矿物质或灰分一直以来被认为是有害物质，人们想方设法将其降低或脱除，但后来人们认识到煤中矿物质对煤的某些利用也有有益作用。随着科学技术的日益发展，煤灰渣的综合利用前景广阔。

4.3.4.1 煤中矿物质和灰分对煤工业利用的不利影响

煤中的矿物质和灰分对工业利用的不利影响主要有以下几点：

（1）对煤炭储存和运输的影响。煤中矿物质含量越高，在煤炭运输和储存中造成的浪费就越大。

（2）对炼焦和炼铁的影响。在炼焦过程中，煤中的灰分几乎全部进入焦炭中，煤的灰分增加，焦炭的灰分也必然高，这样就降低了焦炭质量。

（3）对气化和燃烧的影响。煤作为气化原料和动力燃料，矿物质含量增加，降低了热效率，增加了原料消耗。

（4）对液化的影响。煤中碱金属和碱土金属的化合物会使在加氢液化过程中使用的钴钼催化剂的活性降低，但黄铁矿对加氢液化有正催化作用。直接液化时一般原料煤的灰分要求小于25%。

（5）造成环境污染。锅炉和气化炉产生的灰渣和粉煤灰需占用大量的荒地甚至良田，如不能及时处理，会造成大气和水体污染；煤中含硫化合物燃烧时生成 SO_2、COS、H_2S 等有毒气体，严重时会形成酸雨，也造成了环境的污染。

4.3.4.2 煤中矿物质及煤灰的综合利用

煤中矿物质及煤灰的作用主要有以下几点：

（1）作为煤转化过程中的催化剂。煤中矿物质碱金属和碱土金属的化合物（$NaCl$、KCl、Na_2CO_3、K_2CO_3、CaO 等）是煤气化反应的催化剂；Mo、FeS_2、TiO、Al_2O_3 等也具有加氢活性，也可作为加氢液化的催化剂。

（2）生产建筑材料和环保制剂。目前，国内煤灰渣已广泛用做建筑材料的原料，如砖、瓦、沥青、PVC 板材等；灰渣还可制成不同标号的水泥；生产铸石和耐火材料等煤灰可用做煤气脱硫剂；粉煤灰还可制成废水处理剂、除草醚载体等。

（3）生产化肥和土壤改良剂。在煤的液态渣中喷入磷矿石，可制成复合磷肥。

（4）提取有用成分。煤中常见的伴生元素铀、锗、镓、钒、钛等，可以用来制造半导体、超导体、催化剂、优质合金钢等材料；回收煤灰中的 SiO_2 可制成白炭黑和水玻璃；提取煤灰中的 Al_2O_3 可生产聚合氯化铝。

4.4 挥发分和固定碳的分析

煤的挥发分主要是由水分、碳、氢的氧化物和碳氢化合物（以 CH_4 为主）组成，但不包括物理吸附水和矿物质中的二氧化碳。通过测定煤的挥发分和固定碳并结合煤的元素分析数据及其工艺性质实验可以判断煤的有机组成及煤的加工利用性质。因煤的挥发分与煤的煤化程度关系密切，即随煤化程度加深，挥发分逐渐降低，因此挥发分是煤炭分类的主要依据，根据挥发分可以估计煤的种类。

4.4.1 煤的挥发分

煤样在规定的条件下，隔绝空气加热，并进行水分校正后的挥发物质产率称为挥发分，简记符号为 V。挥发分不是煤中固有的挥发性物质，而是煤在特定条件下的热分解产物。

GB/T 212—2008 的规定，挥发分的测定方法要点为：称取一定量的空气干燥煤样，放在带盖的瓷坩埚中，在（900±10）℃下，隔绝空气加热 7min，以减少的质量占煤样质量的百分数减去该煤样的水分的质量分数 M_{ad} 作为煤样的挥发分。

测定结果按式（4-11）计算，报告值修约至小数点后两位。

$$V_{ad} = \frac{m_1}{m} \times 100 - M_{ad} \tag{4-11}$$

式中　V_{ad}——空气干燥煤样的挥发分的质量分数，%；

　　　m——空气干燥煤样的质量，g；

　　　m_1——煤样加热后减少的质量，g；

　　　M_{ad}——空气干燥煤样的水分，%。

4.4.2　煤的固定碳

从测定煤样挥发分后的焦渣中减去灰分后的残留物称为固定碳，简记符号为 FC。固定碳和挥发分一样不是煤中固有的成分，而是热分解产物。在组成上，固定碳除含有碳元素外，还包含氢、氧、氮和硫等元素。因此，固定碳与煤中有机质的碳元素含量是两个不同的概念，决不可混淆。一般而言，煤中固定碳含量小于碳元素含量，只有在高煤化程度的煤中两者才比较接近。

煤的工业分析中，固定碳一般不直接测定，而是通过计算获得。在空气干燥煤样测定水分、灰分和挥发分后，由式（4-12）计算煤的固定碳的质量分数。

$$w(FC)_{ad} = 100 - (M_{ad} + A_{ad} + V_{ad}) \tag{4-12}$$

式中　$w(FC)_{ad}$—— 空气干燥煤样的固定碳的质量分数，%；

　　　M_{ad}—— 空气干燥煤样的水分的质量分数，%；

　　　A_{ad}—— 空气干燥煤样的灰分的质量分数，%；

　　　V_{ad}—— 空气干燥煤样的挥发分的质量分数，%。

4.5　硫分的分析

4.5.1　煤中硫的存在形式

硫是煤的组成元素之一，在各种类型的煤中或多或少都含有硫。煤中硫根据其存在状态可分为有机硫和无机硫两大类。有机硫存于煤的有机质中，其组成结构非常复杂，主要来自于成煤植物和微小物的蛋白质。硫分在 0.5% 以下的大多数煤，所含的硫主要是有机硫。有机硫均匀分布在有机质中，形成共生体，不易清除。

无机硫以黄铁矿、白铁矿（它们的分子式均为 FeS_2，但结晶形态不同，黄铁矿呈正方晶体，白铁矿呈斜方晶体）、硫化物和硫酸盐的形式存在于煤的矿物质内，偶尔也有元素硫存在。煤的矿物质中以硫酸盐形式存在的硫称为硫酸盐硫，简记符号为 S_s；以黄铁矿、白铁矿和硫化物形式存在的硫，称为硫化铁硫，简记符号为 S_p。高硫煤的硫含量中硫化铁硫所占比例较大，其清除的难易程度与硫化物的颗粒大小及分布状态有关，粒度大时可用洗选方法除去，粒度极小且均匀分布在煤中时就十分难选。

硫酸盐硫在煤中含量一般不超过 0.1% ~ 0.3%，主要为石膏（$CaSO_4 \cdot 2H_2O$），也有少量的硫酸亚铁（$FeSO_4$，俗称绿矾）等。通常以硫酸盐含量的增高作为判断煤层受氧化的标志。煤中石膏矿物用洗选法可以除去；硫酸亚铁水溶性好，也易于水洗除去。

硫化铁硫和有机硫因其可燃称为可燃硫；硫酸盐硫因其不可燃称为不可燃硫或固定硫。煤中各种形态硫的总和，称为全硫，以符号 S_t 表示。即

$$全硫\begin{cases} 无机硫\begin{cases} 硫酸盐硫：不可燃硫 \\ 元素硫 \\ 硫化铁硫 \end{cases} \\ 有机硫 \end{cases}\Bigg\} 可燃硫$$

4.5.2　煤中全硫的测定

煤中硫含量的高低与成煤时代的沉积环境有密切关系。煤中的硫对焦化、气化、燃烧都是十分有害的杂质，所以硫是评价煤质的重要指标之一。为了经济有效地利用煤炭资源，国内外对硫的成因、形态、特性、反应性、含硫官能团、脱硫方法及其回收利用途径等进行了广泛的研究。煤中全硫的测定方法很多，有艾士卡法、高温燃烧中和法、库仑滴定法等。

4.5.2.1　艾士卡法

艾士卡法是德国人艾士卡于1874年制定的一个经典方法。到目前为止，它仍是各国通用的测定煤中全硫的标准方法。该法的特点是准确度高，适用于成批测定，但操作步骤烦琐、耗时。

（1）测定原理。将煤样与艾士卡试剂（以两份质量的氧化镁和一份质量的无水碳酸钠混合而成）混合灼烧，煤中硫生成硫酸盐，然后使硫酸根离子生成硫酸钡沉淀，根据硫酸钡的质量计算煤中全硫的含量。

（2）试验步骤。

1）在30mL瓷坩埚内称取粒度小于0.2mm的空气干燥煤样和艾氏剂覆盖在煤样上面。

2）将装有煤样的坩埚移入通风良好的马弗炉中，在1~2h内由室温逐渐加热到800~850℃，并在该温度下保持1~2h。

3）将坩埚从马弗炉中取出，冷却到室温。用玻璃棒将坩埚中的灼烧物仔细搅松、捣碎。

4）用中速定性滤纸以倾泻过滤，用热水冲洗3次，然后将残渣转移到滤纸中，用热水仔细清洗至少10次，洗液总体积为200~300mL。

5）向滤液中滴入2~3滴甲基橙指示剂，用盐酸溶液中和并过量2mL，使溶液呈微酸性。

6）溶液冷却或静置过夜后用致密无灰定量滤纸过滤，并用热水洗至无氯离子为止。

7）将带有沉淀的滤纸转移到已知质量的瓷坩埚中，低温灰化滤纸后，在温度为800~850℃的马弗炉内灼烧20~40min，取出坩埚，在空气中稍加冷却后放入干燥器中冷却到室温后称量。

8）每配制一批艾氏剂或更换其他任何一种试剂时，应进行2个以上空白试验。空白试验即除不加煤样外，全部操作按本实验步骤进行，硫酸钡沉淀的质量极差不得大于0.0010g，取算术平均值作空白值。

（3）结果计算。测定结果由式(4-13)计算。

$$w(S_t)_{ad} = \frac{(m_1 - m_2) \times 0.1374}{m} \times 100\% \tag{4-13}$$

式中　$w(S_t)_{ad}$——空气中干燥煤样全硫的质量分数；

　　　　m_1——硫酸钡质量，g；

　　　　m_2——空白实验的硫酸钡质量，g；

　　　　m——煤样质量，g；

　　0.1374——由硫酸钡换算为硫的化学因数。

4.5.2.2　库仑滴定法

（1）测定原理。煤样在催化剂作用下，于空气流中燃烧分解，煤中的硫生成硫氧化物，其中二氧化硫被碘化钾溶液吸收，以电解碘化钾溶液所产生的碘进行滴定，根据电解所消耗的电量计算煤中全硫的含量。

（2）试验步骤。

1）将管式高温炉并控制在（1150±10）℃。

2）开动供气浆并将抽气流量调节到1000mL/min。在抽气条件下，将250~300ml电解液加入电解池内，开动电磁搅拌器。

3）在瓷舟中放入少量非测定用的煤样，进行终点电位调整试验。

4）在瓷舟中称取粒度小于0.2mm的空气干燥煤样，并在煤样上盖一薄层三氧化钨。将瓷舟置于送样的石英托盘上，开启送样程序控制器，煤样自动送入炉内，库仑滴定随即开始。实验结束后，库仑积分器显示出硫的毫克数或百分含量并由打印机打印结果。

4.5.2.3　高温燃烧中和法

（1）测定原理。煤样在催化剂作用下于空气流中燃烧，煤中的硫生成硫氧化物，被过氧化氢溶液吸收形成硫酸，用氢氧化钠溶液滴定，根据消耗的氢氧化钠标准溶液量，计算煤中全硫含量。

（2）试验步骤。

1）将高温炉加热并控制在（1200±10）℃。

2）用量筒分别量取100mL已中和的过氧化氢溶液，倒入2个吸收瓶中，塞上带有气体过滤器的瓶塞并连接到燃烧管的细径端，再次检查其气密性。

3）称取粒度小于0.2mm空气干燥煤样（0.20±0.01）g于燃烧舟中，并盖上一薄层三氧化钨。

4）将盛有煤样的燃烧舟放在燃烧管入口端，随即用带橡皮塞的T形管塞紧，然后以350mL/min的流量通入氧气。

5）停止通入氧气，先取下靠近燃烧管的吸收瓶，再取下另一个吸收瓶。

6）取下带橡皮塞的T形管，用镍铬丝钩取出燃烧舟。

7）取下吸收瓶塞，用蒸馏水清洗气体过滤器2~3次。清洗时，用洗耳球加压，排出洗液。

8）分别向2个吸收瓶内加入3~4滴混合指示剂，用氢氧化钠标准溶液滴定至溶液由桃红色变为钢灰色，记下氢氧化钠溶液的用量。

4.5.3 煤中硫对煤工业加工利用的影响

硫是一种有害元素。煤中较高的含硫量对燃烧、储运、气化和炼焦等都有很大的危害。因此，硫含量是评价煤质的重要指标之一。

（1）高硫煤用作燃料时，燃烧后产生的二氧化硫气体，不仅严重腐蚀金属设备和设施，而且还严重污染环境，造成公害。

（2）硫化铁硫含量高的煤，在堆放时易氧化和自燃，同时使煤碎裂、灰分增加、热值降低。

（3）煤气化中，用高硫煤制半水煤气时，由于煤气中硫化氢等气体较多且不易脱除，会使合成氨催化剂毒化而失效，影响操作和产品质量。

（4）在炼焦工业中，硫分的影响更大。煤在炼焦时，约有60%的硫进入焦炭。煤中硫分高，焦炭中的硫分势必增高，从而直接影响钢铁质量。钢铁中含硫量大于0.07%，会使钢铁产生热脆性而无法轧制成材。为了除去硫，必须布局炉中加入较多的石灰石和焦炭，但这样又会减小高炉的有效容量，增加出渣量，从而导致高炉生产能力降低，焦比升高。经验表明，焦炭中硫含量每增加0.1%，炼铁时焦炭和石灰石将分别增加2%，高炉生产能力下降2%～2.5%，因此炼焦配合煤要求硫分小于1%。

硫对煤的工业利用有各种不利影响，但硫又是一种重要的化工原料，可用来生产硫酸、杀虫剂及硫化橡胶等。工业生产中，硫大多数变成二氧化硫进入大气，严重污染环境，为了减少污染，寻求高效经济的脱硫方法和硫的回收利用途径，具有重大意义。目前，正在研究中的一些脱硫方法有物理方法、化学方法、物理与化学相结合的方法及微生物方法等。回收硫可在洗选煤时，回收煤中黄铁矿；也可在燃烧和气化的烟道气和煤气中，回收含硫的各种化合物；也可在燃烧时向炉内加入固硫剂；还可从焦炉煤气中回收硫以制取硫酸和化肥硫酸铵。

4.6 煤的发热量

煤的发热量，又称为煤的热值，即单位质量的煤完全燃烧所发出的热量，用符号 Q 表示。发热量的单位是 J/g 或 MJ/kg，其换算关系是 1MJ/kg = 1000J/g。煤的发热量是煤按热值计价的基础指标。煤作为动力燃料，主要是利用煤的发热量，发热量愈高，其经济价值愈大。同时发热量也是计算热平衡、热效率和煤耗的依据，是锅炉设计的参数。煤的发热量表征了煤的变质程度（煤化程度），这里所说的煤的发热量，是指用相对密度1.4的重液分选后的浮煤的发热量（或灰分不超过10%的原煤的发热量）。成煤时代最晚、煤化程度最低的泥炭发热量最低，一般为20.9～25.1MJ/kg。成煤早于泥炭的褐煤发热量增高到25～31MJ/kg。烟煤发热量继续增高。到焦煤和瘦煤时，碳含量虽然增加了，但由于挥发分的减少，特别是其中氢含量比烟煤低得多，有的低于1%，相当于烟煤的1/6。所以发热量最高的煤还是烟煤中的某些煤种。

4.6.1 煤发热量的测定原理

将一定质量的空气干燥煤样放入特制的氧弹（耐热、耐压、耐腐蚀的镍铬或镍铬钼合金钢制成）中，向氧弹中充入过量的氧气，将氧弹放入已知热容量的盛水内筒中，再将内筒置入盛满水的外筒中。利用电流加热弹筒内的金属丝使煤样引燃，煤样在过量的氧气中燃烧，其产物为 CO_2、H_2O、煤灰以及燃烧后被水吸收形成的硫酸和硝酸等。燃烧产生的热量被内筒中的水吸收，通过测量内筒温度升高值，并经过一系列温度校正后，就可以计算出单位质量的煤完全燃烧时所产生的热量，即弹筒发热量。弹筒发热量是在恒定容积下测定的，属于恒容发热量。

4.6.2　发热量的测定

4.6.2.1　实验仪器

通用的热量计有恒温式和绝热式两种。下面只介绍使用广泛的恒温热量计。

A　恒温式热量计主件

（1）氧弹。氧弹由耐热、耐腐蚀的镍铬或镍铬钼合金钢制成，它需要具备以下三个主要性能：

1）不受燃烧过程中出现的高温和腐蚀性产物的影响而产生热效应；

2）能承受充氧压力和燃烧过程中产生的瞬时高压；

3）实验过程中能保持完全气密。

氧弹容积为 250 ~ 300mL，弹盖上应有供充氧和排气的阀门以及点火电源的接线电极。新氧弹和新换部件的氧弹应经 20.0MPa 的水压试验后方能使用。每次水压试验后，使用期不超过 2 年。

（2）内筒。内筒用紫铜、黄铜或不锈钢制成，断面可为圆形、菱形或其他适当形状。筒内装水 2000 ~ 3000mL，以能浸没氧弹（进、出气阀和电极除外）为准。内筒外面应电镀抛光，以减少与外筒间的辐射作用。

（3）外筒。外筒为金属制成的双壁容器，并有上盖。外壁为圆形，内壁形状依内筒的形状而定；原则上要保持两者之间有 10 ~ 12mm 的间距，外筒底部有绝缘支架，以便放置内筒。外筒内层必须电镀抛光，以减少辐射作用。顶盖和底面有一层反射能力很强的镀铬衬板，以防止热量向外散失。盛满水的外筒的热量应不小于热量计热容量的 5 倍，以便保持试验过程中外筒温度基本恒定。外筒外面可加绝缘保护层，以减少室温波动的影响。

（4）搅拌器。搅拌器为螺旋桨式，转速以 400 ~ 600r/min 为宜，并应保持稳定。搅拌效率应能使热能量标定中由点火到终点的时间不超过 10min，同时又要避免产生过多的搅拌热（当内外筒温度和室温一致时，连续搅拌 10min 所产生的热量不应超过 120J）。

（5）量热温度计。内筒温度测量误差是发热量测定误差的主要来源。对温度计的正确使用，具有特别重要意义。常用的玻璃水银量热温度计有两种：一是固定测温范围的精密温度计，二是可变测温范围的贝克曼温度计。两者的最小分度值应为 0.01K，使用时应根据计量机关检定证书中的修正值做必要的校正。两种温度计都应进行刻度修正（对贝克曼温度计称为孔径修正）。贝克曼温度计还有一个称为"平均分度值"的修正值。

（6）普通温度计。供测定外筒水温和量热温度计（贝克曼温度计）的露出柱温度的普通温度计，它的分度为 0.2℃，量程为 0 ~ 50℃。

B　热量计的附件

（1）温度计读数放大镜和照明灯：为了使温度读数能估计到 0.001K，需要一个大约 5 倍的放大镜。通常把放大镜装在一个镜筒中，筒的后部装有照明灯，用以照明温度计的刻度。镜筒借适当装置可沿垂直方向上下移动，以便跟踪观察温度计中水银柱的位置。

（2）振荡器：电动振荡器，用以在读取温度前振荡温度计，以克服水银柱和毛细管间的附着力。

（3）燃烧皿：铂制品最理想，一般可用镍铬钢制品。其规格可采用高 17 ~ 18mm，上部直径为 25 ~ 26mm；底部直径为 19 ~ 20mm；厚度为 0.5mm。其他合金钢或石英制的燃烧皿也可使用。但以能保证试样燃烧完全而本身不受腐蚀和产生热效应为原则。

（4）压力表和氧气导管：压力表由两个表头组成，一个指示氧气瓶中的压力，另一个指示充氧时氧弹内的压力。压力表通过内径 1 ~ 2mm 的无缝钢管与氧弹连接，以便导入氧气。

（5）点火装置：点火采用 12 ~ 24V 的电源，可由 220V 交流电源经变压器供给。线路中应串联一个调节电压的变阻器和一个指示点火情况的指示灯和电流计。

点火电压应预先试验确定。其方法是：接好点火丝，在空气中通电试验。采用熔断式点火时，调节电压使点火丝在 1 ~ 2s 内达到亮红；在采用棉线点火时，调节电压使点火丝在 4 ~ 5s 内达到暗红。上述电压和时间确定后，应准确测出电压、电流和通电时间，以便据以计算电能产生的热量。

如采用棉线点火时，则在遮火罩以上的两电极柱间连接一段直径约 0.3mm 的镍铬丝，丝的中部预先绕成螺旋形（直径为 2 ~ 3mm，共 3 ~ 5 圈），以便发热集中。在螺旋中穿接一段已知重量的棉线（即棉线的一端夹在螺旋中），另一端通过遮火罩中心的小孔（直径 1 ~ 2mm），搭接在试样上，根据试样的点火难易，调节棉线的搭接长度。当有电流通过时，镍铬丝被烧成赤红，引烧棉线和煤样。

（6）压饼机：螺旋式或杠杆式压饼机，能压制直径约 10mm 的煤饼或苯甲酸饼。

（7）秒表或其他能指示 10s 的计时器。

（8）天平：分析天平，精确到 0.0002g；工业天平，载重量 4 ~ 5kg，精确到 1g。

4.6.2.2　实验试剂和材料

（1）氧气：99.5% 纯度，不含可燃成分，因此不允许使用电解氧，压力足以使氧弹充氧至 3.0MPa。

（2）苯甲酸：经计量机关检定并标明热值的苯甲酸（标定水当量用）。

（3）氢氧化钠溶液：0.1mol/L。

（4）甲基红指示剂：0.2g/L（称取 0.2g 甲基红溶解在 100mL 水中）。

（5）点火丝：直径约 0.1mm 的铂、铜、镍丝或其他已知热值的金属丝，如使用棉线，则应选用粗细均匀、不涂蜡的白棉线。各种点火丝的热值为：

镍铬丝 6000J/g；铜丝 2500J/g；铁丝 6700J/g；棉线 17500J/g。

（6）石棉纸或石棉绒：使用前在 800℃ 下灼烧 30min。

（7）擦镜纸：使用前先测出燃烧热值。其方法是，抽取 3 ~ 4 张纸，团紧，称准重量，放入燃烧皿中，然后按常规方法测定发热量。取三次结果的平均值作为标定值。

4.6.2.3　发热量测定步骤

（1）在燃烧皿中精确称量分析煤样，粒度小于 0.2mm，1 ± 0.1g（称准到 0.0002g）。对燃烧时易飞溅的试样，可先用已知质量的擦镜纸包紧，或在压饼机中压饼并切成 2 ~ 4mm 的小块使用。对不易燃烧完全的试样，可先在燃烧皿底部铺上一个石棉纸垫或用石棉绒做衬垫。如加衬垫后仍燃烧不完全，可提高充氧压力至 3.2MPa，或用已知质量和热量的擦镜纸包裹称好的试样并用手压紧，然后放入燃烧皿中。用擦镜纸包裹试样的方法是，将一张擦镜纸（一般重约 0.1 ~ 0.15g，面积 10 ~ 15cm^2）折为两层，把试样放在纸上摊平，然后包严压紧。对特别难燃的试样，也可用两张擦镜纸，并把充氧压力提高到 3.4MPa。

（2）取一段已知质量的点火丝，把两端分别接在两个电极柱上。再把盛有试样的燃烧皿放在支架上，调节下垂的点火丝与试样接触（难点燃的无烟煤）或保持微小距离（易燃或易飞溅的煤）。注意勿使点火丝接触燃烧皿，以免形成短路而导致点火失败，甚至烧毁燃烧皿。同时还应注意，防止两电极间以及燃烧皿同另一电极之间的短路。

（3）往氧弹中加入 10mL 蒸馏水，以溶解氮和硫所形成的硝酸和硫酸，小心拧紧弹盖，注意避免燃烧皿和点火丝的位置因受震动而改变。

（4）接上氧气导管，往氧弹中缓缓地充入氧气，直到压力达到 2.8 ~ 3.0MPa。充氧时间不得少于 15s，当钢瓶中氧气压力降到 5.0MPa 以下时，充氧时间应酌量延长。压力降到 4.0MPa 以下时，须更换氧气瓶。

（5）往内筒中加入定量的蒸馏水，使氧弹盖的顶面（不包括突出的氧气阀和电极）淹没在水面下 10 ~ 20mm。要特别注意每次试验的用水量应与标定热容量时一致，误差小于 1g。

水量最好用称重法测定。如用容量法，则需对温度变化进行补正。每次试验开始时，要注意恰当地调节内筒水温（一般应使内筒水温稍低于外筒水温），使试验终点时内筒温度比外筒温度约高 1K，以使终点时内筒温度出现明显下降。外筒水温应尽量接近室温，相差不得超过 1.5K。因为终点时外筒的温差过大，将导致过大的冷却校正，从而引起误差。

（6）把氧弹小心地放入内筒中，观察 30 ~ 40s，以检查氧弹的气密性。如氧弹中无气泡漏出，则表明气密性良好，则可把内筒放在外筒的绝缘支架上；如有气泡出现，则表示氧弹漏气，应找出原因，加以纠正，重新充氧。然后接上点火线，装上搅拌器和量热温度计（内筒用贝克曼温度，外筒用普通温度计），并盖上外筒的盖子。温度计的水银球对准氧弹主体（进、出气阀和电极除外）的中部。温度计和搅拌器均不得接触氧弹和内筒。靠近量热温度计的露出水银计的部件，应另悬一支普通温度计，用以测定露出柱的温度（切忌不要以室温代替此温度）。

（7）开动搅拌机，3min 后测出贝克曼温度计的基点温度（若已测得基点温度可略此步）；5min 后开始计时和读取内筒温度（t_0）并立即通电点火。随后记下外筒温度（t_1）和露出柱温度（t_e）。外筒温度至少读到 0.05K，内筒温度借助放大镜读到 0.001K。读取温度时，视线、放大镜中线和水银柱顶端应位于同一水平线上，以避免视差对读数的影响。每次读数前，应开动搅拌器振动 3 ~ 5s。以消除温度计的水银柱运动时由于与管壁摩擦产生的温度滞后现象。

贝克曼温度计的基点温度，是指贝克曼温度计最下刻度所代表的温度。基点温度实质上是表示水银球中水银量的一种方法。贝克曼温度计是一种可变测温范围的温度计，其量程虽只有 5℃ 或 6℃，但因水银球中水银量是可变的（切断一段移存在毛细管顶部的一个 U 形储槽中），因此它可以测量 −10 ~ 120℃ 范围的任何温度变化的温升或温降，而不适合测量绝对温度。用于不同测温范围时，需调节水银球中的水银量（调节方法见后文）。例如测温范围在 21 ~ 24℃ 之间，则可调节水银量使温度计放入 20℃ 的水浴中时（该温度是普通温度计测得的），水银柱顶点指在温度计的最下刻度（通常为 0℃），则 20℃ 即是贝克曼温度计在测量 21 ~ 24℃ 温度范围内的基点温度。

（8）观察内筒温度。通电点火后，如在 30s 内温度急剧上升，则表明点火成功。经过 $1'40''$ 后读取一次内筒温度（$t_{1'40''}$），读准到 0.01K 即可。

（9）接近终点时，开始按 1min 间隔读取内筒温度并记下读数。读取温度前仍要开动振荡器，并要读到 0.001K。以第一个下降温度作为终点温度（t_n）。实验主要阶段至此为止。

一般热量计由点火到终点的时间约为 8 ~ 10min。对一台具体热量计而言，可根据以往经验恰当掌握。

（10）停止搅拌。取出内筒和氧弹，开启放气阀，放出燃烧废气。在需要用弹筒洗液测硫的情况下，要缓缓放气（放气时间不少于 1min），并加水稀释的适量氢氧化钠标准溶液（约 2mL）吸收放出的气体。打开氧弹，仔细观察弹筒和燃烧皿内部，如有试样燃烧不完全的迹象或有炭黑存在，试验应作废。

（11）找出未燃完的点火丝，并量出长度，以便计算实际消耗量。用蒸馏水充分冲洗弹内各部分、放气阀、燃烧皿内外和燃烧残渣。把全部洗液（共约 100mL）收集在一个烧杯中供测硫使用。

4.6.2.4 实验结果校正及计算

A 校正

（1）温度计刻度校正。根据检定证书中所给的孔径修正值校正点火温度 t_0 和终点温度 t_n，再由校正后的温度 $t_0 + h_0$ 和 $t_n + h_n$ 求出温升，其中 h_0 和 h_n 分别代表 t_0 和 t_n 的孔径修正值。

（2）贝克曼温度计平均分度值的校正。调定基点温度后，应根据检定证书中所给的平均分度值计算该基点温度下的对应于标准露出柱温度（根据检定证书中所给的露出柱温度计算而得）的平均分度值 H^0。

$$H = H^0 + 0.00016(t_s - t_e) \tag{4-14}$$

式中　H^0——该基点温度下对应于标准露出柱温度时的平均分度值；

　　　t_s——该基点温度所对应的标准露出柱温度，℃；

　　　t_e——发热量测定中实际露出柱温度，℃；

0.00016——水银对玻璃的相对膨胀系数。

（3）冷却校正。恒温式热量计的内筒在试验过程中与外筒始终发生热交换，对此散失的热量应予校正。办法是在温升中加上一个校正值 C，这个校正值称为冷却校正值。计算方法如下：首先根据点火时和终点时的内外筒温差 $t_0 - t_j$ 和 $t_n - t_j$ 从 $v - (t - t_j)$ 关系曲线中查出相应的 v_0 和 v_n，或根据预先标定出的式(4-15)计算出 v_0 和 v_n。

$$v_0 = K(t_0 - t_j) + A \tag{4-15}$$

$$v_n = K(t_n - t_j) + A \tag{4-16}$$

式中　v_0——在点火时内外筒温差的影响下造成的内筒降温速度，K/min；

　　　v_n——在终点时内外筒温差的影响下造成的内筒降温速度，K/min；

　　　K——热量计的冷却常数；

　　　A——热量计的综合常数；

　　　t_0——点火时的内筒温度；

　　　t_n——终点时的内筒温度；

　　　t_j——外筒温度。

然后按式(4-17)计算冷却校正值。

$$C = (n - a)v_n + av_0 \tag{4-17}$$

式中　C——冷却校正值，K；

　　　n——由点火到终点的时间，min；

　　　a——当 $\Delta / \Delta_{1'40''} \leqslant 1.20$ 时，$a = \Delta / \Delta_{1'40''} - 0.10$；当 $\Delta / \Delta_{1'40''} > 1.20$ 时，$a = \Delta / \Delta_{1'40''}$；

　　　其中 Δ 为主期内总温升（$\Delta = t_n - t_0$），$\Delta_{1'40''}$ 为点火后 1'40″时的温升（$\Delta_{1'40''} = t_{1'40''} - t_0$）。

在自动量热仪中，或在特殊需要的情况下，可使用瑞-方公式：

$$C = nv_0 + \frac{v_n - v_0}{t_n - t_0}\left(\frac{t_0 - t_n}{2} + \sum_i^n t_i - nt_0 \right) \tag{4-18}$$

式中　t_i——主期内第 i min 时的温度。

使用瑞-方公式，在操作步骤上要求点火后每分钟读温一次，直至终点。

（4）点火丝热量校正。在熔断式点火法中，应由点火丝的实际消耗量（原用量减去残余量）和点火丝的燃烧值计算试验中点火丝放出的热量。在棉线点火法中，首先计算出所用一根棉线的燃烧热（剪下一定数量适当长度的棉线，称出它们的质量，然后算出一根棉线的质量，再乘以棉线的单位热值），然后确定每次消耗的电热能。

二者放出的总热量即为点火热。

B　恒温式热量计的发热量的计算

弹筒发热量按式(4-19)计算。

$$Q_{b,ad} = \frac{EH[(t_n + h_n) - (t_0 + h_0) + C] - (q_1 - q_2)}{m} \tag{4-19}$$

式中　$Q_{b,ad}$——分析煤样的弹筒发热量，J/g；

　　　E——热量计的热容量(水当量)，J/K；

　　　H——贝克曼温度计校正后的平均分度值；

　　　q_1——点火丝产生的热量，J；

　　　q_2——添加物产生的热量，J；

　　　m——试样的重量，g。

4.6.3 发热量的表示方法

（1）煤的弹筒发热量（Q_b）。单位质量的试样在充有过量氧气的氧弹内燃烧，其燃烧产物组成为氧气、氮气、二氧化碳、硝酸和硫酸、液态水以及固态灰时放出的热量称为弹筒发热量。

由于煤样是在高压氧气的弹筒里燃烧的，因此发生了煤在空气中燃烧时不能进行的热化学反应。例如：煤中氮以及充氧气前弹筒内空气中的氮，在空气中燃烧时，一般呈气态氮逸出，而在弹筒中燃烧时却生成 N_2O_5 或 NO_2 等氮氧化合物。这些氮氧化合物溶于弹筒中水生成硝酸，这一化学反应是放热反应。另外，煤中可燃硫在空气中燃烧时生成 SO_2 气体逸出，而在弹筒中燃烧时却氧化成 SO_3，SO_3 溶于弹筒水中生成硫酸。SO_2、SO_3 以及 H_2SO_4 溶于水生成硫酸水化物都是放热反应。所以，煤的弹筒发热量要高于煤在空气中、工业锅炉中燃烧时实际产生的热量。为此，实际中要把弹筒发热量折算成符合煤在空气中燃烧的发热量。

（2）煤的恒容高位发热量（Q_{gr}）。煤的高位发热量是指单位质量的试样在充有过量氧气的氧弹内燃烧，其燃烧产物组成为氧气、氮气、二氧化碳、二氧化硫、液态水以及固态灰时放出的热量。高位发热量也即由弹筒发热量减去硝酸生成热和硫酸校正热后得到的发热量。

煤的恒容高位发热量计算公式为：

$$Q_{gr,v,ad} = Q_{b,ad} - 94.1w(S)_{b,ad} - \alpha Q_{b,ad} \tag{4-20}$$

式中　$Q_{gr,v,ad}$——分析试样的恒容高位发热量，J/g；

　　　　$Q_{b,ad}$——分析试样的弹筒发热量，J/g；

　　　$w(S)_{b,ad}$——由弹筒洗液测得的煤的硫含量，当 $Q_{b,ad} > 16700$J/g 或 $S_{b,ad} \leqslant 4\%$ 时，可用 $S_{t,ad}$ 代替 $S_{b,ad}$，%；

　　　　94.1——煤中每 1%（0.01g）硫的校正值，J/g；

　　　　α——硝酸校正系数，$Q_{b,ad} \leqslant 16700$J/g，$\alpha = 0.001$；16700J/g $< Q_{b,ad} \leqslant$ 25100J/g，$\alpha = 0.0012$；$Q_{b,ad} > 25100$J/g，$\alpha = 0.0016$。

加助燃剂后，应按总释热量考虑。

在需要用弹筒洗液测定 $w(S)_{b,ad}$ 的情况下，把洗液煮沸 1~2min，取下稍冷后，以甲基红（或相应的混合指示剂）为指示剂，用氢氧化钠标准溶液滴定，以求出洗液中的总酸量，然后按式（4-21）计算出 $w(S)_{b,ad}$（%）：

$$w(S)_{b,ad} = \left(\frac{cV}{m} - \frac{\alpha Q_{b,ad}}{60} \right) \times 1.6 \tag{4-21}$$

式中　c——氢氧化钠溶液的物质的量浓度，约为 0.1mol/L；

　　　　V——滴定用去的氢氧化钠溶液的体积，mL；

　　　　60——相当于 1mmol 硝酸的生成热，J。

（3）煤的恒容低位发热量（Q_{net}）。煤的恒容低位发热量是指单位质量的试样在充有过量氧气的氧弹内燃烧，其燃烧产物组成为氧气、氮气、二氧化碳、二氧化硫、气态水以及固态灰时放出的热量。恒容低位发热量也即由高位发热量减去水（煤中原有的水和煤中氢燃烧生成的水）的气化热后得到的发热量。

空气干燥基的低位发热量的计算公式见式(4-22)。

$$Q_{net,v,ad} = Q_{gr,v,ad} - 206w(H)_{ad} - 23M_{ad} \qquad (4-22)$$

式中　　$Q_{net,v,ad}$——分析试样的恒容低位发热量，J/g；

　　　　$Q_{gr,v,ad}$—— 分析试样的恒容高位发热量，J/g；

　　　　$w(H)_{ad}$——分析试样氢含量，%；

　　　　M_{ad}——分析煤样水分，%。

工业上多以收到基煤的低位发热量进行计算和设计。收到基的恒容低位发热量的计算方法为：

$$Q_{net,v,ar} = \left[Q_{gr,ad} - 206w(H)_{ad} \right] \times \frac{100 - M_{ar}}{100 - M_{ad}} - 23 \times M_{ar} \qquad (4-23)$$

式中　　$Q_{net,v,ar}$——收到基煤的低位发热量，J/g；

　　　　$Q_{gr,ad}$——分析试样的高位发热量，J/g；

　　　　$w(H)_{ad}$——分析试样的氢含量，%；

　　　　M_{ar}——收到基全水分，%；

　　　　M_{ad}——分析试样的水分，%。

(4) 煤的恒压低位发热量（$Q_{net,p}$）。由弹筒发热量算出的高位发热量和低位发热量都属恒容状态，在实际工业燃烧中则是恒压状态。严格地讲，工业计算中应使用恒压低位发热量，如有必要，恒压低位发热量可按式（4-24）计算。

$$Q_{net,p,ar} = \left[Q_{gr,ad} - 212 \times w(H)_{ad} - 0.8 \times w(O)_{ad} \right] \times \frac{100 - M_{ar}}{100 - M_{ad}} - 24.4 \times M_{ar} \quad (4-24)$$

式中　　$Q_{gr,ad}$——分析试样的高位发热量，J/g；

　　　　$w(H)_{ad}$——分析试样的氢含量，%；

　　　　$w(O)_{ad}$——分析试样的氧含量，%；

　　　　M_{ar}——收到基全水分，%；

　　　　M_{ad}——分析试样的水分，%。

(5) 煤的恒湿无灰基高位发热量（Q_{maf}）。恒湿，是指温度30℃、相对湿度96%时，测得的煤样的水分（或称最高内在水分）。煤的恒湿无灰基高位发热量，实际中是不存在的，它是指煤在恒湿条件下测得的恒容高位发热量，除去灰分影响后算出来的发热量。恒湿无灰基高位发热量是低煤化度煤分类的一个指标。

(6) 各种不同基的煤的发热量换算。各种不同基的煤的发热量（低位发热量除外）按式（4-25）～式（4-27）互换计算。

$$Q_{ar} = Q_{ad} \times \frac{100 - M_{ar}}{100 - M_{ad}} \qquad (4-25)$$

$$Q_d = Q_{ad} \times \frac{100}{100 - M_{ad}} \qquad (4-26)$$

$$Q_{daf} = Q_{ad} \times \frac{100}{100 - M_{ad} - A_{ad} - w(CO_2)_{ad}} \qquad (4-27)$$

式中　　　　Q——弹筒发热量或高位发热量，J/g；

　　　　　　M_{ar}——收到基全水分，%；

M_{ad}——分析试样的水分,%;

A_{ad}——分析试样的灰分,%;

$w(CO_2)_{ad}$——分析试样的碳酸盐二氧化碳含量,不足 2% 可忽略不计,%。

ar,ad,d,daf——分别代表收到基、空气干燥基、干基和干燥无灰基。

习 题

4-1 简述煤炭采样的基本原理。

4-2 如何在火车顶部采取商品煤样?

4-3 采样时如何确定子样质量?

4-4 什么是煤样的制备?它包括哪些程序?

4-5 煤样的缩分方法有哪些?

4-6 煤的工业分析包括哪些项目?

4-7 什么是煤的灰分?什么是煤的矿物质?二者之间有什么区别?

4-8 煤中存在哪三种形态的硫,各以什么组成存在?

4-9 煤质分析中常用的基准有哪些,如何表示?

4-10 什么是煤的发热量?弹筒发热量、高位发热量、低位发热量有何区别?

5　粉煤灰分析

5.1　粉煤灰概述

粉煤灰也称飞灰，是煤燃烧排放出的一种黏土类火山灰质材料。狭义地讲，它就是指火电厂粉在锅炉燃烧时，烟气中带出的粉状残留物。广义地讲，它还包括锅炉底部排出的炉底渣，简称炉渣。灰和渣的比例随着炉型、燃煤品种及煤的破碎程度等不同而变化，目前世界各国普遍使用的固态排渣煤粉炉，产灰量占灰渣总量的 80% ~ 90%。

粉煤灰是燃煤电厂排出的主要固体废物。我国火电厂粉煤灰的主要氧化物组成为 SiO_2、Al_2O_3、FeO、Fe_2O_3、CaO、TiO_2 等。粉煤灰是我国当前排量较大的工业废渣之一，随着电力工业的发展，燃煤电厂的粉煤灰排放量逐年增加。大量的粉煤灰不加处理，就会产生扬尘，污染大气，若排入水系会造成河流淤塞，而其中的有毒化学物质还会对人体和生物造成危害。

5.1.1　粉煤灰的形成

煤粉在炉膛中呈悬浮状态燃烧，燃煤中的绝大部分可燃物都能在炉内烧尽，而煤粉中的不燃物（主要为灰分）大量混杂在高温烟气中。这些不燃物因受到高温作用而部分熔融，同时由于其表面张力的作用，形成大量细小的球形颗粒。在锅炉尾部引风机的抽气作用下，含有大量灰分的烟气流向炉尾。随着烟气温度的降低，一部分熔融的细粒因受到一定程度的急冷呈玻璃体状态，从而具有较高的潜在活性。在引风机将烟气排入大气之前，上述这些细小的球形颗粒，经过除尘器，被分离、收集，即为粉煤灰。

5.1.2　粉煤灰的性质

5.1.2.1　粉煤灰的化学组成

粉煤灰是一种火山灰质材料，来源于煤中无机组分，而煤中无机组分以黏土矿物为主，另外有少量黄铁矿、方解石、石英等矿物。因此粉煤灰化学组成以氧化硅（含量约48%）和氧化铝为主（含量约27%），其他成分还有氧化铁、氧化钙、氧化镁、氧化钾、氧化钠、三氧化硫及未燃尽有机质（烧失量）。不同来源的煤和不同燃烧条件下产生的粉煤灰，其化学成分差别很大。我国电厂粉煤灰的化学组成见表5-1。

表 5-1　电厂粉煤灰的化学组成　　　　　　　　　　%

成分	SiO_2	Al_2O_3	Fe_2O_3	CaO	MgO	SO_3	Na_2O	K_2O	烧失量
范围	34.30 ~ 65.76	14.59 ~ 40.12	1.50 ~ 6.22	0.44 ~ 16.80	0.20 ~ 3.72	0.00 ~ 6.00	0.10 ~ 4.23	0.02 ~ 2.14	0.63 ~ 29.97
均值	50.8	28.1	6.2	3.7	1.2	0.8	1.2	0.6	7.9

粉煤灰的元素组成见表5-2。

表 5-2　粉煤灰的元素组成　　　　　　　　%

元素	O	Si	Al	Fe	Ca	K	Mg	Ti	S	Na	P	Cl	其他
质量分数	47.83	11.48 ~ 31.14	6.40 ~ 22.91	1.90 ~ 18.51	0.30 ~ 25.10	0.22 ~ 3.10	0.05 ~ 1.92	0.40 ~ 1.80	0.03 ~ 4.75	0.05 ~ 1.80	0.00 ~ 0.90	0.00 ~ 0.12	0.50 ~ 29.12

5.1.2.2　粉煤灰的存在形态

粉煤灰是一种高度分散的微细颗粒集合体，因此它是以颗粒形态存在的，且这些颗粒的矿物组成、粒径大小、形态各不相同，主要由氧化硅玻璃球组成。根据颗粒形状粉煤灰颗粒可分为球形颗粒与不规则颗粒。球形颗粒又可分为低铁质玻璃微珠与高铁质玻璃微珠，若据其在水中沉降性能的差异，则可分出漂珠、轻珠和沉珠；不规则颗粒包括多孔状玻璃体、多孔碳粒以及其他碎屑和复合颗粒。

5.1.2.3　粉煤灰的物理性质

粉煤灰的物理性质包括密度、堆积密度、细度、比表面积、需水量等。粉煤灰的基本物理性质见表5-3。这些性质是化学成分及矿物组成的宏观反映。由于粉煤灰的组成波动范围很大，这就决定了其物理性质的差异也很大。

表 5-3　粉煤灰的基本物理性质

项　目		范　围	均　值
密度/g·cm^{-3}		1.9 ~ 2.9	2.1
堆积密度/g·cm^{-3}		0.531 ~ 1.261	0.780
密实度/g·cm^{-3}		25.6 ~ 47.0	36.5
比表面积/cm^2·g^{-1}	氮吸附法	800 ~ 19500	3400
	透气法	1180 ~ 6530	3300
原灰标准稠度/%		27.3 ~ 66.7	48.0
需水量/%		89 ~ 130	106
28 天抗压强度比/%		37 ~ 85	66

粉煤灰的物理性质中，细度和粒度是比较重要的项目（细度即表示粉煤灰的粗细程度，常以某一规格筛网孔目的过筛百分比（重量）表示；粒度即是粉煤灰颗粒的大小，单位常用微米）。它直接影响着粉煤灰的其他性质。粉煤灰越细，细粉占的比重越大，其活性也越大。粉煤灰的细度影响早期水化反应，而化学成分影响后期的反应。粉煤灰的细度和粒度与原煤品质、粉碎细度、燃烧状况、收尘方式、排放方法及取灰部位等有很大关系。国家标准一级粉煤灰细度是指 45μm 方孔筛筛余量不大于 12%，二级粉煤灰要求45μm 方孔筛筛余量不大于 25%，三级粉煤灰要求 45μm 方孔筛筛余量不大于 45%。

另外，由于粉煤灰的多孔结构、球形粒径的特性，在松散状态下具有良好的渗透性，其渗透系数比黏性土的渗透系数大数百倍。粉煤灰在外载荷作用下具有一定的压缩性，比黏性土的压缩变形要小的多。粉煤灰的毛细现象十分强烈，其毛细水的上升高度与压实度有着密切关系。

5.1.2.4 粉煤灰的化学性质

粉煤灰是一种人工火山灰质混合材料。它本身略有或没有水硬胶凝性能，但当以粉状及有水存在时，能在常温，与氢氧化钙或其他碱土金属氢氧化物发生化学反应，生成具有水硬胶凝性能的化合物，成为一种增加强度和耐久性的材料。这也正是粉煤灰能够用来生产各种建筑材料的原因所在。

5.1.3 粉煤灰的用途

目前，粉煤灰主要用来生产粉煤灰水泥、粉煤灰砖、粉煤灰硅酸盐砌块、粉煤灰加气混凝土及其他建筑材料，还可用作农业肥料和土壤改良剂，回收工业原料和作环境材料。

（1）粉煤灰在建筑和建材工业中的应用。

1）粉煤灰代替黏土原料生产水泥，由硅酸盐水泥熟料和粉煤灰加入适量石膏磨细制成水泥；粉煤灰还可生产低温合成水泥及无熟料水泥（包括石灰粉煤灰水泥和纯粉煤灰水泥）。粉煤灰应用于水泥生产可节省燃料，增加产量，降低电能，降低产品成本，改善水泥某些性能，保护环境，变废为宝，既有经济效益，又有社会效益。

2）粉煤灰作砂浆或混凝土的掺和料，在混凝土中掺加粉煤灰代替部分水泥或细骨料，不仅能降低成本，而且能提高混凝土的和易性、不透水、气性、抗硫酸盐性能和耐化学侵蚀性能，降低水化热，改善混凝土的耐高温性能，减轻颗粒分离和析水现象，减少混凝土的收缩和开裂以及抑制杂散电流对混凝土中钢筋的腐蚀。

3）粉煤灰在建筑建材中可用于生产蒸制粉煤灰砖、烧结粉煤灰砖、蒸压泡沫粉煤灰保温砖、粉煤灰硅酸盐砌块、粉煤灰加气混凝土、粉煤灰陶粒、粉煤灰轻质耐热保温砖等。这些建材具保温效率高、耐火度高、热导率小、烧成时间短等优点，可保护环境、节约耕地、降低燃料消耗、提高热效率、降低成本。

（2）粉煤灰作农业肥料和土壤改良剂。粉煤灰具有良好的物理化学性质，能广泛应用于改造重黏土、生土、酸性土和盐碱土，弥补其酸瘦板粘的缺陷，粉煤灰中含有大量枸溶性硅钙镁磷等农作物所必需的营养元素，故可作农业肥料用。

（3）粉煤灰中回收工业原料。

1）回收煤炭资源。利用浮选法在含煤炭粉煤灰的灰浆水中加入浮选药剂，然后采用气浮技术，使煤粒黏附于气泡上浮与灰渣分离。

2）回收金属物质，如粉煤灰中含有的 Fe_2O_3、Al_2O_3 和大量稀有金属。

3）分选空心微珠。空心微珠具有质量小、高强度、耐高温和绝缘性好等优点，可以用于塑料的理想填料，用于轻质耐火材料和高效保温材料，用于石油化学工业，用于军工领域。

（4）粉煤灰作环保材料。利用粉煤灰可制造分子筛、絮凝剂和吸附材料等环保材料；粉煤灰还可用于处理含氟废水、电镀废水与含重金属离子废水和含油废水。粉煤灰中含有的 Al_2O_3、CaO 等活性组分，能与氟生成配合物或生成对氟有絮凝作用的胶体离子；还含有沸石、莫来石、炭粒和硅胶等，具有无机离子交换特性和吸附脱色作用。

5.1.4 粉煤灰成分分析项目的选取

粉煤灰的化学成分因粉煤灰的品种、产地、成煤时代、燃烧条件及集灰方式等不同，变化范围很大。因此，对其进行成分分析，是决定粉煤灰级别和合理综合利用的第一步关键性工作。

粉煤灰成分分析项目一般包括：SiO_2、Fe_2O_3、Al_2O_3、CaO、TiO_2、MgO 、SO_3、K_2O、Na_2O、MnO_2、烧失量，有时也分析 P_2O_5、Hg、Cr、Cd 及放射性元素等。这主要依据分析目的进行选取。例如：对粉煤灰进行分级时，只需测 SiO_2、Al_2O_3 和 Fe_2O_3 的总量；用粉煤灰提取氧化铝时，只要求测 SiO_2 和 Al_2O_3 的量；用粉煤灰分选富铁玻璃微珠炼铁时，仅需分析 Fe_2O_3 含量；而考查粉煤灰对环境的放射性、毒性影响时，则要测定放射性元素含量和有毒元素含量等。

5.2　二氧化硅的测定

5.2.1　测定方法

5.2.1.1　质量法

硅酸是一种很弱的无机酸，电离度很小（K_1 约为 10^{-9}，K_2 约为 10^{-12}），溶解度也很小，因而很容易从溶解的硅酸盐内被其他酸置换出来，而以溶胶状态存在于水溶液中。因此硅胶容易形成稳定的胶体溶液。硅酸溶胶胶粒均带有负电荷，由于同性电荷相互排斥，降低了胶粒互相碰撞结合成较大颗粒的可能性。同时，硅酸溶胶是亲水性胶体，在胶体微粒周围形成紧密的水化外壳，也阻碍着微粒互相结合成较大的颗粒。要想硅酸以沉淀形式析出，必须设法破坏其水化外壳，同时加入强电解质或带相反电荷的胶体，促使硅胶溶胶微粒凝聚为较大的沉淀颗粒而析出。

（1）盐酸蒸干法。盐酸蒸干法是采用蒸干脱水以破坏水化外壳，加入盐酸强电解质以促使硅酸凝聚析出的一种经典的测定方法。

试样熔融分解后，用水提取。盐酸酸化后，相当量的硅酸以水溶胶状态存在于溶液中，加入盐酸后，一部分水溶胶转变为水凝胶析出。为了使其全部析出，一般将溶液蒸干脱水，并在 $105 \sim 110 ℃$ 下烘干 $1 \sim 1.5h$。将脱水后的干渣用盐酸润湿，并放置 $5 \sim 10min$，使蒸干过程中形成的铁、铝等的碱式盐或氢氯化物等与盐酸作用，转变为可溶性盐。然后，加热搅拌，煮沸，使可溶性盐全部溶解，过滤，将硅酸分离出来。这就是盐酸蒸干脱水过程。

进行一次蒸干脱水，只能回收 $97\% \sim 99\%$ 的二氧化硅。因此，需要将分离硅酸后的滤液进行第二次蒸干脱水，以回收其中残余的二氧化硅。经二次蒸干脱水后的滤液中，也还有少于 $1mg$ 的残余二氧化硅，在通常分析中可忽略不计，但在精密分析中，还需进行三次蒸干脱水，或进行一次蒸干脱水后，用光度法测定滤液中残余的二氧化硅。

盐酸蒸干法是测定二氧化硅的经典方法，经二次蒸干脱水处理，测定结果能满足一般分析的要求。但该法的最大缺点是费时、手续冗长，目前较少使用。

（2）动物胶凝聚法。动物胶是一种富含氨基酸的蛋白质，在水溶液中具有很强的亲水作用，并且是一种可逆胶体。在一定的酸度和温度下，动物胶可吸附 H^+ 而带有正电荷，这样可与硅酸溶胶所带的负电中和，使硅酸凝聚而析出。

与盐酸蒸干法相比，动物胶凝聚质量法所需时间大大减少，准确度也比较高，所以目前被广泛应用。

（3）氯化铵法。氯化铵法是在硅酸的盐酸溶液中，加入足量的固体氯化铵，使胶粒凝聚的方法。这是由于氯化铵的水解，夺取了硅胶颗粒的水分，加快了脱水过程，促使硅酸胶粒凝聚。同时，氯化铵是强电解质，带正电荷的 NH_4^+ 能中和硅酸胶粒的负电荷，同样能促使硅酸凝聚，从而使硅酸能够形成沉淀颗粒析出。

氯化铵法中加入氯化铵的量一般为试样量的 2～5 倍，加盐酸 2～5mL，在沸水浴中加热 10～15min，即可使硅酸胶体脱水析出。而后的过滤、洗涤、灼烧方法与盐酸蒸干法相同。

氯化铵法的测定速度比动物胶凝聚法更快一些，但准确度不够高，所以氯化铵法目前主要用于准确度要求不太高而速度要求较快的生产控制分析。

（4）氢氟酸挥发质量法。氢氟酸挥发质量法，只适用于石英等二氧化硅质量分数在 95% 以上的试样。如果其他组分含量高，就会给二氧化硅的分析结果带来误差。

氢氟酸挥发质量法是将试样在铂坩埚中灼烧至恒量后，用氢氟酸及硫酸处理，使二氧化硅转化成四氟化硅逸出：

$$SiO_2 + 2H_2F_2 \longrightarrow SiF_4 \uparrow + 2H_2O$$

然后再灼烧至恒量，由氢氟酸处理前后的质量之差，计算出二氧化硅的含量。

这种方法的应用范围较窄，只能用于分析试样中其他组分含量较低的试样（一般质量分数为 5% 以下），而且这些组分的存在形式在试样灼烧和氢氟酸处理后不变。但在很多情况下，各种组分经灼烧及氢氟酸处理后，其存在形式均有变化，使测定不准确。

5.2.1.2　其他方法

测定二氧化硅的方法还有滴定法和分光光度法。测定样品中的二氧化硅的滴定分析方法都是间接测定方法，依据分离和滴定方法的不同，滴定分析法有硅钼喹啉法、氟硅酸钾法及氟硅酸钡法等，其中，氟硅酸钾法应用最广泛。分光光度法有硅钼黄光度法、硅钼蓝光度法和发射光谱法。硅钼黄光度法用于较高硅含量的测定，其灵敏度和选择性较差，现在很少应用；以形成硅钼杂多酸为基础的钼蓝光度法，灵敏度高，使用广泛，在硅的测定中，占主要地位，其中以草酸-硫酸亚铁铵法为最常用；发射光谱法必须配备电感耦合等离子体的发射光谱仪，仪器昂贵，适用于大型企业的分析。滴定法和分光光度法见黑色金属分析中的硅的测定。

粉煤灰中二氧化硅的测定以质量法最为常用，下面主要介绍动物胶凝聚质量法。

5.2.2　动物胶凝聚质量法

动物胶是一种富有氨基酸的蛋白质，在水溶液中具有很强的亲水作用，并且是一种可逆胶体。其结构可表示为：$NH—R—COOH$ 。

其中羧基能电离出氢离子，从而带上负电荷，而氨基能与氢离子结合而带上正电荷，所以，动物胶在水溶液中是两性电解质。当 pH = 4.7 时，动物胶粒子的正负电荷相等；当 pH > 4.7 时，动物胶粒子则易电离出氢离子而带上负电荷；当 pH < 4.7 时，胶粒易吸附溶液中的氢离子而带上正电荷；因此，在 pH < 4.7 时带正电荷动物胶粒子与带负电荷的硅酸胶粒相互吸引，彼此中和电性，使硅酸凝聚而析出。此外，由于动物胶是亲水性很强的胶体，它能从硅胶粒上夺取水分，破坏其水化外壳，进一步促使硅胶凝聚。

用动物胶凝聚硅酸溶胶是否能趋于完全，与分析时溶液的酸度、温度以及动物胶的加入量等因素有关。

溶液的盐酸酸度一般应保持在 25% 以上（ > 8mol/L）。凝聚时的温度应控制在 60 ~ 70℃ 的范围内，如温度高于 80℃，则由于动物胶被破坏将失去凝聚作用；温度低于 60℃ 亦不能使硅酸凝聚完全。加入动物胶的量，如恰好能完全中和硅酸溶胶质点所带的电荷，则沉淀将是完全的；否则，过多或过少，都不能使硅酸凝聚完全。动物胶加入量一般为每 0.5g 试样加 2 ~ 10mL、10g/L 动物胶溶液。

用动物胶使硅酸凝聚后，在加水溶解可溶性的盐类时，由于溶液的体积增大，酸度亦相应降低，此时二氧化硅沉淀会有极少部分产生复溶现象。放置时间越久，造成复溶的量也越大。此外，在洗涤沉淀的过程中，洗液用量的增多和洗涤时间的延长，也会使复溶量相应增大。因此，在分析过程中，应严格控制上述条件进行操作，否则均会导致测定结果偏低。即使在严格掌握上述各项测定条件的情况下，滤液中残留的硅酸量仍可达 2mg 左右。但在二氧化硅沉淀里也夹带少量的铝、钛等杂质。

与盐酸蒸干法相比，动物胶凝聚质量法所需时间大大减少，准确度也比较高，所以目前被广泛应用。

5.3　三氧化二铁的测定

在粉煤灰中，铁元素分别以 Fe（Ⅱ）、Fe（Ⅲ）的形式存在。一般情况下，铁的测定是总铁量，结果以三氧化二铁的含量来表示。事实上，测定亚铁与测定总铁的方法原理是一样的，所不同的是试样分解方法。如果没有特别的要求，一般只测定总铁量。如需测定亚铁的量，就要在分解试样时注意不要使亚铁被氧化。此时一般用的是硫酸 – 氢氟酸分解法，它能够适用于一般亚铁的测定。

5.3.1　测定方法

目前，测铁的方法有很多，常用的有 EDTA 配位滴定法和氧化还原滴定法，铁含量较低时还可用光度比色法和原子吸收分光光度法。

5.3.1.1　EDTA 配位滴定法

EDTA 配位滴定法是测铁最常用的方法之一。其测定原理是基于 Fe^{3+} 在 pH≈2 的酸性溶液中能与 EDTA 作用生成稳定的配合物，所以可以用 EDTA 标准溶液滴定试液中的 Fe^{3+}。常用的指示剂为磺基水杨酸，滴定到计量点时紫红色退去。终点颜色随溶液中含铁量的多少而深浅不同，当含铁量较低时，溶液基本无色，终点的确定主要是观察紫红色的退去。但当铁含量较高时，滴定还没到终点，溶液就已经呈较深的黄色，这将影响对终点颜色变化的确定。所以当铁含量较高时，应减少试液的移取量，或改用氧化还原滴定法。

用 EDTA 配位置滴定法测定时，应注意以下几个问题：

（1）溶液的酸度。滴定时溶液的酸度应控制在 pH = 1.8 ~ 2.5 之间。如果 pH 值太低，磺基水杨酸的配位能力低，EDTA 与 Fe^{3+} 就不能定量配位；如果 pH 值过高，磺基水杨酸（简写为 Ssal）可与 Fe^{3+} 形成稳定性很高的 $[Fe(Ssal)_2]^-$ 或 $[Fe(Ssal)_3]^{3-}$，影响 EDTA 滴定铁时的置换作用，使终点拖长，而且其他离子如 Al^{3+} 也可能与 EDTA 作用，使测定结果偏高。

（2）滴定的温度。由于 Fe^{3+} 与 EDTA 配位反应的速度较慢，所以滴定时应将溶液加热到 50 ~ 70℃。温度较低时，反应很慢，终点拖长；温度过高，Al^{3+} 等离子会干扰滴定。

（3）终点误差。当溶液中铁的含量较高时，溶液呈较深的黄色，将影响终点溶液颜色的观察。而且磺基水杨酸是一种低灵敏度的指示剂，在终点前颜色已消退，使测定结果偏低，这对铝的连续滴定将产生一定的影响。在一般的分析及铁含量较低的情况，误差可在允许范围之内，但不能满足精密分析的要求。为提高测铁的准确度，可以使用磺基水杨酸和半二甲酚橙作联合指示剂，用铋盐标准溶液进行返滴定。即先以磺基水杨酸作指示剂，滴加 EDTA 标准溶液至指示剂的颜色退去，再滴过量 EDTA 标准液 2 ~ 3mL，然后以半二甲酚橙为指示剂，用铋盐标准溶液回滴过量的 EDTA。此法主要靠控制溶液的酸度（pH = 1 ~ 1.5）和剩余 EDTA 的量来消除铝的干扰，滴定可在室温下进行。此方法准确度高、适应性强，对高铁或低铁及高铝类样品中的少量铁都适用。

EDTA 配位滴定法测铁，常用于铁、铝的连续测定和铁、铝、钛的连续测定。该法比较适合于测定铁含量适中（1% ~ 10%）的试样。

5.3.1.2　氧化还原滴定法

按照滴定剂的不同，氧化还原滴定法又可分为许多种方法，其中较常用的有重铬酸钾法、锰酸钾法、碘量法等。氧化还原滴定法主要用于高铁量试样的测定和生产控制分析。

（1）重铬酸钾法。由于重铬酸钾是基准试剂，可以直接配制成标准溶液，且浓度非常稳定，可长期保存，又可在盐酸介质中进行测定，因此得到广泛的应用，特别是在生产控制的分析中。

重铬酸钾法是在热的盐酸介质中，以氯化亚锡为还原剂，将溶液中的三价铁全部还原为二价铁，再用重铬酸钾标准溶液进行滴定。

（2）高锰酸钾法。高锰酸钾法的方法原理与重铬酸钾法相同，只是改用高锰酸钾标准溶液来滴定还原出来的 Fe^{2+}。与重铬酸钾法相比，高锰酸钾的标准溶液只能近似配制后再标定，且溶液不够稳定，放置一段时间后浓度会有所改变，且它对 Cl^- 也有一定的氧化作用，使滴定不能在盐酸介质中进行，所以在实际工作中较少用高锰酸钾法来测定铁。

（3）碘量法。碘量法是利用 I_2 的氧化性和 I^- 的还原性来进行测定的一种方法。在中性或弱酸性介质中，加入过量的碘化钾，然后以淀粉作为指示剂，用硫代硫酸钠标准溶液滴定定量析出来的 I_2。测定时应避免 I^- 被空气氧化及 I_2 的挥发。碘量法在粉煤灰分析中较少使用。

5.3.1.3　光度比色法

当铁的含量较低时，可用光度比色法进行测定。光度法测铁的方法有许多，常用的有磺基水杨酸法、邻菲罗啉法等。

（1）磺基水杨酸法。在 pH = 8 ~ 11 的氨性溶液中，Fe^{3+} 与磺基水杨酸生成稳定的黄色配合物 $[Fe(Ssal)_3]^{3-}$，其最大吸收波长为 420nm，颜色强度与铁的含量成正比，故可用于铁的光度测定。

Fe^{3+} 在不同的 pH 值下，可与磺基水杨酸形成不同组成和颜色的几种配合物。当 pH =

1.8~2.5 时，形成的是紫红色配合物；当 pH=4~8 时，形成的是褐色的配合物；当 pH=8~11.5 时，形成的是黄色的配合物；当 pH>12 时，不能形成配合物，此时生成的是氢氧化铁沉淀。

在氨性溶液中，磷酸盐、氟化物、氯化物、硫酸盐和硝酸盐均不干扰测定；铝、钙、镁等能与磺基水杨酸形成无色的配合物，消耗显色剂，所以应增加磺基水杨酸的用量；若有锰、铜等存在，将干扰测定，应事先除去。

（2）邻菲罗啉光度法。用盐酸羟胺或抗坏血酸将 Fe^{3+} 还原为 Fe^{2+}，在 pH=2~9 时，Fe^{2+} 能与邻菲罗啉生成稳定的橙红色配合物，其最大吸收波长为 508nm，配合物的颜色强度与 Fe^{2+} 的浓度成正比，且颜色相当稳定，可放置 24h 以上。在弱酸性介质中显色测定一般无干扰，但酸度太高则显色速度较慢。

邻菲罗啉显色剂不稳定，测定时应用新配制的溶液。

5.3.1.4　原子吸收分光光度法

试样用盐酸和过氧化氢分解后，试液用水稀释至一定体积，喷入空气－乙炔火焰中，用铁空心阴极灯作光源，选用较高的灯电流，于原子吸收光谱仪 248.33nm 处测定吸光度。

原子吸收分光光度法测定铁，简便快速，应用广泛，灵敏度高，是测定微量铁的好方法。但在测定时，应注意以下问题。

（1）介质的选择与酸度。盐酸、氯酸浓度在 10% 以下的范围内不影响测定。若浓度过大，或选用磷酸、硫酸的浓度大于 3% 时，都将引起测定结果偏低，在制备试液时应予以注意。一般选用盐酸或过氯酸，并控制其浓度在 10% 以下。

（2）铁是高熔点、低溅射金属。为了使铁空心阴极灯具有适当的发射强度，需选用较高的灯电流。如国产的铁空心阴极灯，可使用高达 20mA 的电流。

（3）铁为多谱线元素，在波长 208.41nm 和 511.04nm 之间，其主要的吸收线就有 30 多条。其中强吸收线 248.33nm 线为分析中通常采用的谱线。

（4）由于铁为多谱线元素，在所测定的吸收线附近存在着单色器不能分离的邻近线，使测定的灵敏度下降及标准曲线弯曲。为此，可用较小的通带（减小狭缝）予以改善或消除。但应注意，通带太小会使光强减弱，信噪比降低，也会影响测定。

（5）铁的化合物在低温火焰中仅有一小部离解为原子。为了得到足够的灵敏度，必须采用温度较高的火焰，通常用空气－乙炔火焰，也可以用空气－氢气火焰。因为铁的氧化物比较稳定，所以选用富燃烧气火焰效果较好。

测定三氧化二铁，当前应用最为普遍的是 EDTA 配位滴定法。对某些成分比较复杂的样品，也常用氧化还原滴定法。

5.3.2　EDTA 配位滴定法

5.3.2.1　基本原理

粉煤灰中的金属阳离子几乎全部可以与 EDTA 生成稳定的络合物。因此，如适当控制溶液的 pH 值，就可以用 EDTA 分别对铁、钴、铝、钙、镁、锰等进行测定。

用 EDTA 滴定 Fe^{3+} 一般以磺基水杨酸或其钠盐作指示剂，在溶液酸度为 pH=1.5~2、温度为 60～70℃ 的条件下进行。

在上述条件下，磺基水杨酸与 Fe^{3+} 络合生成紫红色络合物，能为 EDTA 所取代。现以 HIn^- 代表磺基水杨酸根离子，以 H_2Y^{2-} 代表 EDTA 离子，络合滴定 Fe^{3+} 的反应如下。

指示剂显色反应：$\quad\quad\quad\quad\quad\quad Fe^{3+} + \underset{无色}{HIn^-} \longrightarrow \underset{紫红色}{FeIn^+} + H^+$

滴定反应（主反应）：$\quad\quad\quad\quad\quad Fe^{3+} + H_2Y^{2-} \longrightarrow FeY^- + 2H^+$

终点时指示剂的变色反应：$\quad H_2Y^{2-} + \underset{紫红色}{FeIn^+} \longrightarrow \underset{黄色}{FeY^-} + \underset{无色}{HIn^-} + H^+$

终点时溶液由紫红色变为亮黄色。

5.3.2.2　分析条件

用 EDTA 滴定铁的关键，在于正确控制溶液的 pH 值和掌握适宜的温度。

在无其他干扰离子存在时，用 EDTA 直接滴定 Fe^{3+} 的酸度范围较宽。由实验知，在 pH = 1～2.5 之间均能得到一致的结果。如 pH < 1，由于 Fe^{3+} 与 HIn^- 生成的紫红色络合物 $FeIn^+$ 的条件常数太低（$\lg K_{FeIn^+} < 2.3$），滴定终点提前到达，测定结果偏低。在 pH = 1～1.5 时进行滴定时，因终点变色较慢，需缓慢滴定。当溶液的 pH 值大于 2.5 时，由于 Fe^{3+} 易水解形成 $Fe(OH)^{2+}$、$Fe(OH)_2^+$，络合能力减弱，甚至生成完全消失络合能力的 $Fe(OH)_3$ 沉淀。对单独的 Fe^{3+} 的滴定，溶液的最佳酸度范围为 pH = 1.7～2.2，在此酸度下滴定终点变色最明显。在实际样品分析中，铁的测定常常是在铝、钛、锰、钙、镁等金属阳离子的存在下进行的，因此在分析操作中必须考虑其他金属离子特别是铝、钛对滴定产生的干扰。

用 EDTA 滴定铁温度应控制在 60～70℃。若温度太低（如在 40℃ 以下），Fe^{3+} 与 EDTA 的配位反应速度较慢；若滴定的速度又快，则由于终点前夺取 $FeIn^+$ 中 Fe^{3+} 的速度缓慢，往往容易滴定过量，使测定结果偏高。若温度太高（如在 80℃ 以上），Al^{3+} 亦同 EDTA 配合而干扰滴定，温度愈高铝对铁的干扰程度亦相应增大。因此高铝类样品一定不要超过 70℃。

5.3.2.3　干扰因素及消除干扰的措施

TiO_2 在 1mg 以下时对铁的滴定无影响，高于 1mg 时使终点变化开始减慢。但 TiO_2 在 5mg 以下，可适当增加磺基水杨酸（钠）指示剂的量（因钛与磺基水杨酸生成黄色配位物而消耗一定量的指示剂，故当钛含量较高时应适当增加指示剂的量），并缓慢滴定，终点仍明显。如钛的含量超过 5mg 时，因溶液黄色加深而影响滴定终点的观察。

铝对滴定铁的干扰随溶液 pH 值的增加而显著增大，并且铝的含量愈高影响亦愈大，如在 pH = 2（以 pH 计调整溶液的 pH 值，下同）时 1mg Al_2O_3 即能显现出对滴定铁的干扰；而在 pH = 1.6～1.8 时，即使有 8 倍以上铁量的铝存在，其影响亦很小。而且在 pH = 1.6～1.8 的条件下，铝对铁的干扰受温度的影响较小，例如在 50～80℃ 的温度范围内，滴定所得结果均一致。综上，一般样品在 pH = 1.6～1.8、60～70℃ 的条件下滴定铁，可忽略铝的干扰，终点明显，结果正确。

钙、镁、锰不干扰测定，25mg 以下的 P_2O_5 亦不影响 Fe^{3+} 的滴定。

5.3.2.4　其他注意事项

必须指出，溶液酸度在 pH = 1.6～1.8、温度为 60～70℃ 的条件下，用 EDTA 滴定铁也并不能达到络合完全的程度。5 ~ 25mg Fe_2O_3 的回收试验表明，其回收率为 99% 左右。这对一般样品来说，由于铁含量不高，误差并不大（按 Fe_2O_3 含量为 5% 计，只偏低 0.05% 左右）。若铁的含量较高，则应采用适当的措施对 EDTA 的滴定度作相应的校正，如用铁的标准溶液或用类似的标准样品，在与实际分析相同的条件下来标定 EDTA 的浓度。这实际上是一种加校正系数的办法，所以它只消除了由于铁的回收率偏低而产生的负误差，而未络合完全的 Fe^{3+} 仍存在于被滴定的溶液中，它对以后铝的测定将带来一定的正误差，其误差的大小与络合滴定铝的方法有关。试验表明，采用直接滴定法（pH = 3）时，则上述未与 EDTA 络合完全的 Fe^{3+}，约有 30% ~ 50% 的量与 Al^{3+} 一起被 EDTA 所滴定，由此对铝的测定结果所产生的正误差，可根据试样中铁的含量估算出来。若试样中 Fe_2O_3 含量为 20%，则使 Al_2O_3 的测定结果约偏高 0.04% ~ 0.06%。采用加入过量 EDTA 的回滴法（pH = 4）时，则上述未与 EDTA 络合完全的 Fe^{3+} 将定量地与 Al^{3+} 一起被滴定，此时对铝的测定结果引进的误差为铁的测定误差的 0.64。若采用 NH_4F 置换法测定铝，则上述未与 EDTA 络合完全的 Fe^{3+}，对铝的测定不产生影响。

在上述条件下滴定 Fe^{3+}，不能达到完全回收的原因，一方面是由于在 pH = 2 时，Fe^{3+} 与磺基水杨酸（钠）形成的络合物不太稳定，亦即该指示剂的灵敏度较低（在 pH = 2 时，$\lg K_{FeIn^+} \approx 4.0$）。因磺基水杨酸是一种单色指示剂，故一般均采用增大指示剂的用量（10 滴 10% 的指示剂溶液），以适当提高 $FeIn^+$ 的稳定性。尽管如此，滴定终点的 pM 值与等当点的 pM 值仍有一定的差距，因而产生负误差。此外，还可能由于 Fe^{3+} 在如上试验条件下，有一定的水解效应。试验表明，对含有 5 ~ 25mg Fe_2O_3 的溶液，在室温下，于 pH = 1 ~ 1.5 加入稍过量的 EDTA（过量 1 ~ 3mL），然后以二甲酚橙（XO）为指示剂，用硝酸铋标准溶液回滴过量的 EDTA，所得铁的测定结果，与加入 Fe_2O_3 的量完全相符。同样，若改用预先加入过量的 EDTA 标准溶液，然后于 pH = 4 以 PAN（1 -（2 - 吡啶偶氮）- 2 - 萘酚）为指示剂，用硫酸铜标准溶液回滴过剩的 EDTA，所加入的铁量（5 ~ 25mg）亦能得到定量回收。

滴定铁时除应正确掌握溶液的酸度和温度之外，还应注意使溶液中的 Fe^{2+} 全部氧化成 Fe^{3+}，特别是用以石墨粉作垫层的瓷坩埚熔融试样时，因在高度还原性气氛下，样品中的铁绝大部分被还原成亚铁，所以在滴定前应加硝酸将其完全氧化成高价铁，否则由于 Fe^{2+} 与 EDTA 的络合能力较弱（$\lg K = 14.3$），将使测定结果偏低。

在日常分析中，调整溶液的 pH 值一般不用 pH 计，而多用 pH 试纸检验。但 pH 试纸所显示的 pH 值与用 pH 计测定的 pH 值并不完全一致。溶液的 pH 值愈大，温度愈高，两者之间的数值相差亦愈大。例如，以 pH 计测得溶液的 pH 值为 1.8，而用 pH 试纸在室温下所测之 pH 值为 2，60℃ 时则为 2.3。因此，滴定铁时如用 pH 试纸，在冷的溶液中应调整 pH 值为 2，在热的（60℃）溶液中则应调到 2.3。

滴定铁一般多以磺基水杨酸钠为指示剂。如用磺基水杨酸，应使氢氧化钠溶液中和至 pH = 2，否则将使调整好 pH 值的溶液的酸度增大，易导致铁的测定结果偏低。

由于磺基水杨酸与 Fe^{3+} 生成有色络合物的颜色与溶液的 pH 有关：pH < 2.5 为紫红色（以 $FeIn^+$ 为主）、pH = 4 ~ 8 为橘红色（以 $FeIn_2^-$ 为主）、pH = 8 ~ 11.5 为黄色（以 $FeIn_3^{3-}$ 为主），所以在滴定铁之前调整溶液的 pH 值时，也可以利用如上特点。即首先加入磺基水杨酸（钠）指示剂，用氨水（1 + 1）调至溶液出现橘红色（pH > 4），然后加盐酸

（1＋1）至溶液刚刚变成紫红色，再继续滴加8～9滴，此时溶液的pH值一般都在1.6～1.8的范围内。用这种方法调整溶液的pH值，不仅操作简便，而且相当准确。这样，如用磺基水杨酸作指示剂，也不必再用氢氧化钠调整指示剂溶液的酸度了。

在分析一般样品时，滴定铁的溶液体积以80～100mL为宜。如体积太小，干扰离子特别是铝离子的浓度增大，不利于铁的测定；体积过大，Fe^{3+}的浓度太稀，使滴定终点颜色的变化不够鲜明。

由于Fe^{3+}与EDTA的综合反应速度较慢，故在近终点时要充分搅拌，缓慢滴定，并使终点前溶液的温度以不低于60℃为宜。

5.4　三氧化二铝的测定

三氧化二铝的测定方法有很多。属于质量法的有磷酸铝法、8－羧基喹啉法差减法等；属于滴定法的有EDTA配位滴定法、氟铝酸钾滴定法、8－羟基喹啉铝的溴酸盐滴定法等。其中EDTA配位滴定法由于具有简便、快速、准确度高等优点而被广泛应用。其他方法在工厂实验室中已基本不用。当试样中含铝量较低时，还可用光度法进行测定，常用的光度法有铝试剂法、埃铬菁R法、铬天青S法等。

5.4.1　测定方法

5.4.1.1　EDTA配位滴定法

铝与EDTA可以形成稳定的无色配合物，但在室温下反应很慢，只有在煮沸的溶液中才能较快进行。Al^{3+}对二甲酚橙、铬黑T等常用的金属指示剂均有封闭作用，所以一般不用EDTA标准溶液直接滴定铝，而是采用返滴定法或氟化物置换滴定法来测定铝。

（1）返滴定法。返滴定法常用于铁、铝及铁、铝、钛的连续测定。该法是在滴定完铁的试液中，准确加入一定过量的EDTA标准溶液，调节溶液pH＝4，将溶液煮沸，使铝与EDTA配位完全，然后选择合适的指示剂，用其他金属盐的标准溶液返滴定过量的EDTA。常用的金属标准溶液有锌盐标准溶液和铜盐标准溶液。用锌盐标准溶液返滴定时一般选择二甲酚橙作指示剂，滴定酸度控制在pH＝5～6，可用六次甲基四胺－盐酸溶液作缓冲剂来控制，滴定终点是由黄色变为紫红色；用铜盐标准溶液返滴定时则一般用PAN作指示剂，滴定酸度控制在pH＝4～4.5，可用乙酸－乙酸钠缓冲溶液控制，终点是呈亮紫色。

当试样中含有钛时，返滴定法实际测得的是铝、钛合量，所以还需要根据钛的量加以校正。可用苦杏仁酸置换法在测定铝、钛合量后的溶液中，将钛置换出来，再滴定释放出来的EDTA。求出钛的量后，再从铝、钛合量中减去钛的量，从而获得纯铝的量。

返滴定法由于能够用于铁、铝、钛的连续测定而得到广泛的应用。但该法的选择性不够高，许多金属离子均有干扰，所以该法主要是用于化学组成较简单的试样中。

（2）氟化物置换滴定法。该法一般用于铝的单独测定。氟化物置换滴定法与返滴定法一样，首先是往试液中加入过量的EDTA溶液（但不需准确计量），加热煮沸，调节溶液pH＝4，使铝与EDTA配位完全，用金属盐标准溶液滴定过量的EDTA（也不需要准确计量），再加过量的氟化钠（或氟化钾）置换Al－EDTA配合物中的EDTA：

$$AlY^- + 6F^- \longrightarrow AlF_6^{3+} + Y^{4-}$$

然后用金属盐的标准溶液准确滴定释放出来的 EDTA（需准确计量），从而求得铝的含量。

用于滴定的金属盐标准溶液、指示剂及滴定的酸度等与返滴定法相同。该法与返滴定法相比，选择性较高，可用于较复杂试样的测定。但钛与铝有相同的反应，所以在有钛存在时，测得的是钛、铝的合量，需要对结果加以校正。

5.4.1.2　光度法

铝与三苯甲烷类染料能生成各种有色的配合物，这些配合物广泛应用于铝的光度测定中。常用的显色剂有铝试剂、埃铬菁 R、铬天青 S 等。

铝离子在中性或微酸性溶液中与铝试剂生成深红色的配合物，在微酸性溶液中与埃铬菁 R 生成紫红色配合物，在微酸性或酸性溶液中与铬天青 S 也生成紫红色配合物。这些显色反应均可用于铝的光度测定。但这些测定方法对测定条件要求严格。显色剂的加入量、溶液的酸度、辅助试剂如缓冲溶液的性质、加入试剂的顺序及显色温度等对测定结果均有影响，测定的重复性较差，所以严格地控制分析条件是光度法测铝的关键。

在粉煤灰分析中，铬天青 S 法以其测定的灵敏度较高（摩尔吸光系数 $\varepsilon = 5.9 \times 10^4$）、干扰元素较少而得到较多的应用。

在 pH = 4 ~ 6 的微酸性溶液中（测定时一般控制 pH = 5.7），铬天青 S 与 Al^{3+} 按 1:2 比例形成紫红色配合物，最大吸收波长为 546nm。为得到较稳定的测定结果，需严格控制分析条件。

在表面活性剂季铵盐的存在下，铬天青 S 与铝可以形成蓝色或草绿色的胶状配合物。利用这一反应可以使原分析方法的稳定性等方面有所改善，分析条件较宽。此方法目前已开始应用于许多工厂的实验室中。

粉煤灰中 Al_2O_3 的测定一般选择 NH_4F 置换法和 $CuSO_4$ 返滴定法两种方法。粉煤灰和煤矸石中有锰的成分，锰的存在对 Al_2O_3 的测定带来干扰，而 NH_4F 置换法能够有效地防止锰的干扰，而且对 Al_2O_3 的成分范围的检测非常适应，能够准确检测不同含量的 Al_2O_3。对锰含量较少的试样，Al_2O_3 含量低于 20% 时，$CuSO_4$ 返滴定法具有明显的优势，因此保留了这一方法。在标准中，NH_4F 置换法为基准法，$CuSO_4$ 返滴定法为代用法，有争议时，以基准法为准。

5.4.2　氟化铵置换 – EDTA 配位滴定法

5.4.2.1　基本原理

氟化铵置换 – EDTA 配位滴定法可消除锰的干扰，适用于 MnO 高于 0.5% 的试样中 Al_2O_3 的测定。

以 NH_4F 形式加入的氟离子能与 Al^{3+}、TiO^{2+} 等生成稳定的氟配合物 AlF_6^{3-}（总稳定常数的对数值为 19.84）、$TiOF_4^{2-}$（总稳定常数的对数值为 18.0）。当溶液中的 Al^{3+}、TiO^{2+} 离子与其他干扰离子（如 Mn^{2+}）共存时，在一定的条件下，先使 Al^{3+}、TiO^{2+} 离子与 EDTA 充分配位，再加入氟化铵使 Al^{3+}、TiO^{2+} 离子与 F^- 生成更为稳定的氟配合物，从而释放出相同摩尔数的 EDTA，然后再用铅离子返滴定释出的 EDTA，从而求得溶液中 Al^{3+} 或 TiO^{2+} 离子的含量。

$$Al^{3+} - EDTA + 6F^- \longrightarrow AlF_6^{3-} + EDTA$$

$$TiO^{2+} - EDTA + 4F^- \longrightarrow TiOF_4^{2-} + EDTA$$

而锰与 EDTA 的配合物不被 F^- 置换，从而避免了 Mn^{2+} 的干扰。

5.4.2.2　分析条件

一般以 5g/L 半二甲酚橙溶液为指示剂，用乙酸铅标准滴定溶液（0.015mol/L）滴定至溶液颜色由黄变为橙红色（不计读数，这是滴定过量游离的 EDTA，此时溶液中的 Al^{3+}、TiO^{2+}、Mn^{2+} 等均与 EDTA 定量配位，尚未加入 NH_4F 进行置换，故此时不必记录铅盐溶液的消耗数）。然后立即向溶液中加入 10mL 100g/L 氟化铵溶液，煮沸 1~2min，取下，冷却至室温，补加半二甲酚橙指示剂溶液。然后再用乙酸铅标准滴定溶液（0.015mol/L）滴定至溶液由黄变为橙红色（记下此次滴定消耗乙酸铅标准滴定溶液的体积）。

第一次用铅盐溶液滴定至终点时，要立即加入氟化铵溶液并且加热，进行置换，否则，恒量的钛会与二甲酚橙指示剂配位，形成稳定的橙红色配合物，影响第二次滴定。氟化铵的加入量不宜过多，因为大量的氟化物可与 Fe^{3+} – EDTA 中的 Fe^{3+} 反应，造成误差。一般分析中，100mg 以内的 Al_2O_3，加 1g 氟化铵（或其 10mL 100g/L 的溶液）可完全满足置换反应的需要。

因氟化钾或氟化钠不仅能置换 Al^{3+} – EDTA 或 TiO^{2+} – EDTA 中的 Al^{3+} 或 TiO^{2+} 离子，也能置换 Fe^{3+} – EDTA 配合物中的 Fe^{3+} 从而造成误差，故应使用氟化铵，而不应使用氟化钾或氟化钠。

5.4.2.3　干扰因素及消除干扰的措施

（1）钛的干扰。由于 TiO^{2+} – EDTA 配合物也能被 F^- 置换，定量地释出 EDTA，故若不掩蔽 Ti，则所测结果为铝钛合量。为得到纯铝量，预先加苦杏仁酸掩蔽钛。15~20mL 50g/L 苦杏仁酸溶液可消除试样中 2%~5% 的 TiO_2 的干扰。

用苦杏仁酸掩蔽钛的适宜 pH 值为 3.5~6。pH 值太低或太高，钛都不易掩蔽完全。由于 Al^{3+} 和 TiO^{2+} 均易水解，而且一旦水解，则难以与 EDTA 或苦杏仁酸配位完全，因此，一般是在滴定铁后的溶液中（pH≈2）加入苦杏仁酸和过量的 EDTA，搅拌，用氨水（1+1）调节溶液 pH 值为 4 左右，将溶液加热至 70~80℃，再煮沸数分钟。在 Al^{3+} 完全形成 EDTA 配合物的同时，钛亦被苦杏仁酸完全掩蔽。

（2）锰的干扰。为使 Mn^{2+} 等共存干扰离子与 EDTA 充分配位，将溶液 pH 值调节至 5~6，煮沸数分钟。因为 Mn^{2+} 与 EDTA 定量配位的最低允许 pH 值为 5.2，故在 pH=6 时，Mn^{2+} 能与 EDTA 定量配位。一般加入 10mL 乙酸 – 乙酸钠缓冲溶液（pH=6），加热煮沸 4min 左右。

5.5　氧化钙、氧化镁与氧化锰的测定

氧化钙和氧化镁的测定方法很多，有质量法、滴定法、光度比色法、火焰光度法及原子吸收分光光度法等。在经典的硅酸盐系统分析中，氧化钙的测定是在分离了硅、铁、铝等离子后，加入草酸铵使生成草酸钙沉淀，过滤洗涤后，再用质量法或高锰酸钾法进行测定。氧化镁的测定则是在分离草酸钙后，使镁生成磷酸铵镁沉淀，用质量法测定。但这些

方法由于操作繁琐，已基本被淘汰。目前多用 EDTA 配位滴定法测定。低含量的钙、镁也可用光度比色法测定，但由于条件要求较严，不易掌握，未能得到推广应用。火焰光度法测钙有较高的准确度和灵敏度，但干扰较多，不易消除，所以应用也不广。原子吸收分光光度法测定钙、镁，可解决钙、镁之间的相互干扰和其他元素的干扰，因而常被用于低含量钙、镁的测定。

粉煤灰中氧化钙的测定选择 EDTA 配位滴定法，考虑干扰成分的变化，通过大量的试验，在掩蔽剂方面做了调整，保证测定结果的准确度。粉煤灰中氧化镁的测定首先考虑锰元素干扰测定，分为锰含量（以 MnO 计）高于 0.5% 和低于 0.5% 时两种测定方法，使 MgO 在不同锰含量的条件下都能够得到准确的结果。

5.5.1 测定方法

5.5.1.1 EDTA 配位滴定法

EDTA 配位滴定法测定钙、镁，有分别滴定法和连续滴定法两种方法。分别滴定法即在一份试液中，在 pH = 10 时，用 EDTA 滴定钙、镁合量，而在另一份试液中，调节 pH = 12 ~ 13，使 Mg^{2+} 沉淀，用 EDTA 滴定钙。连续滴定法即在同一份试液中，先将 pH 值调到 12 ~ 13 中，用 EDTA 滴定钙，再将溶液酸化，调节 pH = 10，继续用 EDTA 滴定镁。在实际工作中，以分别滴定法的应用较多。

测定钙、镁的金属指示剂很多，目前常用于滴定钙的指示剂是钙黄绿素和钙指示剂。在 pH = 12 ~ 13 时，钙黄绿素能与 Ca^{2+} 产生绿色荧光，滴定到终点时绿色荧光消失；而钙指示剂则与 Ca^{2+} 形成紫红色的配合物，滴定到终点时配合物被破坏，从而使溶液呈现游离指示剂的颜色——纯蓝色。常用于滴定钙、镁合量的指示剂为铬黑 T 或酸性铬蓝 K-萘酚绿 B（简称 K – B）混合指示剂。在 pH = 10 时，铬黑 T 或 K – B 指示剂均与 Ca^{2+}、Mg^{2+} 形成紫红色配合物，终点时溶液也是变为纯蓝色。其中铬黑 T 对 Ma^{2+} 较灵敏，K – B 指示剂对 Ca^{2+} 较灵敏。所以试样中镁的含量低时，应用铬黑 T 指示剂，而钙的含量低时应用 K – B 指示剂。用 EDTA 配位法测定钙、镁时，共存的 Fe^{3+}、Al^{3+} 等有干扰，一般加三乙醇胺、酒石酸钾钠及氟化物进行掩蔽。

5.5.1.2 火焰光度法

对于微量钙的测定，火焰光度法有较高的灵敏度和准确度。钙能被火焰的热能激发而产生固定波长的辐射线，常用于定量分析的是波长为 422.7nm 的谱线。用火焰光度法测定钙时，干扰物质较多，这是其缺点。克服的方法是利用草酸铵或碳酸铵与钙反应生成草酸钙或碳酸钙，使钙与大多数干扰物质分离。但钙沉淀不完全，这对含钙量低的试样会造成较大的误差，所以在实际工作中较少用火焰光度法测钙。

5.5.1.3 原子吸收分光光度法

用原子吸收分光光度法测定钙、镁，最大的优点是测定的专属性。该法可以简便地解决钙、镁之间的相互干扰以及其他元素的干扰问题，且灵敏度高、重现性好，是测定微量钙、镁的好方法。

测定钙常采用的分析线是波长为 422.7nm 的谱线，测定时可选用较大的通带和较小的灯电流，一般是用空气 – 乙炔火焰。试样用氢氟酸、盐酸或过氯酸来分解，在 5g/L 盐酸溶液中加入氯化锶消除少量硅酸盐及铝对测定的干扰。实验证明，加入浓度为 20g/L 盐酸、60g/L 过氯酸、100g/L 氯化锶对测定结果无影响，但硝酸、硫酸、磷酸则使测定结果严重降低。另外，如果溶液中存在 1mL 10g/L 动物胶及 1g 的氯化钠也不影响测定结果，因此也可用系统分析中制备的溶液进行测定。

测定镁时，常采用的分析线是波长为 285.2nm 的谱线，一般是用较大的通带和较小的灯电流，也是采用空气 – 乙炔火焰。较高浓度的硅酸盐对测定有影响，所以应用系统分析中分离二氧化硅后的滤液进行测定，也可用氢氟酸、盐酸、过氯酸来处理试样，而少量的硅酸盐及铝对测定的干扰可加氯化锶来消除。酸度增加时，吸光度会有所降低，所以应控制标准溶液与试样溶液的酸度一致。

5.5.2　氧化钙的配位滴定

5.5.2.1　基本原理

钙离子与 EDTA 生成的配合物不很稳定，定量测定的最低允许 pH 值为 7.5，即应在碱性介质中滴定。在碱性介质中，EDTA 的配位能力强，加之 Ca^{2+} 在溶液中不会发生水解，故二者的配位反应速度很快，无需加热或放置，可采取直接滴定法。另外，滴定钙时，干扰因素较多，需采取措施清除或掩蔽。其中镁离子的干扰，通常采用将溶液 pH 值调至大于 12.5，呈强碱性，使 Mg^{2+} 生成 $Mg(OH)_2$ 沉淀而消除；铁、钛、铝的干扰用三乙醇胺掩蔽。直接滴定法测定 Ca^{2+} 的指示剂很多，通常采用甲基百里香酚蓝（MTB）或钙黄绿素。

甲基百里香酚蓝在碱性溶液中与 Ca^{2+}、Mg^{2+}、Ba^{2+}、Mn^{2+} 等离子生成蓝色配合物，游离状态时呈灰色或浅蓝色，用作滴定钙的指示剂，不被 $Mg(OH)_2$ 沉淀所吸附，终点变化敏锐，适用最佳 pH 值为 12.5 左右，pH 值过高，则终点时底色较深，因此应严格控制溶液 pH 值。MTB 适用于以氯化铵重量法测定二氧化硅后的滤液，或以铂坩埚熔融试样得到的溶液测定钙的系统分析中；不适用于氢氧化钠 – 银坩埚熔样的系统分析中，因为所制得的溶液中有 Ag^+ 离子存在，终点时为淡紫色，终止点不明显。

钙黄绿素在碱性溶液中呈淡红色，pH > 12 时，指示剂本身呈橘红色，不呈现荧光，但和钙、锶、钡、铝等离子生成的配合物则呈现绿色荧光，对 Ca^{2+} 特别灵敏，而 Mg^{2+} 则不与钙黄绿素生成绿色荧光配合物。为消除终点时因指示剂分解产生的荧光黄发出的残余荧光的干扰，常将钙黄绿素与甲基百里香配蓝、酚酞指示剂，按 1 + 1 + 0.2 配成混合指示剂（简称 CMP 混合指示剂），并加 50 倍固体硝酸钾一同磨细。用 MTB 与酚酞的混合色调紫红色将残余荧光遮蔽，终点更为敏锐。

在强碱性介质中，钙黄绿素也与 K^+、Na^+ 反应，略显荧光，但 K^+ 的效应较弱，故在用强碱溶液调节溶液 pH 值时，使用 KOH 较好。

使用钙黄绿素做指示剂滴定 Ca^{2+} 时，即使溶液中有 1~5mg 银离子存在，对钙的滴定终点也无干扰。而且钙黄绿素对溶液 pH 值的要求也较宽，只需大于 12.5 即可。配位滴定法的主要反应如下。

调节 pH > 12.5：

$$Ca^{2+} + CMP（红色）\longrightarrow Ca - CMP（绿色荧光）$$

以 EDTA 滴定 Ca^{2+} 时：

$$Ca^{2+} + H_2Y^{2-} \longrightarrow CaY^{2-} + CMP（红色）+ 2H^+$$

使用钙黄绿素指示剂时用量要少。过多则终点不敏锐。观察荧光时，不能在直射烧杯侧面的阳光或灯光下进行，而应使光线从上向下照射。

5.5.2.2　干扰因素及消除干扰的措施

（1）铁、钛、铝的干扰。测 Ca^{2+} 时，铁、钛、铝的干扰常采用三乙醇胺（TEA）予以掩蔽。在 pH = 10 时，三乙醇胺可掩蔽 Al^{3+}、Fe^{3+}、TiO^{2+}、Sn^{4+}；pH = 11 ~ 12 时可掩蔽 Fe^{3+}、Al^{3+} 及少量 Mn^{2+}。TEA 与这些离子生成的配合物比 EDTA 与这些离子生成的配合物要稳定得多，但 TEA 不与 Ca^{2+}、Mg^{2+} 反应，故滴定 Ca^{2+}、Mg^{2+} 前，可用 TEA 掩蔽铁、钛、铝等离子的干扰。为防止铁、铝离子的水解，应在酸性介质中加入 TEA，然后再将 pH 调至大于 12.5。

TEA 溶液（1 + 2）的加入量一般为 5mL，可掩蔽 20mg 的 Fe_2O_3。测定高铁、高铝或高锰类试样时，应增加 TEA 的加入量至 10mL（可掩蔽 30 ~ 50mg 的 Fe_2O_3），并经过充分搅拌，且加入后溶液应呈酸性。如加入 TEA 后溶液呈现浑浊，则系铁、铝水解生成氢氧化物沉淀，对下一步滴定钙不利，应以盐酸溶液（1 + 1）将溶液调至酸性，搅拌并放置数分钟，使氢氧化物沉淀充分溶解后再加入 TEA。

（2）镁的干扰。以 KOH 溶液调节溶液的 pH 值大于 12.5，使镁生成 $Mg(OH)_2$ 沉淀，可消除 Mg^{2+} 的干扰。但生成的 $Mg(OH)_2$ 沉淀有可能吸附少量的 Ca^{2+} 离子，终点时易返色，且使结果偏低。5 ~ 10mgMgO 可使 CaO 的测定结果偏低 0.1% ~ 0.2%。对此，应注意下述操作：

1）调整溶液 pH 值时，KOH 溶液不要一次快速加入，以免生成极细小的 $Mg(OH)_2$ 沉淀颗粒，吸附过多的 Ca^{2+}，而应滴加，或在充分搅拌下沿烧杯壁慢慢加入 KOH 溶液，使生成颗粒较大的氢氧化镁沉淀，减少对 Ca^{2+} 的吸附，这样，即使含有 30mgMgO，终点返色亦较慢，CaO 的结果偏低不超过 0.1%。

2）滴定至近终点时应充分搅拌，慢慢滴入 EDTA 溶液，以使被 $Mg(OH)_2$ 沉淀吸附的 Ca^{2+} 能与 EDTA 充分配位。

3）测定高镁类试样（如镁砂）中低含量钙时，KOH 应过量 15mL，使高含量 Mg^{2+} 充分沉淀为氢氧化镁。或采用返滴定法：调节溶液 pH 值大于 12.5 以后，用 EDTA 标准滴定溶液滴定至绿色荧光消失并呈现稳定的红色后，再加入 EDTA 至过量约 1mL，搅拌，放置片刻，待 $Mg(OH)_2$ 沉淀沉降后，过滤滤去氢氧化镁沉淀，滤液用 $CaCO_3$ 标准滴定溶液滴定至出现绿色荧光后再过量约 1mL，然后再用 EDTA 标准滴定溶液滴定至绿色荧光消失并呈现稳定的红色。

（3）锰的干扰。少量锰与三乙醇胺也能生成绿色的 Mn – TEA 配合物而被掩蔽；如锰含量太高，则生成的绿色背景太深，影响滴定终点的观察。

（4）磷的干扰。磷酸根离子，在强碱性溶液中会与钙离子生成磷酸钙沉淀。近终点时磷酸钙不断溶解，而使钙的滴定终点不断返色，并使钙的测定结果偏低。故滴定至近终点时应缓慢滴入 EDTA 并加强搅拌。如试样中磷的含量过高，应采用返滴定法测定 Ca^{2+}：

加入掩蔽剂掩蔽硅、铁、钛、铝后，加入过量的 EDTA 标准滴定溶液，以 CMP（钙黄绿素与甲基百里香酚蓝、酚酞指示剂按 1 + 1 + 0.2 配成）为指示剂，用 KOH 溶液调整溶液 pH 值大于 12.5，然后用 CaCO₃ 标准滴定溶液返滴定剩余的 EDTA，至出现绿色荧光后再过量约 1mL，然后再用 EDTA 标准滴定溶液滴定至绿色荧光消失并呈现稳定的红色。

（5）硅的干扰。采用氢氧化钠 – 银坩埚熔样制备试验溶液，在不分离硅酸的条件下用配位滴定法测定钙时，在 pH > 12.5 的强碱性介质中，硅酸根离子会与 Ca^{2+} 生成硅酸钙沉淀，而使钙的测定结果偏低。这是因为在熔融物溶解后加入了盐酸进行酸化，虽然溶液酸度不是很高，但不可避免地会有一部分硅酸形成了中等聚合度的 β – 硅酸甚至高聚合度的 γ – 硅酸胶体颗粒。聚合状态的硅酸具有较大的表面能，对 Ca^{2+} 具有较强的结合能力，故生成硅酸钙的速度是相当快的。为了消除聚合状态硅酸对钙的干扰，常采用氟硅酸解聚法。

在酸性溶液中加入一定量的氟离子，可将聚合状态的硅酸（$x SiO_2 \cdot y H_2O$）解聚，生成不会聚合的氟硅酸分子：

$$H_2SiO_3 + 6H^+ + 6F^- \longrightarrow H_2SiF_6 + 3H_2O$$

然后以 KOH 溶液调节 pH 值大于 12.5 以后，氟硅酸被碱中和又生成硅酸：

$$H_2SiF_6 + 6OH^- \longrightarrow H_2SiO_3 + 6F^- + 3H_2O$$

此时生成的硅酸系单分子硅酸（α – 硅酸），周围被一层水分子较牢固地包围着，表面能很低，不会同 Ca^{2+} 反应生成 $CaSiO_3$，从而消除了聚合硅酸对 Ca^{2+} 的干扰。但碱化后的溶液应尽快滴定，不要久置，因为 α – 硅酸仍有逐渐聚合的可能。若超过半小时，则聚合硅酸又将对 Ca^{2+} 产生干扰。

氟化钾要在酸性介质中加入，若酸度不够，应先补加一些盐酸，再加氟化钾，这样才能对聚合硅酸发生解聚作用。加入氟化钾后，应放置 2min 左右，以使解聚反应进行完全。

氟化钾的加入量要适中，应根据试验溶液中硅、钙含量的不同而有所差别。若加入量不足，则不能完全消除硅酸的干扰；若加入量过多，则 F^- 会与 Ca^{2+} 生成氟化钙沉淀，影响终点的判断。氟化钾的加入量无论是过多还是过少都将使钙的测定结果偏低。在各种试样中硅与钙的含量范围变动较大，需根据被测溶液中 SiO_2 含量，确定加入氟化钾的量。对于粉煤灰可加入 20g/L 氟化钾溶液（$KF \cdot 2H_2O$）15mL。

5.5.3　氧化镁的配位滴定

5.5.3.1　基本原理

用 EDTA 配位滴定法测定镁，目前广泛采用差减法。即在一份溶液中于 pH = 10 用 EDTA 滴定钙与镁的合量，另取一份溶液于 pH > 12.5 用 EDTA 滴定钙。从钙、镁合量中减去钙的含量，可求得镁的含量。差减法精确度较差，从钙、镁合量减去大量钙求得小量镁，常导致较大误差。特别是在镁含量很小的情况下，差减法存在一定局限性。但此法目前在国内应用仍很普遍。

镁的 EDTA 配位滴定，对溶液 pH 要求很严。若低于 9.7，则 Mg^{2+} 与 EDTA 的配位反应不易进行完全；若 pH 值高于 11，Mg^{2+} 将生成不能与 EDTA 发生配位反应的 $Mg(OH)_2$ 沉淀。故用 EDTA 配位滴定钙、镁合量时，通常都是在 pH = 10 左右进行。为此，在滴定前必须加入 pH = 10 的缓冲溶液，以维持滴定过程中溶液的 pH 值在 10 左右。

滴定 Mg^{2+} 的金属指示剂很多，常用的有铬黑 T（EBT）和酸性铬蓝 K - 萘酚绿 B（1+2.5）混合指示剂以及甲基百里香酚蓝（MTB）。由于铬黑 T 指示剂易被某些重金属离子所封闭，故日常分析中常用酸性铬蓝 K - 萘酚绿 B 混合指示剂（简称 K - B 指示剂）。

酸性铬蓝 K 为棕黑色粉末，在酸性介质中呈玫瑰色，在碱性介质中呈蓝灰色。它与金属离子的配合物都是红色，是 Ca^{2+}、Mg^{2+}、Mn^{2+}、Zn^{2+} 离子的指示剂。该指示剂的缺点是终点时略带紫色，若滴定至纯蓝色，将产生较大正误差。故在实际应用中，加入 2.5 倍质量的萘酚绿 B。萘酚绿 B 为惰性染料，终点时其绿色可将酸性铬蓝 K 的紫红色掩蔽，使终点呈纯蓝色。市场上出售的酸性铬蓝 K，品质各不相同。必要时可调整酸性铬蓝 K 与萘酚绿 B 的比率。二者的比率是否合适，可通过下述试验检验。将 25mL 氨 - 氯化铵缓冲溶液（pH = 10）加到 200mL 蒸馏水中，加入适量 K - B 指示剂，搅拌。如为暗红色，则表明二者配比合适；如为鲜艳的红色，则表明酸性铬蓝 K 的比率偏高；如偏绿色，则表明萘酚绿 B 的比率偏高。

滴定钙、镁合量时，最好是先不加入 K - B 指示剂，先按滴定 CaO 时所消耗的体积数加入 EDTA 溶液，然后再加入适量 K - B 指示剂缓慢滴定，加强搅拌，直至终点呈浅蓝色。若滴定速度过快，将使结果偏高。这是因为酸性铬蓝 K 对镁的灵敏度较高，滴定至近终点时，稍过量的 EDTA 从镁 - 酸性铬蓝 K 配合物中夺取 Mg^{2+}，从而使指示剂游离出来的反应速度较慢，颜色变化也慢，故临近终点时要充分搅拌，缓慢滴定。

5.5.3.2　干扰因素及消除干扰的措施

（1）硅酸的干扰。聚合硅酸对钙、镁合量中钙的干扰，在 pH = 10 的介质中不如在 pH > 12.5 的强碱性介质中显著。但是当溶液中硅、钙的浓度较高时，即使在 pH = 10 的条件下，也往往容易形成硅酸钙沉淀而干扰测定。因此，测定粉煤灰试样的钙、镁合量时，亦需先在酸性介质中加入一定量的氟化钾溶液。

（2）铝的干扰。在 Al^{3+} 存在下以 K - B 为指示剂用 EDTA 滴定钙、镁合量时，5mL 三乙醇胺（1+2）和 1~2mL 酒石酸钾钠（100g/L），可掩蔽 $30mgAl_2O_3$；10mL 三乙醇胺（1+2）及 3mL 酒石酸钾钠（100g/L）可掩蔽 $50mgAl_2O_3$ 的干扰。但 Al_2O_3 超过 50mg 时，即使采用三乙醇胺和酒石酸钾钠联合进行掩蔽，也达不到预期效果，终点时略呈紫灰色，放置后紫色显著加深。

（3）钛的干扰。加 5mL 三乙醇胺（1+2）可掩蔽 $1mgTiO_2$。TiO_2 在 6mg 以下，溶液略有浑浊，但不影响滴定终点，滴定完毕放置后略有返色现象。

（4）铁的干扰。可用三乙醇胺掩蔽，5mL 三乙醇胺（1+2）可掩蔽 $20mgFe_2O_3$。但三乙醇胺与 Fe^{3+} 生成的配合物在 pH = 10 的弱碱性介质中呈黄色，破坏酸性铬蓝 K 的蓝色，使萘酚绿 B 的绿色背景相应加深，易使滴定终点提前到达。特别是溶液中 Fe_2O_3 含量在 15mg 以上时，对酸性铬蓝 K 的破坏作用速度较快。为克服这一缺点，在加三乙醇胺前先加入酒石酸钾钠，与三乙醇胺一起对 Fe^{3+} 进行掩蔽，可收到较好效果。在弱酸性溶液中先加入 1~2mL 酒石酸钾钠溶液（100g/L），可掩蔽大部分铁、铝、钛，再缓慢加入碱性的三乙醇胺，使溶液 pH 值逐渐升高，可防止铁、铝、钛发生水解。另外，酒石酸钾钠还可以和 Mg^{2+} 生成配合物，虽不很稳定，但可起到暂时保护 Mg^{2+} 的作用，防止在加入三乙醇胺或调节溶液 pH 值至 10 时，Mg^{2+} 生成氢氧化镁沉淀或形成 $MgOH^+$ 等状态，影响镁的滴定。因 Mg^{2+} 与酒石酸钾钠的配合物不太稳定，在用 EDTA 滴定时，又释放出 Mg^{2+} 使之与 EDTA 生成更稳定的配合物。

如粉煤灰中铁含量很高，使滴定终点不明显，可先在酸性介质中加入 10mLKF 溶液（20g/L），使 F^- 与 Fe^{3+} 生成 Na_3FeF_6 白色沉淀，可改善终点。

（5）锰的干扰。加入三乙醇胺并将溶液 pH 值调节至 10 之后，Mn^{2+} 即迅速被空气中的氧气氧化为 Mn^{3+}，并形成绿色的 Mn^{3+} – TEA 配合物，使终点不呈现纯蓝色，而呈灰绿色，从而使终点拖长，甚至观察不到终点。此时可加入 0.5 ~ 1g 固体盐酸羟胺，搅拌，如 EDTA 尚未滴定过量，此时溶液应呈现终点前的正常紫色，因为盐酸羟胺是还原剂，可将 Mn^{3+} 还原为无色的 Mn^{2+}。继续用 EDTA 滴定，可得纯蓝色终点。此时 EDTA 滴定的是钙、镁、锰总量。应采取另外的方法（如分光光度法）测定试样中 MnO 的含量，从已减去钙含量的总量中减去 $0.57 \times w(MnO)$ 即为镁含量。0.57 为将 MnO 换算为 MgO 含量的换算系数。

锰元素干扰测定，有 MnO 含量高于 0.5% 和低于 0.5% 时两种情况。当 MnO 含量低于 0.5% 时，可忽略锰元素干扰；但当 MnO 含量高于 0.5% 时，不能忽略锰元素干扰。

5.5.4　氧化锰的测定

粉煤灰中，锰的含量一般都很低，所以氧化锰通常用分光光度法进行测定。

分光光度法测锰的方法很多，但大多数灵敏度不高，或干扰元素多。利用锰（Ⅱ）在酸性溶液中被氧化成紫红色高锰酸的反应是较灵敏的反应的特性，可用于低含量锰的测定。

常用的氧化剂为过硫酸铵或高碘酸钾。在酸性溶液中，以硝酸银为催化剂，用过硫酸铵将锰（Ⅱ）氧化：

$$2Mn^{2+} + 5S_2O_8^{2-} + 8H_2O \xrightarrow{AgNO_3} 2MnO_4^- + 10SO_4^{2-} + 16H^+$$

该反应进行很快，一般煮沸 2 ~ 3min 即可完成。但显色后，过量的过硫酸铵会分解出过氧化氢，对高锰酸有还原作用而使颜色消退加快，显色稳定时间不长。

在酸性溶液中，可用高碘酸钾氧化锰（Ⅱ）：

$$2Mn^{2+} + 5IO_4^- + 3H_2O \longrightarrow 2MnO_4^- + 5IO_3^- + 6H^+$$

与上法相比，该反应速度较慢，一般要将溶液煮沸并保温 20min 才能氧化完全，锰含量低时就更难氧化。但氧化后溶液颜色稳定，在有过量高碘酸钾存在下，将溶液置于暗处．溶液颜色在 24h 内不变。

用过硫酸铵与高碘酸钾（1+2）组成的混合氧化剂可兼具以上两种方法的优点，并消除两种方法各自的缺点，使反应速度较快且溶液颜色又能保持稳定。

反应通常在硫酸和磷酸溶液中进行。硫酸的浓度一般在 0.05 ~ 0.1mol/L 之间。如果锰含量较低，硫酸浓度还可再稍低一些。酸度过大显色不完全，而酸度过小则反应速度慢，加热煮沸可加快反应的速度，还可使过量的过硫酸铵彻底分解，以避免过硫酸铵在测定时分解产生气泡而影响测定。但煮沸时间不宜过长，煮沸过久会引起部分高锰酸分解，使测定结果偏低。一般是煮沸 3 ~ 5min。

试样中铁含量高时，Fe^{3+} 的颜色较深，会干扰测定，所以应加入磷酸进行掩蔽。

粉煤灰中，锰的含量一般都很低，测定锰的含量，一般是为了确定 Al_2O_3 和 MgO 的测定方法。

5.6 硫的测定

目前，国际上普遍采用艾士卡法测定粉煤灰和煤矸石中全硫量。此方法为经典方法，但因测定时间长，不能及时提供样品中硫的成分，故只能用于仲裁分析，不能满足生产控制要求。条件试验和重复性试验证明，库仑积分法具有与艾士卡法相同的准确度，可用于测定全硫量。艾士卡法为基准法，库仑积分法为代用法，有争议时，以基准法为准。

5.6.1 艾士卡法

5.6.1.1 基本原理

将粉煤灰试样与艾士卡试剂（MgO 和 Na_2CO_3 按质量比 2:1 混合而成，简称艾氏剂）混合，于 850℃ 的温度下灼烧，粉煤灰中硫生成硫酸盐，然后使硫酸根离子生成硫酸钡沉淀，根据硫酸钡的质量计算煤中全硫的含量。当试样与艾氏剂混合在 800～850℃ 进行灼烧时，艾氏剂中的 MgO 因具有较高的熔点（2800℃）不至于熔融，使熔块保持疏松，防止硫酸钠在不太高的温度下熔化，使试样与空气充分接触，以利于熔剂对生成硫化物的吸收。

5.6.1.2 试剂和材料

（1）艾氏剂：2 份质量的化学纯轻质氧化镁与 1 份质量的化学纯无水碳酸钠混匀并研细至粒度小于 0.2mm 后，保存在密闭容器中。

（2）盐酸溶液：1＋1 水溶液。

（3）氯化钡溶液：100g/L。

（4）甲基橙溶液：20g/L。

（5）硝酸银溶液：10g/L，加入几滴硝酸，贮于深色瓶中。

5.6.1.3 仪器设备

（1）分析天平：感量 0.0001g。

（2）马弗炉：附测温和控温仪表，能升温到 900℃，温度可调并可通风。

（3）瓷坩埚：容量 30mL 和 10～20mL 两种。

5.6.1.4 试验步骤

（1）于 30mL 坩埚内称取粒度小于 0.2mm 的空气干燥的粉煤灰试样 1g（称准至精度 0.0002g）和艾氏剂 2g（称准至精度 0.1g），仔细混合均匀，再用 1g（称准至精度 0.1g）艾氏剂覆盖。全硫含量超过 8%，称取 0.5g。

（2）将装有粉煤灰试样的坩埚移入通风良好的马弗炉中，在 1～2h 内从室温逐渐加热到 800～850℃，并在该温度下保持 1～2h。

（3）将坩埚从炉中取出，冷却到室温。用玻璃棒将坩埚中的灼烧物仔细搅松捣碎，然后转移到 400mL 烧杯中。用热水冲洗坩埚内壁，将洗液收入烧杯，再加入 100～150mL 刚煮沸的水，充分搅拌。

（4）用中速定性滤纸以倾泻法过滤，用热水冲洗 3 次，然后将残渣移入滤纸中，用热水仔细清洗至少 10 次，洗液总体积约为 250～300mL。

（5）向滤液中滴入 2～3 滴甲基橙指示剂（20g/L），加盐酸（1＋1 水溶液）中和后再加入 2mL，使溶液呈微酸性。将溶液加热到沸腾，在不断搅拌下滴加氯化钡溶液（100g/L）10mL，在近沸状况下保持约 2h，最后溶液体积为 200mL 左右。

（6）溶液冷却或静置过夜后用致密无灰定量滤纸过滤，并用热水洗至无氯离子为止（用 10g/L 的硝酸银检验）。

（7）将带沉淀的滤纸移入已知质量的瓷坩埚中，先在低温下灰化滤纸，然后在温度为 800～850℃的马弗炉内灼烧 20～40min，取出坩埚，在空气中稍加冷却后放入干燥器中冷却到室温（25～30min），称量。

（8）每配制一批艾氏剂或更换其他任一试剂时，应进行 2 个以上空白试验（除不加粉煤灰试样外，全部操作按试验步骤进行），硫酸钡质量的极差不得大于 0.0010g，取算术平均值作为空白值。

5.6.1.5　结果计算

测定结果按式(5-1)计算。

$$w(S)_{t,ad} = \frac{(m_1 - m_2) \times 0.1374}{m} \times 100 \tag{5-1}$$

式中　$w(S)_{t,ad}$——空气干燥粉煤灰试样中全硫含量，%；

　　　　m_1——硫酸钡质量，g；

　　　　m_2——空白试验的硫酸钡质量，g；

　　　0.1374——由硫酸钡换算为硫的系数；

　　　　m——粉煤灰试样质量，g。

5.6.1.6　精密度

全硫测定的精密度如表 5-4 规定。

表 5-4　全硫测定的精密度

全硫 $w(S)_t$/%	空气干燥基全硫 $w(S)_{t,ad}$/%	干燥基全硫 $w(S)_{t,d}$/%
<1	0.05	0.10
1～4	0.10	0.20
>4	0.20	0.30

5.6.2　库仑滴定法

5.6.2.1　方法提要

粉煤灰试样在 1150℃高温和催化剂作用下，于净化过的空气流中燃烧。煤灰中的硫酸盐分解为二氧化硫和少量三氧化硫而逸出，被空气带到库仑定硫仪的电解池内与水化合生成亚硫酸和少量硫酸。仪器设置的碘－碘化钾电对的电位平衡被破坏，仪器立即以自动电解碘化钾溶液生成的碘来氧化滴定亚硫酸。电解产生碘所耗用的电量经仪器内部电路转换为相应的硫含量（mg），并由积分仪显示。显示的毫克数计算粉煤灰试样中的三氧化硫含量。

5.6.2.2　试剂和材料

（1）三氧化钨。

（2）变色硅胶：工业品。

（3）氢氧化钠：粒状，化学纯。

（4）电解液：称取碘化钾5g、溴化钾5g和量取冰乙酸10mL，溶于水中，并用水稀释至250～300mL。

（5）燃烧舟（瓷舟）：长70～77mm，素瓷或刚玉制品，耐温1200℃以上。

5.6.2.3　仪器设备

库仑测硫仪：由下列各部分构成。

（1）管式高温炉：用硅碳棒做加热元件能加热到1200℃以上，并有90mm以上长的高温带（1150±5）℃，附有铂铑－铂热电偶测温及控温装置，炉内装有耐温1300℃以上的异径燃烧管。

（2）电解池和电磁搅拌器：电解池高120～180mm，容量不小于400mL，内有面积约150mm² 的铂电解电极对和面积约15mm² 的铂指示电极对。指示电极响应时间应小于1s，电磁搅拌器转速约500r/min且连续可调。

（3）库仑积分器：电解电流0～350mA范围内积分线性误差应小于±0.1%。配有4～6位数字显示器和打印机。

（4）送样程序控制器：灰样可按指定的程序前进、后退。

（5）空气供应及净化装置：由电磁泵和净化管组成。供气量约1500mL/min，抽气量约1000mL/min，净化管内装氢氧化钠及变色硅胶。

5.6.2.4　试验步骤

A　试验准备

（1）接通电源后，使高温炉升到1150℃，另取一组已校正过的铂铑－铂热电偶高温计测定燃烧管中高温带的位置、长度及600℃预分解的位置。

（2）调节送样程序控制器，使粉煤灰试样预分解及高温分解的位置分别处于高温炉的600℃和1150℃处。

（3）在燃烧管出口处充填洗净、干燥的玻璃纤维棉；在距出口端80～100mm处，充填厚度约3mm的硅酸铝棉。

（4）将程序控制器、管式高温炉、库仑积分器、电解池、电磁搅拌器和空气供应及净化装置组装在一起。燃烧管、活塞及电解池之间连接时应口对口紧接，并用硅橡胶管封住。

（5）开动抽气和供气泵，将抽气流量调节到1000mL/min，然后关闭电解池与燃烧管间的活塞，如抽气量降到500mL/min以下，证明仪器各部件及各接口气密性良好，否则需检查各部件及其接口。

B　分析步骤

（1）将管式高温炉升温并控制在（1150±5）℃。

（2）开动供气泵和抽气泵并将抽气流量调节到1000mL/min。在抽气下，将250～300mL电解液加入电解池内，开动电磁搅拌器。

（3）在瓷舟中放入少量非测定用的粉煤灰试样，按分析步骤（4）所述进行测定（终点电位调整试验）。如试验结束后库仑积分器的显示值为0，应再次测定，直至显示值不为0。

（4）于瓷舟中称取粒度小于0.2mm的空气干燥粉煤灰试样0.05g（称准至精度0.0002g，当三氧化硫含量大于10%时，可将称样量减至0.02～0.03g）。在粉煤灰试样上盖一薄层三氧化钨。将舟置于送样的石英托盘上，开启送样程序控制器，粉煤灰试样即自动送进炉内，库仑滴定随即开始。试验结束后，库仑积分器显示出硫的毫克数或百分含量并由打印机打出。

5.6.2.5　结果计算

当库仑积分器最终显示数为硫的毫克数时，全硫含量按式(5-2)计算：

$$w(S)_{t,ad} = \frac{m_1}{m} \times 100 \tag{5-2}$$

式中　$w(S)_{t,ad}$——空气干燥粉煤灰试样中全硫含量，%；

　　　　m_1——库仑积分器显示值，mg；

　　　　m——粉煤灰试样质量，mg。

5.6.2.6　精密度

同表5-4规定。

习　题

5-1　什么是粉煤灰？我国火电厂粉煤灰的主要氧化物组成有哪些？

5-2　简述粉煤灰的形成过程。

5-3　简述粉煤灰的用途。

5-4　粉煤灰中的二氧化硅有哪些测定方法？这些方法的基本原理及特点是什么？

5-5　用氯化铵质量法测定二氧化硅时，使用盐酸和氯化铵的目的是什么？

5-6　用动物胶凝聚质量法测定二氧化硅时，凝聚时的温度应如何控制，为什么？

5-7　粉煤灰中的三氧化二铁有哪些测定方法？这些方法的基本原理及特点是什么？

5-8　粉煤灰中的三氧化二铝有哪些测定方法？这些方法的基本原理及特点是什么？

5-9　简述氟化铵置换EDTA配位滴定法测定铝的方法原理。

5-10　粉煤灰中的氧化钙、氧化镁有哪些测定方法？这些方法的基本原理及特点是什么？

5-11　在钙、镁离子共存时，用EDTA配位滴定法测定其含量，如何克服相互之间的干扰？当大量镁存在时，如何进行钙的测定？

5-12　试讨论 EDTA 滴定法测定铁、铝、钙、镁时所控制的溶液酸度。

5-13　粉煤灰中的氧化锰如何测定？测定氧化锰有何作用？

5-14　粉煤灰中全硫量的测定方法有哪些？其基本原理各是什么？

　有色金属分析

有色金属在工业及民用领域有广泛的应用，它具有钢铁所不具备的质轻、耐腐蚀、导电性好等独特性能。铝、铜、镁、钛、锌、锡等及其合金统称为有色金属或非铁金属。

6.1　铝及铝合金分析

铝是自然界中分布最广、最重要的有色金属之一。工业上使用的纯铝质量分数为98%～99.7%，含有 Fe、Si、Cu、Zn、Mg 等杂质，其中常见的杂质为 Fe 与 Si。纯铝为银白色金属光泽的金属，其密度为 2.7g/cm³，熔点低（660.4℃），沸点高（2477℃），导电、导热性优良。纯铝化学性质活泼，在大气中易与氧作用，在表面生成一层结合牢固致密的氧化膜，从而使其在大气和淡水中具有良好耐蚀性。但在碱和盐的水溶液中，表面的氧化膜易破坏，使铝很快被腐蚀。在铝中加入合金元素即得到铝合金，这是提高纯铝强度的有效途径。

铝是铜、镁、锌、镍、钛等合金及某些特殊钢种的重要合金元素。铝作为合金元素对金属材料的性能影响不一，例如，机器制造钢中如有铝存在，则对力学性能有不良的影响；铝能使含高碳的工具钢的淬火性恶化并增加其淬火脆性；低碳钢中加入质量分数0.5%～1%的铝后，对钢的强度和硬度有所帮助；要氮化的铬钼钢或铬钢中加入作为合金元素的铝，可以成为一种非常耐磨的钢；耐热钢中加入8%～10%的铝后，能大大增强钢对生成铁鳞的抵抗性，但它很脆，不能锻造和切削。在铝镍或铝－镍－钴的磁性合金钢中，加入12%～15%的铝，可作为永久磁石。

6.1.1　铝及铝合金试样的分解

铝在空气中表面生成致密的氧化膜，起到隔绝空气作用，进而提高其耐蚀性。铝易受酸、碱、盐的腐蚀，但不溶于极稀和很浓的硝酸或硫酸中。铝易溶于盐酸，生成的 $AlCl_3$ 在过热状态下易蒸发损失。铝是两性金属，溶于酸生成相应酸的盐，溶于强碱则生成铝酸盐。

铝的存在主要有酸溶铝和酸不溶铝两种形式。所谓酸溶铝指铝主要是以金属固熔体状态或化合物形式存在，如金属铝和氮化铝。酸不溶铝主要指氧化铝。在一般情况下，利用不同存在形式的铝对无机酸溶解度不同的特性可以对铝进行分离测定。用酸溶解时，不溶的氧化铝，经过滤即能分离。酸不溶铝的含量少，测定简便，测定时用酸将试样溶解后过滤，不溶物质用焦硫酸钾（钠）熔融处理成溶液后用分光光度法测定。若要求测定全铝的含量，则把酸不溶铝经过溶解处理后的溶液与酸溶铝溶液合并即可。应该指出，酸溶铝与酸不溶铝的区分很难说有严格的界限，因为氧化铝不是绝对不溶于酸中，而氮化铝也未必完全溶于酸中，它们只能在特定条件下作相对理解。实验证明，酸溶铝经冒烟处理，铝溶解率高，测得的铝含量结果为最好。

6.1.2　铝与其他金属合金的分离方法

铝与铁、铬、钛等元素经常伴随在一起，另外铝是具有两重性质的元素，因此，在分离和测定铝具有一定困难。铝与其他金属合金的分离方法主要有沉淀法、萃取法、汞阴极电解法和离子交换分离法。

6.1.2.1　沉淀法

（1）氨水沉淀。有铵盐存在时，经氨水两次沉淀，利用铝的两性特性可从碱金属、碱土金属、Ag、Cu、Mo、Ni、Co、Zn、V、Mn 及 W 中分离铝，Pb、Sb、Bi、Fe、Cr、Ti、U、Be、Zr、Th、Ce、In、Ga、Nb 及 Ta 等元素生成沉淀。初始加入氨水时，pH 值应控制在 6.5~7.5，如氨水过量将使 Al(OH)$_3$ 的溶解度增大，影响测定结果；生成的 Al(OH)$_3$沉淀中包含少量铜、镉和钴，而磷、砷及硅等元素发生共沉淀，加入乙硫醇酸可以掩蔽铁。过滤后，在沉淀中加氨水，在 pH=4~5 的溶液中，用柠檬酸铵和草酸铵络合铁、铬、镍、锰等元素，用氰化钠将铝沉淀而与共存元素分离。此方法常用于钢铁、高温合金及精密合金中铝的测定。

（2）有机试剂沉淀。苯甲酸铵沉淀分离铝的效果比氨水好。Al、Cr（Ⅲ）、Zr、Fe（Ⅲ）、Ti（Ⅳ）、Th、Ce（Ⅳ）、Bi 及 Sn 可定量沉淀，U（Ⅵ）、Be、Pb、Cu、Sn（Ⅱ）及 Ti 部分沉淀，Co、Ni、Mn、Zn、Cd、V、Sr、Ba、Mg、Fe（Ⅱ）、Ce（Ⅲ）、Hg 及 RE 不沉淀。Fe（Ⅱ）在测定条件下能被氧化而沉淀，加入盐酸羟胺、乙硫醇酸可使铁还原，后者可掩蔽大量的铁。

（3）铜铁试剂沉淀。在 H$_2$SO$_4$（1+9）介质中，铜铁试剂可以沉淀 Fe、Ti、Zr、Nb、V、Ga、Ta 及 W 等元素，而 Al、Be、P、Mn、Ni、Co、Zn、In 及 Cr 等元素在溶液中，Th 及 RE 部分沉淀。也可用氯仿进行萃取，再调节酸度，铝在 pH=2~5 的溶液中也能被铜铁试剂沉淀或被氯仿萃取，进一步与残留元素分离。

在 pH=3.5~4 的乙酸缓冲溶液中，铜试剂（二乙基二硫代氨基甲酸钠，DDTC）可以沉淀 Fe、Ni、Co、Cu、Mo、Nb、W、Mn、Ti 等，滤纸中保留全部 Al、RE、Ca、Mg 及残留的 Mn、Ti。

（4）8-羟基喹啉沉淀。8-羟基喹啉沉淀可从其他元素中分离铝：在微酸性溶液中可从碱金属、碱土金属中分离铝；在氨性溶液中可从 P、As、F、B 中分离铝；在含 H$_2$O$_2$ 的氨性溶液中可从 Mo、Ti、Nb、Ta 中分离铝；在（NH$_4$）$_2$CO$_3$ 溶液中可从铀中分离出铝。在含酒石酸及氢氧化钠的氨性溶液中，8-羟基喹啉可以沉淀 Cu、Cd、Zn 及 Mg，而 Al、Fe 留于溶液中。

6.1.2.2　萃取法

当盐酸浓度为 6mol/L 时，用乙醚、甲基异丁酮、二异丙醚或二乙醚等有机溶液萃取，可以从大量铁中分离铝，少量铁可以用戊醇萃取硫氰酸铁使之与铝分离。

在含乙硫醇酸、六偏磷酸钠、KCN 及 H$_2$O$_2$ 的（NH$_4$）$_2$CO$_3$ 溶液（pH=8~9.5）中，钽试剂可以选择性地萃取铝。汞阴极电解是有效的分离方法，可以从许多金属元素中分离铝，电解液中的元素有 Al、Mg、Ca、Ti、Zr、V 及 P 等。

6.1.3　铝的分析方法

铝的分析测定方法有重量法、滴定法和分光光度法等。

6.1.3.1　重量法

氢氧化铝沉淀灼烧成 Al_2O_3 称量法和 8 - 羟基喹啉沉淀烘干后称量法是测定铝的两种重量方法。8 - 羟基喹啉从乙酸盐缓冲溶液（pH = 5 ~ 6）中沉淀铝，于 120 ~ 150℃ 干燥后称量，此方法将铝沉淀后，沉淀为结晶形，具有易过滤、不吸湿的特点，比氢氧化铝沉淀法优越。

6.1.3.2　滴定法

在 pH = 2 ~ 4 范围内，三价铝离子与 EDTA 形成中等强度的螯合物。此外，在 90℃ 左右加热 1 ~ 3min，铝可与 EDTA 达到定量络合。因此，可用 EDTA 来直接或返滴定测定铝。

（1）直接滴定法。以 Cu - PAN 作指示剂，在 pH = 3 的煮沸溶液中可以用 EDTA 标准溶液直接滴定铝。碱土金属及 30mg 锰不干扰滴定，Fe（III）可以在 pH = 1.0 ~ 1.5 时用 EDTA 预先滴定而实现铝、铁连测。大量 SO_4^{2-} 的存在妨碍终点颜色变化。

（2）返滴定法。用返滴定法可以提高滴定的准确度，即在 pH = 3 ~ 5 的溶液中加入一定过量的 EDTA，以 PAN 为指示剂，用铜标准溶液滴定过量的 EDTA；或在 pH = 6 时，以二甲酚橙（XO）为指示剂，用锌标准溶液滴定过量的 EDTA，根据定量关系可以计算出铝量。此时碱金属不干扰，而钙干扰测定。Co、Cu、Zn、Ni、Cd、Mn 可用邻菲啰啉掩蔽，此时应用铅标准溶液返滴定。此外，Th、Bi、Ti、Sn、RE、Fe、Cr 等也干扰滴定。

（3）氟化钠释放法滴定。采取氟化钠释放法可以提高 EDTA 滴定法测铝的选择性。即先在试样溶液中加入过量的 EDTA 标准溶液，其加入量应使在此酸度条件下能与 EDTA 络合的元素全部络合，然后加热并调节酸度为 5 左右，煮沸使铝络合完全、冷却。以二甲酚橙为指示剂，用锌标准溶液滴定过量的 EDTA（不计消耗标准溶液的量）。加入固体氟化钠并煮沸，使原来已与 EDTA 络合的铝与 F^- 生成 AlF_6^{3-}，释放出等摩尔 EDTA，用锌标准溶液滴定释放出的 EDTA，从而间接求得铝量。

Ti、Sn、RE、Th、Zr 及 Mn 等与 F^- 形成络合物的元素会干扰测定。Sn（IV）将定量参与反应，锡共存量较高时，可在硝酸溶液中使之形成偏锡酸沉淀而过滤分离。含锡较低时（如 0.5% 左右）偏锡酸沉淀常不容易完全，甚至不会析出，这样就会使铝的结果偏高。因此，凡遇含锡低或共存合金元素较多的试样，不宜进行直接滴定，可以采用 DDTC 沉淀或苯甲酸铵沉淀分离法。Mn（II）在 pH = 5 时与 EDTA 形成螯合物使滴定终点辨别困难。为了避免锰的干扰，可将滴定时溶液的酸度改为 pH > 6。Fe（III）超过 3mg 时，要控制氟化钠加入量，可以加入硼酸抑制过量氟化钠。如果氟化钠过量易造成指示剂的"封闭"。因为铁存在量大时，加入氟化物，使 Fe - EDTA 有部分解离导致结果偏高。因此对含 RE、Th、Zr 或 Ti 和含锰高的试样，须在盐酸羟胺存在下用苯甲酸铵沉淀分离铝，然后将铝的沉淀用盐酸溶解并进行螯合滴定；或采用 DDTC 沉淀分离法将 Al（III）与大量 Cu、Ni、Zn、Sn、Fe、Pb 等元素相分离。为了防止铝在低酸度条件下的水解和被沉淀吸附而损失，应在溶液中保持较高浓度的乙酸盐（约 2mol/L），因为乙酸盐对铝（III）有保护作用，在 pH = 2 ~ 7 的酸度范围内，铝与 EDTA 都能达到定量螯合。

6.1.3.3　分光光度法

分光光度法测定铝的显色试剂较多，如铬天青 S、铬天青 R、磺铬、铝试剂、哌唑及 8 - 羟基喹啉 - 三氯甲烷等，但标准方法及日常分析使用较多的是铬天青 S（CAS）。在 pH = 4 ~ 6 的弱酸性介质中，铬天青 S 主要以 $HCAS^{3-}$ 离子状态存在。在此条件下，铝与试剂反应生成摩尔比为 1:2 和 1:3 的紫红色络合物，两种络合物的最大吸收峰不同，分别位于 545nm 和 585nm 处。用 545nm 波长测定时，检量线不通过原点。如取两络合物的等吸收点 567.5nm 作为测定波长，检量线可通过原点，但灵敏度不如前者高。

酸度对铝与铬天青 S 的络合反应影响很大。在 pH < 4 时，CAS 与 Al（Ⅲ）几乎不反应。一般酸度控制在 pH = 4.6 ~ 5.8 的范围内。在 pH < 5.6 时，试剂本身吸收将增大，因此选择在 pH = 5.7 左右的酸度条件下显色。一般采用加入缓冲溶液的方法控制溶液的酸度。常用的缓冲溶液有乙酸铵、乙酸钠、六次甲基四胺等，其中以六次甲基四胺效果最好，乙酸盐与铝有络合作用，使铝的吸光度降低。

铝在酸度较低的溶液中常以 $Al(OH)_2^+$、$Al(OH)_3$ 等水解状态存在，均不利于与铬天青 S 络合反应。因此应在 pH < 3 的溶液中先加入显色剂，再加缓冲溶液调节酸度至 5.7 左右。

在 pH = 4.7 ~ 6.0 的溶液中测定铝时主要干扰元素有 Fe（Ⅲ）、Cu、Ga、Mo、Ti、V（Ⅳ）、Cr（Ⅲ）、Be 等。对于组成较为复杂的样品，在显色前需要进行分离。具体操作方法为：在 pH = 4 左右的溶液加入铜试剂分离除去大部分干扰离子，然后采用适当的掩蔽剂：用硫脲或 $Na_2S_2O_2$ 可掩蔽 Cu^{2+}，用抗坏血酸还原成 Fe^{2+} 而消除 Fe^{3+} 干扰，溶样时加入磷酸降低 Mo（Ⅳ）、Ti（Ⅳ）等干扰，Cr（Ⅲ）、V（Ⅳ）将它们氧化到高价减小干扰。硅不干扰测定，但硅量高时往往结果偏低，可加高氯酸至溶液冒烟使硅酸脱水析出除去。用 Zn - EDTA 及甘露醇作掩蔽剂，可直接用铬天青 S 测定钢中铝。此时最好用同类标准样品绘制曲线。

6.1.3.4　AAS 法

铝容易形成难离解的耐熔氧化物，必须在强还原性空气 - 乙炔火焰中进行测定，最好在氧化亚氮 - 乙炔高温火焰中进行，并严格控制火焰条件。因为稍许偏离最佳条件，都会导致灵敏度相当大的降低，即使在最佳条件下测定，灵敏度也不高。AAS 法是用盐酸、过氧化氢溶解试样。采用电热原化器，于石墨炉原子吸收分光光度计 309.3nm 处测量铝的吸光度。分析过程应使用二次蒸馏水和优级纯盐酸，可以测定锌及锌合金中 0.0005% ~ 0.5% 的铝。

6.1.4　纯铝及铝合金中其他元素的测定

6.1.4.1　EDTA 滴定法测定铝

（1）方法提要。试样分解后分取部分试液，在微酸性介质中加入过量的 EDTA 溶液，煮沸，使试液中的铝、铁、锌、镍、铜等离子与其络合。以二甲酚橙为指示剂，用锌标准滴定溶液滴定过量的 EDTA。加入氟化钠，氟离子选择性地与铝络合而释放出等物质量的 EDTA，再以锌标准滴定溶液滴定 EDTA，计算铝的质量分数。

（2）试剂。

1）氟化钠。

2）氢氧化钠溶液：200g/L。

3）硝酸：1＋1。

4）乙酸钠－乙酸缓冲溶液：pH＝5.7，每升缓冲溶液中含 200g 乙酸钠（含三个结晶水）和5mL 冰乙酸（ρ＝1.05g/mL）。

5）对－硝基酚指示剂溶液：1g/L。

6）二甲酚橙指示剂溶液：2g/L。

7）EDTA 溶液：20g/L。

8）铝标准溶液：1.00mg/mL。

9）乙酸锌标准滴定溶液：0.025mol/L。分取 25.00mL 铝标准溶液，按分析步骤操作，标定乙酸锌标准滴定溶液对铝的滴定度 T(mg/mL)。

（3）分析步骤。

1）试样量：称取 0.30g 试样，精确至 0.0001g。

2）试样分解：将试样置于聚四氟乙烯烧杯中，加 20mL 氢氧化钠溶液（200g/L），低温加热至试样溶解。冷却，加水至约50mL，加入 35mL 硝酸（1＋1），加热至沸，冷却至室温（如试液有棕色二氧化锰沉淀，加数滴 10g/L 亚硝酸钠溶液还原锰，或加少许尿素）。将溶液移入 250 mL 容量瓶中，以水稀释至刻度，混匀。

3）测量：分取 25.00mL 试液于 500mL 锥形瓶中，加25mL 水，加 20mL 配置 EDTA 溶液（1.0mL 该溶液相当于 1.45mg Al），加 2～3 滴对－硝基酚指示剂溶液，用氨水（1＋1）中和至黄色，立即以盐酸（1＋1）回滴至无色，加20mL 乙酸钠－乙酸缓冲溶液（pH＝5.7），煮沸 3 min，流水冷却至室温。

加 2 滴二甲酚橙指示剂溶液，用乙酸锌标准滴定溶液滴定至微红色，不计滴定毫升数。加2g 氟化钠，煮沸 3min，流水冷却至室温。补加 1～2 滴二甲酚橙指示剂溶液，用乙酸锌标准滴定溶液滴定至微红色为终点。

（4）计算。按式(6-1)计算铝的质量分数：

$$w(\mathrm{Al})=\frac{V\cdot T}{m\times 1000}\times 100\% \tag{6-1}$$

式中　V——滴定分取液消耗乙酸锌标准滴定溶液的体积，mL；

　　　T——乙酸锌标准滴定溶液对铝的滴定度，mg/mL；

　　　m——分取液中的试料量，g。

（5）注意事项。

1）滴定以二甲酚橙为指示剂，用硝酸铅标准滴定溶液滴定。或以 PAN 为指示剂，在 pH＝4.7 的缓冲溶液中用硫酸铜标准滴定溶液的热溶液中滴定。

2）应以铝标准溶液或用纯铝按分析步骤操作求标准滴定溶液的滴定度 T，进而消除测定过程中的系统误差。

3）钛、锡和稀土与 EDTA 的络合物也可被氟离子取代，定量干扰铝的测定。一般铝合金中不含钛、锡和稀土，不必考虑其影响。某些铝合金中可能含0.1%~0.3%的钛，可按等物质量扣除，0.10%的钛相当于0.056%的铝。若不能确定试样中的含钛量，可采用碱分离步骤，在滤液中测定铝。

4）本方法适用于金属铝中铝量的测定。

6.1.4.2　铝合金中其他元素的测定

A　硅钼蓝光度法测定硅

（1）方法提要。试样以氢氧化钠溶解，用硝酸酸化，使各被测量元素以离子状态存在于溶液中，将试液定容后作为母液，可用于硅、铁、锰、铜、镍、钛和铬等元素的测定。在0.1~0.2mol/L的酸度中，硅酸与钼酸铵生成硅钼杂多酸。在草酸存在下，以硫酸亚铁铵将铝合金中的硅还原成硅钼蓝，测量硅的吸光度，计算硅的质量分数。

（2）试剂。

1）氢氧化钠溶液：400g/L，在塑料杯中配制并贮于塑料瓶中。

2）硝酸：1+1。

3）过氧化氢：1.10g/mL。

4）钼酸铵溶液：50g/L，贮于塑料瓶中。

5）草酸溶液：50g/L。

6）硫酸亚铁铵溶液：60g/L，每100mL溶液加3滴硫酸（1.84g/mL）。

7）硅标准溶液：10.0μg/mL及50.0μg/mL，贮于试样瓶中。

（3）分析步骤。

1）称取试样。根据元素含量称取0.1000~0.5000g试样。

2）空白试验。随同试样进行空白试验。

3）试样分解和试液制备。将试样置于聚四氟乙烯烧杯中，加10mL配制氢氧化钠溶液，水浴加热溶解，用水冲洗杯壁，滴加约10滴过氧化氢，继续加热使硅化物分解完全，蒸发至糖浆状，冷却。

4）加水至约50mL，加入35mL配制硝酸，加热至沸，冷却至室温（如试液有棕色二氧化锰沉淀，加数滴10g/L亚硝酸钠溶液还原锰，加少许尿素）。将溶液移入200mL容量瓶中，以水稀释至刻度，混匀。此溶液称为母溶，可用于硅、铁、锰、铜、镍、钛和铬等元素的测定。

5）测量。将显色液移入适当吸收皿中，于680nm或810nm处测量吸光度。试液吸光度减去空白试验溶液的吸光度，于标准曲线上计算硅的质量分数。

（4）标准曲线的绘制。分取0.00mL、1.00mL、2.00mL、3.00mL、4.00mL、5.00mL硅标准溶液（10.0μg/mL或50.0μg/mL）于100mL容量瓶中，各加10mL空白试验溶液，以水稀释至约60mL，以下按显色液操作。以空白试剂（不加硅标准溶液者）为参比，测量吸光度，绘制标准曲线。

（5）注意事项

1）测定硅的试液不宜放置太久，在酸性介质中硅酸易聚合而不能与钼酸铵完全反应，一般应在当天完成测定。

2）如称取1.0g试样，或多分取试液并控制显色酸度，可测量更低量的硅量。

3）方法适用于铝及铝合金中 0.02% ~ 5.0% 硅量的测定。

B　铜的测定

铜的测定有 BCO 吸收光度法和萃取吸收光度法两种方法。

a　BCO 吸收光度法

（1）方法要点。在 pH = 8.6 ~ 9.3 的范围内，铜离子与二环己酮草酸双腙生成蓝色络合物，以吸收光度法测定铜含量，用柠檬酸掩蔽铁、铝、锰。

（2）试剂。

1）氢氧化钠溶液：10%。

2）混合酸：浓硝酸 + 浓硫酸 + 水 = 1 + 2 + 10。

3）柠檬酸溶液：25%。

4）氢氧化铵溶液：1 + 1。

5）二环己酮草酰双腙（简称 BCO）溶液：0.05%。称 0.5gBCO 溶于 100mL 乙醇和 200mL 热水中以水稀释至 1L，不溶物用脱脂棉过滤。

6）铜标准溶液：0.1mg/mL。

（3）分析步骤。

1）试样称取：称取 0.1g 试样于锥形瓶。

2）试样分解及试液制备：在放样的锥形瓶中加氢氧化钠溶液 10mL，溶解完毕后取下冷却。加混合酸中和至沉淀溶解并过量 10mL，煮沸 1 ~ 2min，冷却，移入 100mL 容量瓶中以水稀释至刻度。

3）测量：移取母液 5mL 于 50mL 容量瓶中，加入柠檬酸溶液 2mL，准确加入氨水 5mL，BCO 溶液 20mL，以水稀至刻度。放置 3min 后，在波长 600nm 处，用 0.5 ~ 2cm 比色皿，水为参比液，测定吸光度。然后从标准曲线上查得铜的含量。

（4）标准曲线的绘制。称取纯铝 0.1g 5 份，分别置于 150mL 锥形瓶中，依次加入铜标准溶液（3mL 相当于 0.1mg 铜）0.5mL、1.0mL、3.0mL、5.0mL、7.0mL，按试样分析步骤溶解。显色后测量各溶液的吸光度，绘制标准曲线。

（5）注意事项。

1）高硅试样或含铬试样操作：称样 0.1g，于 200mL 锥形瓶中，加氢氧化钠溶液 20mL，溶解后冷却；加浓硝酸 3mL、氢氟酸 5 ~ 6 滴，准确加入浓高氯酸 7mL，加热浓缩至冒白烟 2min，取下冷却，以下操作同试样分析步骤。

2）加入 BCO 之后，3 ~ 7min 内即达最大吸光度。显色溶液稳定性与室温及铜含量高低有关，低于 10℃ 时显色后应放置 10min，高于 20℃ 时，则显色后放置 3min 测定。

3）本方法适用于铜含量小于 5% 的铝合金。

b　萃取吸收光度法

（1）方法要点。试样以碱溶解，混酸中和，在 pH = 8.5 ~ 9.5 介质中，以柠檬酸铵掩蔽铝、铁，EDTA 掩蔽镍、锰及钴。二价铜离子与 DDTC 生成 $[(C_2H_5)_2NCS_2]_2Cu$ 黄色络合物：

$$Cu(NO_3)_2 + 2(C_2H_6)_2NCS_2Na = [(C_2H_5)_2NCS_2]_2Cu + 2NaNO_3$$

以三氯甲烷萃取，其颜色深浅与铜含量成正比，用吸收光度法测定铜量。

（2）试剂。

1）氢氧化钠溶液：20%。

2）过氧化氢：30%。

3）氢氧化铵溶液：1＋1。

4）混酸：硝酸＋硫酸＋水＝1＋2＋10。

5）柠檬酸铵溶液：20%。

6）EDTA：6%。

7）三氯甲烷：二级。

8）二乙氨基二硫代甲酸钠（DDTC）：0.2%。取 DDTC 0.2g 溶解于 100mL 无离子水中过滤，贮于有色瓶中。

9）标准铜溶液：1.0mg/mL。

（3）分析步骤。

1）试样称取：见表 6-1。

表 6-1　试样的称取

铜含量	0.005% ~ 0.010%	0.01% ~ 0.05%	0.2% ~ 0.3%	0.8% ~ 5%
试样/g	2	1	0.1	0.05

2）试样溶解及试液制备：于称样锥形瓶中加氢氧化钠溶液 5~25mL。加热溶解，以混酸中和至沉淀溶解，并过量 10mL，煮沸 1~2min，冷却后移入 100mL 量瓶中，稀释至刻度，混匀。

3）萃取试液：移取试样 2~10mL 于 125mL 分液漏斗中，加柠檬酸铵溶液 10mL，氢氧化铵溶液 10mL，EDTA 溶液 1~2mL，摇匀，加 DDTC 溶液 5mL，摇匀，然后准确加入三氯甲烷 20mL，剧烈振荡 250 次，静置分层，以干滤纸过滤。

4）测量：以空白溶液为参比液，萃取液用比色皿在波长 420nm 处测定吸光度。

（4）标准曲线的绘制。将含铜量不同的标样与试样同条件操作，测定吸光度，绘制标准曲线。

如无标样，可取标准铜溶液（1mg/mL）0.00mL、0.20mL、0.40mL、0.60mL、0.80mL、1.00mL，分别移入 250mL 锥形瓶中，加硫硝混酸 10mL，加热煮沸，冷却后移入 100mL 容量瓶中，以后操作与试样分析步骤。然后根据铜含量和相应吸光度，绘制标准曲线。

（5）注意事项。

1）铜含量不同称取氢氧化钠溶液有区别。铝合金试样中含铜 0.2%~5% 以氢氧化钠溶液 5L 溶解，当含铜为 0.005%~0.05% 时，以氢氧化钠溶液 25mL 溶解。

2）含铜大于 0.8% 时，取试液 1~2mL；含铜 0.3%~0.8% 时，萃取前取试液 5mL；含铜小于 0.3% 时，取 10mL。

3）DDTC-Cu 络合物，在柠檬酸铵存在下，pH＞9 时易为三氯甲烷所萃取。

4）振荡次数越多，萃取效率越大，萃取效率在振荡次数多于 250 次时，则几乎达到 100%。

5）必须掩蔽干扰离子。铁、铝以柠檬酸铵掩蔽，镍、钴、锰以 EDTA 掩蔽。含铋时必须先进行分离。三价铬由于产生氢氧化物沉淀，吸附一部分铜，使测量结果偏低；但氧化为六价铬后则无干扰。钛含量甚微无干扰。

6）此法适用于 0.005% ~5% 的铜含量的测定。

C　硫氰酸盐吸收光度法测定铁

（1）方法要点。三价铁与硫氰酸盐在酸性溶液中，生成橙红色的硫氰酸铁：

$$Fe(NO_3)_3 + 3NaSCN \Longrightarrow Fe(CNS)_3 + 3NaNO_3$$

以吸收光度法测定铁的含量。

（2）试剂。

1）氢氧化钠溶液：30%。

2）硝酸溶液：1 + 33。

3）过氧化氢：30%。

4）硫氰酸钠溶液：25%。

5）铁标准溶液：1mL 相当于 100μg 铁。

（3）分析步骤。

1）试样称取：称样 0.05g 于 250mL 锥形瓶。

2）试样溶解及试液制备：于称样锥形瓶中加氢氧化钠溶液 5mL，低温加热溶解后，加入硝酸溶液 20mL，煮沸约 20s，冷却后加水 65mL、过氧化氢 1 滴，硫氰酸钠溶液 10mL，放置 6min。

3）测量：以空白溶液为参比液，在波长 500nm 处，测定吸光度，在标准曲线上查出铁的含量。

4）空白试样：以水代试样，同试样平行操作。

（4）标准曲线的绘制。称取纯铝（铁含量小于 0.003%）0.005g 六份，分别加入铁标准溶液（1mL 相当于 100μg 铁）0.00mL、0.25mL、0.50mL、1.00mL、2.00mL、3.00mL，操作同试样分析步骤，测吸光度，绘制标准曲线。

（5）注意事项。

1）试样中三价铁和二氧化锰高时，在酸性溶液中滴加过氧化氢 2 ~3 滴，使其还原，并煮沸分解过量的过氧化氢。

2）硫氰酸铁一般可稳定 60min。若时间过长，则吸光度稍有增加。

3）若无成套标样作曲线时，可用与试样含量相近的标样，采用系数计算。

4）本法测定含铁在 1.5% 以下符合比尔定律。

D　镁的测定

镁的测定有 EDTA 容量法、酒石酸 – DDTC 联合掩蔽络合滴定法和磷酸盐快速法。

a　EDTA 容量法

（1）方法要点。试样用氢氧化钠溶解，使铝、锌转入溶液并与铜、锰、铁、镁等氢氧化物沉淀分离。沉淀以酸溶解后调整酸度近中性，用 DDTC 分离铜、铁、锰。然后在 pH =10 的氨性溶液中，以铬黑 T 为指示剂，用 EDTA 标准溶液直接滴定镁。

（2）试剂。

1）氢氧化钠溶液：20%，3%。

2）混酸：盐酸 + 硝酸 + 水 = 100 + 5 + 200。

3）铜试剂：固体。

4）氨性缓冲溶液：pH = 10。

5）铬黑 T：1%。取指示剂 0.5g 溶解于 25mL 三乙醇胺及 25mL 乙醇中。

6）盐酸溶液：5%。

7）氢氧化铵溶液：1+1。

8）EDTA 标准溶液：0.01mol/L 或 0.025mol/L。

（3）分析步骤。

1）试样称取：称样 0.5~1.0g，于 300mL 锥形瓶。

2）试样溶解及试液制备：于称样锥形瓶中加 20% 氢氧化钠溶液 20mL，加热溶解完全后，加热水 100mL，搅匀，静置。待不溶物大部分沉淀后，立即过滤。用 3% 氢氧化钠溶液洗涤沉淀 5~6 次，用 15mL 热混酸将不溶物溶于 250mL 量瓶中，滤纸用热盐酸洗涤 5~6 次，然后用热水洗至无酸性（或用 pH 试纸检查为中性），滴加氢氧化铵至出现少量氢氧化铁沉淀，溶液微显浑浊为止（或用刚果红试纸检查呈紫红色）。不断摇动下，加铜试剂 2g。以水稀释至刻度，摇匀，用干滤纸过滤。

3）滴定测量：分取 25mL 或 50mL 试液于 300mL 锥形瓶中，加氨性缓冲液 10mL，铬黑 T 指示剂 3~4 滴，用 EDTA 标准溶液滴至纯蓝色为终点。

（4）计算。按式（6-2）计算镁含量。

$$w(\mathrm{Mg}) = \frac{V \cdot M \times 0.02432}{G} \times 100\% \qquad (6\text{-}2)$$

式中　V——试样消耗 EDTA 标准溶液体积，mL；

　　　M——EDTA 标准溶液浓度，mol/L；

　　　G——试样质量，g；

0.02432——1mL1mol/L 的 EDTA 标准溶液相当于镁的质量。

（5）注意事项。

1）含镁量不同取样应有区别：含镁量小于 3% 称样 1g，大于 3% 称样 0.5g。

2）含镁量大于 3% 的合金，当碱溶解后残渣用混合酸溶时，必须将滤纸连同沉淀置于原烧杯中溶解，以免损失镁。

3）滤液放置片刻后，可能会出现轻微的浅黄色浑浊（这是铜试剂分解的产物），一般不影响测定。

4）如果试液中含钙，则 EDTA 滴定的是钙镁合量。另取一份试液，加钙指示剂少许，滴加 20% 氢氧化钾溶液至溶液呈浅玫瑰色，并过量 5mL，然后用 EDTA 标准溶液滴定至天蓝色为终点。消耗毫升数为钙的量。计算镁的含量时必须将钙量扣除。

5）本法适用于镁含量为 0.2%~12.0% 的各类铝合金。

b　酒石酸–DDTC 联合掩蔽络合滴定法

（1）方法要点。试样用盐酸溶解，用三乙醇胺掩蔽铝，用酒石酸、DDTC 联合掩蔽锰、锌、铁、铜等杂质元素，在 pH=10 时以铬黑 T 为指示剂，用标准 EDTA 溶液滴定镁。

（2）试剂。

1）盐酸：浓。

2）过氧化氢：浓。

3）盐酸羟胺：固体。

4）氢氧化铵溶液：1+1。

5）三乙醇胺溶液：1 + 1。

6）酒石酸钠溶液：20%。

7）铜试剂溶液：2%。

8）乙醇：分析纯。

9）氨性缓冲溶液：pH = 10。

10）铬黑 T 指示剂溶液：1%。取指示剂 0.5g 溶解于 25mL 三乙醇胺及 25mL 乙醇中。

11）EDTA 标准溶液：0.025mol/L。

（3）分析步骤。

1）试样称取：称样 0.05g，于 300mL 锥形瓶。

2）试样溶解及滴定溶液制备：于称样锥形瓶加浓盐酸 10mL，滴加过氧化氢 2mL，待试样溶完后，煮沸分解过氧化氢并蒸至近干。冷却后，加水 5mL、盐酸羟胺少许，待溶完以氨水中和至刚出现沉淀，加 1 + 1 盐酸溶液 2mL、酒石酸钠溶液 15mL、三乙醇胺溶液 20mL、氨性缓冲液 20mL、乙醇 10mL、铜试剂溶液 2mL、氨水 10mL，冷至室温。

3）滴定测定：加盐酸羟胺 0.1g，铬黑 T 3 ~ 4 滴，用 EDTA 标准溶液滴定溶液由红紫色变为纯蓝色为终点。计算方法同前。

（4）注意事项。本法的测定范围为镁含量大于 5% 的各类铝合金。

E 磷酸盐快速法

（1）方法要点。试样用氢氧化钠溶解，使镁以 $Mg(OH)_2$ 沉淀形式存在，过滤分离后，以柠檬酸或酒石酸与铁、锰等形成络合物，于氨性溶液中加入磷酸氢二铵成磷酸铵镁沉淀，再以盐酸滴定。

$$Mg + 2HCl = MgCl_2 + H_2$$
$$MgCl_2 + (NH_4)_2HPO_4 + NH_4OH = Mg(NH_4)PO_4 + 2NH_4Cl + H_2O$$
$$Mg(NH_4)PO_4 + 2HCl = MgCl_2 + NH_4H_2PO_4$$

（2）试剂。

1）氢氧化钠溶液：30%。

2）盐酸溶液：1 + 1。

3）柠檬酸溶液：50%。

4）氢氧化铵溶液：1 + 1。

5）磷酸氢二铵溶液：30%。

6）中性酒精溶液：取酒精 5mL 加水 5mL，然后加入红蓝石蕊试纸各一张，如其颜色与原来的颜色不变则为中性。

7）甲基橙指示剂溶液：0.5%。

8）盐酸标准溶液：0.1mol/L。

（3）分析步骤。

1）试样称取，见表 6-2。

表 6-2 试样的称取

镁含量/%	8 ~ 10	1 ~ 8	0.5 ~ 1	≤0.5
试样/g	0.2 ~ 0.4	0.4 ~ 0.8	0.8 ~ 1.5	1.5 ~ 3

2）试样溶解及滴定液制备：于称样烧杯中加 30% 氢氧化钠 25～30mL（须分次加入），待剧烈作用停止后，加热溶解（勿煮沸）。加 80～100mL 蒸馏水，放置 2～3min，迅速过滤，滤液置于过滤杯中，以热水洗涤称样烧杯 8～10 次，加热盐酸 20mL 溶解沉淀，收集滤液于原烧杯中，再用热水洗涤过滤烧杯 3～5 次，稀释体积至 100～150mL。加入柠檬酸 5mL。用氨水调至微碱性，然后加热至 70℃。加入磷酸氢二铵溶液 10mL 和浓氨水 10mL，在不断搅拌下放置约 30min（低含量镁的测定需适当延长放置时间或过夜），待沉淀完全后过滤。用 2.5% 氨水洗 2～3 次，然后用中性酒精洗至无碱性（检验碱性：用 0.1mol/L 盐酸标准溶液 0.1mL，以水稀释至 50mL 加甲基橙 1 滴，再滴入洗液 2～3 滴。若红色不变，则可不再洗）。

3）滴定测量：将滤纸与沉淀移放于原烧杯中，加入中性水（新蒸馏水或蒸馏水经煮沸 20min 除尽二氧化碳）。强烈振荡使滤纸破碎，加入甲基指示剂溶液 2～3 滴，用 0.1mol/L 盐酸标准溶液滴至红色出现为终点。

（4）结果计算。按式(6-3)计算镁含量。

$$w(Mg) = \frac{V \cdot N \times 0.0122}{G} \times 100\% \qquad (6-3)$$

式中　N——盐酸标准溶液的浓度，mol/L；

　　　V——消耗盐酸标准溶液的体积，mL；

　　　G——试样质量，g；

　0.0122——1mL 1mol/L 的盐酸标准溶液相当于镁的质量。

（5）注意事项。本法适用于镁含量0.1%～15%各类铝镁合金和铝硅合金中镁的测定。

6.2　铜及铜合金分析

工业纯铜中铜含量为 98%～99.99%。铜合金中铜是主体元素，一般均不低于 50%，不超过 98%。纯铜外观呈紫红色，故又称紫铜，其密度为 8.9g/cm³，熔点为 1083℃，具有很好的化学稳定性，在大气、淡水及冷凝水中均有优良的耐蚀性。在海水中的耐蚀性较差，易被腐蚀。纯铜在含有 CO_2 的潮湿空气中，表面将产生碱性碳酸盐的绿色薄膜，又称为铜绿。

工业纯铜的力学性能较低，为满足结构件的要求，需对纯铜进行合金化，形成铜合金。铜合金化原理类似于铝合金，主要通过合金化元素的作用，实现固溶强化、时效强化和过剩相强化，提高合金的力学性能。

铜合金是机械工业的常用材料，铜在其他有色金属材料（如铝合金、锌合金、铅基合金、锡基合金等）中是主要的合金成分。在钢中加入少量铜能提高其屈服点和疲劳强度，改善冲击韧性和抗大气腐蚀性能等。但铜在钢中通常是有害杂质，它会使钢的力学性能降低，当加热时导致金属表面氧化，有时会引起钢在锻轧热加工时发生热脆现象，出现鱼鳞状开裂并影响焊接性能。

6.2.1　铜及铜合金的溶解与分离方法

可用酸溶法溶解含铜的有色金属及钢铁试样，但必须在氧化的条件下进行。铝合金不宜用硝酸溶解，可用盐酸加适量过氧化氢或用盐酸加适量硝酸溶解。

分离铜的方法主要有电解重量法、沉淀分离法和萃取分离法。

（1）硫化物沉淀分离法：在 0.3mol/L 的盐酸或 0.15mol/L 的硫酸溶液中通入硫化氢气体可使铜生成硫化铜沉淀，从而使铜与铁、镍、钴、锰、锌等元素分离，但砷、锑、锡、钼、硒、碲、金、铂、钯、汞、铅、铋、镉等元素与铜同时生成硫化物沉淀。如果在氢氧化钠碱性溶液中加入硫化钠使铜生成硫化铜沉淀，砷、锑、锡等元素以硫代酸盐状态保留在溶液中，从而可与铜分离。微克量的铜必须加入 5～10mg Pb^{2+} 作为载体使铜以硫化物状态定量析出。沉淀物放置较长的时间（最好放置过夜）后才能过滤。溶液中氯化物盐类浓度太大会使铜的沉淀不完全。

也可用硫代乙酰胺代替硫化氢作为铜的沉淀剂，因为在酸性溶液中硫代乙酰胺水解会产生硫化氢：

$$CH_3CSNH_2 + 2H_2O \longrightarrow CH_3COONH_4 + H_2S$$

沉淀可在 3mol/L 以下的硫酸或 2mol/L 以下的盐酸或 0.5mol/L 以下的硝酸溶液中进行。

（2）DDTC 沉淀分离法：用酒石酸从 EDTA 掩蔽铁、铬、镍等离子，在 pH = 10 左右的氨性溶液中铜离子与 DDTC 定量地生成沉淀。利用此法可分离钢铁等合金中 0.1% 以上的铜。

（3）二苯硫腙萃取分离法：在 0.1mol/L 的酸性溶液中，Cu^{2+} 与二苯硫腙形成能被三氯甲烷、四氯化碳等有机溶液剂萃取的螯合物。利用此法可使微量铜与钴、镍、钼、铅、锌、镉等元素分离，但铋、汞、钯、金、银、铂也被萃取。加入适量 0.1mol/L 溴化物或碘化物，可掩蔽少量汞、银和铋。也可用等体积 2% 碘化钾和 0.01mol/L 盐酸混合液洗涤有机相以除去已被萃取入的有机相的汞、银及铋。大量 Fe^{3+} 存在时则先用甲基异丁酮在盐酸介质中萃取除去。

6.2.2　分析方法

铜的化学分析方法主要有电解重量法、碘量法、EDTA 滴定法、分光光度法及 AAS 法。

6.2.2.1　电解重量法

电解重量法适用于测定试样中作为主要组分存在的铜，具有操作简便、结果准确等优点。目前常用的电解重量法有恒电流电解法和控制阴极电位电解法两种。

恒电流电解法测定铜，通常在硝酸或硫硝混合酸介质中进行电解，也可在氨性介质中或以铜（Ⅱ）的氰化络合物状态进行电解。但不宜在盐酸介质中进行电解，因为在盐酸介质中电解析出的铜呈海绵状，极易脱落，而且盐酸对铂电极有一定的腐蚀作用，使电极受损。电解的电流密度一般控制在 $1\sim2A/dm^2$，配以适当搅拌。砷、锑、锡、铋、钼、金、银、汞、硒、碲等元素在电解时能与铜一起在阴极上还原，因而干扰铜的测定。当上述各元素的共存量较大时应预先分离除去；而共存量很少时可采取掩蔽、氧化等不同的方法消除干扰。

控制阴极电位电解法测定铜具有更好的选择性，与铜的分解电势相差较大的元素不与铜析出。例如，分析锡青铜时可不分离锡直接进行铜的电解。

无论是用恒电流电解法还是用控制阴极电位电解法测定铜，电解后的溶液中一般还残留有痕量铜。可采用光度法或 AAS 法测定痕量铜的含量，并加到电解重量法的结果之中。

6.2.2.2 碘量法

碘量法测定铜具有快速、简便的特点，在条件掌握合适的情况下可获得较准确的结果。该方法的基本反应为 Cu^{2+} 与 I^- 定量反应生成碘化亚铜和游离碘，因此，可用硫代硫酸钠标准溶液滴定所释出的碘，即可间接计算得试样中铜的含量。

$$2Cu^{2+} + 4I^- \Longrightarrow 2CuI \downarrow + I_2$$

$$2S_2O_3^{2-} + I_2 \Longrightarrow S_4O_6^{2-} + 2I^-$$

上述反应的适宜酸度范围为 pH = 3 ~ 5，砷、锑、铁、钼、钒等元素干扰铜的测定。当溶液的酸度较高（pH < 3）时，砷、锑也参与反应，使测量结果偏高，而且由于空气的氧化作用，滴定终点反复。当溶液的 pH > 5 时，有碘化铜沉淀生成使结果偏低。加入适量氟化氢铵作为缓冲剂可使溶液的酸度控制在 pH = 3.4 ~ 4.0，而且还能络合共存的铁(Ⅲ)而避免其干扰。

碘化钾的加入量与最终溶液的体积有关，一般应为铜量的 20 倍，但特殊情况时，碘化钾的加入量与铜的倍数会有变化。例如，滴定 40mg 铜，溶液体积为 50mL 时，碘化钾的加入量为 0.6 ~ 1.0g，约为铜量的 15 ~ 25 倍；如溶液体积增至 100mL 时，碘化钾的加入量应为 3 ~ 5g，相当于铜量的 75 ~ 125 倍。

滴定过程中共存的碘化亚铜沉淀表面将吸附一定量的碘，故在滴定将近终点时应加入硫氰酸盐使碘化亚铜转化为硫氰酸亚铜，从而释放出所吸附的碘。如将碘化钾的加入量增至 1.7mol/L，并用乙酸盐作缓冲控制溶液 pH = 4.4 ± 0.1，可使铜(Ⅰ)与碘离子生成 $[CuI_2]^-$ 络阴离子而不生成沉淀，从而避免了碘化亚铜沉淀对游离碘的吸附。

6.2.2.3 EDTA 滴定法

铜(Ⅱ)与 EDTA 形成稳定的蓝色螯合物，一般情况，在 pH = 2.5 ~ 10 的酸度范围内进行螯合滴定。由于铜 - EDTA 螯合物呈较深的蓝色，采用目视滴定指示剂时试样中铜的绝对量不宜太多，以免铜 - EDTA 螯合物的色泽影响对指示剂变色的辨认。

EDTA 滴定法测定铜的滴定方式有直接滴定和返滴定两类。在不存在干扰元素或共存干扰元素但可用一定的方法掩蔽时才可采用直接滴定法，否则以用返滴定法为宜。在应用于实样分析时常采用如下方法来提高测定的选择性：

（1）硫脲掩蔽差减滴定法：取相同量的试液两份，于一份试液中加入硫脲将铜掩蔽而另一份试液中不加硫脲，分别在 pH = 5 ~ 6 的条件下用 EDTA 标准溶液滴定试液中金属离子的总量，两份试液滴定所耗 EDTA 标准溶液毫升数的差值即相当于试样中铜的含量。此方法的滴定方式属直接滴定。

（2）硫脲置换解蔽返滴定法：于试液中加入过量的 EDTA 溶液，将包括铜在内的所有可被螯合的金属离子螯合，在 pH = 5 ~ 6 的条件下用标准溶液滴定过量的 EDTA。然后加入硫脲、抗坏血酸和 1, 10 - 邻菲罗啉将铜(Ⅱ)从 EDTA 螯合物中置换并掩蔽。再用铅标准溶液滴定置换释出的 EDTA，从而计算试样中铜的含量。此方法属返滴定方式。

（3）硫脲掩蔽氧化解蔽直接滴定法：于试液中先加硫脲将铜掩蔽，然后加入过量

EDTA将其他可螯合的共存金属离子螯合，用锌标准溶液在 pH = 5 ~ 6 的条件下返滴定。加入过氧化氢或其他氧化剂破坏铜与硫脲的络合物而使铜解蔽。用 EDTA 标准溶液直接滴定解蔽释出的铜。此方法采用了返滴定和直接滴定两种方式。

上述滴定方法中可采用的金属指示剂主要有 PAN、1 - (2 - 噻唑偶氮) - 2 - 萘酚 (TAN)、XO 等，其中 PAN、TAN 适用于直接滴定。由于指示剂与铜 (Ⅱ) 的螯合物在水溶液中溶解度较小，须加适量乙醇并加热以利于终点的观测。也可加入非离子表面活性剂使铜与指示剂螯合物增溶，这样便可不加乙醇。用铅或锌标准溶液返滴定时，XO 是较好的指示剂，但此指示剂不宜用于铜的直接测定。因为铜(Ⅱ)易与 XO 形成不被 EDTA 取代的稳定螯合物，从而使指示剂"封闭"而不能指示滴定终点。

6.2.2.4　光度法

(1) IDTC 光度法：氨基二硫代甲酸的衍生物是一类重要的显色剂，例如，二乙氨基二硫代甲酸钠 (Na - DDTC) 作为铜 (Ⅱ) 的显色剂迄今仍被广泛应用。由于 Cu - (DDTC)$_2$ 螯合物在水溶液中不溶解，故须加入保护胶体方能在水溶液中作光度测定。当然也可用氯仿等溶剂将 Cu - (DDTC)$_2$ 萃取入有机相后进行光度测定。氨基二乙酸二硫代甲酸盐 (简写为 IDTC) 的显色剂用作测定铜的显色剂，具有显色反应条件容易掌握、所形成的螯合物为水溶性不需加保护胶、灵敏度较高和干扰元素容易掩蔽等优点。

铜 (Ⅰ、Ⅱ) 与 IDTC 在 pH = 3 ~ 11 的酸度范围内形成水溶性的棕黄色螯合物，其吸收峰在 440nm 处，吸光度在 24h 内稳定不变。但当有 EDTA 存在时，螯合物的稳定性随溶液的酸度不同而不同。在 pH = 3 时，螯合物只能稳定 20min；在 pH = 4.5 时，可稳定 45min；而在 pH = 5.7 ~ 6.5 范围内，可稳定 3h。

镍 (Ⅱ)、钴 (Ⅱ)、铁 (Ⅲ)、钼 (Ⅵ)、银 (Ⅰ)、铋 (Ⅲ) 等元素与 IDTC 反应生成有色螯合物，因而干扰铜的测定。锌 (Ⅱ)、锰 (Ⅱ)、镉 (Ⅱ)、镁 (Ⅱ)、钙 (Ⅱ)、铝 (Ⅲ)、锡 (Ⅳ)、稀土 (Ⅲ)、钍 (Ⅳ)、锆 (Ⅳ)、钛 (Ⅳ)、钨 (Ⅳ) 等元素或不与 IDTC 反应或与 IDTC 反应，但在铜螯合物的测定波长处无吸收，故对铜的测定无影响。铅的存在抑制铜的显色。在 pH = 5 ~ 6 时加入 EDTA 可消除镍、铁、铅的干扰。钼 (Ⅳ) 在 pH = 5 左右不显色。银、铋、钴与 IDTC 的螯合物在 pH = 3 时不被 EDTA 所破坏而铜的螯合物可以破坏，利用这一差别可实现在银、铋、钴的存在下测定铜。铬 (Ⅳ)、钒 (Ⅴ) 及其他氧化性物质能破坏 IDTC 试剂，故不允许存在。加入抗坏血酸使铬、钒还原后可消除其干扰。氨水及六次甲基四胺等试剂抑制铜与 EDTA 的反应，因此不宜用以调节酸度。其他常见的阴离子均无干扰。

(2) 双环己酮草酰二腙光度法：双环己酮草酰二腙与铜离子在碱性溶液中生成蓝色络合物。BCO 试剂在水溶液中有互变异构作用。

铜(Ⅱ)只与 BCO 试液的烯醇式Ⅰ状态反应生成蓝色络合物。而在 pH = 7 ~ 10 的条件下 BCO 主要以烯醇式Ⅰ的状态存在，因此铜与 BCO 的显色反应的适宜酸度条件也应为 pH 为 7 ~ 10。当 pH < 6.5 时螯合物不形成，而当 pH > 10 时，螯合物的蓝色迅速消退。此外，适宜的酸度范围受共存元素及缓冲体系的不同等因素的影响。在柠檬酸铵、氢氧化钠、硼酸钠缓冲介质中，显色反应的适宜酸度为 pH = 8.5 ~ 9.5，此反应的灵敏度为 1.6×10^4 L/(mol·cm)，略高于 Cu - DDTC 的反应。铜螯合物的吸收峰值在 595 ~ 600 nm 波长处。铜

浓度在 $0.2 \sim 4\mu g/mL$ 之间遵守比尔定律。BCO 试剂的加入量一般应为铜量的 8 倍以上。如试样含镍则 BCO 的加入量要相应增加，否则铜的结果将偏低而且色泽不稳定。加入 BCO 试剂后须放置 $3 \sim 5min$ 反应完全。大量柠檬酸盐的存在使显色反应的速度减慢。

（3）2,9 - 二甲基 - 1,10 - 邻菲罗啉（简称新亚铜灵）光度法：新亚铜灵为 1,10 - 邻菲罗啉的甲基衍生物。由于在 1,10 - 邻菲罗啉分子的 2,9 位置上引入了甲基后产生空间位阻，分子中的配位氮原子不能接近铁（Ⅱ）而与铜（Ⅰ）形成 1:2 正一价的螯合物，它与溶液中阴离子 X 结合为 L_2CuX 形式的盐，可用戊醇、异戊醇、正丁醇或氯仿等溶剂萃取。显色反应的适宜酸度为 $pH = 3 \sim 8$，但在较大量的基体元素存在且加入较多的柠檬酸作掩蔽剂时，采用 $pH = 3 \sim 5$ 的酸度条件较好。反应的灵敏度不高，在最大吸收波长 455nm 处的摩尔吸光系数仅为 $7950L/(mol \cdot cm)$。铜浓度在 $0.4 \sim 8\mu g/mL$ 的范围内遵守比尔定律。在一定量的乙醇存在下，铜可在水溶液中显色。因此，应用此方法测定 20μg 以上的铜且取样量较少时可在水溶液中测定。

当测定的铜含量较低（如 0.001% 左右）而需取较多试样时（如 0.5g 以上）则宜采用萃取光度法，此法的突出优点是选择件较好。

6.2.2.5　AAS 法

原子吸收分光光度法是测定痕量铜的有效方法。铜的化合物容易离解，而且不形成难挥发性化合物。试样的组成对铜的测定影响较小，仅存在总含盐量和有机溶剂效应这类非选择件干扰，方法具有良好的选择性。一般来说，使用空心阴极灯光源测定铜时，选用较小的灯电流是有利的。

6.2.3　铜及铜合金中其他元素的测定

6.2.3.1　铜的测定

A　电解法测定不含锡和硅铜合金中的铜

（1）方法要点。试样以硝酸溶解，并煮沸除尽氮的氧化物，在硫酸酸性溶液中，以铂网为电极进行电解，一部分铜在阴极上析出。电解液中残余的铜用 BCO 光度法或原子吸收法测定，阴极网增加的重量及电解液中残余的铜总量即为铜的量。

阴极：
$$Cu^{2+} + 2e \longrightarrow Cu \downarrow$$

阳极：
$$2OH^- - 2e \longrightarrow \frac{1}{2}O_2 \uparrow + H_2O$$

（2）试剂。

1）硫酸 - 硝酸混合酸：1L 混合酸中含 200mL 硫酸（$\rho \approx 1.84g/mL$）和 140mL 硝酸（$\rho \approx 1.42g/mL$）。

2）过氧化氢：1 + 9。

3）柠檬酸溶液：250g/L。

4）中性红指示剂：1g/L。

5）硼酸钠缓冲溶液：1L 溶液中含 26.9g 硼酸和 2.4g 氢氧化钠。

6）双环己酮草酰二腙（BCO）溶液：2g/L。取 1gBCO 溶于 250mL 乙醇中，用水稀释至 500mL。

7）铜标准溶液：20μg/mL。

（3）分析步骤。

1）试样称取：称样 2.000g 于 250mL 烧杯中。

2）试样溶解及电解液制备：于称样烧杯中加硫酸–硝酸混酸 50mL，低温溶解，盖上表皿，继续加热 2min，驱除氮的氧化物，加 5mL 过氧化氢（1＋9），用水冲洗表面皿及杯壁，以水稀释至 120mL。

3）电解测量：将已知重量的网状铂金阴极置于电解液中，在室温下进行电解，电流密度为（0.15～0.3）×10⁻³A/cm²，电压 2.0～2.5V，电解至溶液无蓝色铜离子时，继续电解 1h 左右，加 20mL 水，再电解 5～10min，至增高液面处铂网电极上，无铜析出为止。在不切断电流的情况下，停止搅拌，移下烧杯，迅速用水吹洗电极，切断电源。电极依次插入两个盛水的烧杯和两个盛酒精的烧杯内浸洗。然后取下电极在 100～105℃ 干燥 5min，冷却，称至恒重。

4）电解后试液中铜的测定：将电解后的溶液移入 250mL 容量瓶，用水稀释至刻度，混匀，待用。分别取 5.00～10.00mL 于 50mL 容量瓶中，加 2mL 柠檬酸溶液（250g/L），滴加氨水（1＋1）至中性指示剂刚变为黄色，加 5mL 硼酸钠缓冲溶液，混匀，加 5mLBCO 溶液（2g/L），用水稀释至刻度，混匀。

用适当的吸收皿以空白试验溶液为参比，于 600nm 测量吸光度，在标准曲线上计算电解后试液中的铜量。

（4）标准曲线的绘制。分取铜标准溶液（20μg/mL）0.00mL、1.00mL、2.00mL、3.00mL、4.00mL、5.00mL 于一组 50mL 容量瓶中，加 2mL 柠檬酸溶液（250g/L），操作同试样分析步骤中的 4），测吸光度，绘制标准曲线。

（5）结果计算。按式（6-4）计算铜含量。

$$w(\text{Cu}) = \frac{W_1 - W_0 + W_2}{G} \times 100\% \tag{6-4}$$

式中　W_1——铂网加铜的质量，g；

　　　W_0——铂网的质量，g；

　　　W_2——电解液中残留铜的质量，g；

　　　G——试样质量，g。

（6）注意事项。

1）电解时电解液温度不超过 40℃，温度高会产生海绵状含有氧化铜的黑色沉淀。

2）若需要特别精确结果，电解铜后的试液以 DDTC 萃取吸收光度法测定残余铜，测出铜量加上电解析出铜量。

3）洗带铜铂网电极应采用新的乙醇。

B　碘量法测定铜含量

（1）方法要点。试样以盐酸–过氧化氢溶解，以氟化钠掩蔽铁，在磷酸溶液中，加碘化钾与铜作用生成 Cu_2I_2，同时析出定量游离碘，以标准硫代硫酸钠滴定，然后根据硫代硫酸钠消耗量算出铜的含量。

本测定方法发生的主要反应有：

$$Cu + H_2O_2 =\!=\!= CuO + H_2O$$
$$CuO + 2HCl =\!=\!= CuCl_2 + H_2O$$
$$2CuCl_2 + 4KI =\!=\!= Cu_2I_2 \downarrow + I_2 + 4KCl$$
$$I_2 + 2Na_2S_2O_3 =\!=\!= Na_2S_4O_6 + 2NaI$$
$$Cu_2I_2 + 2NaCNS =\!=\!= Cu_2(CNS)_2 \downarrow + 2NaI$$

（2）试剂。

1）盐酸溶液：1+1。

2）氢氧化铵溶液：1+1。

3）过氧化氢：30%。

4）磷酸：浓。

5）碘化钠：固体。

6）碘化钾：固体。

7）淀粉溶液：0.5%。

8）硫氰酸钠溶液：10%。

9）硫代硫酸钠标准溶液：0.05mol/L。

（3）分析步骤。

1）试样称取：称样 0.2g，于 500mL 锥形瓶中。

2）试样溶解及滴定溶液制备：于称样锥形瓶中加盐酸溶液 5mL，过氧化氢 5mL，加热溶解，并煮沸 2~3min。若试样含硅，则在溶解过程中滴加氢氟酸至全部溶解，加 1+1硫酸溶液 10 毫升，蒸发至冒白烟。冷却，加水 30mL，以氢氧化铵中和至有氢氧化铜沉淀出现，滴加磷酸至沉淀恰溶解，过量 5mL，冷至室温。

3）滴定测定：加氟化钠 0.5~1.0g 溶解后，加碘化钾 2g，稍摇动，加水 100mL，立即以 0.05mol/L 硫代硫酸钠标准溶液滴定至浅黄色时，加淀粉 2~3mL，溶液变为蓝色，继续滴定至蓝色消失。再加硫氰酸钠溶液 10mL，继续滴至蓝色恰消失为终点。

（4）结果计算。

$$w(Cu) = \frac{V \cdot N \times 0.06355}{G} \times 100\% \qquad (6-5)$$

式中　V——试样所消耗 $Na_2S_2O_3$ 标准溶液的体积，mL；

　　　N——硫代硫酸钠标准溶液浓度；

　　　G——称样质量，g；

0.06355——1mL 0.5mol/L 硫代硫酸钠标准溶液相当于铜的质量。

（5）注意事项。

1）滴定速度最初可以快点（8~10mL/min），至终点时宜慢。

2）最大允许误差：±0.20%。

6.2.3.2　铅的测定

（1）方法要点。试样以硝酸溶解，在醋酸存在下，加重铬酸钾使铅呈铬酸铅沉淀。分离后将沉淀溶于氯化钠–盐酸溶液中，加入碘化钾析出游离碘，以淀粉作指示剂，硫代硫酸钠标准溶液滴定。

主要反应有：

$$Pb + 4HNO_3 == Pb(NO_3)_2 + 2NO_2 \uparrow + 2H_2O$$

$$Pb(NO_3)_2 + 2HAc == Pb(Ac)_2 + 2NO_3$$

$$2Pb(Ac)_2 + K_2Cr_2O_7 + H_2O == 2KAc + 2HAc + 2PbCrO_4 \downarrow$$

$$2PbCrO_3 + 6KI + 16HCl == 2PbCl_2 + 2CrCl_3 + 6KCl + 8H_2O + 3I_2$$

$$I_2 + 2Na_2S_2O_3 == Na_2S_4O_6 + 2NaI$$

（2）试剂。

1）硝酸溶液：1 + 1。

2）柠檬酸溶液：25%。

3）氢氧化铵：浓。

4）醋酸：浓。

5）重铬酸钾饱和溶液。

6）醋酸铵溶液：5%。

7）氯化钠 – 盐酸混合液：于 1L 氯化钠饱和溶液中加浓盐酸 200mL。

8）淀粉溶液：0.5%。

9）碘化钾溶液：10%。

10）硫代硫酸钠标准溶液：0.025mol/L。

（3）分析步骤。

1）试样称取：称样 1g 于 500mL 锥形瓶中。

2）试样溶解及滴定溶液制备：于称样锥形瓶中加硝酸 30mL 溶解试样并加热煮沸驱尽氮的氧化物，冷却。加水 50~60mL，加柠檬酸溶液 15mL，用浓氢氧化铵中和至溶液出现蓝色后加浓醋酸 10mL，以水稀释至 100mL 左右，加热至 90℃，加饱和重铬酸钾溶液15mL，煮沸 5~10min，于低温处保温 1h。用致密滤纸过滤，沉淀及滤纸用醋酸铵洗涤至无铬酸根为止（用碘化钾淀粉检查）。

将沉淀及滤纸一并移至原沉淀锥形瓶中，加氯化钠与盐酸混合液 35mL，剧烈振荡至滤纸呈纸浆状，用水冲洗漏斗及瓶壁，并以水稀至 80mL 左右。

3）滴定测定：加碘化钾 20mL，在暗处放置 2min 后用硫代硫酸钠标准溶液滴至溶液由棕黄色变为浅黄色。加淀粉 5mL，继续以硫代硫酸钠标准溶液滴定至蓝色消失为终点。

（4）结果计算。按式（6-6）计算铅含量。

$$w(Pb) = V \times 0.06907 \times N \times 100\% \qquad (6-6)$$

式中　　V——试样所消耗 $Na_2S_2O_3$ 标准溶液的体积，mL；

　　　　N——硫代硫酸钠标准溶液浓度 mol/L；

　　　　G——称样质量，g；

0.06907——1mol 0.5mol/L 硫代硫酸钠标准溶液相当于铅的质量。

（5）注意事项。

1）此法适用于黄铜及青铜中铅的测定，如 ZHPb59 – 1、ZQSn6 – 6 – 3、ZQSn4 – 44 等牌号。

2）溶解时若有偏锡酸沉淀析出，则需过滤除锡；若溶液清亮，试样只含少量锡，则不必过滤，可在加碘化钾前先加 20% 氟化钾 10mL，掩蔽锡。

6.2.3.3 络合滴定法测定锡

（1）方法要点。试样以盐酸和硝酸混合酸溶解，加氯化钾使四价锡生成六氯锡酸钾复盐。蒸发除去过量酸，在酸性溶液中，加过量 EDTA 络合锡、铜等金属离子，以硫脲掩蔽铜，在 pH = 5 ~ 6 溶液中，过量的 EDTA 以锌标准溶液滴定，然后加入氟化钠夺取 SnY 中锡形成四氟化物而释放出 EDTA，再以锌标准溶液滴定。根据加氟化钠后消耗锌标准溶液量，计算锡的含量。

主要反应有：

$$Sn^{4+} + H_2Y^{2-} =\!=\!= SnY + 2H^+$$

$$SnY + 4F^- + 2H^+ =\!=\!= SnF_4 + H_2Y^{2-}$$

$$H_2Y^{2-} + Zn^{2+} =\!=\!= ZnY^{2-} + 2H^+$$

（2）试剂。

1）盐酸溶液：1 + 1。

2）硝酸溶液：1 + 1。

3）氯化钾：固体。

4）硫脲：饱和溶液。

5）百里香酚蓝：0.1% 乙醇溶液。

6）六次甲基四胺溶液：30%。

7）二甲苯酚橙指示剂溶液：0.2%。

8）氟化钠：固体。

9）醋酸锌标准溶液：0.025mol/L。

10）EDTA：0.050mol/L（可不校正）。

（3）分析步骤。

1）试样称取：称样 0.3 ~ 1g，于 300mL 锥形瓶中。

2）试样溶解及滴定溶液制备：加盐酸 15mL、硝酸 10mL、氯化钾 2g，加热溶解并浓缩至 5 ~ 6mL，冷却。加水 50mL、EDTA 25mL，煮沸 4 ~ 5min，冷却。

3）滴定测量：加饱和硫脲至铜消失后过量几滴，滴加百里香酚蓝指示剂 2 滴，以六次甲基四胺调至红色恰消失，过量 15mL，加二甲苯酚橙 8 ~ 10 滴，以醋酸锌溶液滴定过量 EDTA，至溶液由黄色转变为微红色为止。然后加氟化钠 1 ~ 1.5g，摇动 1min 继续以醋酸锌溶液滴至溶液由黄色转为微红色为终点。

（4）结果计算。按式（6-7）计算锡含量。

$$w(Sn) = \frac{V \cdot M \times 0.1187}{G} \times 100\% \qquad (6-7)$$

式中 V——加氟化钠后用去醋酸锌标准溶液的体积，mL；

M——醋酸锌标准溶液的浓度，mol/L；

G——称样质量，g；

0.1187——1mL 1mol/L 醋酸锌标准溶液相当于锡的质量。

（5）注意事项。

1）滴定时 pH = 4 ~ 6 为宜。pH < 4 时看不清终点；pH > 6 时有氢氧化锡沉淀析出，影响分析结果。

2）试样含锡 0.2% ~1% 者，可取试样 1g，但应有足够的 EDTA 络合金属离子，可加 0.05mol/L EDTA 40 ~50mL。

3）加入大量氯化钾或氯化钠后，使四价锡呈六氯锡酸钾复盐，防止锡挥发（$SnCl_4 + 2KCl = K_2SnCl_6$）。氯化钾加入量为：锡小于 50mg 时加 2g，锡为 50 ~100mg 时加 3g。溶液蒸发不能过干（为 5 ~6mL），冷却时有结晶析出为佳。

4）滴定到终点时，滴定速度要慢，以免滴过，特别是冬天，室温低加氟化钠析出 EDTA 慢，因而滴定时间较长。

6.2.3.4　EDTA 容量法测定锌

（1）方法要点。试样以盐酸、过氧化氢溶解，在微酸性溶液中以氯化钡溶液和硫酸钠溶液沉淀掩蔽铅，氟化钠掩蔽铁和铝，硫脲掩蔽铜。在 pH = 5 ~6 介质中，以二甲酚橙为指示剂，用 EDTA 标准溶液滴定锌。然后根据 EDTA 标准溶液消耗量，计算出锌的含量。

主要反应有：

$$Zn^{2+} + H_2Y^{2-} =\!\!=\!\!= ZnY^{2-} + 2H^{2+}$$

（2）试剂。

1）盐酸溶液：1 + 1。

2）过氧化氢：30%。

3）氯化钡溶液：1%。

4）硫酸钠溶液：10%。

5）氟化钠：固体。

6）硫脲溶液：30%。

7）甲基橙溶液：0.1%。

8）六次甲基四胺溶液：30%。

9）二甲酚橙溶液：0.5%。

10）EDTA 溶液：0.025mol/L。

（3）分析步骤。

1）试样称取：称取试样 0.2g 于 250mL 锥形瓶中。

2）试样溶解及滴定试样制备：于称取锥形瓶中加稀盐酸 5mL、过氧化氢 2mL、加热溶解，蒸发近干。加水 50mL、加氯化钡溶液 5mL、硫酸钠溶液 10mL、氟化钠 1.5g 溶解后，加饱和硫脲 15mL。

3）滴定测量：滴加甲基橙指示剂一滴，以六次甲基四胺调节至红色恰消失后，过量 10mL。加二甲酚橙指示剂 3 滴，即以 0.025mol/L 的 EDTA 溶液确定至红色恰消失转为黄色为终点。

（4）结果计算。按式（6-8）计算锌含量。

$$w(Zn) = \frac{V \cdot M \times 0.06537}{G} \times 100\% \tag{6-8}$$

式中　V——滴定消耗 EDTA 标准溶液的体积，mL；

　　　M——EDTA 溶液的浓度，mol/L；

G——称样质量，g；

0.06537——1mL 1mol/L EDTA 溶液相当锌的克数。

（5）注意事项。

1）加硫脲后，应立即进行滴定，以防溶液混浊，影响终点观察。

2）本法适用于锌含量大于 2% 以上的青铜及锌在 4% 左右的黄铜。不适用含锰、镍、镉等元素的铜合金。

6.3　钛及钛合金

钛是银白色金属，熔点为 1680℃，密度为 4.5g/cm³，比铝密度大，比钢密度小。钛强度约为铝的 6 倍，比强度（强度/相对密度）在结构材料中很高。钛是比不锈钢更易纯化的金属，在氧化介质中，其耐腐蚀性比大多数不锈钢更为优良。除高温、高浓度的盐酸和硫酸、干燥的氯气、氟氢酸和高浓度的磷酸等少数介质外，在大多数介质中钛都耐蚀，是制作化工容器、火箭高压容器等的极好材料。钛在海水中有优良的耐蚀性，且不产生孔蚀及应力腐蚀，是制作用海水作介质的热交换器的极佳材料。

在钛中加入合金元素形成钛合金，能使工业纯钛的强度提高。钛在钢中除了以固溶体的形态存在外，还能和氮、氧、碳等形成化合物 TiN、TiO_2、TiC，从而防止钢中产生气泡及改善钢的品质，提高钢的机械强度。不锈钢中钛的质量分数为碳量的 4~8 倍时，可防止不锈钢的晶间腐蚀。含钒、钛和稀土的合金铸铁则具有良好的抗磨性。在铜、铝和镍等有色合金中，加入钛能改进其物理、机械特性及耐蚀性。钛由于具有很高的强度和质量比（比铁和铝高）和在很广的温度范围内能保持优良的力学性能，现广泛地被应用于航空工业。此外，钛基合金常被用于要求具有高抗蠕变能力、抗疲劳能力和抗腐蚀性能的金属材料中。

6.3.1　钛及钛合金的分解及分离方法

钛能溶于盐酸、浓硫酸、王水和氢氟酸中，但在金属中（主要指钢铁中）由于其存在形式不同，溶于各种酸的能力也不同。当其以金属状态固溶于钢铁中时，用（1+1）盐酸即可溶解；而当其以 TiN、TiC 的形态存在时，则必须有氧化性酸（如硝酸、高氯酸等）存在才能溶解；当其以 TiO_2 的形式存在时，则难溶于稀酸中，如需将之迅速溶解，可用焦硫酸钾熔融，此时生成 $Ti(SO_4)_2$ 而迅速溶解于稀酸中，亦可以硫酸铵及浓硫酸加热溶解。

钛的分析以光度法为主，在掩蔽剂的存在下方法选择性较好，一般无需进行分离，只有当分析微量钛时才需进行分离富集。分离的方法很多，但有些方法分离不彻底，需采用多次的、复合的分离才能达到单独分离出钛的目的。比较理想的分离方法有以下几种：

（1）在 pH=2.0~4.5 的酸度下，以 2-（3-羟基-3-甲基三氮烯）苯甲酸沉淀钛，常见的存在于钢铁中的合金元素离子（包括铝和钽）均不干扰，只有 Fe^{3+}、V^{5+}、F^- 和 PO_4^{3-} 有干扰。其中 Fe^{3+} 可加入 EDTA 予以掩蔽，F^- 可以加入 Be^{2+} 予以掩蔽，PO_4^{3-} 的影响可加入酒石酸予以消除。

（2）在三乙醇胺溶液中，以稀土为共沉淀剂，用氢氧化钠沉淀富集钛。

（3）于浓度大于 4mol/L 的盐酸或 10~12mol/L 的硫酸介质中，用 N-苯基肉桂基羟肟酸沉淀钛。

（4）于含微量钛的溶液中加入适量的 Fe^{3+} 或 Zr^{4+} 离子，然后加入铜铁试剂，此时钛与铁（或锆）和铜铁试剂形成共沉淀析出而与其他元素分离。

（5）当溶液 pH = 8 ~ 9，并存在适量 EDTA 时，以三氯甲烷萃取钛与 8 - 羟基喹啉的络合物，如于水相中加入氰化钾则分离效果更为理想。

（6）于 3mol/L 的高氯酸溶液中，以 0.05mol/L 的钽试剂萃取钛，再用体积分数为 3% 的过氧化氢及硫酸的混合液进行反萃取，这样除锆和锗以外其他干扰元素均可分离。

（7）在体积分数 0.1% 的盐酸溶液中，以苯萃取钛的钽试剂络合物、微量钛可被萃取，锆和铪伴随萃取。

此外，分离钛也可以采用离子交换法。

6.3.2　钛及钛合金的分析方法

由于二价钛及六价钛均极不稳定，在日常化学分析中接触到的多数为三价和四价钛。其中三价钛离子为紫色，易被空气和氧化剂氧化为四价。四价钛离子是无色的，在弱酸性溶液中极易水解生成白色偏钛酸沉淀或胶态物，不易再次溶于酸中，因此，在分析的过程中应注意保持溶液的酸度，防止水解。

（1）二安替吡啉甲烷光度法。二安替吡啉甲烷光度法具有灵敏度高、选择性好的特点，这主要是由于四价钛与二安替吡啉甲烷在 0.5 ~ 4mol/L 的盐酸、盐酸 - 硫酸混合酸介质中，形成黄色可溶性络合物，在波长 380 ~ 430nm 处吸收最大。

反应时溶液的温度和二安替吡啉甲烷的浓度影响络合物的形成速度。一般当室温在 1 ~ 20℃ 时，显色反应需 10 min 完成；而室温在 30℃ 以上时只需 2min 即可完成，但显色溶液中磷酸存在会使显色速度大大降低，约需放置 45min 以上才能完成。二安替吡啉甲烷试剂在显色溶液总体积中的浓度必须达到 2×10^{-4} mol/L 以上才能使显色完全。采用此法测定钛含量，钛浓度在 10mg/L 以下遵循比尔定律。

在酸性溶液中，Fe^{3+} 与二安替吡啉甲烷能生成水溶性的棕色络合物而干扰测定，可用抗坏血酸或硫脲等将 Fe^{3+} 还原为 Fe^{2+}。存在大量 Fe^{3+} 时，用抗坏血酸较好。

大量铝、铍、钙、镉、镁、锰、钇、锌，以及硼酸根、草酸根、硝酸根、硫酸根、EDTA、1mg 氟、10mg 磷酸根和 5mg 铜、镍、锡不干扰测定。钨、钼、铌的干扰可加入适量的酒石酸消除。大量铌、钽存在时，可在草酸铵 - 盐酸介质中进行测定而不必预先分离。

若试样中硅的含量较高（质量分数大于 5%），则显色溶液中存在的大量硅酸盐会使二安替吡啉甲烷析出，使溶液混浊，可加入适量的乙醇避免混浊现象的产生。二价铁与二安替吡啉甲烷形成棕色络合物，可加入抗坏血酸将三价铁还原为二价来消除干扰。

由于二安替吡啉甲烷光度法具有许多优点，钢铁、有色金属及一些矿石中的钛均可采用此法测定。

（2）变色酸光度法。在弱酸性条件下钛与变色酸生成橙红色络合物，在 pH = 2 ~ 3 时灵敏度较高，因而在实际操作中一般控制显色酸度为 pH = 2.5。

此方法中 Cr^{6+}、V^{5+}、Mo^{6+}、W^{5+}、Fe^{3+} 等离子能与变色酸生成有色络合物而干扰测定，可在有草酸存在时，加抗坏血酸将这些离子还原为低价以消除之。钨的质量分数小于3%时可过滤除去。试样中铬的质量分数大于25%时应挥铬。F^-和PO_4^{3-}与钛络合,有严重干扰,应避免。

（3）过氧化氢光度法。四价钛与过氧化氢在2mol/L硫酸介质中反应生成黄色络合物。镍、钴、铁及三价铬等有色离子因本身具有较深的色泽而干扰测定,可采用以不加过氧化氢的试液为参比的方法予以消除。三价铁用磷酸络合消除,但磷酸会削弱钛络合物的色泽强度,因而绘制标准曲线时,磷酸用量应与分析试样时磷酸用量一致。V^{5+}、Mo^{6+}、Nb^{5+},特别是V^{5+}的干扰严重,可在含钒的钛显色液中取一部分加入氟化钠以破坏钛的络合物色泽,将此溶液作参比以消除钒的干扰。

该方法较前面两种方法灵敏度低,钒的干扰难以消除,故测得量为钒钛合量,有一定的局限性。

（4）火焰原子吸收光谱法。火焰原子吸收光谱法是以适当的酸溶解试样,加三氯化铝作为干扰抑制剂,吸喷溶液到氧化亚氮－乙炔火焰中,以钛空心阴极灯为光源,测定363.4nm波长处的吸光度。此方法可用于钢铁中钛的测定。

除了以上介绍的方法外,还有重量法和硫酸高铁滴定法。这两种方法多用于测定较高含量的钛,但因干扰离子较多,分离操作比较烦琐、费时,现在已较少使用。含钛量较高的试样也有采用二安替吡啉甲烷示差光度法进行测定的。

6.3.3　钛及钛合金中其他元素的测定

6.3.3.1　钛的测定——变色酸光度法测定钢铁及合金中的钛量

（1）方法提要。试样用酸溶解,加热至硫酸冒烟,在草酸溶液中,变色酸与钛形成红色络合物,测量其吸光度。此方法的测定范围为钛含量0.010% ~ 2.50%（质量分数）。

（2）试剂。

1）氯化钠:固体。

2）氢氟酸:1.15g/mL。

3）亚硫酸:1.03g/mL。

4）高氯酸:1.67g/mL。

5）盐酸:1.19g/mL。

6）硝酸:1.42g/mL。

7）草酸溶液:50g/L 和 100g/L。

8）王水＋硫酸:1＋1。

9）氢氧化钠溶液:350g/L。

10）变色酸溶液:30g/L。称取3g变色酸,0.5g无水亚硫酸钠置于250mL烧杯中,用少量水溶解并用水稀释至100mL,过滤后贮存于棕色瓶中。

11）钛标准溶液:称取0.1668g于950℃灼烧至恒重的二氧化钛（99.9%以上）,置于铂坩埚中,加5~7g焦硫酸钾,在600℃熔融至透明,取下冷却,于400mL烧杯中用硫酸（5＋95）浸取熔块后,用硫酸（5＋95）移入500mL容量瓶中并稀释至刻度,混匀。此溶液1mL合200 μg钛。

（3）分析步骤。

1）移取 100.0mL 上述钛标准溶液置于 200mL 容量瓶中，用硫酸（5＋95）稀释至刻度，混匀。此溶液 1mL 含 100μg 钛。

2）试样称取：按表 6-3 称取试样至于 250mL 锥形瓶中。

表 6-3　试样的称取

钛的质量分数/%	称样量/g	移取试液体积/mL
0.010 ~ 0.100	0.5000	20.00
>0.100 ~ 0.500	0.2500	10.00
>0.500 ~ 1.00	0.1000	10.00
>1.00 ~ 2.50	0.1000	5.00

3）试样溶解：于称取试样锥形瓶中，加 20 ~ 30mL 王水，加热溶解 [高硅试样滴加几滴氢氟酸（1.15g/mL）；高碳钢试样加 3 ~ 5mL 高氯酸（1.67g/mL）] 后，加 10mL 硫酸（1＋1），继续加热冒硫酸烟（溶样滴加氢氟酸时，需要取下稍冷，用水吹洗瓶壁，再加热冒硫酸烟）。将溶液稍冷，加 15 ~ 30mL 水，加热溶解盐类，取下冷却至室温，移入 100mL 容量瓶中，用水稀释至刻度，混匀。移取试液 2 份，分别置于 50mL 容量瓶中，分别按下述操作方法进行显色。

显色液：加 25mL 草酸溶液（50g/L）[移取 20mL 试液时，加 20mL 草酸溶液（100g/L）]、7mL 变色酸溶液（30g/L），用水稀释至刻度，混匀。

参比液：加 25mL 草酸溶液（50g/L）[移取 20mL 试液时，加 20mL 草酸溶液（100g/L）]，用水稀释至刻度，混匀。

4）测量：将部分溶液移入 3cm 吸收皿中，以参比液为参比，在分光光度计上于波长 490 nm 处，测量吸光度。根据测量所得吸光度，从标准曲线上查出相应的钛量。

（4）标准曲线的绘制。称取与试样量相同的已知低含量钛（＜0.001%）的纯铁 6 份，分别置于 6 个 250mL 锥形瓶中，按表 6-4 加入钛标准溶液，按分析步骤测量吸光度。以钛量为横坐标，吸光度为纵坐标绘制标准曲线。

表 6-4　钛标准溶液的添加

钛的质量分数/%	0.010 ~ 0.100	0.100 ~ 0.500	0.500 ~ 1.00	1.00 ~ 2.50
标准溶液浓度/μg·mL^{-1}	100	100	100	200
标准溶液加入量/mL	0.00	0.00	0.00	0.00
	0.50	2.50	5.00	5.00
	1.50	5.00	6.00	7.00
	3.00	7.50	7.00	9.00
	4.00	10.00	8.00	11.00
	5.00	12.50	10.00	12.00

（5）结果计算。按式(6-9)计算钛的质量分数。

$$w(\mathrm{Ti}) = \frac{m_1 V_1 \times 10^{-6}}{m_0 V_0} \times 100\% \tag{6-9}$$

式中　m_1——从标准曲线上查得的钛量，μg；

　　　V_1——分取试液的体积，mL；

　　　V_0——试液总体积，mL；

　　　m_0——试样的质量，g。

（6）注意事项。

1）因为钛在低酸度条件下极易水解，显色过程应尽可能快，否则会导致结果偏低。显色时应逐个进行，因为抗坏血酸加入后放置时间过长再加变色酸显色，结果会偏低。而已显色的溶液则色泽稳定，测读吸光度可成批进行。

2）变色酸在水溶液中不太稳定，易氧化成棕色，故要加入少量的亚硫酸钠于溶液中起稳定作用。变色酸溶液一般可保持2个月。不同批号的变色酸需校正标准曲线。

3）显色液中，2.5mg铬、1.5mg钨、4mg镍、0.2mg钒、0.4mg钴及0.2mg钼不干扰测定。含铬量超过2.5mg时应按以下操作：加10mL盐酸（1.19g/mL）、5mL硝酸（1.42g/mL）和10mL高氯酸（1.67g/mL），加热溶解蒸发至冒高氯酸烟，将铬氧化至高价，加氯化钠（固体）挥发除铬。大部分铬除去后，取下稍冷，滴加几滴亚硫酸（1.03g/mL）还原余下的少量铬，加10mL硫酸（1＋1），加热冒硫酸烟。以下按"分析步骤"进行测定。

4）加抗坏血酸还原铁等元素时，Fe^{3+}的黄色必须全部消失，否则结果不稳定。

5）标准曲线也可以用与试样基本相同或相近的不同含钛量的标准样品按操作步骤进绘制。

6.3.3.2　铜试剂吸光光度法测定铜

（1）方法提要。试样用硫酸溶解，以柠檬酸络合钛，在氨性介质中有保护胶存在下，铜（Ⅱ）与铜试剂生成棕黄色胶体悬浮物，于分光光度计波长445nm处测其吸光度。显色液中含有0.1mg以上的铬对测定有干扰，可在测量吸光度的参比溶液中加入相应量的铬，消除其干扰。钒、铝、锡、钼、铁、锌不干扰测定。

（2）试剂。

1）硫酸：1＋1。

2）铜试剂溶液：5g/L。

3）柠檬酸溶液：100g/L。

4）阿拉伯胶溶液：5g/L。

5）铜标准贮存溶液：称取1.0000g金属铜（不小于99.95%）于400mL烧杯中，加入20mL硝酸（1＋1），加热溶解并蒸发至近干，加入10mL硫酸（1＋1），加热蒸发至冒硫酸烟，冷却，加入50mL水，煮沸至盐类溶解，冷却，移入1000mL容量瓶中定容。此溶液含铜1mg/mL。

6）铜标准溶液：移取10.00mL铜标准贮存溶液于100mL容量瓶中，以水定容。此溶液含铜100μg/mL。

7）铬标准溶液：称取0.1000g金属铬（不小于99.95%）于150mL烧杯中，加入10mL盐酸，加热溶解，加入5mL硫酸（1＋1），蒸发至冒硫酸烟，冷却，加入50mL水，混匀，冷却。移入100mL容量瓶中，以水定容。此溶液含铬1mg/mL。

（3）分析步骤。

1）试样称取：称取 0.2000 ~ 0.5000g 试样置于 200mL 烧杯中。

2）试样溶解：于称取试样烧杯中加入 40mL 硫酸（1 + 1），加热至试样溶解，滴加硝酸至溶液紫色消失，加热煮沸除去氮的氧化物，冷却。将溶液移入 250mL 的容量瓶中，以水定容。分取 5.00mL 溶液于 100mL 容量瓶中，加水约 50mL，加入 10mL100g/L 柠檬酸溶液，10mL 氨水、10mL 5g/L 阿拉伯胶溶液，混匀。加入 10.0mL 5g/L 铜试剂溶液，以水定容。

3）测量：将部分溶液移入 2cm 吸收皿中，以参比溶液为参比，于分光光度计波长 445nm 处测量其吸光度，从标准曲线上查得相应的铜的质量。

对于参比溶液，如果分取试液中含铬不大于 0.1mg，以空白试验溶液为参比溶液；如果分取试液中含铬大于 0.1mg，则在空白试验溶液稀释至刻度前，加入铬标准溶液，使其含铬量与分取试液中含铬量相同，以水定容。

（4）标准曲线的绘制。移取 0.00mL、0.50mL、1.00mL、1.50mL、2.00mL、2.50mL 铜标准溶液，分别置于一组 100mL 容量瓶中，以下同分析步骤中相应部分操作，将部分溶液移入 2cm 吸收皿中，以标准系列中"零"标准溶液为参比，于分光光度计波长 445nm 处测量其吸光度。以铜的质量为横坐标，吸光度为纵坐标，绘制标准曲线。

（5）注意事项。本法适用于钛及钛合金中 0.10% ~5.00% 铜的测定。

6.3.3.3　邻菲罗啉吸光光度法测定铁

（1）方法提要。试样用硫酸溶解，在弱酸性介质中，用盐酸羟胺将铁（Ⅲ）还原为铁（Ⅱ），铁（Ⅱ）与邻菲罗啉生成橙红色络合物，于分光光度计波长 510nm 处测量其吸光度。显色溶液中含 1.0mg 以上铬、4.0mg 以上钒时有干扰。于参比溶液中加入同量铬可消除铬的干扰；显色溶液放置过夜后，再测量其吸光度可消除钒的干扰。其他元素均不干扰测定。

本法适用于钛及钛合金中 0.010% ~3.0% 铁的测定。

（2）试剂。

1）优级硫酸：1 + 1。

2）盐酸羟胺溶液：100g/L。

3）酒石酸铵溶液：200g/L。

4）铁标准贮存溶液：称取 1.0000g 金属铁（大于 99.95%）置于 100mL 烧杯中，加入 30mL 盐酸，加热溶解、冷却。移入 1000mL 容量瓶中，以水定容。此溶液含铁 1mg/mL。

5）铁标准溶液：移取 50.00mL 铁标准贮存溶液，置于 50mL 容量瓶中，加入 10mL 盐酸（1 + 1）；以水定容。此溶液含铁 100μg/mL。

6）铬标准溶液：1mg/mL。

（3）分析步骤。

1）试样称取：称取 0.5000g 试样置于 150mL 烧杯中。

2）试样溶解：于称取试样烧杯中加入 40mL 优级硫酸（1 + 1），盖上表皿，加热溶解，滴加 100g/L 盐酸羟胺溶液至溶液紫色消失，冷却。根据试样中铁的含量，移入容量瓶中定容。分取适量试液于 100mL 容量瓶中，加入 5mL 100g/L 盐酸羟胺溶液、10mL 200g/酒石酸铵溶液，用水稀释至约 40mL。用乙酸钠饱和溶液中和至刚果红试纸显紫红色（pH＝4.5），加入 5.0mL 2g/L 邻菲罗啉溶液，以水定容，放置 15min。

3）测量：移取部分溶液于 2cm 吸收皿中，以随同试样的空白溶液为参比，于分光光度计波长 510nm 处测量其吸光度，从标准曲线上查出相应的铁的质量。

（4）标准曲线的绘制。移取 0.00mL、0.50mL、1.00mL、1.50mL、2.00mL、2.50mL 铁标准溶液，分别置于一组 100mL 容量瓶中。移取部分溶液于 2cm 吸收皿中，以随同试样的空白溶液为参比，于分光光度计波长 510nm 处测量其吸光度。以铁的质量为横坐标，吸光度为纵坐标，绘制标准曲线。

（5）注意事项。

1）钛（Ⅳ）、锆（Ⅳ）能形成氢氧化物沉淀影响测定，加入柠檬酸可以将它们掩蔽在溶液中。

2）如试样为 Ti－32Mo，则溶样时加入 40mL 硫酸（1＋1）后，加热，滴硝酸溶解至硫酸冒烟，加入 50mL 水，冷却。

6.3.3.4　硅铜蓝吸光光度法测定硅

（1）方法提要。试样用氢氟酸溶解，以硼酸络合氟离子，用高锰酸钾氧化后，使钛水解析出。在 pH＝1.3～1.5 时加入钼酸铵，使硅形成硅钼杂多酸，经还原成钼蓝后，过滤分离，于分光光度计波长 700nm 处测量其吸光度。显色溶液中钒、铬大于 2mg 有干扰。在绘制标准曲线时，应加入相应量的钒、铬消除其影响。

（2）试剂。

1）氢氟酸：1＋1。

2）硼酸：优级纯。

3）高锰酸钾溶液：10g/L。

4）氨水：1＋1。

5）硫酸：1＋19。

6）酒石酸：500g/L。

7）钼酸铵溶液：100g/L，贮存于聚乙烯塑料杯中。

8）还原剂溶液：称取 0.5g 1－氨基－2－萘酚－4－磺酸及 10g 无水亚硫酸钠于 250mL 烧杯中，加 100mL 水溶解，加入 1mL 冰乙酸，用水稀释至 200mL。有效期 1 星期。

9）硅标准贮存溶液：称取 0.2139g 二氧化硅（纯度 99.9%，预先在 1000℃ 灼烧 1h 并置于干燥器中冷却至室温）和 5g 无水碳酸钠，至于铂坩埚中混匀，放入 950℃ 高温炉中熔融 15min，冷却；移入烧杯中，加入 300mL 热水，加热搅拌，浸出熔块，用水洗净坩埚，冷却，移入 1000mL 容量瓶中，以水定容后立即移入干燥的聚乙烯塑料杯中，此溶液含硅 100μg/mL。

10）硅标准溶液：移取 20.0mL 硅标准贮存溶液，置于 100mL 容量瓶中，以水定容后立即移入干燥的聚乙烯塑料杯中。此溶液含硅 20μg/mL。

（3）分析步骤。

1）试样称取：称取 0.5000g 试样（随同试样做空白试验），置于 250mL 聚乙烯烧杯中。

2）试样溶解：于称取试样的聚乙烯烧杯中加 40mL 水，缓慢滴入 4.0mL 氢氟酸（1 + 1），待试样完全溶解后，加入 100mL 水、5g 硼酸，摇动使之溶解。在摇动下滴加 50g/L 高锰酸钾溶液至溶液无色。再滴加 10g/L 高锰酸钾溶液至微红并过量 1 滴，盖严杯盖，置于沸水浴中加热 1.5h。

取下聚乙烯杯，冷却至 20 ~ 30℃，用氨水（1 + 1）和硫酸（1 + 19）调节酸度至 pH = 1.3 ~ 1.5，加入 7mL 100g/L 钼酸铵溶液，混匀，放置 20min。加入 7mL 500g/L 酒石酸，混匀。立即加入 5mL 还原剂溶液，混匀。将溶液连同沉淀移入 200mL 容量瓶中，以水定容，放置 30min。用 9cm 定量滤纸过滤，先将溶液注满滤纸，过滤后弃去，再过滤其余溶液。

3）测量：将部分滤液移入 3cm 吸收皿中，以试样的空白溶液为参比，于分光光度计波长 700nm 处测量吸光度。从标准曲线上查出相应的硅的质量。

（4）标准曲线的绘制。分别称取 0.5000g 金属钛（硅的质量分数小于 0.003%），置于一组 250mL 聚乙烯杯（带盖）中，分别加入 0.00mL、2.00mL、4.00mL、6.00mL、8.00mL、10.00mL 硅标准溶液，加水 40mL，以下按分析步骤操作。将部分滤液移入 3cm 吸收皿中，以水为参比，于分光光度计波长 700nm 处测量吸光度。以硅的质量为横坐标，吸光度为纵坐标，绘制标准曲线。

（5）注意事项。本法适用于钛及钛合金中 0.01% ~ 0.06% 硅的测定。

6.3.3.5　高碘酸盐吸光光度法测定锰

（1）方法提要。试样用硫酸溶解，在硫酸介质中，以高碘酸钾将锰（Ⅱ）氧化至锰（Ⅶ），于分光光度计波长 530nm 处测量其吸光度。显色溶液中含 1.0mg 以上铬时有干扰。滴加亚硝酸钠溶液使高锰酸退色，用退色后的溶液进行校正可消除铬的干扰。其他元素均不影响测定。

（2）试剂。

1）硫酸：1 + 1。

2）硝酸：1 + 1。

3）亚硝酸钠溶液：20g/L，用时现配。

4）锰标准贮存溶液：称取 1.000g 预先用硫酸（3 + 7）洗除表面氧化层、再用水冲洗并干燥过的金属锰（≥99.95%）于 100mL 烧杯中，加入 20mL 硫酸，加热溶解，冷却，移入 1000mL 容量瓶中，以水定容。此溶液含锰 1.0mg/mL。

5）锰标准溶液：移取 50.00mL 锰标准贮存溶液于 500mL 容量瓶中，以水定容，此溶液含锰 100μg/mL。

（3）分析步骤。

1）试样称取：称取 0.5000g 试样于 150mL 烧杯中（随同试样做空白试验）。

2）试样溶解：于称取试样的烧杯中加 40mL 硫酸（1 + 1），盖上表皿，加热至试样溶解完全。滴加硝酸（1 + 1）至溶液紫色消失。如试样中含钒，则继续滴加硝酸至溶液呈现黄色。冷却，移入 100mL 容量瓶中，以水定容。

3）测量：根据锰的含量分取适量体积溶液于 100mL 烧杯中，补加硫酸（1 + 1）使溶液中硫酸（1+1）的总量为10mL。以水稀释至约40mL，加入0.5g高碘酸钾，盖上表皿，低温加热至沸，继续煮沸5min。冷却，移入100mL容量瓶中，以水定容。移取部分溶液于3cm吸收皿中，以随同试样的空白溶液为参比，于分光光度计波长530nm处测量其吸光度。从标准曲线上查得相应锰的质量。

（4）标准曲线的绘制。移取0.00mL、0.50mL、1.00mL、1.50mL、2.00mL、2.50mL、3.00mL锰标准溶液，置于一组100mL烧杯中。加入10mL硫酸（1+1），以水稀释至约40mL，以下按分析步骤进行。移取部分溶液于3cm吸收皿中，以标准系列中"零"标准溶液为参比，于分光光度计波长530nm处测量其吸光度。以锰的质量为横坐标，吸光度为纵坐标，绘制标准曲线。

（5）注意事项。

1）当显色溶液中含1.0mg以上铬时，按分析步骤测得吸光度A_1。然后再分别向测量过吸光度的剩余试样溶液和空白溶液中滴加3滴亚硝酸钠溶液，混匀，使高锰酸退色，以滴加亚硝酸钠后的空白溶液为参比。测量滴加亚硝酸钠后的试样溶液的吸光度为A_2。以吸光度（$A_1 - A_2$）从标准曲线上查出相应的锰量。

2）本法适用于钛及钛合金中0.30%～3.00%锰的测定。

6.3.3.6 碱分离EDTA络合滴定法测定铝

（1）方法提要。试样用硫酸溶解，经氢氧化钠沉淀分离钛、铁、铬、锗、铜、锰及部分钒等元素。在pH=5的弱酸介质中，加过量EDTA络合铝，以PAN为指示剂，用乙酸锌标准滴定溶液确定过量的EDTA。加入氟化钾络合铝并释放出定量的EDTA，再用乙酸锌标准滴定溶液滴定释放出的EDTA，从而求得铝的质量分数。

（2）试剂。

1）硫酸：1+1。

2）PAN乙醇溶液：1.0g/L。

3）碘化钾溶液：200g/L。

4）盐酸羟胺溶液：100g/L。

5）三氯化铁溶液：50g/L。称取5g三氯化铁（$FeCl_3 \cdot 6H_2O$）溶解于100mL盐酸（1+99）中。

6）氯化铜溶液：10g/L。称取1g氯化铜（$CuCl_2 \cdot 2H_2O$）溶解于100mL水中。

7）甲基红乙醇溶液：1.0g/L。

8）铝标准溶液：称取1.000g金属铝（99.95%）于300mL烧杯中，加入20mL 300g/L氢氧化钠溶液，待剧烈反应停止后，加热溶解，取下，冷却；加入盐酸（1+1）至析出的沉淀溶解并过量20mL，冷却；移入1000mL容量瓶中，用水定容，此溶液含铝1mg/mL。

9）乙二胺四乙酸二钠（EDTA）溶液[c（EDTA）=0.05mol/L]：称取18.6gEDTA置于500mL烧杯中，加300mL水溶解，移入1000mL容量瓶中，以水定容。

10）六次甲基四胺缓冲溶液（pH=5）：称150g六次甲基四胺于1000mL烧杯中，加400mL水溶解，加入约50mL盐酸，调节pH=5（以pH试纸检查），用水定容至500mL。

11）乙酸锌标准滴定溶液[c（Zn^{2+}）≈0.014mol/L]：称取3g乙酸锌[$Zn(CH_3COO)_2 \cdot$

2H$_2$O]于 200mL 烧杯中，加入 50mL 水溶解，加入 2mL 冰乙酸，移入 1000mL 容量瓶中，用水定容。

（3）乙酸锌标准滴定溶液标定。移取 3 份 5.00mL 铝标准溶液分别置于 3 个 300mL 锥形瓶中，各加入 50mL 水、2 滴 1.0g/L 甲基红乙醇溶液，用 150g/L 氢氧化钠溶液中和至溶液恰变为黄色，滴加盐酸（1＋1）至溶液恰变为红色并过量 5～6 滴。加入 5mL 10g/L 氯化铜溶液、12mL 0.05mol/L EDTA 溶液、10mL 六次甲基四胺缓冲溶液，加热煮沸 3min。以下按分析步骤中相应部分进行。平行标定所消耗的乙酸锌标准滴定溶液的体积的极差应不大于 0.10%，取其平均值。

按式（6-10）计算乙酸锌标准滴定溶液的实际浓度：

$$c = \frac{m_1 \times 1000}{V_1 \times 26.98} \tag{6-10}$$

式中　c——乙酸锌标准滴定溶液的实际浓度，mol/L；

　　　m_1——所取铝标准溶液中铝的质量，g；

　　　V_1——滴定铝标准溶液消耗的乙酸锌标准滴定溶液体积，mL；

　　26.98——铝的摩尔质量，g/mol。

（4）分析步骤。

1）试样称取：称取 0.5000～1.000g 试样置于 200mL 烧杯中。

2）试样溶解：根据称样量的不同，相应加入 25～30mL 硫酸（1＋1），加热使试样溶解。滴加硝酸至溶液紫色消失，加热至刚冒白烟，冷却。如试样为含锡钛合金，再加入 10mL 200g/L 碘化钾溶液，加热蒸发至红色蒸气除尽，冷却。用水吹洗杯壁，加热至刚冒白烟，冷却。加入约 30mL 水，混匀，加热至盐类溶解，冷却。

加入 10mL 50g/L 三氯化铁溶液，在搅拌下加入 300g/L 氢氧化钠溶液至出现的氢氧化物沉淀不再溶解。将溶液及沉淀移入已盛有 100mL 150g/L 氢氧化钠溶液的 400mL 烧杯中，混匀，加热煮沸 2～3min，冷却。移入 250mL 容量瓶中，以水定容。静置至溶液澄清，过滤后，移取 50.00mL 滤液于 300mL 锥形瓶中。如试样为含钒的钛合金，再加入 5mL 100g/L 盐酸羟胺溶液。

3）滴定测定：加入 2 滴 1.0g/L 甲基红乙醇溶液。用盐酸（1＋1）中和至溶液由黄色恰变为红色并过量 5～6 滴。加入 5mL 1.0g/L 氯化铜溶液、10～15mL 0.05mol/L EDTA 溶液（铝的质量分数大于 2%，加入 15mL EDTA 溶液）、10mL 六次甲基四胺缓冲溶液，加热煮沸 3min。加入 12 滴 1.0g/L PAN 乙醇溶液，趁热用乙酸锌标准滴定溶液滴定至溶液由绿色恰变为紫红色，记录所消耗乙酸锌标准滴定溶液的体积。

加入 10mL 200g/L 氟化钾溶液，加热煮沸 1min。加入 4 滴 1.0g/L PAN 乙醇溶液，趁热用乙酸锌标准滴定溶液滴定至溶液由绿色恰变为紫红色即为终点。记录所消耗乙酸锌标准滴定溶液的体积。如果试样为含钒的钛合金，则将溶液冷却至 60～70℃再进行滴定。随同试样做空白试验。

（5）结果计算。按式（6-11）计算铝含量。

$$w(\text{Al}) = \frac{c \cdot (V_2 - V_3) \cdot V_n \times 26.98 \times 100\%}{m \cdot V_t \times 1000} \tag{6-11}$$

式中　V_2——滴定试液消耗的乙酸锌标准滴定溶液的体积，mL；

　　　V_3——滴定随同试样的空白溶液消耗的乙酸锌标准滴定溶液的体积，mL；

　　　V_t——分取试液的体积，mL；

　　　V_n——试液的总体积，mL；

　　　m——试样的质量，g。

（6）注意事项。

1）锡干扰测定，可以在溶样时加入碘化钾挥发除去。钒影响滴定终点的判断，加入盐酸羟胺可消除其干扰。

2）本法适用于钛合金中 0.8% ~ 8% 铝的测定。

习　题

6-1　采用 EDTA 滴定测定铝时，为什么要加热？

6-2　采用氟化物稀释方法滴定铝有什么优点？干扰元素有哪些，如何掩蔽？

6-3　常用的测定钛的光度法有哪几种？各有什么特点？

6-4　萃取吸收光度法测定铝合金中铜含量时，需要掩蔽哪些离子，如何掩蔽？

6-5　电解法测定铜合金中铜含量时，如何检验电解液中铜是否沉积完全？测定结束后，先移出电极还是先停止电流，为什么？

6-6　用电解重量法测定纯铜中铜的试样时为什么要用酸清洗，用什么酸清洗，如何清洗？

6-7　用碘量法测定铜时哪些共存元素有干扰？如何消除其干扰？

6-8　化学分析中所接触到的一般为几价钛？为何在分析钛的过程中应注意保持溶液的酸度？

稀土材料分析

7.1　稀土材料分析概述

7.1.1　稀土元素的概念

稀土元素包括原子序数从 57～71 号的 15 个镧系元素以及原子序数为 21 和 39 的钪（Sc）和钇（Y），共 17 个元素。它们的化学性质十分相似。除钪和钷外，其余 15 个元素在自然界常常伴生，因此常将它们放在一起研究和测定。根据它们在性质上的某些差异及分离工艺和分析测定的要求，常将钪和钷外的 15 个稀土元素分为轻、重稀土两组或轻、中、重三组：

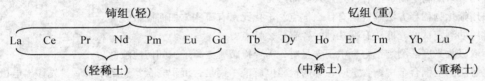

三组的分类没有严格的规定。稀土元素也可以按其他方法分类，如按稀土盐酸复盐溶解度大小可分为：难溶性铈组即轻稀土组，包括镧、铈、镨、钕、钷；微溶性铽组，包括钐、铕、钆；较易溶性的钇组即重稀土组，包括钇、铒、铥、镱、镥。

稀土元素应用广泛，特别是冶金工业中。在炼钢过程中，稀土金属被作为添加剂使用。这主要是利用稀土对硫、磷、砷等元素有很强的亲和力而生成难熔的化合物进入渣内或漂浮在钢件上部，起到脱硫磷和除去或降低非金属夹杂物的作用，从而提高钢材的热加工性能及力学特性。稀土金属在铸铁中起变性作用和脱硫作用，使铸铁中的石墨变为球形，即球墨化，使其力学性能显著提高。

在钢中使用的主要是以包头稀土矿为原料的铈组混合稀土，因此，稀土总量若无特殊说明，一般是指铈组稀土即轻稀土总量。由于铈具有氧化还原性，所以可以利用其氧化还原性单纯测其含量。现在随着仪器分析发展，对镧元素也能测定。

稀土定量分析可分为两类，一是稀土总量的测定，包括稀土分组含量的测定；二是单一稀土含量的测定。本节介绍稀土冶金生产过程和各种稀土新材料工业中涉及的各类物料组成的分析测试方法及相关理论。

7.1.2　矿物原料及中间产品分析

岩石、矿石、精矿、稀土富集物、中间产品及混合稀土氧化物等物料中，通常要求测定稀土总量，部分要求测定稀土分组含量和单一稀土。

（1）矿石及岩石中稀土、钍、钪等的测定。试样一般采用碱熔分解，三乙醇胺和 ED-TA 溶液浸出，再经萃取或阳离子交换分离其他杂质元素，用适当的分离及测定方法测定稀土、钍、钪。如岩石中稀土总量及钪、钍的连续测定方法是用偶氮氯膦吸光光度法测定稀土和钪，以偶氮胂Ⅲ吸光光度法测定钍。

（2）稀土精矿中稀土总量的测定。此类测定大多已有国家标准分析方法，如氟碳铈镧精矿中稀土总量的测定、独居石精矿中稀土和钍总量的测定、磷钇矿精矿中稀土和钇的测定、褐钇铌矿精矿中稀土和钍的测定等。氟碳铈镧精矿的测定方法为：试样经碱熔，水浸，沉淀用酸溶解，用氟化物沉淀分离，再经高氯酸冒烟脱硅酸，以草酸盐重量法测定稀土总量，并用光度法测定氧化钍量并扣除之。本方法适用于稀土矿中 20% ~70% 的稀土总量测定。

（3）稀土富集物及中间产品分析。稀土总量的测定一般用草酸盐重量法，在清楚单一稀土配分的情况下，也可以用容量法测定。几种常量的单一稀土，一般采用 X 射线荧光光谱法、等离子光谱法、原子吸收光谱法和导数分光光度法。在无各种大型分析仪器的情况下，也可以用萃取色谱分离后 EDTA 容量法测定。

（4）混合稀土氧化物中单一稀土的测定。混合稀土氧化物中单一稀土的测定，一般采用 X 射线荧光光谱法，对含量 0.3% ~99% 稀土氧化物测定，相对标准偏差约 2%。等离子体发射光谱由于基体扰动下，测定动态范围宽，也已应用于分析百分之几十到百万分之几的稀土。该方法的准确度接近 X 射线荧光光谱分析，而且它对微量稀土的测定效果更佳，但是对以轻稀土为主的混合稀土中铥、镱、镥的直接测定有一定困难。也可以用 P_{507} 萃取色谱分离-EDTA 配位滴定分析各类混合稀土中各单一稀土元素，但分离周期较长。

7.1.3　稀土元素的测定

（1）合金、钢铁中稀土元素总量的测定。稀土含量高的中间合金中稀土总量的测定，大多已有成熟方法。合金和钢铁中微量稀土元素总量的测定，主要应用吸光光度法。由于采用了高灵敏度、特效稀土显色剂，多数合金及钢铁样品不需进行共存元素的预分离，建立了一些简便、快速测定微量稀土总量和铈组稀土含量的新方法。如三溴偶氮胂吸光光度法用于测定铝合金中铈组稀土总量，该法经适当处理试样，还可测定低合金钢、球墨铸铁、磷铁、高速工具钢、高镍铬不锈钢以及镍基、锌基、锌铝基合金中的稀土总量；二溴一氯偶氮氯膦用于铝合金、锌合金、铜合金和镍合金中稀土总量的测定；乙酰基偶氮胂用于测定铝合金中的镧和铈；硝基偶氮氯膦用于测定镍基合金中的钆等。

（2）磁性材料中稀土元素及组成的测定。钐钴合金组成分析可用导数分光光度法测定合金中的钐和镨；用 EDTA 容量法测定合金中的钴。镧镍合金和钐钴合金也可用 EDTA 和铅标准溶液容量法测定镧、镍或钐、钴。钕铁合金用 EDTA 和铅标准溶液容量法测定稀土总量和铁；也可用紫外及导数分光光度法直接测定合金中的铁、镨、钕，用离子色谱法测定钕铁硼中的镧、铈、镨、钕等。

7.2　稀土的分离方法

在稀土定量分析中，由于试样组分复杂、相互干扰，或因稀土含量太低、超出测定下限，均需要进行测定前的化学分离和富集，以消除干扰或提高测定组分的浓度，改善测定方法的灵敏度与准确度。稀土分析中的分离和富集，主要是稀土与共存元素的分离和稀土元素之间的相互分离。主要分离方法有沉淀法、溶剂萃取法和液相色谱法。前两种方法主要用于稀土与非稀土元素之间的分离，后一种方法主要用于稀土元素之间的分离。

7.2.1　沉淀法

在稀土沉淀分离中，草酸盐沉淀法、氢氧化物沉淀法和氟化物沉淀法是使用最为广泛的三种方法，可分离的共存元素见表 7-1。

表 7-1　沉淀分离法可分离的共存元素

沉淀方法	可分离元素
草酸盐沉淀法	铝、钡、铍、铋、钙、铬、铜、铁、铪、钾、镁、锰、钠、铌、镍、磷、锡、钽、钛、铀、钒、锌、锆
氢氧化物沉淀法	银、铝、砷、钡、铍、钙、镉、铜、氟、钾、镁、锰、钼、钠、镍、磷、硅、锶、钒、钨、锌
氟化物沉淀法	银、铝、铍、铁、铪、钾、镁、锰、钼、钠、铌、硅、锡、钽、钛、铀、钒、钨、锆

7.2.1.1　草酸盐沉淀分离法

在含稀土的微酸性溶液中，加入过量草酸，可得到白色的难溶于水的稀土草酸盐沉淀。该沉淀呈结晶状，易过滤和洗涤，灼烧后即得到稀土的氧化物，可作为称量形式。此方法将分离和测定结合起来，较适合于稀土含量较高的试样。使用此方法分离时应选择好沉淀条件，包括酸度条件、草酸加入量以及其他共存元素的影响等。

A　稀土草酸盐沉淀法的介质和沉淀剂

稀土的草酸盐沉淀最好在盐酸介质中进行，应避免在硫酸介质中沉淀。稀土草酸盐在硝酸介质中的溶解度比盐酸介质中稍大，另外硫酸根离子会与部分稀土元素生产硫酸盐沉淀，所以最好在盐酸介质中进行沉淀。

在含稀土的微酸性溶液中，加入过量草酸，可得到白色盐难溶于水也难溶于无机酸的稀土草酸盐沉淀，所以，草酸是沉淀稀土最常用的沉淀剂。当铁量比稀土量大 40 倍时，用草酸铵作沉淀剂的分离效果较好。在使用均相沉淀时，可使用草酸甲酯或草酸丙酮作沉淀剂。碱金属草酸盐不宜作沉淀剂，因为碱金属同轻稀土形成不溶性的复盐而带入沉淀，同时还会同钇组稀土形成可溶性草酸络合物而使得稀土沉淀不完全。

B　草酸加入量及酸度条件

稀土草酸盐与氢氧化物和氟化物相比较，有较大的溶解度。故进行稀土草酸盐沉淀分离时，稀土含量不宜太低，溶液体积不宜过大，应严格控制沉淀条件，尽量减少沉淀因溶解而引起的损失。为了使稀土草酸盐尽可能地沉淀完全，应使溶液保持合适的草酸根活度。研究表明，在 pH = 2 ~ 3 的溶液中，加入草酸使其质量浓度为 1% ~ 2% 时，稀土草酸盐的溶解损失较小，所以不是草酸加入量越多越好。当草酸盐沉淀分离法用在其他分离法之后，共存元素的存在量已不多，没有必要加入太过量的草酸。

C　共存元素的分离及其对稀土草酸盐沉淀的影响

草酸盐沉淀法基本上能将铁、铝、镍、铬、镁、锆、铪及铀等元素分离除去。锌和铜有很强的共沉淀倾向。铋和铅共沉淀比较突出。在沉淀的酸度下，草酸钙虽有较大的溶解度，但有大量钙时，钙会随稀土共沉淀。少量钡、镁和碱金属对分离没有干扰，但当其含量与稀土接近时，也会出现共沉淀。少量钛可加过氧化氢掩蔽，大量钛应在草酸沉淀之前采用氟化物沉淀法分离除去。对于共存元素含量较高的样品，必须在草酸盐沉淀之前，先用其他方法进行预分离。对磷酸根含量高的样品，可进行两次草酸盐沉淀分离，有时加入酒石酸或水杨酸等掩蔽剂，以络合铁、铀等少量共存元素使之被草酸盐所沉淀。溶液中含有 EDTA 等强络合剂时，稀土草酸盐不能定量沉淀，所以在沉淀前应先除去。

适当提高沉淀时的温度（70~80℃），在不断搅拌下加入草酸溶液，保持搅拌 2~3min，并于室温或 70~80℃陈化 2~5h 对沉淀的分离效果是有益的。

7.2.1.2　氢氧化物沉淀分离法

稀土溶液中加入碱金属氢氧化物或氨水时能生成凝胶状沉淀，当 OH⁻ 与 RE（Ⅲ）的摩尔比达到 2.50~2.75 时，稀土就能获得定量沉淀。所得到的氢氧化稀土沉淀必定带有碱式盐。稀土开始沉淀的 pH 值在 6.3（镥）~7.8（镧）之间。稀土氢氧化物的溶解度比草酸小，在合金分析中有一定的应用。

用氨水沉淀剂时，一般是在适量的铵盐存在下加入过量氨水至在最终溶液体积中含有 10% 的氨水，溶液的 pH=9~10，此时稀土定量沉淀，碱金属、碱土金属、镍、锌、铜、银等元素留在溶液中，钍、铁、铝、铬、钛等元素与稀土一起沉淀。沉淀时加入过量氨水以减少镧的溶解损失。

用碱金属氢氧化物（常用氢氧化钠）作沉淀时，为了改善分离效果常同时加入一些掩蔽剂，如三乙醇胺、乙二胺、EDTA、EGTA、过氧化氢、水杨酸钠等。

7.2.2　萃取分离方法

（1）1-苯基-3-苯甲酰基代吡唑酮（简写作 PMBP）萃取分离法。PMBP 是 β-二酮类酸性螯合萃取剂，是稀土元素的良好萃取剂，具有萃取容量大、萃取酸度高、平衡速度快、价格便宜等优点。在 pH=5.5 时用 0.01mol/L PMBP-苯溶液萃取稀土能使钙、镁、铝、铬等元素分离。其他共存的重金属元素可预先用 DDTC-CHCL₃ 萃取分离。

PMBP 是以烯醇式的结构与金属形成内络合物的。在一定的条件下与稀土元素形成六元环的内络合物；起到萃取稀土元素的作用。

（2）铜铁试剂分离法。在盐酸（1+9）中，用铜铁试剂的氯仿溶液萃取分离钛、铁（Ⅲ）、钼（Ⅵ）、钒（Ⅴ）、锆、铜（Ⅱ）等，稀土元素留在水溶液中。

铜铁试剂及其螯合物遇热时分解为硝基苯，而致萃取率降低，因此配成的试剂溶液应保存在冰箱中，并且要在低温下萃取。为了增加该试剂的稳定性，可以向试剂溶液中加稳定剂对-乙酰替乙氧苯胺。一般其固体试剂应密闭保存，或贮放在碳酸铵作保护剂的棕色试剂瓶中，使用前再配成水溶液。

（3）铜试剂沉淀（萃取）分离法。在微酸性（pH=3.5）时被铜试剂沉淀的元素有铁、铬、镍、钴、铜、锰、钨、钒、铌、钼、铅、铋、锡、锑、砷、铂等，不被沉淀的元素有钙、镁、钪、钽、钛、锆、钍、钇和稀土等。高合金钢中的主要元素多数都能被铜试剂沉淀，同时钛、锆等元素由于水解也可被部分沉淀而与稀土分离。

金属离子与铜试剂形成的沉淀可以溶于有机溶剂中并为有机溶剂所萃取；所以也可以用于稀土的萃取分离。

（4）甲基异丁酮萃取分离法。这种方法是在 c（HCl）=6~7mol/L 盐酸介质中萃取分离一些干扰元素，从而达到稀土元素与一些金属分离的目的。在此条件下，铁的萃取率为99.98%，能达到测定钢铁中稀土时分离基体元素的目的。

7.3 稀土的分析方法

7.3.1 重量分析法

重量法是测定高含量稀土的主要方法。其中应用较多的是在酸性溶液中将稀土以草酸盐形式沉淀后灼烧成氧化物而进行称量的方法。

（1）灼烧后稀土氧化物形式。经灼烧后，稀土氧化物的组成除铈、镨和铽之外，均为倍半氧化物 RE_2O_3。氧化铈的组成为 CeO_2；氧化镨的平均组成为比 Pr_6O_{11}，即 $4PrO_2 \cdot PrO_3$；氧化铽的平均组成为 Tb_4O_7，即 $2TbO_2 \cdot Tb_2O_3$。在混合稀土氧化物中，随着灼烧时温度的控制、共存稀土组成的不同以及镨含量的高低，氧化镨的组成在 Pr_2O_3 至 PrO_4 之间变化。

（2）灼烧温度选择。各稀土元素的草酸盐转化成氧化物的灼烧温度是有差异的。草酸铈在 350 ~ 360℃ 就能转化成氧化铈，而草酸镧的转化温度最高，为 735 ~ 800℃。因此要使混合稀土的草酸盐完全转化为氧化物，就要求灼烧至 800℃ 以上，一般在 800 ~ 900℃ 灼烧 30 ~ 60min。

（3）称量要求。灼烧后的稀土氧化物自高温炉中取出稍稍冷却后，应随即置于干燥器中冷至室温，并迅速称重以免吸收空气中水分和二氧化碳。称重所得为混合氧化稀土的重量。如需换算成稀土的含量时尚须根据混合稀土的平均原子量进行计算。由不同矿源得到的混合稀土，因其所含稀土元素比例不同，其平均原子量也将有差异。包头稀土混合氧化物的换算因数为 0.835。

重量分析法适用于稀土硅铁、硅钙稀土合金、稀土硅镁合金、稀土金属等稀土含量在 1% 以上的稀土总量的测定。

7.3.2 滴定分析法

稀土元素滴定分析主要是基于配位反应和氧化还原反应。对于稀土矿物原料分析、稀土冶金的流程控制、某些稀土材料的分析和稀土合金分析，常用配位滴定法测定稀土总量。氧化还原滴定法常用于测定具有变价的铈、铕等元素，应用于单个稀土元素的测定。

7.3.2.1 配位滴定法

稀土配位滴定分析中，广泛使用 EDTA 作配位剂，三价稀土离子与 EDTA 形成较稳定的螯合物，可应用于滴定分析。由于各个稀土螯合物的稳定常数彼此相差较小，因而在配位滴定中，一般只能滴定稀土总量。只有使稀土元素彼此分离后，才能对某一稀土元素进行测定。稀土试样中，各个稀土元素的相对含量往往是变化的，因而需标定滴定剂溶液相对于混合稀土的滴定度。

在 pH = 5 ~ 6 进行稀土总量的配合滴定。pH < 5 时，镧、铈的配合物不够稳定，配合反应不全。pH > 6 时，部分稀土离子可能发生水解，对滴定不利。滴定时可用二甲酚橙、偶氮胂（Ⅲ）、偶氮胂 M 等作指示剂。当有钍共存时宜用 DTPA 作为滴定剂。由于钍和

DTPA 能在较低的 pH 条件下生成配合物，可先在 pH = 2.5 ~ 3 用 DTPA 滴定剂，然后在 pH = 5.5 的六次甲基四胺缓冲介质中用 EDTA 滴定稀土总量。

在实际分析中共存的干扰元素较多，常须进行一定的分离，一般是采用氟化物分离。即：试样用硝酸-氟氢酸溶解。以氟化物形式将稀土和钍提出，用硝酸-高氯酸破坏滤纸及溶解沉淀。加水将盐类溶解后，以溴甲酚绿为指示剂，用六次甲基四胺中和至呈微绿（pH = 5.0 ~ 5.5），加热煮沸使六次甲基四胺分解，同时沉淀钍等元素。加乙酰丙酮掩蔽少量干扰元素。以二甲酚橙为指示剂，用 EDTA 标液溶液滴定稀土总量。

配位滴定法适用于稀土（硅、钙、镁）合金中稀土总量的测定。

7.3.2.2 氧化还原滴定法

氧化还原滴定法主要用于测定铈、铕等有变价的稀土元素。但一些无变价的稀土元素的砷酸盐或正高碘酸盐在强酸性介质中能氧化碘化钾而析出游离碘，而游离碘可用硫代硫酸钠标准溶液滴定，间接测定稀土元素。

在金属材料的分析中，氧化还原滴定法主要用于合金中铈的测定。它是在一定的条件下用氧化剂将铈（Ⅲ）氧化至铈（Ⅳ），然后以还原剂滴定四价铈。四价铈为强氧化剂，Ce^{4+}/Ce^{3+} 电对的氧化还原电位与介质的性质和介质的酸度有关。常用过硫酸铵、高氯酸、高锰酸钾等氧化剂将三价铈氧化。

用过硫酸铵氧化三价铈，在体积分数为 7% ~ 8% 的硫酸介质中进行较好。酸度太高（如 > 10%），则过硫酸铵易分解而产生过氧化氢，使已氧化的四价铈还原，导致结果偏低；酸度太低（如 < 5%），则易生成碱式硫酸盐沉淀，使测定失败。为了破坏多余的过硫酸铵可将溶液煮沸并保持沸腾 2 ~ 3min 即可。

在磷酸存在下用高氯酸作氧化剂时，由于铈与磷酸生成络合物，从而降低其氧化还原电位。当加热至 200 ~ 280℃，高氯酸将铈（Ⅲ）氧化为四价。过量的高氯酸在稀释后即失去氧化能力。在氧化过程中共存的锰也被氧化至三价，用亚砷酸钠将锰还原至二价即可消除干扰。

7.3.3 分光光度分析法

稀土的光度分析法可以对金属材料中稀土的总量和轻重稀土分量的测定。由于采用了较好的掩蔽体系，已经建立了一些不需要分离的直接测定法。但对一些共存元素比较复杂或稀土元素的含量极微的试样，仍需采取一定的分离手续。

在 pH = 2.5 ~ 3.5 的微酸性溶液中，三价稀土离子（包括钇）与偶氮胂（Ⅲ）形成 1:1 螯合物。此螯合物有两个吸收峰，在 620 nm 处有一小峰而在 660 nm 处有一最大吸收峰。而且在 606nm 处试剂本身几乎没有吸收。各单一稀土元素的偶氮胂（Ⅲ）螯合物的摩尔吸光系数是有差异的。各稀土元素的离子半径不同导致所形成的螯合物的稳定性不同。其值最低为 4.5×10^4（镧），最高为 7.1×10^4（铕、铽）。而且各稀土元素的相对原子质量不同，使各单一稀土元素的标准曲线不重叠。尤其是钇，因其相对原子质量仅为其他稀土元素的一半，以致钇与其他稀土元素的标准曲线的斜率差别更大。因此，在测定稀土总量时应选用与待测试样中稀土配分相近的混合稀土做标准曲线。

（1）偶氮胂（Ⅲ）光度法。此方法测定稀土总量时，选择性不高，需要进行一定的分离。为适应快速分析的需要，采用铜试剂沉淀分离法比较方便。试样经酸溶解后，用铜试剂沉淀分离干扰元素，分取部分试液，在 pH = 3 时，加偶氮胂（Ⅲ）与稀土络合生成蓝紫色络合物，于波长 650 nm 处进行光度法测定。此方法适应于钢铁及合金中质量分数小于 1% 稀土总量的测定。

（2）氟化物沉淀分离——偶氮胂（Ⅲ）光度法。试样经酸溶解后，在适当酸度下，加氢氟酸使稀土生成不溶性氟化物沉淀与铁等元素分离，在 pH = 2.8 ~ 3.0 时，以偶氮胂（Ⅲ）为显色剂，进行光度法测定。此方法适应于钢铁及合金中质量分数大于 0.005% 的稀土总量的测定。

（3）PMBP 萃取分离——偶氮胂（Ⅲ）光度法。试样以盐酸、硝酸溶解，钨、钼、铌、钛水解滤除。以硫氰酸铵和磺基水杨酸络合镍和铬、锰、铜、钼、铝、钛、铁等元素，然后以 PMBP（苯）溶液萃取稀土元素，再经稀盐酸返萃取后，以偶氮胂（Ⅲ）显色。本法可测定 0.001% 以上的稀土含量。

（4）偶氮氯膦 mN 光度法。偶氮氯膦 mN 光度法是一种具有不对称结构的变色酸双偶氮氯膦酸型显色剂。

该试剂与各稀土元素的显色反应具有"倒序"现象，即螯合物的灵敏度随稀土元素的原子序数的增加而趋于下降，而且螯合物反应可在酸性较高的介质中进行。对轻稀土元素，在盐酸、硝酸、硫酸或磷酸介质中可进行螯合反应，而重稀土元素只有在磷酸介质中进行螯合反应，且当磷酸浓度在 $c(H_3PO_4) = 0.02 ~ 0.10mol/L$ 时，反应生成的螯合物的吸光度出现稳定的区间而且与轻稀土的吸光度值十分接近。所以，在 $c(H_3PO_4) = 0.05mol/L$ 磷酸介质中显色可使轻稀土与重稀土元素的绝对灵敏度基本接近，为测定稀土总量提供了较好的条件。无论用铈、钇或按一定比例配制的混合稀土作标准绘制的标准曲线，测定的结果都能吻合。

此外，根据试剂与稀土元素螯合物反应的"倒序"现象，在磷酸介质中显色时加入一定量的草酸可抑制钇组稀土元素的显色，因此可在重稀土元素存在下测定轻稀土元素。也就是可在同一份溶液中测定稀土总量和轻稀土分量。

采用 EDTA、草酸及六偏磷酸钠等掩蔽剂，按上述显色条件可不经分离直接测定铸铁、铜合金、铝合金等金属材料中的稀土元素。

7.4　稀土分析应用实例

7.4.1　草酸盐重量法测定氟碳铈镧精矿中稀土和钍总量

（1）方法提要。试样经碱熔后，水洗，过滤除去硅、铝、氟等元素及大量钠盐。沉淀用盐酸溶解后氟化，稀土和钍生成难溶的氟化物沉淀，与磷酸根、铌、钽、钛、锆、铁、锰等元素分离。然后在氨性介质中，使稀土、钍与钙、镁、钡等元素分离，过滤后以草酸沉淀稀土和钍，经过滤，灼烧成氧化物，称重得到稀土和钍的总量。

（2）分析步骤。

1）试样称取：先将逐去水分的 2g 氢氧化钠放入镍坩埚中（或高铝坩埚），将准确称取的 0.5g 试样放入。

2）试样溶解：在盛有试样及氢氧化钠的镍坩埚中（或高铝坩埚）加过氧化钠2g，搅匀，覆盖一层过氧化钠，加盖。先在电炉上烘烤，然后放入750℃马弗炉中熔融至红色透明3~4min，取下冷却。将坩埚放入400mL烧杯中，加150mL温水，加热浸取。待剧烈反应停止后，取出坩埚和盖，将溶液煮沸2min，取下，冷却至室温。用慢速滤纸过滤，以2%氢氧化钠溶液洗烧杯2~3次，洗沉淀5~6次。

3）试样处理：将沉淀连同滤纸放入原烧杯中，加20mL浓盐酸及10~15滴过氧化氢，将滤纸搅碎，加热溶解沉淀。溶液及纸浆移入250mL塑料杯中，加热水稀释至约100mL，在不断搅拌下加入15mL氢氟酸，在60℃水浴保温30~40min。每隔10min搅拌一下，取下冷却至室温。用慢速滤纸过滤，以氢氟酸-盐酸洗液（5mLHF和5mLHCl，加水稀释至500mL）洗涤烧杯2~3次，洗涤沉淀8~10次（用小块滤纸擦净塑料杯内壁放入沉淀中），然后用水洗涤烧杯两次。

将沉淀连同滤纸放入原烧杯中，加25mL硝酸及5mL高氯酸，盖上表面皿，加热破坏滤纸和溶解沉淀。待剧烈反应停止后，继续加热冒烟并蒸至体积为2~3mL取下，放冷。加约4mL盐酸（1+1）及2~3滴过氧化氢，低温加热溶解。加150mL温水和2g氯化铵，加热至沸，取下，用氨水（1+1）中和至氢氧化物沉淀析出。加5~20滴过氧化氢，并加20mL氨水（1+1），加热至沸，取下冷却至室温。此时溶液pH>9。用慢速滤纸过滤，用pH=10的氯化铵溶液洗涤烧杯2~3次，洗沉淀7~8次。

将沉淀连同滤纸放入原烧杯中，加25mL硝酸和5mL高氯酸，加热破坏滤纸，溶解沉淀。待剧烈作用停止后，继续加热冒烟，并蒸发体积至约2mL取下，稍冷。加30mL热水溶解盐类，用中速滤纸过滤，用盐酸（2+98）洗烧杯2~3次，洗沉淀7~8次。滤液过滤到300mL烧杯中，滤液加水至约80mL，加热至沸取下。加100mL热的5%草酸溶液，用氨水（1+1）调节pH值至约1.8（用精密试纸测试），在电热板上保温2h，取下，静置4h或过夜。用慢速滤纸过滤。用1%草酸洗液洗烧杯3~5次，用小块滤纸擦净烧杯，放入沉淀中，洗沉淀8~l0次。

4）称重测量：将沉淀连同滤纸置于已恒重的铂坩埚（或瓷坩埚）中，灰化，置于850℃马弗炉中灼烧40min，放入干燥器中冷却30min，称重，重复操作直至恒重。

（3）计算。

按式（7-1）计算稀土和钍总量。

$$w(\mathrm{RE}_x\mathrm{O}_y + \mathrm{ThO}_2) = \frac{W - W_0}{G} \times 100\% \tag{7-1}$$

式中 W——坩埚及沉淀重量，g；

W_0——空坩埚重量，g；

G——试样重量，g。

（4）注意事项。

1）草酸沉淀稀土（钍）时，溶液酸度必须严格控制，最适宜的酸度为pH=1.5~1.8，否则结果偏低。

2）硝酸和高氯酸破坏滤纸，用盐酸、过氧化氢溶解后，如果溶液很清，可不必过滤。

3）浸出坩埚时，可加少量盐酸擦洗，避免稀土损失。

4）氢氧化物沉淀冷过滤是为防止稀土丢失。

7.4.2　滴定法分析铁精矿、稀土精矿、酸洗矿、浸渣及其湿法冶金中间产品

（1）方法提要。试样以磷酸分解，盐酸提取，用二氯化锡将铁（Ⅲ）还原为铁（Ⅱ），用氯化汞氧化过量的二氯化锡。以二苯胺磺酸钠为指示剂，用重铬酸钾标准溶液滴定。

（2）试剂。

1）磷酸：1.69 g/mL。

2）盐酸：1+1。

3）二氯化锡溶液：10%。称取 10g 二氯化锡溶于 20mL 盐酸中，用水稀释至 100mL。

4）氯化汞：饱和溶液。

5）硫酸：1+1。

6）二苯胺磺酸钠指示剂：0.5% 水溶液。

7）重铬酸钾标准溶液：0.003mol/L 或 0.01mol/L。

8）硫磷混酸：在 700mL 水中加 150mL 硫酸、150mL 磷酸。

（3）分析步骤。

1）试样称取：准确称取试样 0.1000～0.2000g 于 300mL 锥形瓶中。

2）试样溶解及滴定液制备：于准确称取试样的锥形瓶中，用水冲洗瓶壁，加 10mL 磷酸。于电炉上加热，不时摇动，至试样全部分解，液面平静无小气泡。取下，稍冷，在不断摇动下，加入 20mL 盐酸（1+1），趁热滴加二氯化锡还原至黄色刚消失并过量 2 滴。用流动水将锥形瓶冷却至室温，再加 10mL 饱和氯化汞溶液，摇匀，用水稀释至 100mL，加 5～10mL 硫酸（1+1），4 滴二苯胺磺酸钠指示剂，用重铬酸钾标准溶液滴定至出现稳定的蓝紫色即为终点。

（4）计算。按式（7-2）计算铁含量：

$$w(\text{Fe}) = \frac{V \cdot M \times 55.845 \times 6}{m \times 1000} \times 100\% \qquad (7\text{-}2)$$

式中　m——试样重量，g；

　　　　V——滴定时消耗的重铬酸标准溶液体积，mL；

　　　　M——重铬酸钾标准溶液的物质的量浓度，mol/L；

　　55.845——铁的相对分子质量。

（5）注意事项。

1）溶样温度不宜过高，且经常摇动，防止焦磷酸盐结底。

2）由于磷酸中含少量铁，应带空白试验消除其影响。

3）由于磷酸和铁的络合作用，在用氯化亚锡还原时要防止过量太多，造成试验失败。

4）溶液试样可直接取样，加 20mL 盐酸（1+1），加热还原。滴定前加入 10mL 硫磷混酸代替 5mL 硫酸。

5）本方法适用于铁精矿、稀土精矿、酸洗矿、浸渣及其湿法冶金中间产品中 2%～60% 铁含量的测定。

7.4.3　偶氮胂Ⅲ光度法测定铁矿石中稀土总量

（1）方法提要。试样经碱熔、氟化分离后，在 pH=2 时用磷酸三丁酯-二甲苯萃取除

钍，萃余水相中稀土在 pH = 2.8 时用偶氮胂Ⅲ显色，光度法测定。

（2）试剂。

1）硫氰酸铵：50%。50g 硫氰酸铵溶于水，稀释至 100mL。

2）硫氰酸铵洗液：用稀盐酸将 10% 硫氰酸铵水溶液调 pH = 2。

3）氨水：1 + 1。

4）盐酸：1 + 2。

5）磷酸三丁酯-二甲苯萃取剂：5 + 95。将 50mL 磷酸三丁酯与 50mL 二甲苯混合于 250mL 分液漏斗中，加入等体积的 5% 碳酸钠洗两次，水洗两次，2mol/L 盐酸洗一次，再用水洗一次（水相均弃去），将洗过的有机相与 900mL 二甲苯混合均匀，即成 5 + 95 萃取剂，储于试剂瓶中备用。用过的萃取剂立即用水洗一次，储于废液瓶中。按上述洗涤处理后可反复使用。

6）抗坏血酸。

7）磺基水杨酸：10% 水溶液。

8）对硝基酚指示剂：饱和水溶液。

9）一氯醋酸缓冲液：60g 一氯醋酸溶于约 1000mL 水中，加入含有 18g 氢氧化钠的稀碱液，用水稀释至 2000mL，混匀，调至 pH = 2.8 ± 0.1（用 pH 计测量）。

10）偶氮胂Ⅲ：0.1% 水溶液。

11）氧化稀土标准溶液：称取一定量从相应的矿石中提取、提纯的混合稀土氧化物（>99.5%），用盐酸溶解，最后制备成 0.5mg/mL 氧化稀土的标准储备溶液。用时稀释成 10μg/mL 氧化稀土的标准溶液。

（3）分析步骤。

1）试样溶解：称取一定量试样，经碱熔、氟化分离，转成溶液移入 50mL 容量瓶中，用水稀释至刻度。

根据稀土含量高低，移取上述溶液 2~20mL 于 60mL 分液漏斗中，加入 5mL 硫氰酸铵溶液，用氨水（1 + 1）和盐酸（1 + 2）调至 pH = 2~2.5，此时硫氰酸铁红色刚出现，并过量盐酸 2~3 滴，保持体积约为 25mL。加 25mL 磷酸三丁酯-二甲苯萃取剂，在振荡器上振摇 1.5min，分层后，将水相放入 50mL 容量瓶中，用 10% 硫氰酸铵洗液洗涤两次，每次 10mL，洗液并入 50mL 容量瓶中，用水稀释至刻度，摇匀（有机相可用盐酸反萃后测钍）。

2）测量：移取 1~10mL 试液于 50mL 容量瓶中，加入少量固体抗坏血酸及 2mL 磺基水杨酸溶液，用少量水稀释。加 1 滴对硝基酚指示剂，用氨水（1 + 1）中和至溶液刚呈黄色。用水吹洗瓶壁，滴加盐酸（1 + 2）至黄色刚消失并过量 2~3 滴，pH 值约为 2.8。加 10mL 一氯醋酸缓冲液，用水稀释至 45mL，加 2.0mL 0.1% 偶氮胂Ⅲ溶液，用水稀释至刻度，摇匀。在 721 或 722 分光光度计上，波长 655nm 处，用 2cm 比色皿，以试剂空白作参比，测量吸光度。从标准曲线求得稀土含量。

（4）标准曲线的绘制。取含 5.00μg、10.0μg、20.0μg、30.0μg、40.0μg、50.0μg 氧化稀土标准溶液于一系列容量瓶中，加入少量抗坏血酸及 2mL 磺基水杨酸，用少量水稀释，依据显色操作步骤，以吸光度为横坐标，稀土含量为纵坐标绘制标准曲线。

（5）注意事项。

1）钍有严重干扰，故需分离除去；大量钙是在碱提取时加 EDTA 络合，过滤除去。

2）低含量的稀土在氟化时，可降低酸度到 5%，同时可用高氯酸转化成溶液后，全部萃取。

3）本法适用于包头原矿、铁精矿及湿法冶金工艺中的酸洗液及部分浸渣中小于 2% 的稀土总量的测定。

习　题

7-1　稀土元素包括哪些元素，通常如何分组？

7-2　用草酸盐沉淀法分离稀土如何控制酸度条件？

7-3　采用偶氮氯膦 mN 光度法测定稀土元素时为什么要控制酸度，选择磷酸为酸性介质？

7-4　用草酸盐沉淀重量分析稀土时，灼烧后稀土氧化物自高温炉中取出为何置于干燥器中？

7-5　偶氮胂（Ⅲ）与稀土元素在什么条件下能反应生成络合物？

技能提高篇

实验一 盐酸标准溶液的配制和标定

一、实验目的

（1）掌握减量法准确称取基准物。

（2）掌握滴定操作并会正确判断滴定终点。

（3）会配制和标定盐酸标准溶液。

二、实验原理

由于浓盐酸容易挥发，不能用它来直接配制具有准确浓度的标准溶液。因此，配制盐酸标准溶液时，只能先配制成近似浓度的溶液，然后用基准物质标定它们的准确浓度；或者用另一已知准确浓度的标准溶液滴定该溶液，再根据它们的体积比计算该溶液的准确浓度。

标定盐酸溶液的基准物质常用的是无水 Na_2CO_3，其反应式如下：

$$Na_2CO_3 + 2HCl \stackrel{}{=\!=\!=} 2NaCl + CO_2 + H_2O$$

滴定至反应完全时，溶液 pH = 3.89，通常选用溴甲酚绿-甲基红混合液作指示剂。

三、实验试剂

（1）浓盐酸：1.19g/mL。

（2）溴甲酚绿-甲基红混合液指示剂：量取 30mL 溴甲酚绿乙醇溶液（2g/L），加入 20mL 甲基红乙醇溶液（1g/L），混匀。

四、实验步骤

（1）0.1mol/L 盐酸溶液的配制。用量筒量取浓盐酸 9mL，倒入预先盛有适量水的试剂瓶中，加水稀释至 1000mL，摇匀，贴上标签。

（2）盐酸溶液浓度的标定 。用减量法准确称取约 0.15g 在 270～300℃ 干燥至恒量的基准无水碳酸钠，置于 250mL 锥形瓶中加 50mL 水使之溶解，再加 10 滴溴甲酚绿-甲基红混合液指示剂，用配制好的 HCl 溶液滴定至溶液由绿色转变为紫红色，煮沸 2min，冷却至室温，继续滴定至溶液由绿色变为暗紫色。由 Na_2CO_3 的重量及实际消耗的 HCl 溶液的体积，计算 HCl 溶液的准确浓度。

减量法是将待测试样放于称量瓶中（如为液体试样，放于液体称量瓶中），置于天平盘上，称量为 W_1，然后取出所需的试样，再称剩余试样和称量瓶为 W_2，两次重量之差，即 $W_2 - W_1$，为称取试样重量。减量法称量能够连续称取若干份供试品，节省称量时间。

五、注意事项

（1）干燥至恒重的无水碳酸钠有吸湿性，因此在标定中精密称取基准无水碳酸钠时，宜采用"减量法"称取，并应迅速将称量瓶加盖密闭。

（2）在滴定过程中产生的二氧化碳，使终点变色不够敏锐。因此，在溶液滴定进行至临近终点时，应将溶液加热煮沸，以除去二氧化碳，待冷至室温后，再继续滴定。

实验二　混合碱中碳酸钠和碳酸氢钠含量的测定

一、实验目的

（1）了解多元弱碱滴定过程中溶液 pH 值的变化及指示剂的选择。
（2）掌握双指示剂法测定混合碱各组分的原理和方法。
（3）进一步练习滴定、移液、定容等基本操作。

二、实验原理

混合碱是指 NaOH 和 Na_2CO_3 或 Na_2CO_3 和 $NaHCO_3$ 等类似的混合物，可采用双指示剂法进行分析，并测定各组分的含量。

若混合碱由 NaOH 和 Na_2CO_3 组成，先以酚酞作指示剂，用 HCl 标准溶液滴至溶液略带粉色，这时 NaOH 全部被滴定，而 Na_2CO_3 只被滴到 $NaHCO_3$，此时为第一终点，记下用去 HCl 溶液的体积 V_1。酚酞变色时：

$$OH^- + H^+ \rightleftharpoons H_2O$$
$$CO_3^{2-} + H^+ \rightleftharpoons HCO_3^-$$

然后加入甲基橙指示剂，用 HCl 继续滴至溶液由黄色变为橙色，此时 $NaHCO_3$ 被滴至 H_2CO_3，记下用去的 HCl 溶液的体积为 V_2，此时为第二终点。显然 V_2 是滴定 $NaHCO_3$ 所消耗的 HCl 溶液体积，而 Na_2CO_3 被滴到 $NaHCO_3$ 和 $NaHCO_3$ 被滴定到 H_2CO_3 所消耗的 HCl 体积是相等的。甲基橙变色时：

$$HCO_3^- + H^+ \rightleftharpoons H_2CO_3$$

由反应式可知：$V_1 > V_2$，且 Na_2CO_3 消耗 HCl 标准溶液的体积为 $2V_2$，NaOH 消耗标准溶液的体积为 $(V_1 - V_2)$，据此可求得混合碱中 NaOH 和 Na_2CO_3 的含量。

若混合碱是 Na_2CO_3 和 $NaHCO_3$ 的混合物，以上述同样方法进行测定，但 $V_2 > V_1$，且 Na_2CO_3 消耗标准溶液的体积为 $2V_1$，$NaHCO_3$ 消耗 HCl 标准溶液的体积为 $(V_2 - V_1)$。

由以上讨论可知，若混合碱由未知试样组成，可根据 V_1 与 V_2 的数据，确定混合碱的组成，并计算出各组分的含量。

三、实验试剂

（1）HCl 标准溶液：0.1000mol/L。
（2）酚酞指示剂：0.04%。
（3）甲基橙指示剂：0.02%。
（4）混合碱试样。

四、实验步骤

准确移取 5.00mL 的试液于 100mL 锥形瓶中，加 2 滴酚酞指示剂，用 HCl 标准溶液滴至溶液略带粉色终点，记下用去 HCl 溶液的体积 V_1。再加入 1 滴甲基橙指示剂，用 HCl 继续滴至溶液由黄色变为橙色，用去的 HCl 溶液的体积为 V_2。重复测定 2~3 次，其相对偏差应在 0.5% 以内。

根据消耗 HCl 标准溶液的体积 V_1 与 V_2 的关系，确定混合碱的组成，并计算出各组分的含量。

五、实验数据与处理

实验数据的记录与结果处理填入附表 2-1 中。

附表 2-1　混合碱中碳酸钠和碳酸氢钠含量的测定记录表

项目 ＼ 次数	1	2	3
滴定时移取混合碱体积 $V_{试液}$/mL			
$c(\text{HCl})$/mol·L^{-1}			
V_{HCl}/mL			
相对偏差			
平均相对偏差			

若 $V_1 > V_2$，混合碱中由 NaOH 和 Na_2CO_3 组成，计算公式如下：

$$w(\text{NaOH}) = \frac{c(\text{HCl})(V_1 - V_2)M(\text{NaOH}) \times 10^{-3}}{m} \times 100\%$$

$$w(\text{Na}_2\text{CO}_3) = \frac{2 \times c(\text{HCl})V_2 M\left(\frac{1}{2}\text{Na}_2\text{CO}_3\right) \times 10^{-3}}{m} \times 100\%$$

若 $V_1 < V_2$，混合碱中由 Na_2CO_3 和 $NaHCO_3$ 组成，计算公式如下：

$$w(\text{Na}_2\text{CO}_3) = \frac{2 \times c(\text{HCl})V_1 M\left(\frac{1}{2}\text{Na}_2\text{CO}_3\right) \times 10^{-3}}{m} \times 100\%$$

$$w(\text{NaHCO}_3) = \frac{c(\text{HCl})(V_2 - V_1)M(\text{NaHCO}_3) \times 10^{-3}}{m} \times 100\%$$

六、注意事项

(1) 混合碱由 NaOH 和 Na_2CO_3 组成时，酚酞指示剂可适量多加几滴，否则常因滴定不完全而使 NaOH 的测定结果偏低，Na_2CO_3 的结果偏高。

(2) 用酚酞作指示剂时，摇动要均匀，滴定要慢些，否则溶液中 HCl 局部过量，会与溶液中的 $NaHCO_3$ 发生反应，产生 CO_2，带来滴定误差。但滴定也不能太慢，以免溶液吸收空气中的 CO_2。

(3) 用甲基橙作指示剂时，因 CO_2 易形成过饱和溶液，酸度增大，使终点过早出现，所以在滴定接近终点时，应剧烈地摇动溶液或加热，以除去过量的 CO_2，待冷却后再滴定。

实验三 EDTA 标准溶液的配制和标定

一、实验目的

（1）了解 EDTA 标准溶液标定的原理。

（2）掌握配制和标定 EDTA 标准溶液的方法。

二、实验原理

乙二胺四乙酸二钠盐（习惯上称 EDTA）是一种有机络合剂，能与大多数金属离子形成稳定的 1:1 螯合物，常用作配位滴定的标准溶液。

EDTA 在水中的溶解度为 120g/L，可以配成浓度为 0.3mol/L 以下的溶液。EDTA 标准溶液一般不用直接法配制，而是先配制成大致浓度的溶液，然后标定。用于标定 EDTA 标准溶液的基准试剂较多，如 Zn、ZnO、$CaCO_3$、Bi、Cu、$MgSO_4 \cdot 7H_2O$、Ni、Pb 等。

用氧化锌作基准物质标定 EDTA 溶液浓度时，以铬黑 T 作指示剂，用 pH = 10 的氨缓冲溶液控制滴定时的酸度，滴定到溶液由紫色转变为纯蓝色，即为终点。

三、实验试剂

（1）乙二胺四乙酸二钠盐（EDTA）。

（2）氨水-氯化铵缓冲液（pH = 10）：称取 5.4g 氯化铵，加适量水溶解后，加入 35mL 氨水，再加水稀释至 100mL。

（3）铬黑 T 指示剂：称取 0.1g 铬黑 T，加入 10g 氯化钠，研磨混合。

（4）40% 氨水溶液：量取 40mL 氨水，加水稀释至 100mL。

（5）氧化锌（基准试剂）。

（6）盐酸。

四、实验步骤

（1）0.01mol/L EDTA 溶液的配制。称取乙二胺四乙酸二钠盐（$Na_2H_2Y \cdot 2H_2O$）4g，加入 1000mL 水，加热使之溶解，冷却后摇匀，如混浊应过滤后使用。置于玻璃瓶中，避免与橡皮塞、橡皮管接触。贴上标签。

（2）锌标准溶液的配制。准确称取约 0.16g 于 800℃ 灼烧至恒量的基准 ZnO，置于小烧杯中，加入 0.4mL 盐酸，溶解后移入 200mL 容量瓶，加水稀释至刻度，混匀。

（3）EDTA 溶液浓度的标定。吸取 30.00～35.00mL 锌标准溶液于 250mL 锥形瓶中，加入 70mL 水，用 40% 氨水中和至 pH = 7～8，再加入 10mL 氨水-氯化铵缓冲液（pH = 10）、少许铬黑 T 指示剂，用配好的 EDTA 溶液滴定至溶液自紫色转变为纯蓝色。记下所消耗的 EDTA 溶液的体积。根据消耗的 EDTA 溶液的体积，计算其浓度。

实验四 燃烧气体容量法测定钢铁及合金中的碳含量

一、实验目的

（1）学会用燃烧气体容量法测定钢铁及合金中的碳含量。

（2）掌握滴定度的确定方法。

二、实验原理

试样与助熔剂在高温炉中通氧燃烧，碳被完全燃烧、氧化为二氧化碳。以活性二氧化锰（或粒状钒酸银）吸收二氧化硫，将混合气体收集于碳量测量装置的量气管中，测量其体积，然后以氢氧化钾溶液吸收二氧化碳，再测量剩余气体体积。吸收前后体积差即为二氧化碳的体积，经温度、压力校正，计算碳的质量分数。

三、实验试剂及装置

（1）二氧化锰。

（2）三氧化钨。

（3）氢氧化钾溶液。

（4）管式高温燃烧炉：包括净化系统、燃烧系统和吸收系统。

四、实验步骤

（1）连接好碳量测量装置。将炉温升至 1200 ~ 1350℃，通氧检查并调节测量装置，使其严密不漏气。调节并保持仪器装置在正常的准备工作状态。

（2）试样量。按碳含量称取不同量试样，见附表 4-1。

附表 4-1 试样的称取

碳含量/%	0.05 ~ 0.50	0.50 ~ 1.00	1.00 ~ 1.50	1.50 ~ 3.0	>3.0
试样/g	2.00	1.00	0.50	0.25	0.15（精确至 0.0001）

（3）空白试验。分析前按试样分析步骤做空白试验，直至得到稳定的空白值。由于室温的变化和分析过程中冷凝管水温的变化，在测试过程中须插入做空白试验，并从测量值中扣除。

（4）验证分析。选择与被测样品含碳量相近的标准物质按试样分析步骤操作，当测量值与标准值一致（在规定的允许差内），表明仪器装置和操作正常，可开始进行试样分析。否则，应检查仪器装置和操作，直至测量值与标准值一致。

（5）试样分析。称取试样置于瓷舟中，覆盖适量助熔剂，开启耐热连接塞，用不锈钢长钩将瓷舟送入高温区，立即塞上耐热连接塞，预热 1min。开启通氧活塞，使瓷管与量气管相通，量气管内酸性水液面缓慢下降。控制通氧速度，在约 1 ~ 1.5min 内使燃烧后的混合气体充满量气管（酸性水液面降至为零），转动小三通活塞，使量气管短暂与大气相通，液面自动调零（注意观察液面是否对准零点）。

关闭通氧活塞，转动大三通活塞，使量气管与吸收器相通，提起水准瓶，将量气管内混合气体全部压入吸收器，氢氧化钾溶液吸收混合气体中的二氧化碳。放低水准瓶，气体压回量气管内，重复操作吸收一次。最后将吸收后的气体导入量气管，至吸收器上浮子顶至原来位置并不留气泡。关闭大三通活塞，将水准瓶放回原来位置，待液面平稳后（约15s），记下量气管标尺读数。

五、结果计算

（1）当量气管标尺的读数是碳含量时，按下式计算碳的质量分数：

$$w(C) = \frac{xf}{m}$$

式中　x——量气管标尺上读出对1g试样时碳的质量分数，%；

　　　f——温度、压力校正系数，查表求得；

　　　m——试样量，g。

（2）当量气管标尺的读数是体积时，按下式计算碳的质量分数：

$$w(C) = \frac{AVf}{m} \times 100\%$$

式中　A——在16℃、101.32kPa下，封闭液上每毫升二氧化碳中碳的质量，用酸性水作封闭液时 A 值为 0.0005000g/mL，用氯化钠酸性溶液作封闭液时 A 值为0.0005022g/mL；

　　　V——量气管标尺读数，mL；

　　　f——温度、压力校正系数，查表求得；

　　　m——试样量，g。

六、注意事项

（1）生铁、碳钢、低合金钢等控制炉温 1200～1250℃；高合金钢、高温合金等难熔样品控制炉温 1250～1350℃。炉子升降温度应开始慢，逐步加速，以延长硅碳棒寿命。

（2）生铁、碳钢、中低合金钢可选用锡（片、粒）、铜片或氧化铜作助熔剂，用量0.25～0.50g；高合金钢、高温合金选用锡加纯铁粉（1+1）、氧化铜加纯铁粉（1+1）或五氧化二钒加纯铁粉（1+1）作助熔剂，用量 0.25～0.50g。所选用助熔剂的空白值应低而稳定。

（3）更换量气管、吸收器内溶液，或更换干燥剂、除硫剂后，均应先作几个高碳试样，使系统与二氧化碳达一定平衡后开始样品分析。

（4）通氧速度要恰当。对卧式炉，开始通氧速度稍慢，待样品燃烧后适当加快通氧速度，将生成的二氧化碳驱至量气管内。氧气流速过小或过大都不利于试料燃烧和二氧化碳的吸收，一般保持在 400～500mL/min。对立式炉，则应控制较大的氧气流量，即所谓的"前大氧，后控气"。通常钢样控制 60～90s，生铁、铁合金样为 90～120s。

（5）分析高碳试样后，应通氧吸收一次，将系统中残留的 CO_2 驱尽，才可接着进行低碳样的分析。

（6）吸收器及水准瓶内溶液及混合气体的温度应基本一致。否则由于温差，敏感地影响气体体积的变化，对分析结果产生较大的误差。产生温差的原因主要有：

1）混合气体没有得到充分冷却，吸收前后混合气体温度有差别；

2）连续分析时，量气管冷却水套内水量有限，使量气管的温度升高，而吸收器中吸收液量大，升温相对慢，致使吸收前后混合气体有温差；

3）定碳仪安装位置不当，与高温炉距离过近，各部位受热辐射影响不一致。

温差的影响在夏天气温高时更明显。为此需注意对混合气体的冷却，冷凝管内最好通回流冷却水，注意测量装置的通风，在测量前后和过程中穿插进行空白试验，得到稳定的空白值，并从分析结果中扣除。

（7）当洗气瓶内硫酸体积明显增加，除硫管中二氧化锰变白时，应及时更换二氧化锰。除硫剂的制备如下：

1）粒状活性二氧化锰制备：取 20g 硫酸锰溶于 500mL 水中，加 10mL 氨水（0.90g/mL），混匀。在不断搅拌下加约 100mL 过硫酸铵溶液（250g/L），煮沸 10min。加数滴氨水，静止至澄清（如溶液不澄清，可再加适量过硫酸铵溶液煮沸）。抽滤，用氨水（5 + 95）洗 10 次，热水洗 2 次，用硫酸（5 + 95）洗 10 次，再用热水洗至无硫酸。沉淀于 110℃干燥 3～4h，取粒度为 0.90～0.45mm，贮于干燥器中备用。

2）粒状钒酸银制备：取 12g 钒酸铵（或偏钒酸铵）溶于 400mL 水中，取 17g 硝酸银溶于 200mL 水中，将两溶液均匀混合。用玻璃坩埚抽滤，用水洗净。沉淀于 110℃干燥，取粒度为 0.833～0.370mm，贮于干燥器中备用。

（8）一般定碳仪的量气管以 2.00mL 作为一个刻度单位，根据理想气体方程，可以计算，对 1g 试料，2.00mL 相当于 0.10% 的碳量。

（9）气体体积受温度和压力的影响很大，分析结果计算时需对测量的体积（或含量）进行温度和压力校正，换算为 16℃、101.32kPa 时的体积（或含量）。根据气态方程，校正系数 f 是 16℃、101.32kPa 时和测量条件的体积比，即：

$$f = \frac{T_1 P_2}{T_2 P_1} = \frac{273.15 + 16}{101.32 + 1.81} \times \frac{p_W}{273.15 + t} = 2.906 \times \frac{P - p_W}{273.15 + t}$$

式中　P——测量时的大气压，kPa；

　　　p_W——测量时水的饱和蒸气压，kPa；

　　　t——量气管温度，℃。

分析结果计算时不必按上式计算校正系数 f。有专门制成的校正系数表，根据测量时的温度、压力查表可得校正系数。有时量气管内使用的是 260g/L 的氯化钠溶液，由于其溶液的水蒸气压不同，计算出的校正系数与酸性水略有不同，查表时应注意。

（10）瓷舟及溶剂需作空白试验。瓷舟应预先在马弗炉中 1000～1200℃下灼烧 1h，不等完全冷却就取出，放在干燥器中保存，干燥器盖子不涂凡士林油。空白值检查中，碳含量应小于 0.002%。

（11）试样应保证清洁，不含有机物和油垢等。若有油垢可用乙醚或乙醇清洗，烘干后再分析。

（12）量气瓶应保持清洁，瓶壁上不得沾有水珠，以免溶液不能顺利流下。

实验五　燃烧碘量滴定法测定钢铁中硫含量

一、实验目的

（1）学会用燃烧碘量滴定法测定钢铁中的硫含量。

（2）进一步掌握滴定操作。

二、实验原理

试样在高温下通氧燃烧，将硫氧化成二氧化硫，用酸性淀粉溶液吸收，生成的亚硫酸被碘酸钾（或碘）标准滴定溶液滴定，根据消耗碘酸钾标准滴定溶液的体积，计算硫的质量分数。

三、实验试剂及装置

（1）碘酸钾标准滴定溶液：0.010mol/L。

（2）助熔剂。

（3）管式高温炉。

（4）酸式滴定管。

四、实验步骤

（1）分析前准备。连接和安装硫量测定装置，将炉温升至1250～1300℃。通入氧气，其流量约1500～2000L/min。检查整个装置的管路及活塞，使其严密不漏气，调节并保持装置在正常的工作状态。按试样分析步骤分析两个含硫较高的试样，使系统处于平衡状态。选择适当的标准物质按分析步骤操作，计算分析结果是否符合要求。在装置达到要求后才能进行试样分析。

（2）试样量。按试样含硫量称取，见附表5-1。

附表5-1　试样的称取

硫含量/%	0.003～0.05	0.05～0.10	>0.10
试样/g	0.5000	0.2500	0.1000

（3）空白试验。试样分析前做瓷舟、助熔剂的空白试验，测量的空白值应小而稳定，空白试验滴定毫升数不大于0.10mL。测量过程中也随时进行空白试验，以检查空白值的稳定性。

（4）试样分析。于吸收杯中放入一定量的淀粉吸收液，通氧，用碘酸钾标准滴定溶液（0.010mol/L）滴定至吸收液呈稳定的淡蓝色，以此作为滴定的终点色泽。当硫量小于0.01%时采用浓度为0.0025mol/L的碘酸钾标准滴定溶液（下同）。

将试料平铺于瓷舟中，均匀覆盖适量助熔剂。打开瓷管塞，用不锈钢长钩将瓷舟送入瓷管高温区，立即塞紧瓷管塞。预热0.5～1min，依次打开通氧活塞和吸收杯前活塞，待吸收液蓝色减退时,随即用碘酸钾标准滴定溶液滴定,使吸收液液面在通氧滴定过程中始终保持蓝色。当吸收液色泽退色变慢时,相应降低滴定速度。间歇通氧,滴定至吸收液色泽与原调节的终点色泽一致,并在15s内不变为终点。关闭通氧活塞,读取滴定所消耗碘酸钾标准溶液的毫升数。

打开瓷管塞,用长钩将瓷舟拉出,送入下一试样的瓷舟进行测定。观察试料是否熔融燃烧完全,如熔渣不平,断面有气孔,表明燃烧不完全,应重新进行测定。

五、结果计算

按下式计算硫的质量分数:

$$w(S) = \frac{T(V - V_0)}{m} \times 100\%$$

式中　T——标准滴定溶液对硫的滴定度,g/mL;

　　V,V_0——滴定试样和空白试验消耗碘酸钾标准滴定溶液的体积,mL;

　　m——试样量,g。

六、注意事项

(1)生铁、碳钢、低合金钢可选用五氧化二钒(预先在600℃灼烧2h,贮于磨口瓶中)、铜片或氧化铜作助熔剂,合金钢、高温合金等选用五氧化二钒加纯铁(3+1)或锡粒+纯铁(1+1)作助熔剂。根据称样量,加入0.2~0.5g助熔剂。所用助熔剂应具有低而稳定的空白值(硫量小于0.0005%)。

(2)当测定高硫试样后再测定低硫试样时,应再做空白试验,直至空白值低而稳定,才进行低硫试样分析。

(3)所用瓷舟长88mm或97mm,使用前在1000℃高温炉中灼烧1h以上,冷却后贮于盛有碱石棉和无水氯化钙的未涂油脂的干燥器中备用。用于测定低硫的瓷舟应于1300℃的管式炉中通氧灼烧1~2min。分析时采用带盖的瓷舟可提高试样中二氧化硫的转化率。

(4)试样中的硫并不是100%转化为二氧化硫,管路中氧化铁粉存在可催化生成三氧化硫。因此在连续测定中要注意清除瓷管中的粉尘,并更换球形管中的脱脂棉。这点特别是在分析生铁、高锰钢时要注意。清除粉尘或更换脱脂棉后应做一个废样,以使系统处于平衡状态,并以标准物质校正。在瓷舟上加盖(可将瓷舟两头打掉,反扣在瓷舟上),可减少氧化铁粉的喷溅和对瓷管的沾污。

(5)滴定液也可使用碘标准滴定溶液,此时应使用淀粉吸收液。通常认为碘酸钾标准滴定溶液比碘标准溶液稳定,灵敏度较高,适用于低含量硫的测定。为防止碘的挥发,碘标准滴定溶液应贮于棕色瓶中。

(6)连续测定中,吸收液可放掉一半再补充一半新吸收液,但对高硫试样应做一次更换一次。滴定过程中当吸收液液面全部退色,二氧化硫气体有逃逸的可能,影响分析结果的准确度。对高硫试样,可在吸收液中适当预置滴定液。

(7)通氧燃烧时,硫的转化率与测量条件有很大关系。

1)提高燃烧温度有利于提高二氧化硫的生成率,炉温1400℃二氧化硫转化率达90%

以上，1500℃可达到98%。使用高频炉加热，有利于提高硫的转化率。常用的管式炉难以加热到1400℃以上。一般而言，电弧炉中硫的转化率低于管式炉和高频炉。

2）加大氧气流量，有效提高试样的燃烧速度和温度，减少二氧化硫与粉尘接触时间，有利于提高硫的转化率。氧气流速通常控制在1.5~2L/min。

3）选择合适的助熔剂也是保证分析结果准确度和精度的重要条件。采用五氧化二钒作助熔剂的效果较好，其优点是产生的粉尘少，硫的回收率高达90%。也有用五氧化二钒加纯铁（或五氧化二钒加纯铁加炭粉）混合助熔剂的，这可使生铁、碳钢和中、低合金钢样品硫的转化率接近一致。

（8）由于试样中二氧化硫转化率不是100%，分析结果不能用标准滴定溶液浓度直接计算，需用标准物质在同条件下测量并计算其滴定度。应采用硫含量相近、组成尽可能一致的标准物质求滴定度，同时尽量采用近期研制的标准物质。当标准物质和试样的称量相同时，滴定度T的单位可直接简化为%/mL，计算更方便。测量中应严格控制和保持分析条件一致，保证分析结果的准确度和精度。

（9）预热时间不宜过长，生铁、碳钢及低合金钢预热不超过30s；中高合金钢、高温合金及精密合金预热1~1.5min。

（10）若滴定速度跟不上，会导致结果偏低，因此滴定高硫样品时，开始可适当加入一些碘酸钾标准溶液。

（11）为延长淀粉溶液使用期限，可加入0.03%硼酸或少量对羟基苯甲酸乙酯以防变质。

实验六　　空气干燥煤样的水分测定

一、实验目的

（1）掌握空气干燥煤样水分的工业测定方法及原理。

（2）了解测定空气干燥煤样水分的作用。

二、实验原理

GB/T 212—2008 规定，煤中水分测定可采用通氮干燥法、空气干燥法两种方法，本实验采用空气干燥法测定煤样水分。

称取一定粒度煤样置于 105～110℃ 空气流干燥箱中干燥至质量恒定后称重。根据煤样的质量减少计算煤样水分的含量。当煤样水分在 2% 以下时，不必进行检查性干燥。

三、实验仪器与设备

（1）鼓风干燥箱：带有自动控制装置，能保持温度在 105～110℃ 范围内。

（2）玻璃称量瓶：见附图 6-1。

（3）干燥器。

（4）分析天平。

（5）秒表。

四、实验步骤

（1）将空气干燥煤样研磨后，用分析筛筛分出粒径小于 0.2mm 的煤样备用。

附图 6-1　玻璃称量瓶

（2）用分析天平称取（1±0.1）g（称准至 0.0002g），平摊在称量瓶中。

（3）将称量瓶放入预先鼓风并加热到 105～110℃ 空气流干燥箱中。

（4）干燥时间到后，取出称量瓶，立即盖上盖后放入干燥器中冷却至室温（约 20min）后称重。

（5）称重后，将取走盖的称量瓶放入干燥箱中，干燥 30min 后，称重。重复以上操作直至连续两次干燥煤样质量的减少量不超过 0.0010g 或质量增加时为止。水分在 2.00% 以下时，不必进行检查性干燥。

五、实验数据记录与处理

（1）实验数据记录在附表 6-1 中。

（2）数据处理。煤样水分的质量分数按下式计算：

$$M_{ad} = (m_1 / m) \times 100\%$$

式中　　M_{ad}——空气干燥煤样的水分的质量分数，%；

　　　m——称取空气干燥煤样的质量，g；

　　　m_1——空气干燥煤样干燥后失去的质量，g。

附表6-1　空气干燥煤样水分的测定记录

煤样名称：_____　测定日期：_____年_____月_____日

测 定 名 称 \ 序 号	1	2	3
称量瓶重量(M)/g			
煤样 + 称量瓶重量(M_1)/g			
煤样质量($m = M_1 - M$)/g			
干燥后煤样 + 称量瓶重量(M_2)/g			
干燥后煤样质量($m_1 = M_2 - M_1$)/g			
干燥后煤样减少的质量($m_2 = m - m_1$)/g			
检查性干燥　干燥后煤样 + 称量瓶重量（M_2）/g　第1次			
第2次			
第3次			
M_{ad}/%			
$\overline{M}_{ad}$/%			

六、注意事项

　　（1）煤样必须处于空气干燥状态后方可进行水分测定。国家标准规定制备煤样时，若在室温下连续干燥1h后，煤样质量变化不大于0.1%，煤样达到空气干燥状态。

　　（2）干燥箱在煤样放入之前3~5min，开始鼓风。

　　（3）进行检查性干燥时，遇到质量增加时，要用质量增加前一次的质量为依据。

实验七　煤灰分产率的测定

一、实验目的

（1）掌握煤灰分产率的工业测定方法及原理。

（2）了解测定煤灰分与煤中矿物质的关系。

二、实验原理

采用缓慢灰化法测定灰分产率。将装有煤样灰皿放入预先加热到（815 ± 10）℃的灰分快速测灰仪中，待煤样完全灰化后，取出称重后，以残留物占煤样的质量分数作为煤样的灰分。

三、实验仪器与设备

（1）快速测灰仪：带有自动控制装置和鼓风机，能保持温度在 105 ~ 110℃ 范围内。

（2）灰皿：瓷质，长方形，底长 45mm，底宽 22mm，高 14mm。

（3）干燥器。

（4）分析天平。

（5）耐热瓷板或石棉板。

四、实验步骤

（1）将灰分快速测灰仪预先加热到（815 ± 10）℃，开动传送带并将其传送速度调节至 17mm/min。

（2）称取预先准备好的粒度小于 0.2mm（用 70 目分析筛测量）的空气干燥煤样（1 ± 0.1）g（称准至 0.01g），均匀平摊于灰皿中。

（3）将灰皿放到传送带上，启动传送按钮，将灰皿送入快速测灰仪。

（4）煤样完全灰化后，送出灰皿，取下，放在耐热瓷板或石棉上，在空气中冷却 5min 左右，移入干燥器中冷却至室温（约 20min）后称重（称准至 0.01g）。

五、实验数据记录与处理

（1）实验数据记录表，见附表 7-1。

（2）数据处理。空气干燥煤样灰分产率按下式计算：

$$A_{ad} = \frac{m_1}{m} \times 100\%$$

式中　A_{ad}——空气干燥煤样灰分的质量分数，%；

　　　　m——称取空气干燥煤样的质量，g；

　　　　m_1——灼烧后残留物的质量，g。

附表 7-1　煤样灰分产率的测定记录表

煤样名称：_____　测定日期：_____年_____月_____日

测定名称 ＼ 序　号	1	2	3
灰皿重量（M）/g			
煤样 + 灰皿重量（M_1）/g			
煤样质量（$m = M_1 - M$）/g			
灼烧后残渣 + 灰皿重量（M_2）/g			
残渣质量（$m_1 = M_2 - M$）/g			
A_{ad}/%			
$\overline{A_{ad}}$/%			

六、注意事项

（1）煤样在灰皿中要均匀平摊，以免局部过厚，煤样灰化不完全。

（2）快速测灰仪要在煤样灰化过程中保持良好的通风状态，使硫氧化物生成后立即排出。

（3）要避免煤样中的硫固定在煤灰中。应使用轴向倾斜度为 5° 的马蹄形管式炉，炉中央温度为（815 ± 10）℃，两端为 500℃ 的温度区。煤样从高端进入 500℃ 的温度区时，煤样中硫氧化物由高端逸出，不会与（815 ± 10）℃区煤样中氧化钙（碳酸钙分解物）接触，从而可有效避免煤样中硫被固定在灰中。

（4）测定结果需与全自动工业分析仪的结果对比。

实验八　煤挥发分产率的测定

一、实验目的

（1）掌握煤挥发分产率的测定方法及原理。

（2）了解运用挥发分产率判断煤的煤化程度，初步确定煤的加工利用途径的方法。

二、实验原理

按 GB/T 212—2008 的规定，称取粒度小于 6mm 的空气干燥煤样 （1 + 0.1） g （称准至 0.01g），在 （900 ± 10）℃下，隔绝空气加热 7min，以减少的质量占煤样质量的百分数减去该煤样的水分的质量分数 M_{ad} 作为煤样的挥发分。

三、实验仪器与设备

（1）马弗炉：带有调温装置和高温计；炉后壁留有一个排气孔及插热电偶小孔，其位置应使热电偶插入炉内后其热接点在坩埚底与炉底之间，距炉底 20 ~ 30mm；炉子能保持温度在 （900 ± 10）℃，并有足够的 （900 ± 5）℃的恒温区；炉子的热容量为当起始温度为 920℃时，放入室温下的坩埚架和若干坩埚，关闭炉门，在 3min 内恢复到 （900 ± 10）℃。

（2）挥发分坩埚：带有配合严密的坩埚盖，总质量为 15 ~ 20g。

（3）坩埚架及坩埚架夹。

（4）干燥器。

（5）分析天平。

（6）压饼机。

（7）秒表。

四、实验步骤

（1）将马弗炉预先加热到 920℃，将带盖的挥发分坩埚放入马弗炉中灼烧到质量恒定。在坩埚中称取粒度小于 0.2mm 空气干燥煤样 （1 ± 0.01） g （称准至 0.001g），然后将煤样摊平，盖上盖，放到坩埚架上。

（2）打开炉门迅速将坩埚架放入恒温区，立即关上炉门并计时，准确加热 7min。坩埚架及坩埚放入后，要求炉温在 3min 内恢复到 （900 ± 10）℃，此后保持在 （900 ± 10）℃。加热时间包括恢复时间在内。

（3）从炉中取出坩埚，放在空气中冷却 5min 左右，移入干燥器中冷却至室温 （约 20min） 后称量。

五、实验数据记录与处理

（1）实验数据记入附表 8-1 中。

附表 8-1　煤挥发分产率的测定记录表

煤样名称：＿＿＿＿＿　测定日期：＿＿＿年＿＿＿月＿＿＿日

测定名称 ＼ 序号	1	2	3
坩埚质量(M)/g			
煤样 + 坩埚质量(M_1)/g			
煤样质量($m = M_1 - M$)/g			
焦渣 + 坩埚质量(M_2)/g			
加热后减轻质量($m_1 = M_2 - M_1$)/g			
$\overline{M}_{ad}$/%			
V_{ad}/%			
$\overline{V}_{ad}$/%			

（2）数据处理。空气干燥煤样灰分产率按下式计算：

$$V_{ad} = \frac{m_1}{m} \times 100\% \ - \overline{M}_{ad}$$

式中　V_{ad}——空气干燥煤样的挥发分的质量分数，% ；

　　　m——空气干燥煤样的质量，g；

　　　m_1——煤样加热后减少的质量，g；

　　　$\overline{M}_{ad}$——空气干燥煤样水分的质量分数，%。

六、固定碳的计算

煤的工业分析中，固定碳一般不直接测定，而是通过计算获得。测定出煤样水分、灰分和挥发分后，由下式计算煤的固定碳的质量分数。

$$w_{ad}(FC) = 100 - (M_{ad} + A_{ad} + V_{ad})$$

式中　$w_{ad}(FC)$——空气干燥煤样的固定碳的质量分数，% ；

　　　M_{ad}——空气干燥煤样的全水分的质量分数，% ；

　　　A_{ad}——空气干燥煤样的灰分的质量分数，% ；

　　　V_{ad}——空气干燥煤样的挥发分的质量分数，% 。

七、注意事项

（1）测定煤化程度较低的煤时必须压饼。这是因为它们的水分和挥发分很高，如以松散状态测定，挥发分较高时容易将坩埚盖顶开，带走煤炭颗粒，使测定结果偏高，且重复性差。压饼后试样紧密，可减缓挥发分的释放速度，有效防止煤样爆燃、喷溅，使测定结果稳定可靠。煤样在灰皿中要均匀平摊，以免局部过厚，煤样灰化不完全。

（2）定期校验热电偶及毫伏计。

（3）定期测定马弗炉中恒温区的温度，装有煤样的坩埚必须放在恒温区。

（4）坩埚从马弗炉中取出后，在空气中冷却时间不宜过长，以防焦渣吸水。

实验九　粉煤灰中二氧化硅的测定（动物胶凝聚质量法）

一、实验目的

（1）掌握用动物胶凝聚质量法测定粉煤灰中二氧化硅含量的方法及原理。

（2）掌握粉煤灰灰样的制备。

二、方法提要

灰样加氢氧化钠熔融，沸水浸取，盐酸酸化，蒸发至干。于盐酸介质中用动物胶凝聚硅酸，沉淀过滤，灼烧，称重。

三、试剂和材料

（1）氢氧化钠（GB/T 629）：粒状。

（2）盐酸（GB/T 622）。

（3）95% 乙醇（GB/T 679）或无水乙醇（GB/T 678）。

（4）盐酸溶液：1 + 1。

（5）盐酸溶液：1 + 3。

（6）盐酸溶液：1 + 50。

（7）动物胶水溶液：10g/L（称取动物胶 1g，溶于 100mL 70 ~ 80℃ 的水中。现用现配）。

四、实验步骤

（1）称取灰样 0.48 ~ 0.52g（称准至 0.0002g）于银坩埚中，用几滴乙醇（95%）润湿，加氢氧化钠 4g，盖上坩埚盖，放入马弗炉中，在 1 ~ 1.5h 内将炉温从室温缓慢升至 650 ~ 700℃，熔融 15 ~ 20min。取出坩埚，用水激冷后，擦净坩埚外壁，放于 250mL 烧杯中，加乙醇（95%）1mL 和适量的沸水，立即盖上表面皿，待剧烈反应停止后，用少量盐酸溶液（1 + 1）和热水交替洗净坩埚和坩埚盖。再加盐酸溶液（GB/T 622）20mL，搅匀。

（2）将烧杯置于电热板上，缓慢蒸干（带黄色盐粒）。取下，稍冷，加盐酸溶液（GB/T 622）20mL，盖上表面皿，加热至约 80℃。加入 70 ~ 80℃ 的动物胶溶液 10mL，剧烈搅拌 1min，保温 10min。取下，稍冷，加热水约 50mL，搅拌，使盐类完全溶解。用定量滤纸过滤于 250mL 容量瓶中。将沉淀先用盐酸（1 + 3）洗涤 4 ~ 5 次，再用带橡皮头的玻璃棒以热盐酸溶液（1 + 50）擦净杯壁和玻璃棒，并洗涤沉淀 3 ~ 5 次，再用热水洗 10 次左右。

（3）将滤纸和沉淀移入已恒重的瓷坩埚中，先在低温下灰化滤纸，然后于（1000 ± 20）℃ 的高温马弗炉内灼烧 1h，取出稍冷，放入干燥器内，冷至室温，称重。

（4）将滤液（步骤 2）冷至室温，用水稀释至刻度，摇匀，此溶液名为溶液 C，测定其他项目时用（见实验十）。按上述步骤同时做空白试验，所得溶液名为溶液 D，也用于其项目的测定（见实验十一）。

五、结果计算

二氧化硅的质量分数按下式计算。

$$w(SiO_2) = \frac{m_1 - m_2}{m} \times 100\%$$

式中　m_1——二氧化硅的质量，g；

　　　m_2——空白测定时二氧化硅的质量，g；

　　　m——灰样的质量，g。

六、方法精密度

二氧化硅测定结果的精密度见附表9-1。

附表9-1　二氧化硅测定结果的精密度　　　　　　　%

质量分数	重复性限	再现性临界差
≤60.00	0.50	0.80
>60.00	0.60	1.00

注：灰样制备

（1）仪器设备。

1）马弗炉：带有控温装置，并附有热电偶和高温表，能保持（815±10）℃，炉膛应具有相应的恒温区，炉子后壁上部具有直径25~30mm的烟囱，下部具有插入热电偶的小孔，小孔的位置应使热电偶的热接点在炉膛内能保持距炉底20~30mm的位置，炉门上应有一通气孔，直径约20mm。

2）高温马弗炉：带有控温装置，能保持（1000±10）℃。

3）分析天平：感量0.1mg。

4）铂坩埚：30mL。

5）银坩埚：30mL。

6）瓷坩埚：30mL。

7）灰皿：（120×60×14）mm。

（2）灰样的制备步骤。称取一定量的一般分析煤样试样于灰皿中（对于一般分析煤样使其每平方厘米不超过0.15g，并预先在105~110℃下烘干），将灰皿送入温度不超过100℃的马弗炉中。在自然通风和炉门留有15mm左右缝隙的条件下，用30min缓慢升至500℃。在此温度下保持30min后，升至（815±10）℃，在此温度下灼烧2h。取出冷却后，用玛瑙乳钵将灰样研细到0.1mm。然后，再置于灰皿内，于（815±10）℃下再灼烧30min，直到其质量变化不超过灰样质量的千分之一为止，即为质量恒定。取出，于空气中放置约5min，转入干燥器中。如不及时称样，则需在称样前于（815±10）℃下再灼烧30min。

实验十　粉煤灰中三氧化二铁和三氧化二铝的连续测定（EDTA 络合滴定法）

一、实验目的

（1）掌握用 EDTA 配位滴定法连续测定粉煤灰中三氧化二铁和三氧化二铝含量的方法及原理。

（2）掌握 EDTA 标准溶液的配制与标定。

二、方法提要

在 pH = 1.8 ~ 2.0 的条件下，以磺基水杨酸为指示剂，用 EDTA 标准溶液滴定。然后加入过量的 EDTA，使之与铝、钛等络合，在 pH = 5.9 的条件下，以二甲酚橙为指示剂，以锌盐回滴剩余的 EDTA，再加入氟盐置换出与铝、钛络合的 EDTA，然后再用乙酸锌标准溶液滴定。

三、实验试剂

（1）氨水（GB/T 631）溶液：1 + 1。

（2）盐酸（GB/T 622）溶液：1 + 5。

（3）EDTA 溶液：11g/L。称取 EDTA($C_{10}H_{14}N_2O_8Na_2 \cdot 2H_2O$)(GB/T 1401)1.1g 溶于水中，并用水稀释至 100mL。

（4）缓冲溶液：pH = 5.9。称取三水乙酸钠($CH_3COONa \cdot 3H_2O$)(GB/T 693)200g 或无水乙酸钠(CH_3COONa)120.6g，溶于水中，加冰乙酸（GB/T 676）6.0mL，用水稀释至 1000mL。

（5）乙酸锌溶液：20g/L。称取乙酸锌[$Zn(CH_3COO)_2 \cdot 2H_2O$]2g，溶于水中，用水稀释至 100mL。

（6）氟化钾溶液：100g/L。称取氟化钾($KF \cdot 2H_2O$)(GB/T 1271)10g，溶于水中，用水稀释至 100mL。储于聚乙烯瓶中。

（7）冰乙酸（GB/T 676）溶液：1 + 3。

（8）三氧化二铁标准工作溶液：1mg/mL。

准确称取已在 105 ~ 110℃ 干燥 1h 的优级纯三氧化二铁 1.0000g（称准至 0.0002g），置于 400mL 烧杯中，加入浓盐酸（GB/T 622、优级纯）50mL，盖上表面皿，加热溶解后冷至室温，移入 1L 容量瓶中，用水稀释至刻度，摇匀。

（9）EDTA 标准溶液：$c(C_{10}H_{14}N_2O_8Na_2 \cdot 2H_2O) = 0.004mol/L$。

1）配制：称取 EDTA（GB/T 1401）1.5g 于 200mL 烧杯中，用水溶解，加数粒固体氢氧化钠（GB/T 629）调节溶液 pH 值至 5 左右，移入 1000mL 容量瓶中，用水稀释至刻度，摇匀。

2）标定：准确吸取三氧化二铁标准工作溶液 10mL 于 300mL 烧杯中，加水稀释至约

100mL，加磺基水杨酸指示剂（试剂 12）0.5mL，滴加氨水溶液至溶液由紫色恰变为黄色，再加入盐酸溶液调节溶液 pH 值至 1.8 ~ 2.0（用精密 pH 试纸检验）。

将溶液加热至约 70℃，取下，立即用 EDTA 标准溶液滴定至亮黄色（铁低时为无色，终点时温度应在 60℃ 左右）。EDTA 标准溶液对三氧化二铁的滴定度 $T_{Fe_2O_3}$ 按下式计算。

$$T_{Fe_2O_3} = \frac{10\rho}{V_1}$$

式中　ρ——三氧化二铁标准工作溶液的质量浓度，mg/mL；

V_1——标定时所耗 EDTA 标准溶液的体积，mL。

（10）三氧化二铝标准工作溶液：1mg/mL。将光谱纯铝片放于烧杯中，用（1 + 9）盐酸（GB/T 622）溶液浸溶几分钟，使表面氧化层溶解，用倾斜法倒去盐酸溶液，用水洗涤数次后，用无水乙醇（GB/T 678）洗涤数次，放入干燥器中干燥 4h。选用以下任一方法处理。

1）酸溶法：准确称取处理后的铝片 0.5293g（称准至 0.0002g），置于 150mL 烧杯中，加（1 + 1）盐酸（GB/T 622）溶液 50mL，在电炉上低温加热溶解，将溶液移入 1000mL 容量瓶中，用水稀释至刻度，摇匀。

2）碱溶法：准确称取处理后的铝片 0.5293g（称准至 0.0002g），置于 150mL 烧杯中，加氢氧化钾（GB/T 2306）2g，水 10mL，待溶解后，用（1 + 1）盐酸酸化，使氢氧化铝沉淀又溶解，再过量 10mL，冷至室温，移入 1000mL 容量瓶中，用水稀释至刻度，摇匀。

（11）乙酸锌标准溶液：$c[Zn(CH_3COO)_2] = 0.01mol/L$。

1）配制：称取乙酸锌 $[Zn(CH_3COO)_2 \cdot 2H_2O]$ 2.3g 或无水乙酸锌 $[Zn(CH_3COO)_2]$ 1.9g 于 250mL 烧杯中，加冰乙酸（GB/T 676）1mL，用水溶解，移入 1000mL 容量瓶中，用水稀释至刻度，摇匀。

2）标定：准确吸取三氧化二铝标准工作溶液 10mL 于 250mL 烧杯中，加水稀释至约 100mL，加 EDTA 溶液 10mL，加二甲酚橙指示剂（试剂 13）1 滴，用氨水溶液中和至刚出现浅藕合色，再加冰乙酸溶液至浅藕合色消失，然后，加缓冲溶液 10mL，于电炉上微沸 3 ~ 5min，取下，冷至室温。

加入二甲酚橙指示剂 4 ~ 5 滴，立即用乙酸锌溶液滴定至近终点，再用乙酸锌标准溶液滴定至橙红（或紫红）色。

加入氟化钾溶液 10mL，煮沸 2 ~ 3min，冷至室温，加二甲酚橙指示剂（试剂 13）2 滴，用乙酸锌标准溶液滴定至橙红（或紫红）色，即为终点。

乙酸锌标准溶液对三氧化二铝的滴定度 $T_{Al_2O_3}$ 按下式计算。

$$T_{Al_2O_3} = \frac{10\rho}{V_1}$$

式中　ρ——三氧化二铝标准工作溶液的质量浓度，mg/mL；

V_1——标定时所耗乙酸锌标准溶液的体积，mL。

（12）磺基水杨酸指示剂溶液：100g/L。称取磺基水杨酸（HG 3 – 991）10g 溶于水中，并用水稀释至 100mL。

（13）二甲酚橙溶液：1g/L。称取二甲酚橙 0.1g 溶于 pH = 5.9 的缓冲溶液中，并用该缓冲溶液稀释至 100mL。保存期不超过两个星期。

四、实验步骤

（1）准确吸取溶液 C（见实验九）20mL 于 250mL 烧杯中，加水稀释至约 50mL，其余步骤按试剂 9 中的标定方法进行操作。

（2）于滴定完铁的溶液中，加入 EDTA 溶液（试剂 3）20mL，其余步骤按试剂 11 中的标定方法进行操作。

五、结果计算

（1）三氧化二铁的质量分数按下式计算。

$$w(\text{Fe}_2\text{O}_3) = \frac{1.25 \times T_{\text{Fe}_2\text{O}_3} \times V_3}{m} \times 100\%$$

式中　　$T_{\text{Fe}_2\text{O}_3}$——EDTA 标准溶液对三氧化二铁的滴定度，mg/mL；

　　　　V_3——试液所耗 EDTA 标准溶液的体积，mL；

　　　　m——灰样的质量，g。

（2）三氧化二铝的质量分数按下式计算。

$$w(\text{Al}_2\text{O}_3) = \frac{1.25 \times T_{\text{Al}_2\text{O}_3} \times V_4}{m} \times 100\% - 0.638w(\text{TiO}_2)$$

式中　　$T_{\text{Al}_2\text{O}_3}$——乙酸锌标准溶液对三氧化二铝的滴定度，mg/mL；

　　　　V_4——试液所耗乙酸锌标准溶液的体积，mL；

　　　　m——灰样的质量，g。

　　　　0.638——由二氧化钛换算为三氧化二铝的因数。

六、方法精密度

（1）三氧化二铁测定结果的精密度。三氧化二铁测定结果的精密度见附表 10-1。

附表 10-1　　三氧化二铁测定结果的精密度　　　　　　　　　　　　　%

质量分数	重复性限	再现性临界差
≤5.00	0.30	0.60
5.00（不含）~10.00	0.40	0.80
>10.00	0.50	1.00

（2）三氧化二铝测定结果的精密度。三氧化二铝测定结果的精密度见附表 10-2。

附表 10-2　　三氧化二铝测定结果的精密度　　　　　　　　　　　　　%

质量分数	重复性限	再现性临界差
≤20.00	0.40	0.80
>20.00	0.50	1.00

实验十一　粉煤灰中氧化钙的测定
（EDTA 络合滴定法）

一、实验目的

（1）掌握用 EDTA 配位滴定法测定粉煤灰中氧化钙含量的方法及原理。

（2）了解钙黄绿素-百里酚酞指示剂的配制。

二、方法提要

以三乙醇胺掩蔽铁、铝、钛、锰等离子，在 pH≥12.5 的条件下，以钙黄绿素-百里酚酞为指示剂，用 EDTA 标准溶液滴定。

三、实验试剂

（1）氢氧化钾溶液：250g/L。称取氢氧化钾 25g 溶于水中，并用水稀释至 100mL，储于聚乙烯瓶中。

（2）三乙醇胺溶液：1+4。

（3）氧化钙标准工作溶液：0.5mg/mL。准确称取预先在 120℃ 干燥 2h 的优级纯碳酸钙 0.8924g（称准至 0.0002g），置于 250mL 烧杯中，用水润湿，盖上表面皿，沿杯口慢慢滴加（1+1）盐酸（GB/T 622、优级纯）溶液 5mL，待溶解完毕后，煮沸驱尽二氧化碳，用水冲洗表面皿和杯壁，取下冷却，移入 1000mL 容量瓶中，用水稀释至刻度，摇匀。

（4）EDTA 标准溶液：$c(C_{10}H_{14}N_2O_8Na_2 \cdot 2H_2O) = 0.004mol/L$。

1）配制：称取 EDTA（GB/T 1401）1.5g 于 200mL 烧杯中，用水溶解，加数粒固体氢氧化钠（GB/T 629）调节溶液 pH 值至 5 左右，移入 1000mL 容量瓶中，用水稀释至刻度，摇匀。标定方法如下：

2）标定：准确吸取氧化钙标准工作溶液 15mL，置于 250mL 烧杯中，加水稀释至约 100mL，加三乙醇胺溶液 2mL、氢氧化钾溶液 10mL、钙黄绿素-百里酚酞混合指示剂（试剂 5）少许，每加一种试剂，均应搅匀，于黑色底板上，立即用 EDTA 标准溶液滴定至绿色荧光完全消失，即为终点。同时做空白试验。EDTA 标准溶液对氧化钙的滴定度 T_{CaO} 按下式计算。

$$T_{CaO} = \frac{15\rho}{V_1 - V_2}$$

式中　ρ——氧化钙标准工作溶液的质量浓度，mg/mL；

V_1——标定时所耗 EDTA 标准溶液的体积，mL；

V_2——空白测定时所耗 EDTA 标准溶液的体积，mL。

（5）钙黄绿素-百里酚酞混合指示剂：称取钙黄绿素（$C_{30}H_{24}N_2Na_2O_{13}$）0.20g 和百里酚酞 0.16g，与预先在 110℃ 干燥的氯化钾（GB/T 646）10g 研磨均匀，装入磨口瓶中，存放于干燥器内。

四、实验步骤

准确吸取溶液 C(见实验九)和溶液 D(见实验九)各 10mL 分别注入 250mL 烧杯中,加水稀释至约 100mL,其余步骤按试剂 4 中的标定方法进行操作。

五、结果计算

氧化钙的质量分数按下式计算。

$$w(CaO) = \frac{2.5 \times T_{CaO} \times (V_3 - V_4)}{m} \times 100\%$$

式中 T_{CaO} ——EDTA 标准溶液对氧化钙的滴定度,mg/mL;

V_3 ——试液所耗 EDTA 标准溶液的体积,mL;

V_4 ——空白溶液所耗 EDTA 标准溶液的体积,mL;

m ——灰样的质量,g。

六、方法精密度

氧化钙测定结果的精密度见附表 11-1。

附表 11-1 氧化钙测定结果的精密度   %

质量分数	重复性限	再现性临界差
≤5.00	0.20	0.50
5.00(不含)~10.00	0.30	0.60
>10.00	0.40	0.80

实验十二　粉煤灰中氧化镁的测定
（EDTA 络合滴定、差减法）

一、实验目的

（1）掌握用 EDTA 配位滴定法测定粉煤灰中氧化镁含量的方法及原理。

（2）了解酸性铬蓝 K-萘酚绿 B 混合指示剂的配制。

二、方法提要

以三乙醇胺、铜试剂掩蔽铁、铝、钛及微量的铅、锰等，在 pH ≥ 10 的氨性溶液中，以酸性铬蓝 K-萘酚绿 B 为指示剂，用 EDTA 标准溶液滴定钙、镁合量。

三、实验试剂

（1）三乙醇胺溶液：1 + 4。

（2）氨水（GB/T 631）溶液：1 + 1。

（3）二乙基二硫代氨基甲酸钠（简称铜试剂）溶液：50g/L。称取铜试剂（GB/T 10727）2.5g 溶于水中，加氨水溶液（1 + 1）5 滴，用水稀释至 50mL，以快速滤纸过滤后，储于棕色瓶中。

（4）酒石酸钾钠溶液：100g/L。称取酒石酸钾钠（GB/T 1288）10g 溶于水中，并用水稀释至 100mL。

（5）EDTA 标准溶液：同粉煤灰中氧化钙的测定中的 EDTA 标准溶液。其对氧化镁的滴定度 T_{MgO} 按下式换算。

$$T_{MgO} = 0.7187 \times T_{CaO}$$

式中　T_{CaO}——EDTA 标准溶液对氧化钙的滴定度，mg/mL；

0.7187——由氧化钙换算为氧化镁的因数。

（6）酸性铬蓝 K-萘酚绿 B 混合指示剂：称取酸性铬蓝 K（HG 10—1282）0.50g 和萘酚绿 B 1.25g，与预先在 110℃ 干燥的氯化钾（GB/T 646）10g 一起，研磨均匀，装入磨口瓶中，存放于干燥器内。或分别配成水溶液，即称取酸性铬蓝 K 0.04g 和萘酚绿 B 0.08g，分别溶于 20mL 水中，使用前应先经试验确定其合适的混合比例。酸性铬蓝 K 水溶液不稳定，需现用现配。

四、实验步骤

准确吸取溶液 C（见实验九）和溶液 D（见实验九）各 10mL，分别注入 250mL 烧杯中，用水稀释至约 100mL，加三乙醇胺溶液 10mL（若二氧化钛含量大于 4.00%，可先加酒石酸钾钠溶液 5mL）、氨水溶液 10mL 和铜试剂 1 滴，每加一种试剂均应搅匀，再加入稍少于滴钙时所消耗的 EDTA 标准溶液的量，然后加酸性铬蓝 K-萘酚绿 B 混合指示剂少许或加液体混合指示剂数滴，继续用 EDTA 标准溶液滴定，近终点时，应缓慢滴定至纯蓝色。

五、结果计算

氧化镁的质量分数按下式计算。

$$w(\text{MgO}) = \frac{2.5 \times T_{\text{MgO}} \times (V_1 - V_2)}{m} \times 100\%$$

式中　T_{MgO}——EDTA 标准溶液对氧化镁的滴定度，mg/mL；

　　　　V_1——试液所耗 EDTA 标准溶液的体积，mL；

　　　　V_2——滴定氧化钙时所耗 EDTA 标准溶液的体积，mL；

　　　　m——灰样的质量，g。

六、方法精密度

氧化镁测定结果的精密度见附表 12-1。

附表 12-1　　氧化镁测定结果的精密度　　　　　　　　　　%

质量分数	重复性限	再现性临界差
≤2.00	0.30	0.60
>2.00	0.40	0.80

实验十三　铁矿石中全铁含量的测定
——铁的比色测定

一、实验目的

（1）掌握比色法测定中标准曲线的绘制和试样测定的方法。

（2）了解分光光度计的性能、结构及使用方法。

二、实验原理

亚铁离子在 pH = 3 ~ 9 的水溶液中与邻菲罗啉生成稳定的橙红色的$[Fe(C_{12}H_8N_2)_3]^{2+}$本实验就是利用它来比色测定亚铁的含量。

如果用盐酸羟胺还原溶液中的高铁离子，则此法还可测定总铁含量，从而求出高铁离子的含量。

三、实验试剂及仪器

（1）邻菲罗啉水溶液：质量分数为 0.0015。

（2）酸羟胺水溶液：质量分数为 0.10，此溶液只能稳定数日。

（3）NaAc 溶液：1mol/L。

（4）HCl：6mol/L。

（5）$NH_4Fe(SO_4)_2$标准溶液（学生自配）：称取 0.215g 分析纯 $NH_4Fe(SO_4)_2$·$12H_2O$，加少量水及 20mL 6mol/L 的 HCl，使其溶解后，转移至 250mL 容量瓶中，用蒸馏水稀释至刻度，摇匀。此溶液 Fe^{3+} 浓度为 100mg/L。吸取此溶液 25.00mL 于容量瓶中，用蒸馏水稀释至标线，摇匀。此溶液 Fe^{3+} 浓度为 10mg/L。

（6）722 型分光光度计。

四、实验步骤

（1）标准曲线的绘制。在 5 只容量瓶中，用吸量管分别加入 2.00mL、4.00mL、6.00mL、8.00mL、10.00mL $NH_4Fe(SO_4)_2$标准溶液（浓度为 Fe^{3+} 浓度为 10mg/L），然后再各加入 1mL 盐酸羟胺，摇匀，再加入 5mL 1mol/L NaAc 溶液、2mL 邻菲罗啉水溶液，最后用蒸馏水稀释至标度，摇匀。在 510nm 波长下，用 2cm 比色皿，以试剂空白作参比溶液测其吸光度。并以铁含量为横坐标，相对应的吸光度为纵坐标绘出吸光度(A)-铁含量(Fe)含量标准曲线。

（2）总铁的测定。吸取 25.00mL 被测试液代替标准溶液，置于 50mL 容量瓶中，其他步骤同上，测出吸光度，并从标准曲线上查得相应于 Fe 的含量（单位为 mg/L）。

（3）Fe^{2+} 的测定。操作步骤与总铁相同，但不加盐酸羟胺溶液。测出吸光度并从标准曲线上查得相应于 Fe^{2+} 的含量（单位为 mg/L）。

实验十四　铝合金中铝含量的测定

一、实验目的

（1）掌握络合滴定中置换滴定法测定铝的基本原理。

（2）掌握置换滴定法测铝的操作技能及计算。

二、实验原理

Al^{3+} 易水解形成多羟基络合物，在酸度不高时，它与 EDTA 缓慢络合形成羟基络合物，但在高酸度、煮沸条件下它与 EDTA 则容易络合完全，故一般采用返滴定法或置换滴定法测定 Al，而不能直接滴定。

采用置换滴定法测 Al^{3+}，先调溶液 pH = 3 ~ 4，加入过量的 EDTA 溶液，煮沸加速 Al^{3+} 与 EDTA 完全络合，冷却后，再调节溶液 pH = 5 ~ 6，以二甲酚橙为指示剂，用 Zn^{2+} 盐标准溶液滴定过量的 EDTA（不计体积）；然后加入过量的 NH_4F，加热至沸，使 AlY^- 与 F^- 之间发生置换反应，并释放出与 Al^{3+} 等摩尔的 EDTA：

$$AlY^- + 6F^- + 2H^+ = AlF_6^{3-} + H_2Y^{2-}$$

再用 Zn^{2+} 盐标准溶液滴定至紫红色，即为终点。

样品中含 Sn^{2+}、Ti^{4+}、Zr^{4+} 时，同时被滴定，干扰测定。

样品中含 Fe 时 NH_4F 用量必须适当，如过多，则 FeY^- 中 EDTA 又被置换出来，使结果偏高。为防止 FeY^- 发生置换反应，可加入 H_3BO_3，使过量的 F^- 离子生成 BF_4^-。当含 Fe 量太高时，必须加 NaOH 溶液将 Fe^{3+} 与 Al^{3+} 分离后再测 Al^{3+}。

样品中含 Ca^{2+} 太高时，在 pH = 5.6 条件下滴定时，可能有部分 Ca^{2+} 被置换，结果不稳定，此时可用 HAc- NaAc 缓冲溶液在 pH = 3 ~ 4 时进行滴定。

三、实验试剂及仪器

（1）混合酸：$HNO_3 + HCl + 水 = 1 + 1 + 2$。

（2）EDTA 溶液：0.01mol/L。

（3）氨水：1 + 1。

（4）盐酸：1 + 3。

（5）六次甲基四胺：20% 水溶液。

（6）二甲酚橙：0.2% 水溶液。

（7）NH_4F 溶液：20% 水溶液，配制后贮存于塑料瓶中。

（8）Zn^{2+} 标准溶液：准确称取 0.15g 纯金属锌（或在 800℃ 灼烧至恒重的基准 ZnO 0.4g）至 100mL 烧杯中。用少量水润湿，加入 10mL（1 + 1）HCl 溶液，盖上表面皿，使其溶解。待溶解完全后，用水吹洗表面皿和烧杯壁，将溶液转入 250mL 容量瓶中，用水稀释至刻度，摇匀。计算其准确浓度。

四、实验步骤

（1）准确称取 0.13～0.15g 铝合金试样于 150mL 烧杯中，加入 10mL 混合酸，并立即盖上表面皿，待试样溶解后，用水吹洗表面皿和杯壁，将溶液转移至 100mL 容量瓶中，稀释至刻度，摇匀。

（2）用移液管吸取 25.00mL 试液于 250mL 锥形瓶中，加入 0.01mol/L EDTA 溶液 20mL，二甲酚橙指示剂 2 滴，用 1+1 氨水调至溶液恰呈紫红色后，滴加 HCl（1+3）3 滴，将溶液煮沸 3min 左右，冷却，加入 20% 六次甲基四胺溶液 20mL。此时溶液应呈黄色，如不呈黄色，可用 HCl 调节至黄色，再补加二甲酚橙 2 滴。用 Zn^{2+} 标准溶液滴定至溶液呈紫红色（不计体积）。

（3）加入 20% NH_4F 溶液 10mL，将溶液加热至沸，流水冷却，再补加二甲酞橙 2 滴，此时溶液呈黄色，再用 Zn^{2+} 标准溶液滴定至溶液由黄色变为紫红色，即为终点，根据消耗的 Zn^{2+} 标准溶液体积，计算铝的百分含量。

五、数据处理

按下式计算铝的质量分数：

$$w(Al) = \frac{VT}{m \times 1000} \times 100\%$$

式中　V——滴定分取液消耗锌标准滴定溶液的体积，mL；

　　　T——锌标准滴定溶液对铝的滴定度，mg/mL；

　　　m——分取液中的试样量，g。

实验十五　　氟硅酸钾滴定法测硅铁中定硅量

一、实验目的

（1）掌握用氟硅酸钾滴定法测硅铁中定硅量的方法。

（2）了解铁合金试样分解方法。

二、实验原理

试样以硝酸、氢氟酸分解。在酸性溶液中，加硝酸钾使硅成氟硅酸钾沉淀。经过滤、洗涤，中和沉淀物成中性，加中性沸水使氟硅酸钾水解。以氢氧化钠标准滴定溶液滴定水解析出等物质量的氢氟酸，计算硅的质量分数。

三、实验试剂

（1）硝酸-硝酸钾溶液：200g/L。

（2）氢氟酸。

（3）氟化钾溶液：150g/L。

（4）氢氧化钠标准滴定溶液：0.25mol/L。

（5）溴麝香草酚蓝。

四、实验步骤

（1）试样量。称取约0.10g粒度不大于0.125mm的试样，精确至0.0001g。

（2）试样分解。将试样置于塑料烧杯中，随同试样进行空白试验。加15mL硝酸-硝酸钾溶液（200g/L），边摇动边缓缓滴加5mL氢氟酸至试样完全溶解。

（3）沉淀分离。加滤纸浆少许，在塑料棒搅拌下加入15mL氟化钾溶液（150g/L，或加15mL硝酸钾饱和溶液），搅拌1min，在25℃以下静置10~15min，使氟硅酸钾沉淀完全。沉淀用中速滤纸加纸浆在塑料漏斗上抽滤，用硝酸钾洗涤液洗烧杯和沉淀6~7次。

（4）滴定。将沉淀连同滤纸置于原烧杯中，加15mL硝酸钾洗涤液、5滴溴麝香草酚蓝-酚红指示剂溶液，在充分搅动下，滴加氢氧化钠标准滴定溶液仔细中和滤纸上的余酸至出现稳定的紫红色，不计毫升数。加150~200mL中性沸水（将蒸馏水煮沸，加数滴溴麝香草酚蓝-酚红指示剂溶液，滴加氢氧化钠标准滴定溶液至溶液呈紫红色，混匀），搅拌，补加数滴指示剂溶液，立即用氢氧化钠标准滴定溶液（0.25mol/L）滴定试液至紫红色为终点。

五、结果计算

按下式计算硅的质量分数。

$$w(\mathrm{Si}) = \frac{c(V - V_0) \times 28.086}{m \times 4000} \times 100\%$$

式中　$w(\mathrm{Si})$——硅的质量分数，% ；

　　　　c——氢氧化钠标准滴定溶液浓度，mol/L；

　　V，V_0——滴定试液和空白试验溶液消耗氢氧化钠标准滴定溶液的体积，mL；

　　　　m——试样量，g；

　　28.086——硅的摩尔质量，g/mol。

或按下式计算：

$$w(\mathrm{Si}) = \frac{T(V - V_0)}{m \times 1000} \times 100\%$$

式中　T——氢氧化钠标准滴定溶液对硅的滴定度，mg/mL。

六、注意事项

（1）氟硅酸钾测定在热水中水解，释放出等物质量的氢氟酸：

$$\mathrm{K_2SiF_6 + 4H_2O =\!=\!= H_4SiO_4 + 4HF + 2KF}$$

用氢氧化钠标准滴定溶液滴定释放出的氢氟酸：

$$\mathrm{HF + NaOH =\!=\!= NaF + H_2O}$$

（2）试样分解温度控制在80℃以下，滴加氢氟酸速度不可太快，以防四氟化硅逸出。对一些难分解的试样，可在塑料烧杯预加约1g硝酸钾，使溶解下的硅即转化成氟硅酸钾沉淀。

（3）沉淀过滤洗涤时采用抽滤法，尽快过滤，防止沉淀水解。为加速抽滤的速度，在滤纸下面垫一层绸布，防止滤纸抽破。

（4）洗涤液中加乙醇，以降低氟硅酸钾的溶解度，并加快游离酸洗去的速度，中和时加洗涤液是防止局部沉淀遇氢氧化钠而发生水解。

（5）氟硅酸钾沉淀的酸度一般控制在 2~3mol/L，酸度太高会增加氟硅酸钾的溶解度，而酸度太低又易产生其他离子的氟化物沉淀。通常在硝酸介质沉淀氟硅酸钾，其溶解度最小。

（6）沉淀温度应控制在25℃以下，体积 40~50mL，室温高时可将烧杯在冰水浴或冷水浴中沉淀。洗涤沉淀的次数不宜过多，用量不宜过大，每次抽滤干后再洗下一次。

（7）分析时注意试剂引入的空白。当氢氟酸的空白较高（消耗氢氧化钠标准滴定溶液0.5mL 以上）时，可用以下方法消除硅的影响：取 100mL 氢氟酸于塑料瓶中，加 10mL 乙醇、20g 硝酸钾，混匀，放置过夜，在塑料漏斗上过滤于塑料瓶中，使用时按两倍量加入。

（8）中和滴定时也可用酚酞或仅以溴麝香草酚蓝作指示剂，滴定至终点时，前者由无色变为微红色，后者由黄色变为蓝色。

（9）含锰高的试样溶解时可加入 1~2mL 过氧化氢，对测定无影响。

附　录

附录1　无机酸在水溶液中的解离常数（25℃）

序　号	名　称	化学式	K_a	pK_a
1	偏铝酸	$HAlO_2$	6.3×10^{-13}	12.20
2	亚砷酸	H_3AsO_3	6.0×10^{-10}	9.22
3	砷酸	H_3AsO_4	6.3×10^{-3} (K_1)	2.20
			1.05×10^{-7} (K_2)	6.98
			3.2×10^{-12} (K_3)	11.50
4	硼酸	H_3BO_3	5.8×10^{-10} (K_1)	9.24
			1.8×10^{-13} (K_2)	12.74
			1.6×10^{-14} (K_3)	13.80
5	次溴酸	$HBrO$	2.4×10^{-9}	8.62
6	氢氰酸	HCN	6.2×10^{-10}	9.21
7	碳酸	H_2CO_3	4.2×10^{-7} (K_1)	6.38
			5.6×10^{-11} (K_2)	10.25
8	次氯酸	$HClO$	3.2×10^{-8}	7.50
9	氢氟酸	HF	6.61×10^{-4}	3.18
10	锗酸	H_2GeO_3	1.7×10^{-9} (K_1)	8.78
			1.9×10^{-13} (K_2)	12.72
11	高碘酸	HIO_4	2.8×10^{-2}	1.56
12	亚硝酸	HNO_2	5.1×10^{-4}	3.29
13	次磷酸	H_3PO_2	5.9×10^{-2}	1.23
14	亚磷酸	H_3PO_3	5.0×10^{-2} (K_1)	1.30
			2.5×10^{-7} (K_2)	6.60
15	磷酸	H_3PO_4	7.52×10^{-3} (K_1)	2.12
			6.31×10^{-8} (K_2)	7.20
			4.4×10^{-13} (K_3)	12.36
16	焦磷酸	$H_4P_2O_7$	3.0×10^{-2} (K_1)	1.52
			4.4×10^{-3} (K_2)	2.36
			2.5×10^{-7} (K_3)	6.60
			5.6×10^{-10} (K_4)	9.25

序　号	名　称	化学式	K_a	pK_a
17	氢硫酸	H_2S	1.3×10^{-7} (K_1)	6.88
			7.1×10^{-15} (K_2)	14.15
18	亚硫酸	H_2SO_3	1.23×10^{-2} (K_1)	1.91
			6.6×10^{-8} (K_2)	7.18
19	硫酸	H_2SO_4	1.0×10^3 (K_1)	-3.0
			1.02×10^{-2} (K_2)	1.99
20	硫代硫酸	$H_2S_2O_3$	2.52×10^{-1} (K_1)	0.60
			1.9×10^{-2} (K_2)	1.72
21	氢硒酸	H_2Se	1.3×10^{-4} (K_1)	3.89
			1.0×10^{-11} (K_2)	11.0
22	亚硒酸	H_2SeO_3	2.7×10^{-3} (K_1)	2.57
			2.5×10^{-7} (K_2)	6.60
23	硒酸	H_2SeO_4	1×10^3 (K_1)	-3.0
			1.2×10^{-2} (K_2)	1.92
24	硅酸	H_2SiO_3	1.7×10^{-10} (K_1)	9.77
			1.6×10^{-12} (K_2)	11.80
25	亚碲酸	H_2TeO_3	2.7×10^{-3} (K_1)	2.57
			1.8×10^{-8} (K_2)	7.74

附录2　有机酸在水溶液中的解离常数（25℃）

序　号	名　称	化学式	K_a	pK_a
1	甲酸	$HCOOH$	1.8×10^{-4}	3.75
2	乙酸	CH_3COOH	1.74×10^{-5}	4.76
3	乙醇酸	$CH_2(OH)COOH$	1.48×10^{-4}	3.83
4	草酸	$(COOH)_2$	5.4×10^{-2} (K_1)	1.27
			5.4×10^{-5} (K_2)	4.27
5	甘氨酸	$CH_2(NH_2)COOH$	1.7×10^{-10}	9.78
6	一氯乙酸	$CH_2ClCOOH$	1.4×10^{-3}	2.86
7	二氯乙酸	$CHCl_2COOH$	5.0×10^{-2}	1.30
8	三氯乙酸	CCl_3COOH	2.0×10^{-1}	0.70
9	丙酸	CH_3CH_2COOH	1.35×10^{-5}	4.87
10	丙烯酸	$CH_2{=}CHCOOH$	5.5×10^{-5}	4.26
11	乳酸（丙醇酸）	$CH_3CHOHCOOH$	1.4×10^{-4}	3.86
12	丙二酸	$HOCOCH_2COOH$	1.4×10^{-3} (K_1)	2.85
			2.2×10^{-6} (K_2)	5.66

序　号	名　称	化　学　式	K_a	pK_a
13	2 - 丙炔酸	$HC \equiv CCOOH$	1.29×10^{-2}	1.89
14	甘油酸	$HOCH_2CHOHCOOH$	2.29×10^{-4}	3.64
15	丙酮酸	$CH_3COCOOH$	3.2×10^{-3}	2.49
16	a- 丙胺酸	CH_3CHNH_2COOH	1.35×10^{-10}	9.87
17	b- 丙胺酸	$CH_2NH_2CH_2COOH$	4.4×10^{-11}	10.36
18	正丁酸	$CH_3(CH_2)_2COOH$	1.52×10^{-5}	4.82
19	异丁酸	$(CH_3)_2CHCOOH$	1.41×10^{-5}	4.85
20	3- 丁烯酸	$CH_2 = CHCH_2COOH$	2.1×10^{-5}	4.68
21	异丁烯酸	$CH_2 = C(CH_2)COOH$	2.2×10^{-5}	4.66
22	反丁烯二酸（富马酸）	$HOCOCH = CHCOOH$	$9.3 \times 10^{-4}\ (K_1)$	3.03
			$3.6 \times 10^{-5}\ (K_2)$	4.44
23	顺丁烯二酸（马来酸）	$HOCOCH = CHCOOH$	$1.2 \times 10^{-2}\ (K_1)$	1.92
			$5.9 \times 10^{-7}\ (K_2)$	6.23
24	酒石酸	$HOCOCH(OH)CH(OH)COOH$	$1.04 \times 10^{-3}\ (K_1)$	2.98
			$4.55 \times 10^{-5}\ (K_2)$	4.34
25	正戊酸	$CH_3(CH_2)_3COOH$	1.4×10^{-5}	4.86
26	异戊酸	$(CH_3)_2CHCH_2COOH$	1.67×10^{-5}	4.78
27	2- 戊烯酸	$CH_3CH_2CH = CHCOOH$	2.0×10^{-5}	4.70
28	3- 戊烯酸	$CH_3CH = CHCH_2COOH$	3.0×10^{-5}	4.52
29	4- 戊烯酸	$CH_2 = CHCH_2CH_2COOH$	2.10×10^{-5}	4.677
30	戊二酸	$HOCO(CH_2)_3COOH$	$1.7 \times 10^{-4}\ (K_1)$	3.77
			$8.3 \times 10^{-7}\ (K_2)$	6.08
31	谷氨酸	$HOCOCH_2CH_2CH(NH_2)COOH$	$7.4 \times 10^{-3}\ (K_1)$	2.13
			$4.9 \times 10^{-5}\ (K_2)$	4.31
			$4.4 \times 10^{-10}\ (K_3)$	9.358
32	正己酸	$CH_3(CH_2)_4COOH$	1.39×10^{-5}	4.86
33	异己酸	$(CH_3)_2CH\ (CH_2)_3 — COOH$	1.43×10^{-5}	4.85
34	（E）-2- 己烯酸	$H(CH_2)_3CH = CHCOOH$	1.8×10^{-5}	4.74
35	（E）-3- 己烯酸	$CH_3CH_2CH = CHCH_2COOH$	1.9×10^{-5}	4.72
36	己二酸	$HOCOCH_2CH_2CH_2COOH$	$3.8 \times 10^{-5}\ (K_1)$	4.42
			$3.9 \times 10^{-6}\ (K_2)$	5.41
37	柠檬酸	$HOCOCH_2C(OH)(COOH)CH_2COOH$	$7.4 \times 10^{-4}\ (K_1)$	3.13
			$1.7 \times 10^{-5}\ (K_2)$	4.76
			$4.0 \times 10^{-7}\ (K_3)$	6.40
38	苯 酚	C_6H_5OH	1.1×10^{-10}	9.96

序　号	名　称	化　学　式	K_a	pK_a
39	邻苯二酚	$(o)C_6H_4(OH)_2$	3.6×10^{-10}	9.45
			1.6×10^{-13}	12.8
40	间苯二酚	$(m)C_6H_4(OH)_2$	$3.6 \times 10^{-10}(K_1)$	9.30
			$8.71 \times 10^{-12}(K_2)$	11.06
41	对苯二酚	$(p)C_6H_4(OH)_2$	1.1×10^{-10}	9.96
42	2,4,6-三硝基苯酚	$2,4,6-(NO_2)_3C_6H_2OH$	5.1×10^{-1}	0.29
43	葡萄糖酸	$CH_2OH(CHOH)_4COOH$	1.4×10^{-4}	3.86
44	苯甲酸	C_6H_5COOH	6.3×10^{-5}	4.20
45	水杨酸	$C_6H_4(OH)COOH$	$1.05 \times 10^{-3}(K_1)$	2.98
			$4.17 \times 10^{-13}(K_2)$	12.38
46	邻硝基苯甲酸	$(o)NO_2C_6H_4COOH$	6.6×10^{-3}	2.18
47	间硝基苯甲酸	$(m)NO_2C_6H_4COOH$	3.5×10^{-4}	3.46
48	对硝基苯甲酸	$(p)NO_2C_6H_4COOH$	3.6×10^{-4}	3.44
49	邻苯二甲酸	$(o)C_6H_4(COOH)_2$	$1.1 \times 10^{-3}(K_1)$	2.96
			$4.0 \times 10^{-6}(K_2)$	5.40
50	间苯二甲酸	$(m)C_6H_4(COOH)_2$	$2.4 \times 10^{-4}(K_1)$	3.62
			$2.5 \times 10^{-5}(K_2)$	4.60
51	对苯二甲酸	$(p)C_6H_4(COOH)_2$	$2.9 \times 10^{-4}(K_1)$	3.54
			$3.5 \times 10^{-5}(K_2)$	4.46
52	1,3,5-苯三甲酸	$C_6H_3(COOH)_3$	$7.6 \times 10^{-3}(K_1)$	2.12
			$7.9 \times 10^{-5}(K_2)$	4.10
			$6.6 \times 10^{-6}(K_3)$	5.18
53	苯基六羧酸	$C_6(COOH)_6$	$2.1 \times 10^{-1}(K_1)$	0.68
			$6.2 \times 10^{-3}(K_2)$	2.21
			$3.0 \times 10^{-4}(K_3)$	3.52
			$8.1 \times 10^{-6}(K_4)$	5.09
			$4.8 \times 10^{-7}(K_5)$	6.32
			$3.2 \times 10^{-8}(K_6)$	7.49
54	癸二酸	$HOOC(CH_2)_8COOH$	$2.6 \times 10^{-5}(K_1)$	4.59
			$2.6 \times 10^{-6}(K_2)$	5.59
55	乙二胺四乙酸（EDTA）	$CH_2-N(CH_2COOH)_2$ $\vert$ $CH_2-N(CH_2COOH)_2$	$1.0 \times 10^{-2}(K_1)$	2.0
			$2.14 \times 10^{-3}(K_2)$	2.67
			$6.92 \times 10^{-7}(K_3)$	6.16
			$5.5 \times 10^{-11}(K_4)$	10.26

附录 3　无机碱在水溶液中的解离常数（25℃）

序号	名　称	化 学 式	K_b	pK_b
1	氢氧化铝	$Al(OH)_3$	$1.38 \times 10^{-9}(K_3)$	8.86
2	氢氧化银	$AgOH$	1.10×10^{-4}	3.96
3	氢氧化钙	$Ca(OH)_2$	3.72×10^{-3}	2.43
			3.98×10^{-2}	1.40
4	氨水	$NH_3 + H_2O$	1.78×10^{-5}	4.75
5	肼(联氨)	$N_2H_4 + H_2O$	$9.55 \times 10^{-7}(K_1)$	6.02
			$1.26 \times 10^{-15}(K_2)$	14.9
6	羟氨	$NH_2OH + H_2O$	9.12×10^{-9}	8.04
7	氢氧化铅	$Pb(OH)_2$	$9.55 \times 10^{-4}(K_1)$	3.02
			$3.0 \times 10^{-8}(K_2)$	7.52
8	氢氧化锌	$Zn(OH)_2$	9.55×10^{-4}	3.02

附录 4　有机碱在水溶液中的解离常数（25℃）

序号	名　称	化 学 式	K_b	pK_b
1	甲胺	CH_3NH_2	4.17×10^{-4}	3.38
2	尿素(脲)	$CO(NH_2)_2$	1.5×10^{-14}	13.82
3	乙胺	$CH_3CH_2NH_2$	4.27×10^{-4}	3.37
4	乙醇胺	$H_2N(CH_2)_2OH$	3.16×10^{-5}	4.50
5	乙二胺	$H_2N(CH_2)_2NH_2$	$8.51 \times 10^{-5}(K_1)$	4.07
			$7.08 \times 10^{-8}(K_2)$	7.15
6	二甲胺	$(CH_3)_2NH$	5.89×10^{-4}	3.23
7	三甲胺	$(CH_3)_3N$	6.31×10^{-5}	4.20
8	三乙胺	$(C_2H_5)_3N$	5.25×10^{-4}	3.28
9	丙胺	$C_3H_7NH_2$	3.70×10^{-4}	3.432
10	异丙胺	$i - C_3H_7NH_2$	4.37×10^{-4}	3.36
11	1,3 - 丙二胺	$NH_2(CH_2)_3NH_2$	$2.95 \times 10^{-4}(K_1)$	3.53
			$3.09 \times 10^{-6}(K_2)$	5.51
12	1,2 - 丙二胺	$CH_3CH(NH_2)CH_2NH_2$	$5.25 \times 10^{-5}(K_1)$	4.28
			$4.05 \times 10^{-8}(K_2)$	7.393
13	三丙胺	$(CH_3CH_2CH_2)_3N$	4.57×10^{-4}	3.34
14	三乙醇胺	$(HOCH_2CH_2)_3N$	5.75×10^{-7}	6.24
15	丁胺	$C_4H_9NH_2$	4.37×10^{-4}	3.36

续附录 4

序号	名　称	化 学 式	K_b	pK_b
16	异丁胺	$C_4H_9NH_2$	2.57×10^{-4}	3.59
17	叔丁胺	$C_4H_9NH_2$	4.84×10^{-4}	3.315
18	己胺	$H(CH_2)_6NH_2$	4.37×10^{-4}	3.36
19	辛胺	$H(CH_2)_8NH_2$	4.47×10^{-4}	3.35
20	苯胺	$C_6H_5NH_2$	3.98×10^{-10}	9.40
21	苄胺	C_7H_9N	2.24×10^{-5}	4.65
22	环己胺	$C_6H_{11}NH_2$	4.37×10^{-4}	3.36
23	吡啶	C_5H_5N	1.48×10^{-9}	8.83
24	六亚甲基四胺	$(CH_2)_6N_4$	1.35×10^{-9}	8.87
25	2-氯酚	C_6H_5ClO	3.55×10^{-6}	5.45
26	3-氯酚	C_6H_5ClO	1.26×10^{-5}	4.90
27	4-氯酚	C_6H_5ClO	2.69×10^{-5}	4.57
28	邻氨基苯酚	$(o)H_2NC_6H_4OH$	5.2×10^{-5}	4.28
			1.9×10^{-5}	4.72
29	间氨基苯酚	$(m)H_2NC_6H_4OH$	7.4×10^{-5}	4.13
			6.8×10^{-5}	4.17
30	对氨基苯酚	$(p)H_2NC_6H_4OH$	2.0×10^{-4}	3.70
			3.2×10^{-6}	5.50
31	邻甲苯胺	$(o)CH_3C_6H_4NH_2$	2.82×10^{-10}	9.55
32	间甲苯胺	$(m)CH_3C_6H_4NH_2$	5.13×10^{-10}	9.29
33	对甲苯胺	$(p)CH_3C_6H_4NH_2$	1.20×10^{-9}	8.92
34	8-羟基喹啉(20℃)	$8-HO—C_9H_6N$	6.5×10^{-5}	4.19
35	二苯胺	$(C_6H_5)_2NH$	7.94×10^{-14}	13.1
36	联苯胺	$H_2NC_6H_4C_6H_4NH_2$	$5.01\times10^{-10}(K_1)$	9.30
			$4.27\times10^{-11}(K_2)$	10.37

附录 5　　常用 pH 缓冲溶液的配制和 pH 值

序号	溶液名称	配 制 方 法	pH值
1	氯化钾-盐酸	13.0mL 0.2mol/L HCl 与 25.0mL 0.2mol/L KCl 混合均匀后，加水稀释至100mL	1.7
2	氨基乙酸-盐酸	在 500mL 水中溶解氨基乙酸150g，加480mL浓盐酸，再加水稀释至1L	2.3
3	一氯乙酸-氢氧化钠	在 200mL 水中溶解2g一氯乙酸后，加40g NaOH，溶解完全后再加水稀释至1L	2.8
4	邻苯二甲酸氢钾-盐酸	把 25.0mL 0.2mol/L 的邻苯二甲酸氢钾溶液与 6.0mL 0.1mol/L HCl 混合均匀，加水稀释至100mL	3.6

续附录 5

序号	溶液名称	配制方法	pH 值
5	邻苯二甲酸氢钾 – 氢氧化钠	把 25.0mL 0.2mol/L 的邻苯二甲酸氢钾溶液与 17.5mL 0.1mol/L NaOH 混合均匀，加水稀释至 100mL	4.8
6	六亚甲基四胺 – 盐酸	在 200mL 水中溶解六亚甲基四胺 40g，加浓 HCl 10mL，再加水稀释至 1L	5.4
7	磷酸二氢钾 – 氢氧化钠	把 25.0mL 0.2mol/L 的磷酸二氢钾与 23.6mL 0.1mol/L NaOH 混合均匀，加水稀释至 100mL	6.8
8	硼酸 – 氯化钾 – 氢氧化钠	把 25.0mL 0.2mol/L 的硼酸 – 氯化钾与 4.0mL 0.1mol/L NaOH 混合均匀，加水稀释至 100mL	8.0
9	氯化铵 – 氨水	把 0.1mol/L 氯化铵与 0.1mol/L 氨水以 2:1 比例混合均匀	9.1
10	硼酸 – 氯化钾 – 氢氧化钠	把 25.0mL 0.2mol/L 的硼酸 – 氯化钾与 43.9mL 0.1mol/L NaOH 混合均匀，加水稀释至 100mL	10.0
11	氨基乙酸 – 氯化钠 – 氢氧化钠	把 49.0mL 0.1mol/L 氨基乙酸 – 氯化钠与 51.0mL 0.1mol/L NaOH 混合均匀	11.6
12	磷酸氢二钠 – 氢氧化钠	把 50.0mL　0.05mol/L Na$_2$HPO$_4$ 与 26.9mL 0.1mol/L NaOH 混合均匀，加水稀释至 100mL	12.0
13	氯化钾 – 氢氧化钠	把 25.0mL 0.2mol/L KCl 与 66.0mL 0.2mol/L NaOH 混合均匀，加水稀释至 100mL	13.0

附录 6　难溶化合物的溶度积常数

序号	分子式	K_{sp}	pK_{sp} ($-lgK_{sp}$)	序号	分子式	K_{sp}	pK_{sp} ($-lgK_{sp}$)
1	Ag$_3$AsO$_4$	1.0×10^{-22}	22.0	15	Ag$_2$S	6.3×10^{-50}	49.2
2	AgBr	5.0×10^{-13}	12.3	16	AgSCN	1.0×10^{-12}	12.00
3	AgBrO$_3$	5.50×10^{-5}	4.26	17	Ag$_2$SO$_3$	1.5×10^{-14}	13.82
4	AgCl	1.8×10^{-10}	9.75	18	Ag$_2$SO$_4$	1.4×10^{-5}	4.84
5	AgCN	1.2×10^{-16}	15.92	19	Ag$_2$Se	2.0×10^{-64}	63.7
6	Ag$_2$CO$_3$	8.1×10^{-12}	11.09	20	Ag$_2$SeO$_3$	1.0×10^{-15}	15.00
7	Ag$_2$C$_2$O$_4$	3.5×10^{-11}	10.46	21	Ag$_2$SeO$_4$	5.7×10^{-8}	7.25
8	Ag$_2$Cr$_2$O$_4$	1.2×10^{-12}	11.92	22	AgVO$_3$	5.0×10^{-7}	6.3
9	Ag$_2$Cr$_2$O$_7$	2.0×10^{-7}	6.70	23	Ag$_2$WO$_4$	5.5×10^{-12}	11.26
10	AgI	8.3×10^{-17}	16.08	24	Al(OH)$_3$①	4.57×10^{-33}	32.34
11	AgIO$_3$	3.1×10^{-8}	7.51	25	AlPO$_4$	6.3×10^{-19}	18.24
12	AgOH	2.0×10^{-8}	7.71	26	Al$_2$S$_3$	2.0×10^{-7}	6.7
13	Ag$_2$MoO$_4$	2.8×10^{-12}	11.55	27	Au(OH)$_3$	5.5×10^{-46}	45.26
14	Ag$_3$PO$_4$	1.4×10^{-16}	15.84	28	AuCl$_3$	3.2×10^{-25}	24.5

序号	分子式	K_{sp}	pK_{sp} $(-\lg K_{sp})$	序号	分子式	K_{sp}	pK_{sp} $(-\lg K_{sp})$
29	AuI_3	1.0×10^{-46}	46.0		$Co(OH)_2$（蓝）	6.31×10^{-15}	14.2
30	$Ba_3(AsO_4)_2$	8.0×10^{-51}	50.1	64	$Co(OH)_2$ （粉红，新沉淀）	1.58×10^{-15}	14.8
31	$BaCO_3$	5.1×10^{-9}	8.29				
32	BaC_2O_4	1.6×10^{-7}	6.79		$Co(OH)_2$（粉红，陈化）	2.00×10^{-16}	15.7
33	$BaCrO_4$	1.2×10^{-10}	9.93	65	$CoHPO_4$	2.0×10^{-7}	6.7
34	$Ba_3(PO_4)_2$	3.4×10^{-23}	22.44	66	$Co_3(PO_4)_3$	2.0×10^{-35}	34.7
35	$BaSO_4$	1.1×10^{-10}	9.96	67	$CrAsO_4$	7.7×10^{-21}	20.11
36	BaS_2O_3	1.6×10^{-5}	4.79	68	$Cr(OH)_3$	6.3×10^{-31}	30.2
37	$BaSeO_3$	2.7×10^{-7}	6.57	69	$CrPO_4 \cdot 4H_2O$（绿）	2.4×10^{-23}	22.62
38	$BaSeO_4$	3.5×10^{-8}	7.46		$CrPO_4 \cdot 4H_2O$（紫）	1.0×10^{-17}	17.0
39	$Be(OH)_2$[②]	1.6×10^{-22}	21.8	70	$CuBr$	5.3×10^{-9}	8.28
40	$BiAsO_4$	4.4×10^{-10}	9.36	71	$CuCl$	1.2×10^{-6}	5.92
41	$Bi_2(C_2O_4)_3$	3.98×10^{-36}	35.4	72	$CuCN$	3.2×10^{-20}	19.49
42	$Bi(OH)_3$	4.0×10^{-31}	30.4	73	$CuCO_3$	2.34×10^{-10}	9.63
43	$BiPO_4$	1.26×10^{-23}	22.9	74	CuI	1.1×10^{-12}	11.96
44	$CaCO_3$	2.8×10^{-9}	8.54	75	$Cu(OH)_2$	4.8×10^{-20}	19.32
45	$CaC_2O_4 \cdot H_2O$	4.0×10^{-9}	8.4	76	$Cu_3(PO_4)_2$	1.3×10^{-37}	36.9
46	CaF_2	2.7×10^{-11}	10.57	77	Cu_2S	2.5×10^{-48}	47.6
47	$CaMoO_4$	4.17×10^{-8}	7.38	78	Cu_2Se	1.58×10^{-61}	60.8
48	$Ca(OH)_2$	5.5×10^{-6}	5.26	79	CuS	6.3×10^{-36}	35.2
49	$Ca_3(PO_4)_2$	2.0×10^{-29}	28.70	80	$CuSe$	7.94×10^{-49}	48.1
50	$CaSO_4$	3.16×10^{-7}	5.04	81	$Dy(OH)_3$	1.4×10^{-22}	21.85
51	$CaSiO_3$	2.5×10^{-8}	7.60	82	$Er(OH)_3$	4.1×10^{-24}	23.39
52	$CaWO_4$	8.7×10^{-9}	8.06	83	$Eu(OH)_3$	8.9×10^{-24}	23.05
53	$CdCO_3$	5.2×10^{-12}	11.28	84	$FeAsO_4$	5.7×10^{-21}	20.24
54	$CdC_2O_4 \cdot 3H_2O$	9.1×10^{-8}	7.04	85	$FeCO_3$	3.2×10^{-11}	10.50
55	$Cd_3(PO_4)_2$	2.5×10^{-33}	32.6	86	$Fe(OH)_2$	8.0×10^{-16}	15.1
56	CdS	8.0×10^{-27}	26.1	87	$Fe(OH)_3$	4.0×10^{-38}	37.4
57	$CdSe$	6.31×10^{-36}	35.2	88	$FePO_4$	1.3×10^{-22}	21.89
58	$CdSeO_3$	1.3×10^{-9}	8.89	89	FeS	6.3×10^{-18}	17.2
59	CeF_3	8.0×10^{-16}	15.1	90	$Ga(OH)_3$	7.0×10^{-36}	35.15
60	$CePO_4$	1.0×10^{-23}	23.0	91	$GaPO_4$	1.0×10^{-21}	21.0
61	$Co_3(AsO_4)_2$	7.6×10^{-29}	28.12	92	$Gd(OH)_3$	1.8×10^{-23}	22.74
62	$CoCO_3$	1.4×10^{-13}	12.84	93	$Hf(OH)_4$	4.0×10^{-26}	25.4
63	CoC_2O_4	6.3×10^{-8}	7.2	94	Hg_2Br_2	5.6×10^{-23}	22.24

序号	分子式	K_{sp}	pK_{sp} ($-lgK_{sp}$)	序号	分子式	K_{sp}	pK_{sp} ($-lgK_{sp}$)
95	Hg_2Cl_2	1.3×10^{-18}	17.88	130	$Ni_3(PO_4)_2$	5.0×10^{-31}	30.3
96	HgC_2O_4	1.0×10^{-7}	7.0	131	$\alpha-NiS$	3.2×10^{-19}	18.5
97	Hg_2CO_3	8.9×10^{-17}	16.05	132	$\beta-NiS$	1.0×10^{-24}	24.0
98	$Hg_2(CN)_2$	5.0×10^{-40}	39.3	133	$\gamma-NiS$	2.0×10^{-26}	25.7
99	Hg_2CrO_4	2.0×10^{-9}	8.70	134	$Pb_3(AsO_4)_2$	4.0×10^{-36}	35.39
100	Hg_2I_2	4.5×10^{-29}	28.35	135	$PbBr_2$	4.0×10^{-5}	4.41
101	HgI_2	2.82×10^{-29}	28.55	136	$PbCl_2$	1.6×10^{-5}	4.79
102	$Hg_2(IO_3)_2$	2.0×10^{-14}	13.71	137	$PbCO_3$	7.4×10^{-14}	13.13
103	$Hg_2(OH)_2$	2.0×10^{-24}	23.7	138	$PbCrO_4$	2.8×10^{-13}	12.55
104	$HgSe$	1.0×10^{-59}	59.0	139	PbF_2	2.7×10^{-8}	7.57
105	$HgS(红)$	4.0×10^{-53}	52.4	140	$PbMoO_4$	1.0×10^{-13}	13.0
106	$HgS(黑)$	1.6×10^{-52}	51.8	141	$Pb(OH)_2$	1.2×10^{-15}	14.93
107	Hg_2WO_4	1.1×10^{-17}	16.96	142	$Pb(OH)_4$	3.2×10^{-66}	65.49
108	$Ho(OH)_3$	5.0×10^{-23}	22.30	143	$Pb_3(PO_4)_3$	8.0×10^{-43}	42.10
109	$In(OH)_3$	1.3×10^{-37}	36.9	144	PbS	1.0×10^{-28}	28.00
110	$InPO_4$	2.3×10^{-22}	21.63	145	$PbSO_4$	1.6×10^{-8}	7.79
111	In_2S_3	5.7×10^{-74}	73.24	146	$PbSe$	7.94×10^{-43}	42.1
112	$La_2(CO_3)_3$	3.98×10^{-34}	33.4	147	$PbSeO_4$	1.4×10^{-7}	6.84
113	$LaPO_4$	3.98×10^{-23}	22.43	148	$Pd(OH)_2$	1.0×10^{-31}	31.0
114	$Lu(OH)_3$	1.9×10^{-24}	23.72	149	$Pd(OH)_4$	6.3×10^{-71}	70.2
115	$Mg_3(AsO_4)_2$	2.1×10^{-20}	19.68	150	PdS	2.03×10^{-58}	57.69
116	$MgCO_3$	3.5×10^{-8}	7.46	151	$Pm(OH)_3$	1.0×10^{-21}	21.0
117	$MgCO_3 \cdot 3H_2O$	2.14×10^{-5}	4.67	152	$Pr(OH)_3$	6.8×10^{-22}	21.17
118	$Mg(OH)_2$	1.8×10^{-11}	10.74	153	$Pt(OH)_2$	1.0×10^{-35}	35.0
119	$Mg_3(PO_4)_2 \cdot 8H_2O$	6.31×10^{-26}	25.2	154	$Pu(OH)_3$	2.0×10^{-20}	19.7
120	$Mn_3(AsO_4)_2$	1.9×10^{-29}	28.72	155	$Pu(OH)_4$	1.0×10^{-55}	55.0
121	$MnCO_3$	1.8×10^{-11}	10.74	156	$RaSO_4$	4.2×10^{-11}	10.37
122	$Mn(IO_3)_2$	4.37×10^{-7}	6.36	157	$Rh(OH)_3$	1.0×10^{-23}	23.0
123	$Mn(OH)_4$	1.9×10^{-13}	12.72	158	$Ru(OH)_3$	1.0×10^{-36}	36.0
124	$MnS(粉红)$	2.5×10^{-10}	9.6	159	Sb_2S_3	1.5×10^{-93}	92.8
125	$MnS(绿)$	2.5×10^{-13}	12.6	160	ScF_3	4.2×10^{-18}	17.37
126	$Ni_3(AsO_4)_2$	3.1×10^{-26}	25.51	161	$Sc(OH)_3$	8.0×10^{-31}	30.1
127	$NiCO_3$	6.6×10^{-9}	8.18	162	$Sm(OH)_3$	8.2×10^{-23}	22.08
128	NiC_2O_4	4.0×10^{-10}	9.4	163	$Sn(OH)_2$	1.4×10^{-28}	27.85
129	$Ni(OH)_2(新)$	2.0×10^{-15}	14.7	164	$Sn(OH)_4$	1.0×10^{-56}	56.0

续附录6

序号	分子式	K_{sp}	pK_{sp} $(-\lg K_{sp})$	序号	分子式	K_{sp}	pK_{sp} $(-\lg K_{sp})$
165	SnO_2	3.98×10^{-65}	64.4	182	$TlCl$	1.7×10^{-4}	3.76
166	SnS	1.0×10^{-25}	25.0	183	Tl_2CrO_4	9.77×10^{-13}	12.01
167	$SnSe$	3.98×10^{-39}	38.4	184	TlI	6.5×10^{-8}	7.19
168	$Sr_3(AsO_4)_2$	8.1×10^{-19}	18.09	185	TlN_3	2.2×10^{-4}	3.66
169	$SrCO_3$	1.1×10^{-10}	9.96	186	Tl_2S	5.0×10^{-21}	20.3
170	$SrC_2O_4 \cdot H_2O$	1.6×10^{-7}	6.80	187	$TlSeO_3$	2.0×10^{-39}	38.7
171	SrF_2	2.5×10^{-9}	8.61	188	$UO_2(OH)_2$	1.1×10^{-22}	21.95
172	$Sr_3(PO_4)_2$	4.0×10^{-28}	27.39	189	$VO(OH)_2$	5.9×10^{-23}	22.13
173	$SrSO_4$	3.2×10^{-7}	6.49	190	$Y(OH)_3$	8.0×10^{-23}	22.1
174	$SrWO_4$	1.7×10^{-10}	9.77	191	$Yb(OH)_3$	3.0×10^{-24}	23.52
175	$Tb(OH)_3$	2.0×10^{-22}	21.7	192	$Zn_3(AsO_4)_2$	1.3×10^{-28}	27.89
176	$Te(OH)_4$	3.0×10^{-54}	53.52	193	$ZnCO_3$	1.4×10^{-11}	10.84
177	$Th(C_2O_4)_2$	1.0×10^{-22}	22.0	194	$Zn(OH)_2$③	2.09×10^{-16}	15.68
178	$Th(IO_3)_4$	2.5×10^{-15}	14.6	195	$Zn_3(PO_4)_2$	9.0×10^{-33}	32.04
179	$Th(OH)_4$	4.0×10^{-45}	44.4	196	$\alpha - ZnS$	1.6×10^{-24}	23.8
180	$Ti(OH)_3$	1.0×10^{-40}	40.0	197	$\beta - ZnS$	2.5×10^{-22}	21.6
181	$TlBr$	3.4×10^{-6}	5.47	198	$ZrO(OH)_2$	6.3×10^{-49}	48.2

①~③形态均为无定形。

附录7　金属-无机配位体配合物的稳定常数

序号	配位体	金属离子	配位体数目 n	$\lg\beta_n$
1	NH_3	Ag^+	1, 2	3.24, 7.05
		Au^{3+}	4	10.3
		Cd^{2+}	1, 2, 3, 4, 5, 6	2.65, 4.75, 6.19, 7.12, 6.80, 5.14
		Co^{2+}	1, 2, 3, 4, 5, 6	2.11, 3.74, 4.79, 5.55, 5.73, 5.11
		Co^{3+}	1, 2, 3, 4, 5, 6	6.7, 14.0, 20.1, 25.7, 30.8, 35.2
		Cu^+	1, 2	5.93, 10.86
		Cu^{2+}	1, 2, 3, 4, 5	4.31, 7.98, 11.02, 13.32, 12.86
		Fe^{2+}	1, 2	1.4, 2.2
		Hg^{2+}	1, 2, 3, 4	8.8, 17.5, 18.5, 19.28
		Mn^{2+}	1, 2	0.8, 1.3
		Ni^{2+}	1, 2, 3, 4, 5, 6	2.80, 5.04, 6.77, 7.96, 8.71, 8.74
		Pd^{2+}	1, 2, 3, 4	9.6, 18.5, 26.0, 32.8
		Pt^{2+}	6	35.3
		Zn^{2+}	1, 2, 3, 4	2.37, 4.81, 7.31, 9.46

序号	配位体	金属离子	配位体数目 n	lgβ_n
2	Br$^-$	Ag$^+$	1, 2, 3, 4	4.38, 7.33, 8.00, 8.73
		Bi^{3+}	1, 2, 3, 4, 5, 6	2.37, 4.20, 5.90, 7.30, 8.20, 8.30
		Cd^{2+}	1, 2, 3, 4	1.75, 2.34, 3.32, 3.70
		Ce^{3+}	1	0.42
		Cu$^+$	2	5.89
		Cu^{2+}	1	0.30
		Hg^{2+}	1, 2, 3, 4	9.05, 17.32, 19.74, 21.00
		In^{3+}	1, 2	1.30, 1.88
		Pb^{2+}	1, 2, 3, 4	1.77, 2.60, 3.00, 2.30
		Pd^{2+}	1, 2, 3, 4	5.17, 9.42, 12.70, 14.90
		Rh^{3+}	2, 3, 4, 5, 6	14.3, 16.3, 17.6, 18.4, 17.2
		Sc^{3+}	1, 2	2.08, 3.08
		Sn^{2+}	1, 2, 3	1.11, 1.81, 1.46
		Tl^{3+}	1, 2, 3, 4, 5, 6	9.7, 16.6, 21.2, 23.9, 29.2, 31.6
		U^{4+}	1	0.18
		Y^{3+}	1	1.32
3	Cl$^-$	Ag$^+$	1, 2, 4	3.04, 5.04, 5.30
		Bi^{3+}	1, 2, 3, 4	2.44, 4.7, 5.0, 5.6
		Cd^{2+}	1, 2, 3, 4	1.95, 2.50, 2.60, 2.80
		Co^{3+}	1	1.42
		Cu$^+$	2, 3	5.5, 5.7
		Cu^{2+}	1, 2	0.1, -0.6
		Fe^{2+}	1	1.17
		Fe^{3+}	2	9.8
		Hg^{2+}	1, 2, 3, 4	6.74, 13.22, 14.07, 15.07
		In^{3+}	1, 2, 3, 4	1.62, 2.44, 1.70, 1.60
		Pb^{2+}	1, 2, 3	1.42, 2.23, 3.23
		Pd^{2+}	1, 2, 3, 4	6.1, 10.7, 13.1, 15.7
		Pt^{2+}	2, 3, 4	11.5, 14.5, 16.0
		Sb^{3+}	1, 2, 3, 4	2.26, 3.49, 4.18, 4.72
		Sn^{2+}	1, 2, 3, 4	1.51, 2.24, 2.03, 1.48
		Tl^{3+}	1, 2, 3, 4	8.14, 13.60, 15.78, 18.00
		Th^{4+}	1, 2	1.38, 0.38
		Zn^{2+}	1, 2, 3, 4	0.43, 0.61, 0.53, 0.20
		Zr^{4+}	1, 2, 3, 4	0.9, 1.3, 1.5, 1.2

序号	配位体	金属离子	配位体数目 n	$\lg\beta_n$
4	CN^-	Ag^+	2, 3, 4	21.1, 21.7, 20.6
		Au^+	2	38.3
		Cd^{2+}	1, 2, 3, 4	5.48, 10.60, 15.23, 18.78
		Cu^+	2, 3, 4	24.0, 28.59, 30.30
		Fe^{2+}	6	35.0
		Fe^{3+}	6	42.0
		Hg^{2+}	4	41.4
		Ni^{2+}	4	31.3
		Zn^{2+}	1, 2, 3, 4	5.3, 11.70, 16.70, 21.60
5	F^-	Al^{3+}	1, 2, 3, 4, 5, 6	6.11, 11.12, 15.00, 18.00, 19.40, 19.80
		Be^{2+}	1, 2, 3, 4	4.99, 8.80, 11.60, 13.10
		Bi^{3+}	1	1.42
		Co^{2+}	1	0.4
		Cr^{3+}	1, 2, 3	4.36, 8.70, 11.20
		Cu^{2+}	1	0.9
		Fe^{2+}	1	0.8
		Fe^{3+}	1, 2, 3, 5	5.28, 9.30, 12.06, 15.77
		Ga^{3+}	1, 2, 3	4.49, 8.00, 10.50
		Hf^{4+}	1, 2, 3, 4, 5, 6	9.0, 16.5, 23.1, 28.8, 34.0, 38.0
		Hg^{2+}	1	1.03
		In^{3+}	1, 2, 3, 4	3.70, 6.40, 8.60, 9.80
		Mg^{2+}	1	1.30
		Mn^{2+}	1	5.48
		Ni^{2+}	1	0.50
		Pb^{2+}	1, 2	1.44, 2.54
		Sb^{3+}	1, 2, 3, 4	3.0, 5.7, 8.3, 10.9
		Sn^{2+}	1, 2, 3	4.08, 6.68, 9.50
		Th^{4+}	1, 2, 3, 4	8.44, 15.08, 19.80, 23.20
		TiO^{2+}	1, 2, 3, 4	5.4, 9.8, 13.7, 18.0
		Zn^{2+}	1	0.78
		Zr^{4+}	1, 2, 3, 4, 5, 6	9.4, 17.2, 23.7, 29.5, 33.5, 38.3
6	I^-	Ag^+	1, 2, 3	6.58, 11.74, 13.68
		Bi^{3+}	1, 4, 5, 6	3.63, 14.95, 16.80, 18.80
		Cd^{2+}	1, 2, 3, 4	2.10, 3.43, 4.49, 5.41
		Cu^+	2	8.85
		Fe^{3+}	1	1.88

序号	配位体	金属离子	配位体数目 n	$\lg\beta_n$
6	I^-	Hg^{2+}	1, 2, 3, 4	12.87, 23.82, 27.60, 29.83
		Pb^{2+}	1, 2, 3, 4	2.00, 3.15, 3.92, 4.47
		Pd^{2+}	4	24.5
		Tl^+	1, 2, 3	0.72, 0.90, 1.08
		Tl^{3+}	1, 2, 3, 4	11.41, 20.88, 27.60, 31.82
7	OH^-	Ag^+	1, 2	2.0, 3.99
		Al^{3+}	1, 4	9.27, 33.03
		As^{3+}	1, 2, 3, 4	14.33, 18.73, 20.60, 21.20
		Be^{2+}	1, 2, 3	9.7, 14.0, 15.2
		Bi^{3+}	1, 2, 4	12.7, 15.8, 35.2
		Ca^{2+}	1	1.3
		Cd^{2+}	1, 2, 3, 4	4.17, 8.33, 9.02, 8.62
		Ce^{3+}	1	4.6
		Ce^{4+}	1, 2	13.28, 26.46
		Co^{2+}	1, 2, 3, 4	4.3, 8.4, 9.7, 10.2
		Cr^{3+}	1, 2, 4	10.1, 17.8, 29.9
		Cu^{2+}	1, 2, 3, 4	7.0, 13.68, 17.00, 18.5
		Fe^{2+}	1, 2, 3, 4	5.56, 9.77, 9.67, 8.58
		Fe^{3+}	1, 2, 3	11.87, 21.17, 29.67
		Hg^{2+}	1, 2, 3	10.6, 21.8, 20.9
		In^{3+}	1, 2, 3, 4	10.0, 20.2, 29.6, 38.9
		Mg^{2+}	1	2.58
		Mn^{2+}	1, 3	3.9, 8.3
		Ni^{2+}	1, 2, 3	4.97, 8.55, 11.33
		Pa^{4+}	1, 2, 3, 4	14.04, 27.84, 40.7, 51.4
		Pb^{2+}	1, 2, 3	7.82, 10.85, 14.58
		Pd^{2+}	1, 2	13.0, 25.8
		Sb^{3+}	2, 3, 4	24.3, 36.7, 38.3
		Sc^{3+}	1	8.9
		Sn^{2+}	1	10.4
		Th^{3+}	1, 2	12.86, 25.37
		Ti^{3+}	1	12.71
		Zn^{2+}	1, 2, 3, 4	4.40, 11.30, 14.14, 17.66
		Zr^{4+}	1, 2, 3, 4	14.3, 28.3, 41.9, 55.3
8	NO_3^-	Ba^{2+}	1	0.92
		Bi^{3+}	1	1.26

序号	配位体	金属离子	配位体数目 n	$\lg\beta_n$
8	NO_3^-	Ca^{2+}	1	0.28
		Cd^{2+}	1	0.40
		Fe^{3+}	1	1.0
		Hg^{2+}	1	0.35
		Pb^{2+}	1	1.18
		Tl^+	1	0.33
		Tl^{3+}	1	0.92
9	$P_2O_7^{4-}$	Ba^{2+}	1	4.6
		Ca^{2+}	1	4.6
		Cd^{3+}	1	5.6
		Co^{2+}	1	6.1
		Cu^{2+}	1, 2	6.7, 9.0
		Hg^{2+}	2	12.38
		Mg^{2+}	1	5.7
		Ni^{2+}	1, 2	5.8, 7.4
		Pb^{2+}	1, 2	7.3, 10.15
		Zn^{2+}	1, 2	8.7, 11.0
10	SCN^-	Ag^+	1, 2, 3, 4	4.6, 7.57, 9.08, 10.08
		Bi^{3+}	1, 2, 3, 4, 5, 6	1.67, 3.00, 4.00, 4.80, 5.50, 6.10
		Cd^{2+}	1, 2, 3, 4	1.39, 1.98, 2.58, 3.6
		Cr^{3+}	1, 2	1.87, 2.98
		Cu^+	1, 2	12.11, 5.18
		Cu^{2+}	1, 2	1.90, 3.00
		Fe^{3+}	1, 2, 3, 4, 5, 6	2.21, 3.64, 5.00, 6.30, 6.20, 6.10
		Hg^{2+}	1, 2, 3, 4	9.08, 16.86, 19.70, 21.70
		Ni^{2+}	1, 2, 3	1.18, 1.64, 1.81
		Pb^{2+}	1, 2, 3	0.78, 0.99, 1.00
		Sn^{2+}	1, 2, 3	1.17, 1.77, 1.74
		Th^{4+}	1, 2	1.08, 1.78
		Zn^{2+}	1, 2, 3, 4	1.33, 1.91, 2.00, 1.60
11	$S_2O_3^{2-}$	Ag^+	1, 2	8.82, 13.46
		Cd^{2+}	1, 2	3.92, 6.44
		Cu^+	1, 2, 3	10.27, 12.22, 13.84
		Fe^{3+}	1	2.10
		Hg^{2+}	2, 3, 4	29.44, 31.90, 33.24
		Pb^{2+}	2, 3	5.13, 6.35

序号	配位体	金属离子	配位体数目 n	$\lg\beta_n$
12	SO_4^{2-}	Ag^+	1	1.3
		Ba^{2+}	1	2.7
		Bi^{3+}	1, 2, 3, 4, 5	1.98, 3.41, 4.08, 4.34, 4.60
		Fe^{3+}	1, 2	4.04, 5.38
		Hg^{2+}	1, 2	1.34, 2.40
		In^{3+}	1, 2, 3	1.78, 1.88, 2.36
		Ni^{2+}	1	2.4
		Pb^{2+}	1	2.75
		Pr^{3+}	1, 2	3.62, 4.92
		Th^{4+}	1, 2	3.32, 5.50
		Zr^{4+}	1, 2, 3	3.79, 6.64, 7.77

注：除特别说明外均是在 25℃ 下，离子强度 $I=0$。

附录 8　金属-有机配位体配合物的稳定常数

序号	配　位　体	金属离子	配位体数目 n	$\lg\beta_n$
1	乙二胺四乙酸 （EDTA） $[(HOOCCH_2)_2NCH_2]_2$	Ag^+	1	7.32
		Al^{3+}	1	16.11
		Ba^{2+}	1	7.78
		Be^{2+}	1	9.3
		Bi^{3+}	1	22.8
		Ca^{2+}	1	11.0
		Cd^{2+}	1	16.4
		Co^{2+}	1	16.31
		Co^{3+}	1	36.0
		Cr^{3+}	1	23.0
		Cu^{2+}	1	18.7
		Fe^{2+}	1	14.83
		Fe^{3+}	1	24.23
		Ga^{3+}	1	20.25
		Hg^{2+}	1	21.80
		In^{3+}	1	24.95
		Li^+	1	2.79
		Mg^{2+}	1	8.64
		Mn^{2+}	1	13.8
		$Mo(V)$	1	6.36

序号	配　位　体	金属离子	配位体数目 n	$lg\beta_n$
1	乙二胺四乙酸 （EDTA） $[(HOOCCH_2)_2NCH_2]_2$	Na^+	1	1.66
		Ni^{2+}	1	18.56
		Pb^{2+}	1	18.3
		Pd^{2+}	1	18.5
		Sc^{2+}	1	23.1
		Sn^{2+}	1	22.1
		Sr^{2+}	1	8.80
		Th^{4+}	1	23.2
		TiO^{2+}	1	17.3
		Tl^{3+}	1	22.5
		U^{4+}	1	17.50
		VO^{2+}	1	18.0
		Y^{3+}	1	18.32
		Zn^{2+}	1	16.4
		Zr^{4+}	1	19.4
2	乙酸 CH_3COOH	Ag^+	1, 2	0.73, 0.64
		Ba^{2+}	1	0.41
		Ca^{2+}	1	0.6
		Cd^{2+}	1, 2, 3	1.5, 2.3, 2.4
		Ce^{3+}	1, 2, 3, 4	1.68, 2.69, 3.13, 3.18
		Co^{2+}	1, 2	1.5, 1.9
		Cr^{3+}	1, 2, 3	4.63, 7.08, 9.60
		Cu^{2+}（20℃）	1, 2	2.16, 3.20
		In^{3+}	1, 2, 3, 4	3.50, 5.95, 7.90, 9.08
		Mn^{2+}	1, 2	9.84, 2.06
		Ni^{2+}	1, 2	1.12, 1.81
		Pb^{2+}	1, 2, 3, 4	2.52, 4.0, 6.4, 8.5
		Sn^{2+}	1, 2, 3	3.3, 6.0, 7.3
		Tl^{3+}	1, 2, 3, 4	6.17, 11.28, 15.10, 18.3
		Zn^{2+}	1	1.5
3	乙酰丙酮 $CH_3COCH_2CH_3$	Al^{3+}（30℃）	1, 2	8.6, 15.5
		Cd^{2+}	1, 2	3.84, 6.66
		Co^{2+}	1, 2	5.40, 9.54
		Cr^{2+}	1, 2	5.96, 11.7
		Cu^{2+}	1, 2	8.27, 16.34
		Fe^{2+}	1, 2	5.07, 8.67

序号	配 位 体	金属离子	配位体数目 n	$\lg\beta_n$
3	乙酰丙酮 $CH_3COCH_2CH_3$	Fe^{3+}	1, 2, 3	11.4, 22.1, 26.7
		Hg^{2+}	2	21.5
		Mg^{2+}	1, 2	3.65, 6.27
		Mn^{2+}	1, 2	4.24, 7.35
		Mn^{3+}	3	3.86
		Ni^{2+} (20℃)	1, 2, 3	6.06, 10.77, 13.09
		Pb^{2+}	2	6.32
		Pd^{2+} (30℃)	1, 2	16.2, 27.1
		Th^{4+}	1, 2, 3, 4	8.8, 16.2, 22.5, 26.7
		Ti^{3+}	1, 2, 3	10.43, 18.82, 24.90
		V^{2+}	1, 2, 3	5.4, 10.2, 14.7
		Zn^{2+} (30℃)	1, 2	4.98, 8.81
		Zr^{4+}	1, 2, 3, 4	8.4, 16.0, 23.2, 30.1
4	草酸 HOOCCOOH	Ag^+	1	2.41
		Al^{3+}	1, 2, 3	7.26, 13.0, 16.3
		Ba^{2+}	1	2.31
		Ca^{2+}	1	3.0
		Cd^{2+}	1, 2	3.52, 5.77
		Co^{2+}	1, 2, 3	4.79, 6.7, 9.7
		Cu^{2+}	1, 2	6.23, 10.27
		Fe^{2+}	1, 2, 3	2.9, 4.52, 5.22
		Fe^{3+}	1, 2, 3	9.4, 16.2, 20.2
		Hg^{2+}	1	9.66
		Hg_2^{2+}	2	6.98
		Mg^{2+}	1, 2	3.43, 4.38
		Mn^{2+}	1, 2	3.97, 5.80
		Mn^{3+}	1, 2, 3	9.98, 16.57, 19.42
		Ni^{2+}	1, 2, 3	5.3, 7.64, ≈8.5
		Pb^{2+}	1, 2	4.91, 6.76
		Sc^{3+}	1, 2, 3, 4	6.86, 11.31, 14.32, 16.70
		Th^{4+}	4	24.48
		Zn^{2+}	1, 2, 3	4.89, 7.60, 8.15
		Zr^{4+}	1, 2, 3, 4	9.80, 17.14, 20.86, 21.15
5	乳酸 $CH_3CHOHCOOH$	Ba^{2+}	1	0.64
		Ca^{2+}	1	1.42
		Cd^{2+}	1	1.70

序号	配 位 体	金属离子	配位体数目 n	$\lg\beta_n$
5	乳酸 $CH_3CHOHCOOH$	Co^{2+}	1	1.90
		Cu^{2+}	1, 2	3.02, 4.85
		Fe^{3+}	1	7.1
		Mg^{2+}	1	1.37
		Mn^{2+}	1	1.43
		Ni^{2+}	1	2.22
		Pb^{2+}	1, 2	2.40, 3.80
		Sc^{2+}	1	5.2
		Th^{4+}	1	5.5
		Zn^{2+}	1, 2	2.20, 3.75
6	水杨酸 $C_6H_4(OH)COOH$	Al^{3+}	1	14.11
		Cd^{2+}	1	5.55
		Co^{2+}	1, 2	6.72, 11.42
		Cr^{2+}	1, 2	8.4, 15.3
		Cu^{2+}	1, 2	10.60, 18.45
		Fe^{2+}	1, 2	6.55, 11.25
		Mn^{2+}	1, 2	5.90, 9.80
		Ni^{2+}	1, 2	6.95, 11.75
		Th^{4+}	1, 2, 3, 4	4.25, 7.60, 10.05, 11.60
		TiO^{2+}	1	6.09
		V^{2+}	1	6.3
		Zn^{2+}	1	6.85
7	磺基水杨酸 $HO_3SC_6H_3(OH)COOH$	Al^{3+} (0.1mol/L)	1, 2, 3	13.20, 22.83, 28.89
		Be^{2+} (0.1mol/L)	1, 2	11.71, 20.81
		Cd^{2+} (0.1mol/L)	1, 2	16.68, 29.08
		Co^{2+} (0.1mol/L)	1, 2	6.13, 9.82
		Cr^{3+} (0.1mol/L)	1	9.56
		Cu^{2+} (0.1mol/L)	1, 2	9.52, 16.45
		Fe^{2+} (0.1mol/L)	1, 2	5.9, 9.9
		Fe^{3+} (0.1mol/L)	1, 2, 3	14.64, 25.18, 32.12
		Mn^{2+} (0.1mol/L)	1, 2	5.24, 8.24
		Ni^{2+} (0.1mol/L)	1, 2	6.42, 10.24
		Zn^{2+} (0.1mol/L)	1, 2	6.05, 10.65
8	酒石酸 $(HOOCCHOH)_2$	Ba^{2+}	2	1.62
		Bi^{3+}	3	8.30
		Ca^{2+}	1, 2	2.98, 9.01

序号	配 位 体	金属离子	配位体数目 n	$\lg\beta_n$
8	酒石酸 $(HOOCCHOH)_2$	Cd^{2+}	1	2.8
		Co^{2+}	1	2.1
		Cu^{2+}	1, 2, 3, 4	3.2, 5.11, 4.78, 6.51
		Fe^{3+}	1	7.49
		Hg^{2+}	1	7.0
		Mg^{2+}	2	1.36
		Mn^{2+}	1	2.49
		Ni^{2+}	1	2.06
		Pb^{2+}	1, 3	3.78, 4.7
		Sn^{2+}	1	5.2
		Zn^{2+}	1, 2	2.68, 8.32
9	丁二酸 $HOOCCH_2CH_2COOH$	Ba^{2+}	1	2.08
		Be^{2+}	1	3.08
		Ca^{2+}	1	2.0
		Cd^{2+}	1	2.2
		Co^{2+}	1	2.22
		Cu^{2+}	1	3.33
		Fe^{3+}	1	7.49
		Hg^{2+}	2	7.28
		Mg^{2+}	1	1.20
		Mn^{2+}	1	2.26
		Ni^{2+}	1	2.36
		Pb^{2+}	1	2.8
		Zn^{2+}	1	1.6
10	硫脲 $H_2NC(=S)NH_2$	Ag^+	1, 2	7.4, 13.1
		Bi^{3+}	6	11.9
		Cd^{2+}	1, 2, 3, 4	0.6, 1.6, 2.6, 4.6
		Cu^+	3, 4	13.0, 15.4
		Hg^{2+}	2, 3, 4	22.1, 24.7, 26.8
		Pb^{2+}	1, 2, 3, 4	1.4, 3.1, 4.7, 8.3
11	乙二胺 $H_2NCH_2CH_2NH_2$	Ag^+	1, 2	4.70, 7.70
		$Cd^{2+}(20℃)$	1, 2, 3	5.47, 10.09, 12.09
		Co^{2+}	1, 2, 3	5.91, 10.64, 13.94
		Co^{3+}	1, 2, 3	18.7, 34.9, 48.69
		Cr^{2+}	1, 2	5.15, 9.19
		Cu^+	2	10.8

序号	配　位　体	金属离子	配位体数目 n	$\lg\beta_n$
11	乙二胺 $H_2NCH_2CH_2NH_2$	Cu^{2+}	1, 2, 3	10.67, 20.0, 21.0
		Fe^{2+}	1, 2, 3	4.34, 7.65, 9.70
		Hg^{2+}	1, 2	14.3, 23.3
		Mg^{2+}	1	0.37
		Mn^{2+}	1, 2, 3	2.73, 4.79, 5.67
		Ni^{2+}	1, 2, 3	7.52, 13.84, 18.33
		Pd^{2+}	2	26.90
		V^{2+}	1, 2	4.6, 7.5
		Zn^{2+}	1, 2, 3	5.77, 10.83, 14.11
12	吡啶 C_5H_5N	Ag^+	1, 2	1.97, 4.35
		Cd^{2+}	1, 2, 3, 4	1.40, 1.95, 2.27, 2.50
		Co^{2+}	1, 2	1.14, 1.54
		Cu^{2+}	1, 2, 3, 4	2.59, 4.33, 5.93, 6.54
		Fe^{2+}	1	0.71
		Hg^{2+}	1, 2, 3	5.1, 10.0, 10.4
		Mn^{2+}	1, 2, 3, 4	1.92, 2.77, 3.37, 3.50
		Zn^{2+}	1, 2, 3, 4	1.41, 1.11, 1.61, 1.93
13	甘氨酸 H_2NCH_2COOH	Ag^+	1, 2	3.41, 6.89
		Ba^{2+}	1	0.77
		Ca^{2+}	1	1.38
		Cd^{2+}	1, 2	4.74, 8.60
		Co^{2+}	1, 2, 3	5.23, 9.25, 10.76
		Cu^{2+}	1, 2, 3	8.60, 15.54, 16.27
		$Fe^{2+}(20℃)$	1, 2	4.3, 7.8
		Hg^{2+}	1, 2	10.3, 19.2
		Mg^{2+}	1, 2	3.44, 6.46
		Mn^{2+}	1, 2	3.6, 6.6
		Ni^{2+}	1, 2, 3	6.18, 11.14, 15.0
		Pb^{2+}	1, 2	5.47, 8.92
		Pd^{2+}	1, 2	9.12, 17.55
		Zn^{2+}	1, 2	5.52, 9.96
14	2 - 甲基 - 8´ - 羟基喹啉 （50% 二噁烷）	Cd^{2+}	1, 2, 3	9.00, 9.00, 16.60
		Ce^{3+}	1	7.71
		Co^{2+}	1, 2	9.63, 18.50
		Cu^{2+}	1, 2	12.48, 24.00
		Fe^{2+}	1, 2	8.75, 17.10

续附录 8

序号	配 位 体	金属离子	配位体数目 n	$\lg\beta_n$
14	2－甲基－8－羟基喹啉（50%二噁烷）	Mg^{2+}	1, 2	5.24, 9.64
		Mn^{2+}	1, 2	7.44, 13.99
		Ni^{2+}	1, 2	9.41, 17.76
		Pb^{2+}	1, 2	10.30, 18.50
		UO$_2$$^{2+}$	1, 2	9.4, 17.0
		Zn^{2+}	1, 2	9.82, 18.72

附录9 某些无机化合物在部分有机溶剂中的溶解度

序号	化 学 式	溶解度/g · (100g)$^{-1}$				
		甲醇	乙醇	丙酮	甘油	吡啶
1	AgBr	7.0×10^{-7}	1.6×10^{-8}	—	—	—
2	AgCl	6.0×10^{-6}	1.5×10^{-6}	1.3×10^{-6}	—	1.9
3	AgI	2.0×10^{-7}	6.0×10^{-9}	—	—	—
4	AgNO$_3$	3.8	2.1	0.44	—	34.0
5	BaBr$_2$	4.1	3.6	0.026	—	—
6	BaCl$_2$	2.2	—	—	9.8	—
7	BaI$_2$	—	77.0	—	—	8.2
8	Ba(NO$_3$)$_2$	0.06	1.8×10^{-3}	5.0×10^{-3}	—	—
9	BiCl$_3$	—	—	18.0	—	—
10	BiI$_3$	—	3.5	—	—	—
11	Bi(NO$_3$)$_3$ · 5H$_2$O	—	—	14.7	—	—
12	CaBr$_2$	56.2	53.8	2.73	—	—
13	CaCl$_2$	29.2	25.8	0.01	—	1.69
14	CaI$_2$	127.0	—	89.0	—	—
15	Ca(NO$_3$)$_2$	138.0	51.0	16.9	—	—
16	CaSO$_4$	—	—	—	5.2	—
17	CdBr$_2$	16.1	30.0	18.1	—	—
18	CdCl$_2$	2.7	1.5	—	—	0.70
19	CdI$_2$	223.0	113.0	42.8	—	0.45
20	CdSO$_4$	0.035	0.03	—	—	—
21	CoBr$_2$	43.0	77.0	64.0	—	—
22	CoCl$_2$	40.0	54.0	3.0	—	0.6
23	CoSO$_4$	1.040	0.02	—	—	—
24	CoSO$_4$ · 7H$_2$O	5.5	—	—	—	—
25	CuCl$_2$	57.5	55.5	2.96	—	0.34

序号	化 学 式	溶解度/g·(100g)$^{-1}$				
		甲醇	乙醇	丙酮	甘油	吡啶
26	CuI_2	—	—	—	—	0.5
27	$CuSO_4$	1.5	1.1	—	—	—
28	$CuSO_4 \cdot 5H_2O$	15.6	—	—	—	—
29	$FeCl_3$	150.0	145.0	62.9	—	—
30	$Fe_2(SO_4)_3 \cdot 9H_2O$	—	12.7	—	—	—
31	H_3BO_3	—	11.0	0.5	22.0	7.1
32	HCl(气体)	88.7	69.5	—	—	—
33	$HgBr_2$	60.0	30.0	51.0	—	39.6
34	$Hg(CN)_2$	44.1	9.5	10.3	27.0(15.0℃)	65.0
35	$HgCl_2$	67.0	47.0	141.0	34.4	25.0
36	HgI_2	3.8	2.2	3.4	—	31.0
37	KBr	2.1	0.46	0.03	15.0	—
38	KCN	4.91	0.88	—	32.0	—
39	KCl	0.5	0.03	9.0×10^{-5}	3.7	—
40	KF	0.19	0.11	2.2	—	—
41	KI	16.4	1.75	2.35	40.0	0.3
42	KOH	55.0	39.0	—	—	—
43	KSCN	—	—	20.8	—	6.15
44	LiBr	—	70.0	18.1	—	—
45	LiCl	43.4	25.0	1.2	11.0	12.0
46	LiI	343.0	250.0	43.0	—	—
47	$LiNO_3$	—	—	31.0	—	33.0
48	$MgBr_2$	27.9	15.1	2.0	—	0.5
49	$MgCl_2$	16.0	5.6	—	—	—
50	$MgSO_4$	0.3	0.025	—	26.0	—
51	$MgSO_4 \cdot 7H_2O$	43.0	—	—	—	—
52	$MnCl_2$	—	—	—	—	1.3
53	$MnSO_4$	0.13	0.01	—	—	—
54	NH_3(气体)	24.0	12.8	—	—	—
55	NH_4Br	12.5	3.4	—	—	—
56	$(NH_4)_2CO_3$	—	—	—	20.0	—
57	NH_4Cl	3.3	0.6	—	9.0	—
58	NH_4ClO_4	6.8	1.9	2.2	—	—
59	NH_4I	—	26.3	—	—	—
60	NH_4NO_3	17.1	2.5	—	—	0.3

序号	化 学 式	溶解度/g·(100g)$^{-1}$				
		甲醇	乙醇	丙酮	甘油	吡啶
61	NH$_4$SCN	59.0	23.5	—	—	—
62	NaBr	16.7	2.4	0.008	—	—
63	Na$_2$CO$_3$	—	—	—	98.0	—
64	NaCl	1.5	0.1	3.0×10^{-5}	—	—
65	Na$_2$CrO$_4$	0.36	—	—	—	—
66	NaF	0.42	0.1	1.0×10^{-4}	—	—
67	NaI	72.7	46.0	26.0	—	—
68	NaNO$_2$	4.4	0.31	—	—	—
69	NaNO$_3$	0.43	0.04	—	—	—
70	NaOH	31.0	17.3	—	—	—
71	NaSCN	35.0	20.0	7.0	—	—
72	NiBr$_2$	35.0	—	0.80	—	—
73	NiCl$_2$	—	10.0	—	—	—
74	NiCl$_2$·6H$_2$O	—	53.7	—	—	—
75	NiSO$_4$	4.0	0.02	—	—	—
76	NiSO$_4$·7H$_2$O	20.0	2.2	—	—	—
77	PbBr$_2$	—	—	—	—	0.6
78	PbCl$_2$	—	—	—	2.0	0.5
79	PbI$_2$	—	—	0.02	—	0.2
80	Pb(NO$_3$)$_2$	1.4	0.04	—	—	7.0
81	SbF$_3$	160.0	—	70.0	—	—
82	SbCl$_3$	—	—	538.0	—	—
83	SnCl$_2$	—	—	56.0	—	—
84	SrBr$_2$	117.0	64.0	0.6	—	—
85	SrCl$_2$·6H$_2$O	63.3	—	—	—	—
86	SrI$_2$	—	4.0	—	—	—
87	Sr(NO$_3$)$_2$	—	0.009	—	—	0.7
88	UO$_2$(NO$_3$)$_2$	—	3.3	1.5	—	—
89	ZnBr$_2$	—	—	365.0	—	4.4
90	ZnCl$_2$	—	—	43.3	50.0	2.6
91	ZnI$_2$	—	—	—	40.0	12.6
92	ZnSO$_4$	0.6	0.03	—	35.0	—
93	ZnSO$_4$·7H$_2$O	5.9	—	—	—	—

注：表中的溶解度指的是在 18.0~25.0℃的 100g 无水的有机溶剂中能溶解溶质的最大质量数，用 g 表示。

附录 10　酸碱指示剂

序号	名　称	pH 值变色范围	酸色	碱色	pK_a	溶液及浓度
1	甲基紫(第一次变色)	0.13~0.5	黄	绿	0.8	0.1% 水溶液
2	甲酚红(第一次变色)	0.2~1.8	红	黄	—	0.04% 乙醇(50%)溶液
3	甲基紫(第二次变色)	1.0~1.5	绿	蓝	—	0.1% 水溶液
4	百里酚蓝(第一次变色)	1.2~2.8	红	黄	1.65	0.1% 乙醇(20%)溶液
5	茜素黄 R(第一次变色)	1.9~3.3	红	黄	—	0.1% 水溶液
6	甲基紫(第三次变色)	2.0~3.0	蓝	紫	—	0.1% 水溶液
7	甲基黄	2.9~4.0	红	黄	3.3	0.1% 乙醇(90%)溶液
8	溴酚蓝	3.0~4.6	黄	蓝	3.85	0.1% 乙醇(20%)溶液
9	甲基橙	3.1~4.4	红	黄	3.40	0.1% 水溶液
10	溴甲酚绿	3.8~5.4	黄	蓝	4.68	0.1% 乙醇(20%)溶液
11	甲基红	4.4~6.2	红	黄	4.95	0.1% 乙醇(60%)溶液
12	溴百里酚蓝	6.0~7.6	黄	蓝	7.1	0.1% 乙醇(20%)
13	中性红	6.8~8.0	红	黄	7.4	0.1% 乙醇(60%)溶液
14	酚　红	6.8~8.0	黄	红	7.9	0.1% 乙醇(20%)溶液
15	甲酚红(第二次变色)	7.2~8.8	黄	红	8.2	0.04% 乙醇(50%)溶液
16	百里酚蓝(第二次变色)	8.0~9.6	黄	蓝	8.9	0.1% 乙醇(20%)溶液
17	酚　酞	8.2~10.0	无色	紫红	9.4	0.1% 乙醇(60%)溶液
18	百里酚酞	9.4~10.6	无色	蓝	10.0	0.1% 乙醇(90%)溶液
19	茜素黄 R(第二次变色)	10.1~12.1	黄	紫	11.16	0.1% 水溶液
20	靛胭脂红	11.6~14.0	蓝	黄	12.2	25% 乙醇(50%)溶液

附录 11　混合酸碱指示剂

序号	指示剂名称	溶液及浓度	组　成	变色点 pH 值	酸色	碱色
1	甲基黄	0.1% 乙醇溶液	1:1	3.28	蓝紫	绿
	亚甲基蓝	0.1% 乙醇溶液				
2	甲基橙	0.1% 水溶液	1:1	4.3	紫	绿
	苯胺蓝	0.1% 水溶液				
3	溴甲酚绿	0.1% 乙醇溶液	3:1	5.1	酒红	绿
	甲基红	0.2% 乙醇溶液				
4	溴甲酚绿钠盐	0.1% 水溶液	1:1	6.1	黄绿	蓝紫
	氯酚红钠盐	0.1% 水溶液				
5	中性红	0.1% 乙醇溶液	1:1	7.0	蓝紫	绿
	亚甲基蓝	0.1% 乙醇溶液				

续附录 11

序号	指示剂名称	溶液及浓度	组成	变色点 pH 值	酸色	碱色
6	中性红	0.1% 乙醇溶液	1:1	7.2	玫瑰	绿
	溴百里酚蓝	0.1% 乙醇溶液				
7	甲酚红钠盐	0.1% 水溶液	1:3	8.3	黄	紫
	百里酚蓝钠盐	0.1% 水溶液				
8	酚酞	0.1% 乙醇溶液	1:2	8.9	绿	紫
	甲基绿	0.1% 乙醇溶液				
9	酚酞	0.1% 乙醇溶液	1:1	9.9	无色	紫
	百里酚酞	0.1% 乙醇溶液				
10	百里酚酞	0.1% 乙醇溶液	2:1	10.2	黄	绿
	茜素黄	0.1% 乙醇溶液				

注：混合酸碱指示剂要保存在深色瓶中。

附录 12　　氧化还原指示剂

序号	名　称	氧化型颜色	还原型颜色	E_{ind}/V	浓　度
1	二苯胺	紫	无色	+0.76	1% 浓硫酸溶液
2	二苯胺磺酸钠	紫红	无色	+0.84	0.2% 水溶液
3	亚甲基蓝	蓝	无色	+0.532	0.1% 水溶液
4	中性红	红	无色	+0.24	0.1% 乙醇溶液
5	喹啉黄	无色	黄	—	0.1% 水溶液
6	淀粉	蓝	无色	+0.53	0.1% 水溶液
7	孔雀绿	棕	蓝	—	0.05% 水溶液
8	劳氏紫	紫	无色	+0.06	0.1% 水溶液
9	邻二氮菲 – 亚铁	浅蓝	红	+1.06	(1.485g 邻二氮菲 + 0.695g 硫酸亚铁) 溶于 100mL 水
10	酸性绿	橘红	黄绿	+0.96	0.1% 水溶液
11	专利蓝 V	红	黄	+0.95	0.1% 水溶液

附录 13　　络合指示剂

名　称	In 本色	MIn 颜色	浓　度	适用 pH 值范围	被滴定离子	干扰离子
铬黑 T	蓝	葡萄红	与固体 NaCl 混合物 (1:100)	6.0 ~ 11.0	Ca^{2+}, Cd^{2+}, Hg^{2+}, Mg^{2+}, Mn^{2+}, Pb^{2+}, Zn^{2+}	Al^{3+}, Co^{2+}, Cu^{2+}, Fe^{3+}, Ga^{3+}, In^{3+}, Ni^{2+}, Ti (Ⅳ)
二甲酚橙	柠檬黄	红	0.5% 乙醇溶液	5.0 ~ 6.0	Cd^{2+}, Hg^{2+}, La^{3+}, Pb^{2+}, Zn^{2+}	—
				2.5	Bi^{3+}, Th^{4+}	

名称	In 本色	MIn 颜色	浓 度	适用 pH 值范围	被滴定离子	干扰离子
茜素	红	黄		2.8	Th^{4+}	—
钙试剂	亮蓝	深红	与固体 NaCl 混合物（1:100）	>12.0	Ca^{2+}	—
酸性铬紫 B	橙	红	—	4.0	Fe^{3+}	—
甲基百里酚蓝	灰	蓝	1% 与固体 KNO_3 混合物	10.5	Ba^{2+}，Ca^{2+}，Mg^{2+}，Mn^{2+}，Sr^{2+}	Bi^{3+}，Cd^{2+}，Co^{2+}，Hg^{2+}，Pb^{2+}，Sc^{3+}，Th^{4+}，Zn^{2+}
溴酚红	红	橙黄	—	2.0~3.0	Bi^{3+}	—
	蓝紫	红		7.0~8.0	Cd^{2+}，Co^{2+}，Mg^{2+}，Mn^{2+}，Ni^{3+}	—
	蓝	红		4.0	Pb^{2+}	—
	浅蓝	红		4.0~6.0	Re^{3+}	—
铝试剂	酒红	黄	—	8.5~10.0	Ca^{2+}，Mg^{2+}	—
	红	蓝紫		4.4	Al^{3+}	—
	紫	淡黄		1.0~2.0	Fe^{3+}	—
偶氮胂 Ⅲ	蓝	红	—	10.0	Ca^{2+}，Mg^{2+}	—

附录 14 吸附指示剂

序号	名 称	被滴定离子	滴定剂	起点颜色	终点颜色	浓 度
1	荧光黄	Cl^-，Br^-，SCN^-	Ag^+	黄绿	玫瑰	0.1% 乙醇溶液
		I^-			橙	
2	二氯（P）荧光黄	Cl^-，Br^-	Ag^+	红紫	蓝紫	0.1% 乙醇（60%~70%）溶液
		SCN^-		玫瑰	红紫	
		I^-		黄绿	橙	
3	曙 红	Br^-，I^-，SCN^-	Ag^+	橙	深红	0.5% 水溶液
		Pb^{2+}	MoO_4^{2-}	红紫	橙	
4	溴酚蓝	Cl^-，Br^-，SCN^-		黄	蓝	0.1% 钠盐水溶液
		I^-	Ag^+	黄绿	蓝绿	
		TeO_3^{2-}		紫红	蓝	
5	溴甲酚绿	Cl^-	Ag^+	紫	浅蓝绿	0.1% 乙醇溶液（酸性）
6	二甲酚橙	Cl^-	Ag^+	玫瑰	灰蓝	0.2% 水溶液
		Br^-，I^-			灰绿	
7	罗丹明 6G	Cl^-，Br^-	Ag^+	红紫	橙	0.1% 水溶液
		Ag^+	Br^-	橙	红紫	

序号	名　　称	被滴定离子	滴定剂	起点颜色	终点颜色	浓　　度
8	品　红	Cl^-	Ag^+	红紫	玫瑰	0.1% 乙醇溶液
		Br^-, I^-		橙		
		SCN^-		浅蓝		
9	刚果红	Cl^-, Br^-, I^-	Ag^+	红	蓝	0.1% 水溶液
10	茜素红 S	SO_4^{2-}	Ba^{2+}	黄	玫瑰红	0.4% 水溶液
		$[Fe(CN)_6]^{4-}$	Pb^{2+}			
11	偶氮氯膦Ⅲ	SO_4^{2-}	Ba^{2+}	红	蓝绿	—
12	甲基红	F^-	Ce^{3+}	黄	玫瑰红	—
			$Y(NO_3)_3$			
13	二苯胺	Zn^{2+}	$[Fe(CN)_6]^{4-}$	蓝	黄绿	1% 的硫酸（96%）溶液
14	邻二甲氧基联苯胺	Zn^{2+}, Pb^{2+}	$[Fe(CN)_6]^{4-}$	紫	无色	1% 的硫酸溶液
15	酸性玫瑰红	Ag^+	MoO_4^{2-}	无色	紫红	0.1% 水溶液

附录 15　荧光指示剂

序号	名　　称	pH 值变色范围	酸色	碱色	浓　　度
1	曙　红	0 ~ 3.0	无荧光	绿	1% 水溶液
2	水杨酸	2.5 ~ 4.0	无荧光	暗蓝	0.5% 水杨酸钠水溶液
3	2 - 萘胺	2.8 ~ 4.4	无荧光	紫	1% 乙醇溶液
4	1 - 萘胺	3.4 ~ 4.8	无荧光	蓝	1% 乙醇溶液
5	奎　宁	3.0 ~ 5.0	蓝	浅紫	0.1% 乙醇溶液
		9.5 ~ 10.0	浅紫	无荧光	
6	2 - 羟基 - 3 - 萘甲酸	3.0 ~ 6.8	蓝	绿	0.1% 其钠盐水溶液
7	喹　啉	6.2 ~ 7.2	蓝	无荧光	饱和水溶液
8	2 - 萘酚	8.5 ~ 9.5	无荧光	蓝	0.1% 乙醇溶液
9	香豆素	9.5 ~ 10.5	无荧光	浅绿	—

附录 16　常用掩蔽剂

序号	名　　称	掩　蔽　剂
1	Ag^+	CN^-, Cl^-, Br^-, I^-, SCN^-, $S_2O_3^{2-}$, NH_3
2	Al^{3+}	EDTA, F^-, OH^-, 柠檬酸, 酒石酸, 草酸, 乙酰丙酮, 丙二酸
3	As^{3+}	S^{2-}, 二巯基丙醇, 二巯基丙磺酸钠
4	Au^+	Cl^-, Br^-, I^-, CN^-, SCN^-, $S_2O_3^{2-}$, NH_3
5	Ba^{2+}	F^-, SO_4^{2-}, EDTA

序号	名　称	掩　蔽　剂
6	Be^{2+}	F^-，EDTA，乙酰丙酮
7	Bi^{3+}	F^-，Cl^-，I^-，SCN^-，$S_2O_3^{2-}$，二巯基丙醇，柠檬酸
8	Ca^{2+}	F^-，EDTA，草酸盐
9	Cd^{2+}	I^-，CN^-，SCN^-，$S_2O_3^{2-}$，二巯基丙醇，二巯基丙磺酸钠
10	Ce^{3+}	F^-，EDTA，PO_4^{3-}
11	Co^{2+}	CN^-，SCN^-，$S_2O_3^{2-}$，二巯基丙醇，酒石酸
12	Cr^{3+}	EDTA，H_2O_2，$P_2O_7^{4-}$，三乙醇胺
13	Cu^{2+}	I^-，CN^-，SCN^-，$S_2O_3^{2-}$，二巯基丙醇，二巯基丙磺酸钠，半胱氨酸，氨基乙酸
14	Fe^{3+}	F^-，CN^-，$P_2O_7^{4-}$，三乙醇胺，乙酰丙酮，柠檬酸，酒石酸，草酸，盐酸羟胺
15	Ga^{3+}	Cl^-，EDTA，柠檬酸，酒石酸，草酸
16	Ge^{4+}	F^-，酒石酸，草酸
17	Hg^{2+}	I^-，CN^-，SCN^-，$S_2O_3^{2-}$，二巯基丙醇，二巯基丙磺酸钠，半胱氨酸
18	In^{3+}	F^-，Cl^-，SCN^-，EDTA，巯基乙酸
19	La^{3+}	F^-，EDTA，苹果酸
20	Mg^{2+}	F^-，OH^-，乙酰丙酮，柠檬酸，酒石酸，草酸
21	Mn^{3+}	CN^-，F^-，二巯基丙醇
22	Mo（V，Ⅵ）	柠檬酸，酒石酸，草酸
23	Nd^{3+}	EDTA，苹果酸
24	NH_4^+	HCHO
25	Ni^{2+}	F^-，CN^-，SCN^-，二巯基丙醇，氨基乙酸，柠檬酸，酒石酸
26	Np^{4+}	F^-
27	Pb^{2+}	Cl^-，I^-，SO_4^{2-}，$S_2O_3^{2-}$，OH^-，二巯基丙醇，巯基乙酸，二巯基丙磺酸钠
28	Pd^{2+}	CN^-，SCN^-，I^-，$S_2O_3^{2-}$，乙酰丙酮
29	Pt^{2+}	CN^-，SCN^-，I^-，$S_2O_3^{2-}$，乙酰丙酮，三乙醇胺
30	Sb^{3+}	F^-，Cl^-，I^-，$S_2O_3^{2-}$，OH^-，柠檬酸，酒石酸，二巯基丙醇，二巯基丙磺酸钠
31	Sc^{3+}	F^-
32	Sn^{2+}	F^-，柠檬酸，酒石酸，草酸，三乙醇胺，二巯基丙醇，二巯基丙磺酸钠
33	Th^{4+}	F^-，SO_4^{2-}，柠檬酸
34	Ti^{3+}	F^-，PO_4^{3-}，三乙醇胺，柠檬酸，苹果酸
35	Tl（Ⅰ，Ⅲ）	CN^-，半胱氨酸
36	U^{4+}	PO_4^{3-}，柠檬酸，乙酰丙酮
37	V（Ⅱ，Ⅲ）	CN^-，EDTA，三乙醇胺，草酸，乙酰丙酮
38	W（Ⅵ）	EDTA，PO_4^{3-}，柠檬酸
39	Y^{3+}	F^-，环己二胺四乙酸
40	Zn^{2+}	CN^-，SCN^-，EDTA，二巯基丙醇，二巯基丙磺酸钠，巯基乙酸
41	Zr^{4+}	CO_3^{2-}，F^-，PO_4^{3-}，柠檬酸，酒石酸，草酸

序号	名　称	掩　蔽　剂
42	Br^-	Ag^+，Hg^{2+}
43	BrO_3^-	SO_3^{2-}，$S_2O_3^{2-}$
44	$Cr_2O_7^{2-}$，CrO_4^{2-}	SO_3^{2-}，$S_2O_3^{2-}$，盐酸羟胺
45	Cl^-	Hg^{2+}，Sb^{3+}
46	ClO^-	NH_3
47	ClO_3^-	$S_2O_3^{2-}$
48	ClO_4^-	SO_3^{2-}，盐酸羟胺
49	CN^-	Hg^{2+}，HCHO
50	EDTA	Cu^{2+}
51	F^-	H_3BO_3，Al^{3+}，Fe^{3+}
52	H_2O_2	Fe^{3+}
53	I^-	Hg^{2+}，Ag^+
54	I_2	$S_2O_3^{2-}$
55	IO_3^-	SO_3^{2-}，$S_2O_3^{2-}$，N_2H_4
56	MnO_4^-	SO_3^{2-}，$S_2O_3^{2-}$，N_2H_4，盐酸羟胺
57	NO_2^-	Co^{2+}，对氨基苯磺酸
58	$C_2O_4^{2-}$	Ca^{2+}，MnO_4^-
59	PO_4^{3-}	Al^{3+}，Fe^{3+}
60	S^{2-}	$MnO_4^- + H^+$
61	SO_3^{2-}	$MnO_4^- + H^+$，Hg^{2+}，HCHO
62	SO_4^{2-}	Ba^{2+}
63	WO_4^{2-}	柠檬酸盐，酒石酸盐
64	VO_3^-	酒石酸盐

参 考 文 献

[1] 宋卫良. 冶金化学分析 [M]. 北京：冶金工业出版社，2008.

[2] 许春兰，陈雪松. 稀土分析 [M]. 呼和浩特：内蒙古大学出版社，2000.

[3] 胡晓燕，马冲先，戴亚明. 化学分析 [M]. 北京：机械工业出版社，2003.

[4] 国营机械厂. 工厂分析化学手册 [M]. 北京：国防工业出版社，1982.

[5] 北京矿冶研究总院测试研究所. 有色冶金分析手册 [M]. 北京：冶金工业出版社，2004.

[6] 邓珍灵. 现代分析化学实验 [M]. 长沙：中南大学出版社，2002.

[7] 吴诚. 金属材料化学分析300问 [M]. 上海：上海交通大学出版社，2003.

[8] 朱银惠. 煤化学 [M]. 北京：化学工业出版社，2008.

[9] 高职高专化学编写组. 分析化学 [M]. 北京：高等教育出版社，2008.

[10] 吴仁芳. 电厂化学 [M]. 北京：中国电力出版社，2006.

[11] 乐俊时. 冶金工业分析 [M]. 北京：冶金工业出版社，1998.

[12] 武汉大学. 分析化学 [M]. 北京：高等教育出版社，2000.

[13] 蔡明招. 实用工业分析 [M]. 广州：华南理工大学出版社，2006.

[14] 张锦柱. 工业分析 [M]. 重庆：重庆大学出版社，1997.

[15] 陈必友，李启华. 工厂分析化验手册 [M]. 北京：化学工业出版社，2009.

[16] 陈晶玮，殷新求，柴良梅. 黑色金属化学分析方法选编 [M]. 长沙：《湖南冶金》编辑部，1988.

[17] 中国建筑材料科学研究总部. 水泥化学分析手册 [M]. 北京：中国建材工业出版社，2007.

[18] 韩怀强，蒋挺大. 粉煤灰利用技术 [M]. 北京：化学工业出版社，2001.

[19] 刘文长. 《建材用粉煤灰及煤矸石化学分析方法》国家标准制定情况介绍 [J]. 水泥，2009，12：44～47.

冶金工业出版社部分图书推荐

书　名	作　者	定价(元)
冶金工业节能与余热利用技术指南	王绍文	58.00
钢铁冶金原理(第 3 版)(本科教材)	黄希祜	40.00
钢铁冶金原理习题解答(本科教材)	黄希祜	30.00
物理化学(第 3 版)(本科教材)	王淑兰	35.00
物理化学习题解答(本科教材)	王淑兰	18.00
钢铁冶金学(炼铁部分)(第 2 版)(本科教材)	王筱留	29.00
钢铁冶金学(炼钢部分)(本科教材)	陈家祥	35.00
煤化学产品工艺学(第 2 版)(本科教材)	肖瑞华	46.00
热工测量仪表(本科教材)	张 华	38.00
冶金物理化学(本科教材)	张家芸	39.00
冶金工程实验技术(本科教材)	陈伟庆	39.00
冶金传输原理(本科教材)	沈巧珍	46.00
冶金热工基础(本科教材)	朱光俊	36.00
硅酸盐工业热工过程及设备(第 2 版)(高等学校教材)	姜金宁	40.00
水分析化学(第 2 版)(高等学校教材)	聂麦茜	17.00
工业通风与除尘(高等学校教材)	蒋仲安	30.00
无机化学实验(高职高专)	邓基芹	18.00
无机化学(高职高专)	邓基芹	36.00
物理化学实验(高职高专)	邓基芹	19.00
煤化学(高职高专)	邓基芹	25.00
烧结矿与球团矿生产(高职高专)	王悦祥	29.00
稀土冶金技术(高职高专)	石 富	36.00
炼焦化学产品回收技术(职业培训教材)	何建平	59.00
冶金化学分析(职业培训教材)	宋卫良	49.00
有色金属分析化学(职业培训教材)	梅恒星	46.00
铁矿粉烧结生产(职业培训教材)	贾 艳	23.00
冶炼基础知识(职业培训教材)	马 青	36.00
工业分析化学	张锦柱	36.00
燃煤汞污染及其控制	王立刚	19.00
钢铁冶金的环保与节能	李光强	39.00
粉煤灰在自诊断压敏水泥基材料中的应用	姚 嵘	20.00
稀土提取技术	黄礼煌	45.00